大学软件学院软件开发系列教材

Linux 操作与服务器配置实用教程

代洪涛　赵清晨　编著

清华大学出版社
北　京

内 容 简 介

本书循序渐进地介绍了 Linux 的安装和磁盘分区技术、Linux 技术人员必备的 vi 文本编辑命令、Linux 操作系统的文件和目录的操作命令、Linux 操作系统的用户及用户组的管理命令、Linux 软件安装包的管理及系统引导文件和进程管理方面的命令、Linux 操作系统下的 RAID 及 LVM 磁盘技术、Linux 操作系统的网络配置技术、Linux 操作系统防火墙技术等 Linux 操作系统中常用的技术和命令；并详细讲解了 Samba、FTP、Yum、DHCP、DNS、Apache、sendmail、代理服务 Squid 等 Linux 平台上常用的服务及它们的配置调试方法；最后对近期发展起来的 Linux 集群技术进行了介绍。并且对希望使用虚拟机技术运行 Linux 操作系统的读者，有针对性地介绍了 VMware 软件的配置使用方法。

本书内容结构合理、语言简练易懂、适合 Linux 操作系统配置管理的初学者或有相关系统管理经验的用户使用，也适合作为广大工程技术人员的参考用书，同时也是学校及培训机构用书的首选。

图书在版编目(CIP)数据

Linux 操作与服务器配置实用教程/代洪涛，赵清晨编著. --北京：清华大学出版社，2014
(大学软件学院软件开发系列教材)
ISBN 978-7-302-33826-0

Ⅰ. ①L… Ⅱ. ①代… ②赵… Ⅲ. ①Linux 操作系统—高等学校—教材 Ⅳ. ①TP316.89

中国版本图书馆 CIP 数据核字(2013)第 215267 号

责任编辑：杨作梅
装帧设计：杨玉兰
责任校对：王 晖
责任印制：何 芊

出版发行：清华大学出版社
网 址：http://www.tup.com.cn，http://www.wqbook.com
地 址：北京清华大学学研大厦 A 座 **邮 编**：100084
社 总 机：010-62770175 **邮 购**：010-62786544
投稿与读者服务：010-62776969，c-service@tup.tsinghua.edu.cn
质 量 反 馈：010-62772015，zhiliang@tup.tsinghua.edu.cn
课 件 下 载：http://www.tup.com.cn,010-62791865
印 刷 者：北京富博印刷有限公司
装 订 者：北京市密云县京文制本装订厂
经 销：全国新华书店
开 本：185mm×260mm **印 张**：25.25 **字 数**：608 千字
版 次：2014 年 1 月第 1 版 **印 次**：2014 年 1 月第 1 次印刷
印 数：1～3000
定 价：46.00 元

产品编号：045186-01

前　言

Linux 是一款优秀的操作系统，世界上运算最快的超级计算机里运行的几乎都是 Linux 操作系统。Linux 内核最早由出生于芬兰赫尔辛基的计算机爱好者 Linus Torvalds 开发。从技术的角度来说，Linux 这个词本身只表示 Linux 内核，但实际上人们将基于 Linux 内核，并且使用 GNU 工程等工具和数据库的具有类似 Unix 功能的操作系统统称为 Linux。Linux 是一种自由和开放源码的类 Unix 操作系统，目前世界上有许多不同的 Linux 发行版本，比较常见的有 Ubuntu、Debian、Red Hat Linux、SUSE 及国内的 Red Flag 等。Linux 可安装在包括手机、便捷式计算机、路由器、视频游戏控制台、台式计算机、大型机和超级计算机等计算机硬件设备中。

近年来，随着高校课程改革的逐渐推进和教学模式的不断优化，有些学校的计算机相关专业率先开设了 Linux 领域的教学课程，把 Linux 操作系统作为操作系统课程类的基础课程。

在编写本书时，考虑大部分读者为初学者，所以在结构体系上采用由浅入深、循序渐进的方式。全书共分为 16 章，其中前 7 章为基础知识的讲解，后 9 章以 Linux 平台上常用服务器及服务器集群应用技术为主，力求帮助读者在初学 Linux 操作系统使用的基础上逐渐掌握 Linux 平台一些常用服务器及集群的配置方法。

本书在编写上具有以下特点。

(1) 内容组织有序，知识系统全面。

本书内容由浅入深，首先介绍 Linux 系统的基本概念和 vi 等常用命令的使用，在此基础上进一步介绍 DHCP、DNS 等常用服务器的配置技术，最后讲述 Linux 集群技术等目前业界主流的 Linux 技术。内容全面详尽，涉及 Linux 各种常用的命令和服务配置知识，信息量大，读者通过对本书的研读、学习，可以掌握各种常用 Linux 服务的配置和使用方法。

(2) 案例翔实、图例丰富并源于实际。

本书编者有多年 Linux 领域的工作经验，书中内容来自编者平时工作的积累总结，举例丰富直观，可以帮助读者有针对性地学习实际应用中的各种经验和技巧，迅速地将学习到的知识运用到实际工作中。

在编写本书时，考虑大部分读者为初学者，所以在结构体系上采用由浅入深、循序渐进的方式进行编写，全书共 16 章，前 7 章为基础知识的讲解，第 1 章为 Linux 概述；第 2 章主要讲解了 Linux 的安装与磁盘分区；第 3 章介绍了 Linux 的 vi 编辑器；第 4 章讲解了 Linux 下的命令；第 5 章讲解了 rpm 包管理、系统启动和运行级别；第 6 章介绍了 Linux 磁盘技术；第 7 章学习 Linux 网络基础；后 9 章以 Linux 平台上常用服务器及服务器集群应用技术为主，力求帮助读者在由初学 Linux 操作系统使用的基础上逐渐掌握 Linux 平台一些常用服务器及集群的配置方法。第 8 章学习了 SAMBA 服务器配置；第九章 FTP 服务器配置；第 10 章讲解了 DHCP 服务器配置；第 11 章讲解了 DNS 服务器配置；第 12 章介绍了 WEB 服务器配置、第 13 章学习了 MAIL 服务器配置、第 14 章介绍了 Linux 防火墙及 NAT；第 15 章讲解了 Linux 集群；第 16 章介绍了虚拟机和 Webmin 的安装。

本书不仅适合作为应用型高校计算机专业学生的专业课程教学用书，还可作为其他专业学生的公共课程教学及 Linux 培训教学用书。同时本书还可作为从事 Linux 系统运行维护、网络管理工作的工程技术人员的技术指导用书。为了方便教学，编者提供了配套的教学材料和 PPT，读者可从我社(www.tup.com.cn)网址下载。

本书由代洪涛、赵清晨两位老师编著，此外，徐明华、陈丽丽、张丽、刘攀攀、付中举、王程、张悦、王亚坤、周杰、胡文华、胡娜、尼春雨、尼朋、李凤云、蒋军军等人也参与了本书的校对和代码调试工作，在此一并表示感谢。

由于编者水平有限，书中难免有疏漏和不足之处，敬请广大读者批评指正。

编　者

目　　录

第 1 章 Linux 概述

学习目的与要求：

Linux 是一套免费使用和自由传播的类 Unix 操作系统，是一个基于 POSIX 和 Unix 的多用户、多任务、支持多线程和多 CPU 的操作系统。虽然存在着许多不同的 Linux 版本，但它们都使用了 Linux 内核。本章将对 Linux 操作系统和它的发展史进行简要介绍，通过对本章的学习，读者应该做到以下几点。

- 了解 Linux 的发展。
- 熟悉 Linux 操作系统的特点。
- 熟练掌握 Linux 内核版本号的意思。
- 熟悉 Linux 操作系统的组成。
- 熟悉 Linux 操作系统的文件系统。

1.1 Linux 简介

Linux 是一套免费使用和自由传播的类 Unix 操作系统，其目的是建立不受任何商品化软件的版权制约的、全世界都能自由使用的 Unix 兼容产品。

Linux 内核最早由一位名叫 Linus Torvalds 的计算机爱好者开发。这个操作系统可用于 386、486 或奔腾处理器的个人计算机上，并且具有 Unix 操作系统的全部功能，是一个完全免费的操作系统。因为 Linux 的内核代码是全部从头写的，符合 POSIX 1003.1 标准，并且 Unix 中所有的命令 Linux 都有，同 Unix 十分相似，所以人们称 Linux 为 Unix 的“克隆”。严格地说，Linux 只是一个操作系统的内核，不能被认为是一个操作系统。用 Stallman 的话说：“它只是一个内核，正确的叫法应为 GNU/Linux 操作系统。不同发行厂商发行的 Linux 操作系统只是 GNU(GNU Is Not Unix)操作系统的某个发行版。而 Linux 是各种发行版本的 GNU 操作系统的内核。”

Linux 以高效性和灵活性著称。它能够在个人计算机上实现全部的 Unix 特性，具有多任务、多用户的能力。Linux 可在 GNU 公共许可权限下免费获得，是一个符合 POSIX 标准的操作系统。Linux 操作系统软件包不仅包括完整的 Linux 操作系统，而且还包括文本编辑器、高级语言编译器等应用软件。此外，它还包括带有多个窗口管理器的 X-Windows 图形用户界面，如同使用 Windows 操作系统一样，允许用户使用窗口、图标和菜单对系统进行操作。

Linux 之所以受到广大计算机爱好者的喜爱，主要原因有两个：一是它属于自由软件，用户不用支付任何费用就可以获得它和它的源代码，并且可以根据自己的需要对它进行必要的修改和无约束的继续传播；二是，它具有 Unix 的全部功能，任何使用 Unix 操作系统或想要学习 Unix 操作系统的人都可以通过学习 Linux 来熟悉 Unix，并从中获益。

1.2 Linux 系统的主要特点

Linux 系统具有以下特点。

(1) 良好的开放性：指系统遵循世界标准规范，特别是遵循开放系统互连(OSI)国际标准。

(2) 支持多用户：是指系统资源可以被不同用户使用，每个用户对自己的资源(如文件、设备)有特定的权限，互不影响。

(3) 支持多任务：是指计算机同时执行多个程序，而且各个程序的运行互相独立。

(4) 良好的界面：Linux 向用户提供了两种界面。一个是字符界面，另一个是直观、易操作、交互性强、友好的图形化界面。在图形界面上，利用鼠标、菜单、窗口、滚动条等可以方便地操作计算机。

(5) 设备独立性：是指操作系统把所有外部设备统一当作文件来看待，用户只要安装它们的驱动程序就可以使用，任何用户都可以像使用文件一样来操作、使用这些设备，而不必知道它们的具体存在形式。Linux 是具有设备独立性的操作系统，它的内核具有高度适应能力。

(6) 良好网络功能：完善的内置网络是 Linux 的一大特点。例如，用户可以把 Linux 配置成一个防火墙，也可以把它配置成一个路由器。

(7) 可靠的安全性：Linux 采取了许多安全技术措施，包括对读、写控制、有保护的子系统、审计跟踪、核心授权等，这为网络多用户环境中的用户提供了必要的安全保障。

(8) 良好的可移植性：是指将操作系统从一个平台转移到另一个平台，使它仍然能按其自身的方式运行的能力。Linux 是一种可移植的操作系统，能够在从微型计算机到大型计算机的任何环境和任何平台上运行。

1.3　Linux 的发展

Linux 发展已有多年的历史。其在发展中，始终遵循“自由软件”的思想，正是因为如此，它才得以发展壮大。据统计，累计有 70 多万人参与了 Linux 的开发工作，现在开发社团中活跃的有 20 多万人。现在更是有无数的爱好者对其钻研，以期更加完善 Linux。

Linux 的内核没有采用任何具有专利的源代码，大量工作都是由世界各地的开发人员自愿完成的。他们所做的工作如下。

(1) 将 GNU 下的软件移植到 Linux 下，并开发出大量的软件。

(2) 遵从 GPL，使 Linux 系统得以快速改进，不断推出新的内核版本和发行套件版本，使其支持更多的硬件设备，以满足更为广泛的应用需要。

目前 Linux 的使用状况如下。

(1) 得到了大型数据库软件公司(如 Oracle、Informix、Ingres 等)的支持。大型数据库软件公司对 Linux 的支持，使它适用于大、中型企业的信息系统建设，从而更具有竞争力。

(2) IBM 大型机已经全面预装 Linux 操作系统，HP 公司也将推出自己的桌面发行版本，SGI 公司正在开发大型 Linux 图形工作站。

(3) 全球十大巨型机中，有一半在使用 Linux 操作系统。

随着 Linux 的发展，出现了越来越多的成功的开放源码软件的项目。程序的源码是公司/个人宝贵的知识财富，开放源码给软件人员提供了一个很好的学习机会，使这些知识财富得以复用。开源的另一个好处是互联网上无数程序员研究 Linux 源代码，对发现的漏洞及时弥补，使得 Linux 更加稳定、更加安全、更加完美。

注意： 源码是一个载体，承载了开发者的设计思路和开发经验。

1.4 Linux 内核版本简介

Linux 内核版本指的是在 Linux 领导下的开发小组开发出的系统内核的版本号。Linux 的内核版本由 3 部分组成：主版本号、次版本号和末版本号。其中，主版本号代表较大的改动，末版本号代表较小的改动。图 1-1 以 4.6.22 为例来说明 Linux 的版本号命名规则。

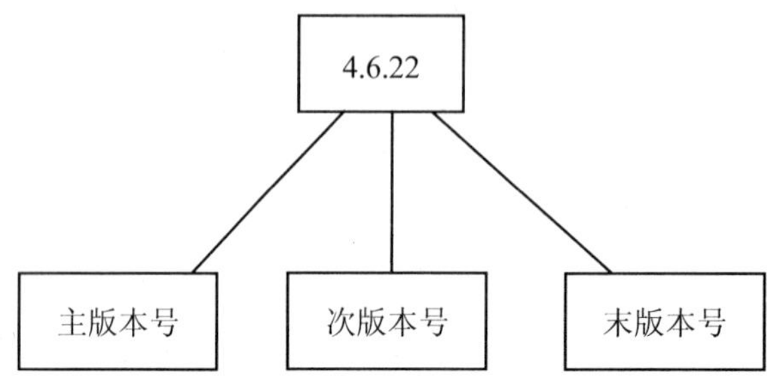

图 1-1 版本号说明

Linux 的内核具有两种不同的版本号：开发版本和稳定版本。

要确定 Linux 内核版本的类型，只要查看版本号的第二位数字即可识别：如果第二位数字是偶数，则说明该内核是一个稳定版本；如果第二位数字是奇数，则说明该内核是一个开发版本。例如，4.2.21 是一个稳定版本，4.3.10 是一个开发版本。

Linux 的两个版本是相互关联的。开发版本最初是稳定版本的副本，稳定版本只修改了错误，开发版本继续增加新的功能。例如，以 4.4.x 向 4.8.x 系列的发展为例，稳定版本 4.4.9 同时被定为开发版本 4.5.0 而完成分支，此后分别发展到 4.4.10 稳定版本和 4.5.1 开发版本，然后按照各自的方式升级，如图 1-2 所示。

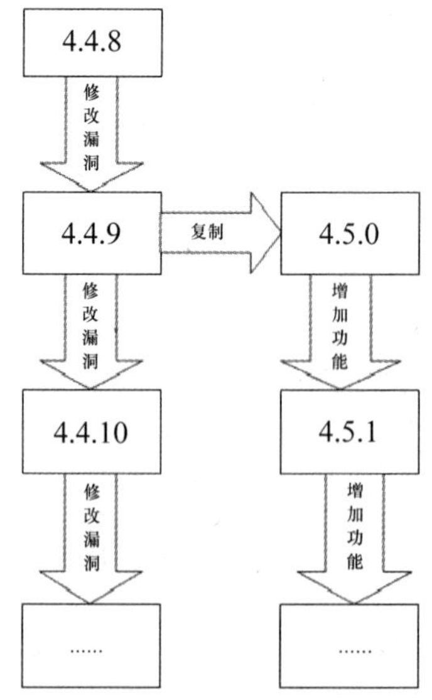

图 1-2 版本号的更新过程

稳定版本是从上一个开发版本而来的，而一个稳定版本发展到完全成熟后就不再发展。例如，1-3 系列开发版本发展到 4.1.123 时被认为已经成熟，即升级为 4.2.0。这个过程如图 1-3 所示。

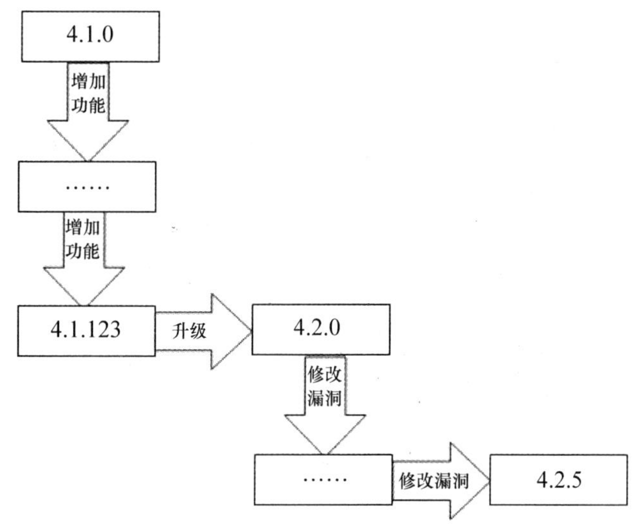

图 1-3　开发版本到稳定版本的过程

这样做的好处是：一方面，可以方便广大软件人员加入 Linux 的开发和测试中来，另一方面，又可以让一些用户使用上稳定的 Linux 版本，做到开发和实用两不误。要获得 Linux 内核的详细信息和各个版本，可以访问网站 http://www.kernel.org 进行下载，用户可以任意下载自己想要的内核版本。

目前最著名的发行版本有 Debian、红帽(Red Hat)、红旗(RedFlag)、Ubuntu、SUSE、Mandriva(原 Mandrake)等，后期我们以 Red Hat(红帽)公司的产品为例给大家进行介绍。

1.5　Linux 的组成

严格地说，Linux 这个名字仅仅是由 Linus Torvalds 主导发展的一个操作系统内核，而不是一般用户看见并使用的操作系统平台。但由于 Linux 内核得到了广泛使用和宣传，现在一般所指的 Linux 包括操作系统内核和由 GNU 提供的一系列的外围程序，它们组成了能够提供计算机硬件管理和执行用户操作请求功能的操作系统平台。这个系统在结构上可以划分为 4 个部分：内核、运行期库和系统程序、Shell 和实用工具程序。

1. 内核

内核是系统的心脏，是运行程序和管理(如磁盘、打印机等硬件设备)的核心程序。它主要包括文件管理、设备管理、内存管理、模块管理、网络管理、进程管理等方面，一般接受运行期库和系统程序中传递过来的用户命令来运行(相当于汽车的发动机)。

2. 运行期库和系统程序

运行期库和系统程序是用户程序与内核的接口，封装了内核向外提供的功能接口，将这些功能加入一定的权限检查后，通过自己的应用接口提供给一般用户进程使用(相当于汽车的传动和连杆装置)。

3. Shell

Shell 也是一个系统程序，但与后台工作的一般系统程序具有不同的功能。它直接面对用户，提供了用户与内核进行交互操作的界面，接收用户输入的命令，并把它送入内核去执行(相当于汽车的转向盘、节气门和制动等工具)。

Red Hat Linux 操作系统支持以下几种不同的 Shell。

- Bourne Shell：由贝尔实验室开发。
- Bash：是 GNU 的 Bourne Again Shell，这是 Red Hat Linux 操作系统上默认的 Shell。
- Korn Shell：是对 Bourne Shell 的发展，大部分内容与 Bourne Shell 兼容。
- C Shell：是 Sun 公司 Shell 的 BSD 版本。

Linux 同样提供了 X Windows 的图形用户界面(GUI)。它提供了很多窗口管理器，其操作就像 Windows 一样，有窗口、图标和菜单等，所有的管理都是通过鼠标控制的。现在比较流行的窗口管理器是 KDE 和 GNOME，Red Hat Linux 包括这两种窗口管理器。

4. 实用工具程序

实用工具程序是用来完成其特定工作的应用程序。标准的 Linux 系统包括一套实用工具程序，如文本编辑器、数据处理工具、开发工具、Internet 工具等。用户也可以遵照 Linux 的规则开发自己的应用程序。这些应用程序将通过 Shell 或其他系统进程、运行期库与 Linux 内核进行工作及交流，使计算机能高效率地完成自己的工作。

1.6 Linux 的文件系统与目录

1. 文件系统

文件系统指文件存在的物理空间。在 Linux 系统中，每个分区都是一个文件系统，都有自己的目录层次结构。Linux 最重要的特征之一就是支持多种文件系统，并可以和许多其他操作系统共存。由于系统已将 Linux 文件系统的所有细节进行了转换，所以 Linux 核心的其他部分及系统中运行的程序将运用统一的文件系统，从而为用户提供快速、高效率、广泛的文件访问服务。

Linux 默认采用的文件系统是 Ext(Extended File System，扩展文件系统)系列。现在 Linux 普遍采用 Ext3 版本。Ext3 是一种日志文件系统，在对该系统的数据进行写操作之前，将会把操作系统内容写入一个日志文件中，Ext3 文件系统能够极大地提高文件系统的

完整性，避免了意外宕机对文件系统的破坏。Ext3 是 Ext2 的升级版本，通过共享 Ext2 的原数据格式，继承了 Ext2 的所有优点，但比 Ext2 更安全、更稳定，因而目前的 Linux 发布版本把 Ext3 作为默认的文件系统。Linux 系统内核可以支持的其他文件系统有：reisfs、xfsjf、jfs、iso9660、xfs、minx、msdos、umsdos、vfat、hpfs、nfs、smb、sysv、proc、fat、ntfs 等。

2. 文件与文件名

文件是 Linux 用来存储信息的基本结构，它是被命名(文件名)的一组信息的集合，存储在某种介质(如磁盘、光盘和磁带等)上。Linux 文件均为无结构的字符流形式。文件名是文件的标示，可以由字母、数字、下划线、圆点构成。

Linux 要求文件名的长度限制在 256 个字符以内，用户应该选择有意义的文件名。为了便于管理和识别，用户可以把扩展名作为文件名的一部分。圆点用于分隔文件名和扩展名。扩展名对于文件分类是十分有用的，但对文件的实际内容并没有约束力，用户可以根据自己的需要，随意为某个文件加入自己的文件扩展名。

以下例子都是有效的 Linux 文件名：textfile、textfile.txt、textfile.c、textfile.bak。

3. 文件的类型

Linux 有 4 种基本的文件类型：普通文件、目录文件、链接文件和特殊文件。

(1) 普通文件：如文本文件、C 语言源码文件，Shell 脚本等。可用 less、cat、more、vi、emacs 文本编辑工具来查看内容，用 mv 命令来改名。

(2) 目录文件：包括文件名、子目录名及其指针。它是 Linux 存储文件名的唯一地方。用 ls 命令可以列出目录文件。

(3) 链接文件：是指向同一索引节点的目录条目。用 ls 命令来查看时，链接文件的标志用 l 开头，而文件后面以“→”指向所连接的文件。

(4) 特殊文件：Linux 的一些设备，如磁盘、打印机等硬件设备，都在文件系统中表示出来，这一类文件是特殊文件，放在/dev 的目录下。例如，/dev/cdrom(表示光驱)，硬盘分区的使用可用以下方式表示： /dev/hd*N。可以有如下选择：“h”表示 IDE 接口；“s”表示 SCSI 接口；“*”可用 a、b、c、d 分别表示第一个 IDE 接口的 master、slave 接口和第二个 IDE 接口的 master、slave 接口；“N”可用 1、2、3、4 来表示硬盘的第一、二、三、四分区。例如，/dev/hda1、/dev/sdd1 分别表示为第一个 IDE 接口的主盘(master 盘)的第一个分区和第二个 SCSI 接口的从盘(slave 盘)的第一个分区。

4. 目录结构

文件目录结构就是对文件组织和管理的方法。目前大部分的文件目录结构采用树形结构来管理和组织文件。这种结构有一个文件系统的“根(Root)”，然后在根上分出“树杈”(Directory)，任何树杈又可以长出树杈，树杈上也可以长出“树叶”。同样，在 Linux 系统中不同的文件系统通过虚拟文件系统(Virtual File System，VFS)界面，以统一的树形目录结构来组织和管理系统中的所有文件。

“根”和“树杈”在 Linux 中称为“目录”或“文件夹”。“叶子”则是一个个的文件。根目录为起点，所有其他的目录由根目录派生出来。用户可以浏览整个系统，可以进入任何一个有权限访问的目录，访问那里的文件。

Linux 目录提供了一个管理文件的方便途径。每个目录中都可以包含文件。用户可以为自己的文件创建目录，也可以把目录下的文件复制或移动到另一个目录下，甚至能移动整个目录，并可以与其他用户共享目录和文件。

1) 工作目录和用户主目录

从逻辑上讲，用户在登录到 Linux 系统中后，每时每刻都处在某个目录下，此目录就是工作目录或当前目录(Working Directory)。工作目录可以随时改变，用户初始登录到系统中是其主目录(Home Directory)，那么这时的主目录也是该用户的工作目录。工作目录用“.”表示，其父目录用“..”表示。

用户主目录是系统管理员添加用户时建立起来的(以后可以改变)，每个用户都有自己的主目录，不同用户的主目录一般不相同。用户刚登录到系统时，其工作的目录便是该用户主目录，通常与用户的登录名相同。用户主目录用“~”表示。

2) 路径

路径是指从树形目录的某一个目录层次到某个文件的一条道路。此路径的主要构成是目录名称，中间用“/”分隔。任何文件在文件系统中的位置都是由相应的路径决定的。

用户在对文件进行访问时，要给出文件所在的路径。路径又分为相对路径和绝对路径。绝对路径是指从“根”开始的路径，也称完全路径；相对路径是从用户工作目录开始的路径。

在树形目录结构中，到某一确定文件的绝对路径和相对路径均只有一条。绝对路径是确定不变的，而相对路径是随着用户工作目录的变化而变化的。认识这一点对于以后使用某些命令(如 cp 、mv、tar 等)大有好处。

用户要访问一个文件时，可以通过路径来访问，并且可以根据访问的文件与用户工作目录的相对位置来引用它，而不需要列出这个文件的完整路径名。

例如：用户 tom 有一个名为 class 的目录，该目录有两个文件 class-1 和 class-2。若用户 tom`当前的目录是/home/tom，需要显示其 class 目录中的名为 class-1 的文件内容时可以使用下列命令。

```
[TOM@hostl ~~]$ cat /home/tom/class/class-1
```

用户可以根据文件 class-1 与当前工作目录的相对位置来引用该文件，命令如下。

```
[TOM@hostl ~~]$ cat class/class-1
```

3) 目录结构的说明

Linux 系统有其特定的文件系统的目录组织结构，了解这些目录结构是学习 Linux 管理操作的基础，具体见表 1-1。

表 1-1 Linux 目录结构说明

目 录	说 明
/sbin	这个目录是系统中最主要的可执行文件的存放位置。该目录包含着所有的标准命令和应用程序，一般用户和超级用户都会使用其中的命令，如 ls、su、mount 等
/dev	该目录包含了 Linux 系统中使用的所有外部设备，它实际上是访问这些外部设备的端口。用户可以访问这些外部设备，与访问一个文件或一个目录没有区别。例如，在系统中输入“cd /dev/cdrom”，就可以看到光驱中的文件；输入“cd /dev/mouse”即可看到鼠标的相关文件
/bin	该目录下存放的都是系统启动时要用到的程序，当用 grub 引导 Linux 时，会用到这里的一些信息
/etc	该目录存放了系统管理时要用到的各种配置文件和子目录，如网络配置文件、文件系统、X 系统配置文件、设备配置信息、设置用户信息等
/home	这是系统默认的普通用户主目录和根目录。如果建立一个名为“××”的用户，那么在 /home 目录下就有一个对应的“/home/××”路径，用来存放该用户的主目录
/initrd	使用 Ramdisk 方式启动时，用于挂载 RAM 设备文件
/lib	该目录用来存放系统动态连接共享库，几乎所有的应用程序都会用到该目录下的共享库
/lost + found	该目录在大多数情况下都是空的。但当突然停电或者非正常关机后，有些文件被临时存放在这里
/mnt	该目录在一般情况下也是空的，用户可以临时将其他的文件系统挂在该目录下
/proc	可以在该目录下获取系统信息，这些信息是在内存中由系统自己产生的
/root	如果以超级用户的身份登录，它就是超级用户的主目录
/usr	用户的很多应用程序和文件都存放在该目录下
/var	存放一些系统记录文件，此外，HTTP 和 FTP 服务器的数据也存放在这个目录的子目录中
/tmp	用来存放不同程序执行时产生的临时文件

本 章 习 题

一、填空题

1. Linux 的内核开发者是________。
2. Linux 的全称为________操作系统。
3. Linux 是一套________和________的类 Unix 操作系统。
4. Linux 具有________、________、________、________、________、________、________等特点。
5. Linux 在发展中始终遵循________的思想，所以才能不断地壮大。
6. Linux 的内核具有两种不同的版本号，即________、________。
7. Linux 的内核版本是 2.4.6，它的主版本号是________。
8. 内核版本 2.6.15 是一个________版内核。内核版本 2.13.26 是一个________版内核。

二、问答题

1. Linux 由哪几部分组成？
2. Linux 有哪几种文件类型？
3. 在 Linux 下什么是用户主目录？什么是工作目录？
4. 在 Linux 下什么是绝对路径？什么是相对路径？

第 2 章

Linux 的安装与磁盘分区

学习目的与要求：

本章主要学习通过多种方法来安装 Linux，通过使用工具对磁盘进行分区，对分区进行格式化及挂载分区等。

通过本章的学习，要求读者做到以下几点。

- 熟练使用图形模式和字符模式安装 Linux。
- 熟练使用 FTP 网络安装 Linux。
- 熟练使用 Fdisk 工具对硬盘分区。
- 熟练使用 mkfs 工具格式化分区并学会使用 mount 命令挂载分区。

2.1 Linux 的安装

Linux 操作系统能够兼容不同的文件系统，并且能够和其他操作系统共存在同一个机器上，因而在系统安装中体现出灵活的可定制过程。初学者可以通过定制不同的安装模式来了解 Linux 系统的基本结构、不同文件系统在硬盘上的分布、不同操作系统之间配合的知识。

Linux 操作系统的安装是学习 Linux 操作系统的第一步。初学者要反复试验和尝试，才能了解不同的安装配置对最终系统的影响，然后再根据应用的需要来选择合适的安装类型、硬盘分区方式、最有效的软件搭配，从而建立高效、精简、安全的操作系统。

Linux 操作系统的安装越来越多地具有图形化的安装提示等人性化特点，使得系统的安装更加简单。但相对来说，Linux 并没有像 Windows 那样完全自动安装，而是提供了更多的定制功能，因而需要安装人员对 Linux 有一定了解并有相应的安装前的规划准备，才能很好地完成系统的安装任务。

Linux 安装时有许多功能需要制定，这使得 Linux 变得更加灵活。用户可以把 Linux 安装后放到一张软盘上(1MB 左右)，也可以把 Linux 安装成一个上 TG(字节数)的操作系统。类似于搭积木，用户可以把 Linux 的一些模块按照自己的需要有选择性地一块一块地插进去，也可以一块一块地拆下来。

Linux 的安装方式有 CD-ROM 安装、NFS 安装、硬盘安装、FTP 安装及 HTTP 安装等安装方式，用户可以根据自己的需要选择 Linux 的安装方式。下面以光盘安装和网络安装为例进行讲解。

2.1.1 光盘安装

光盘安装有两种安装方法：一种是在图形模式下安装；另一种是在字符模式下安装。下面分别进行介绍。

1. 图形模式下安装

要开始安装必须首先在计算机的 BIOS 中设置光驱引导，将引导光盘插入光驱(一般 Linux 的安装光盘都带引导程序)后就会出现 Linux 的安装界面，如图 2-1 所示。

(1) 图 2-1 中显示了两种安装方法，字符模式的安装稍后作介绍，首先介绍图形界面的安装方式，直接在图中按 Enter 键即可进入图形的安装界面。

(2) 如图 2-2 所示，提示是否检查 CD 光盘，如果检查，单击 OK 按钮；如果不检查，单击 Skip 按钮。检查 CD 光盘的时间较长，这里按 Tab 键，单击 Skip 按钮。

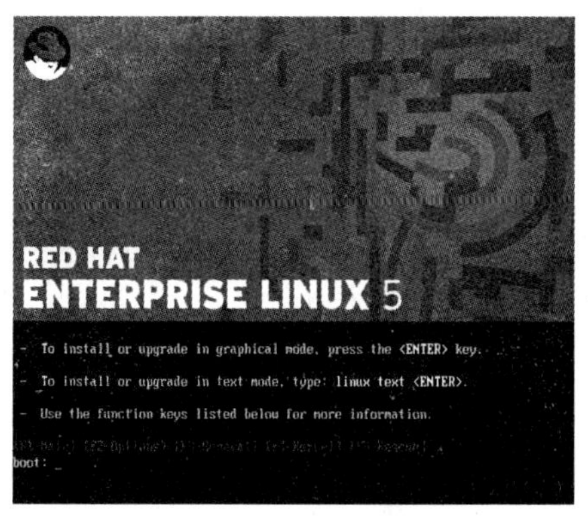

图 2-1　Linux 的安装界面

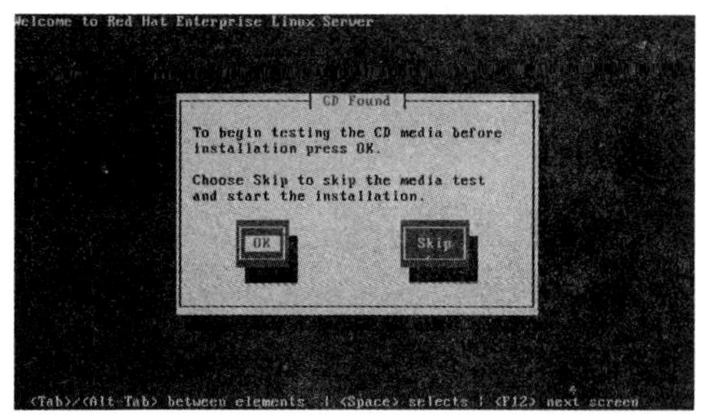

图 2-2　检查光驱中的 CD 盘

(3) 返回 Linux 的安装界面，单击 Next 按钮进入下一步，如图 2-3 所示。

(4) 选择恰当的语言并单击 Next 按钮，安装程序会试图根据所选的语言来定义恰当的时区，如图 2-4 所示。

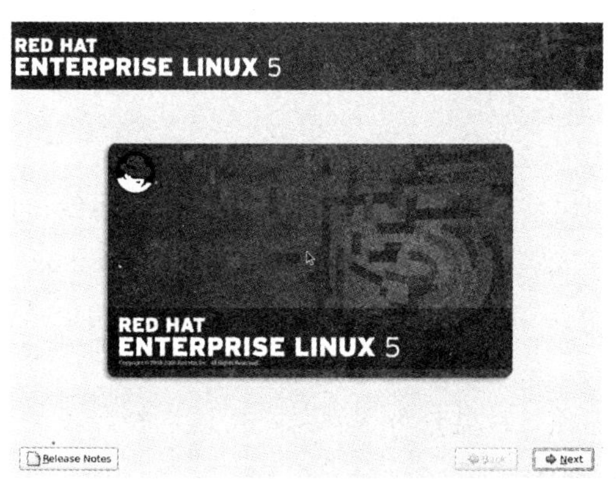

图 2-3　Linux 的欢迎界面

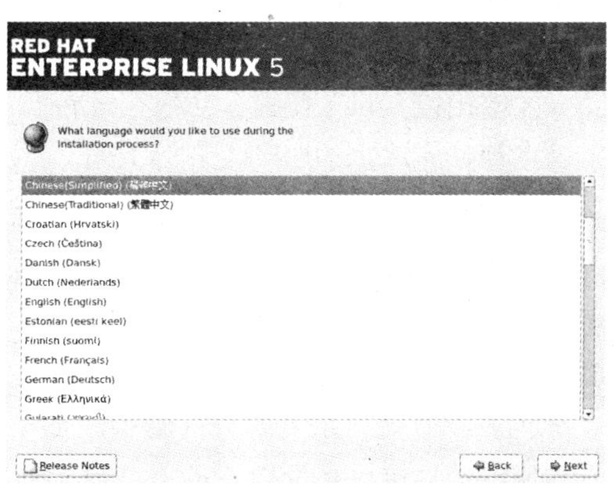

图 2-4　语言的选择

(5) 选择键盘布局类型，如图 2-5 所示，单击“下一步”按钮并输入安装序列号，如图 2-6 所示。如果没有，可以跳过。或者下载一个序列号进行输入，单击“下一步”按钮。

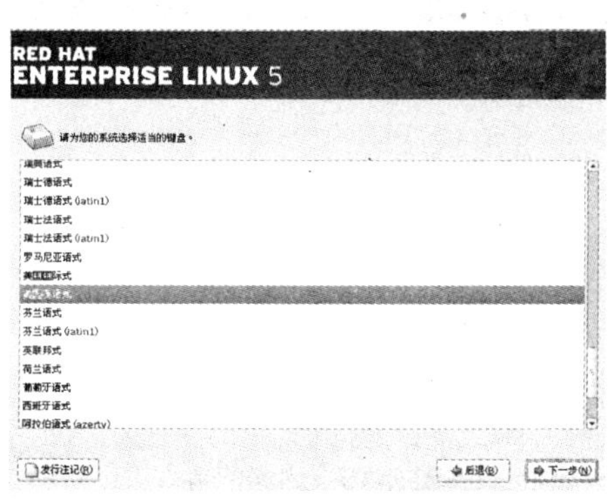

图 2-5　键盘设置

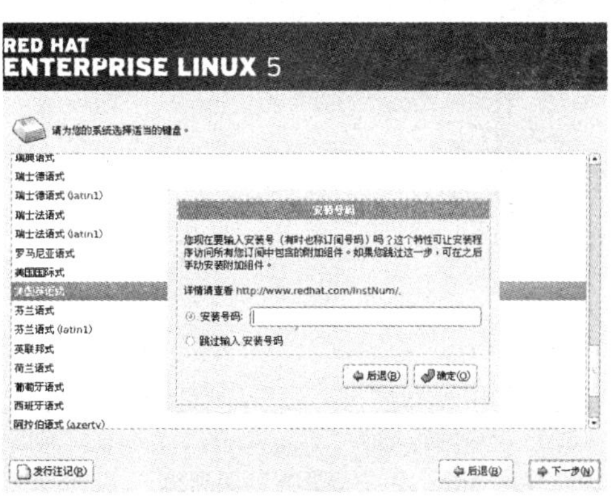

图 2-6　输入安装序列号

(6) 弹出“警告”消息框，单击“是”按钮，对硬盘进行分区，如图 2-7 所示。

(7) 出现如图 2-8 所示的 4 个选项。第一次安装 Linux 的用户建议使用前 3 个，有过安装经验的用户可以使用第 4 个。

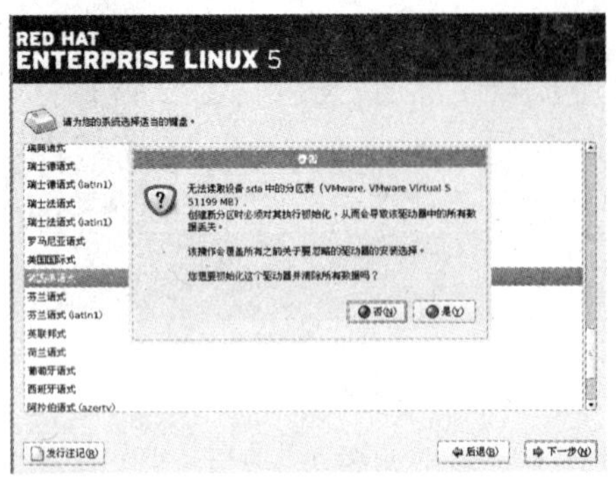

图 2-7 警告

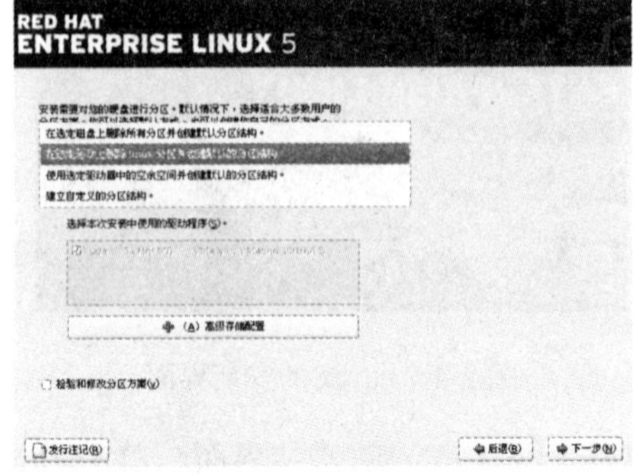

图 2-8 分区

各选项说明如下。

第一种：在选定磁盘上删除所有分区并创建默认分区结构。删除硬盘的所有分区建立新的分区结构被 Linux 使用，一般在一台新的磁盘上使用。

第二种：在选定的驱动上删除 Linux。如果磁盘装有 Linux，选择此项。

第三种：使用选定驱动器中的空余空间并创建默认的分区结构。如果使用双系统，而且 Windows 和 Linux 共存，选择此项。注意：在安装双系统时，Windows 必须给 Linux 留出足够的磁盘空间，在 Windows 中的磁盘管理中要删除一个分区给 Linux 使用，切记是删除，不是格式化，有的使用者经常在这里出错。

第四种：建立自定义的分区结构。如果安装者对磁盘分区很熟悉，可以选择此项，这种方式使得用户可以根据自己的需要自主地设置分区。

在这里选择第二种，单击“下一步”按钮。

(8) 弹出“警告”消息框，单击“是”按钮，确定执行删除操作。如图 2-9 所示，单击“下一步”按钮后进行网络的配置，这里直接单击“下一步”按钮，如图 2-10 所示。

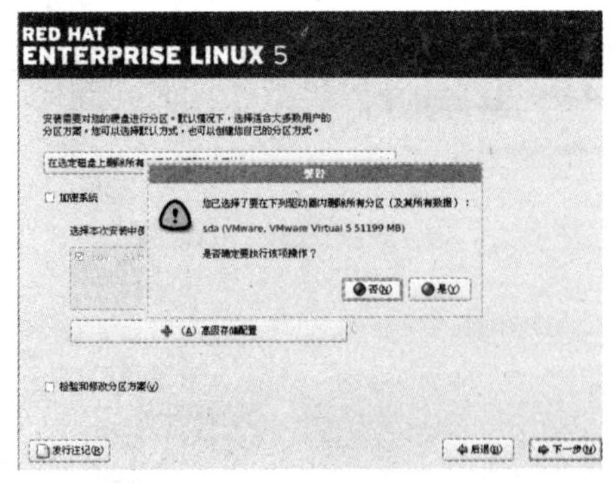

图 2-9 “警告”消息框

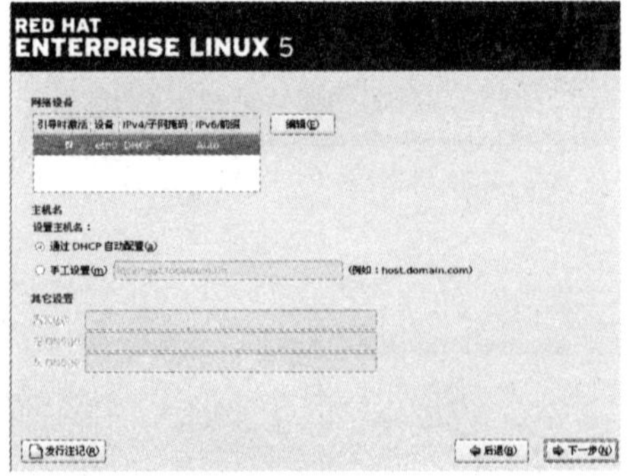

图 2-10 网络配置

(9) 配置时区和设置管理员密码，如图 2-11 和图 2-12 所示。

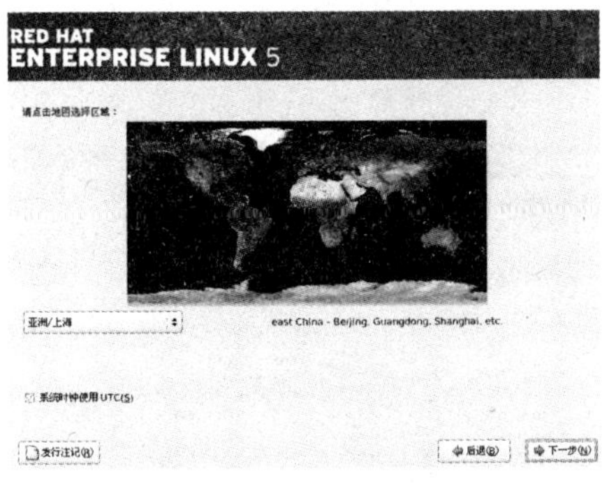

图 2-11 时区配置

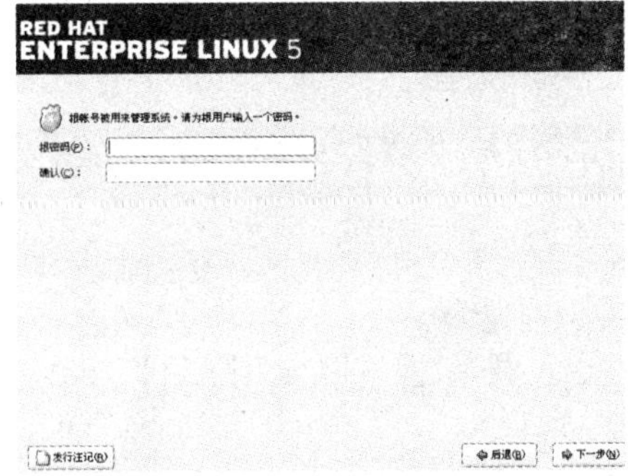

图 2-12 管理员密码设置

(10) 选择要安装的 Linux 是什么类型的服务器，当然也可以选择“现在定制”单选按钮，根据用户的需要自行安装所需要的软件，这里选择“现在定制”单选按钮安装所需要的软件，如图 2-13 所示。当然如果是第一次安装可以直接单击“下一步”按钮让系统默认安装。

(11) 这里安装一个简单的操作系统，不安装桌面程序，单击“下一步”按钮，如图 2-14 所示。

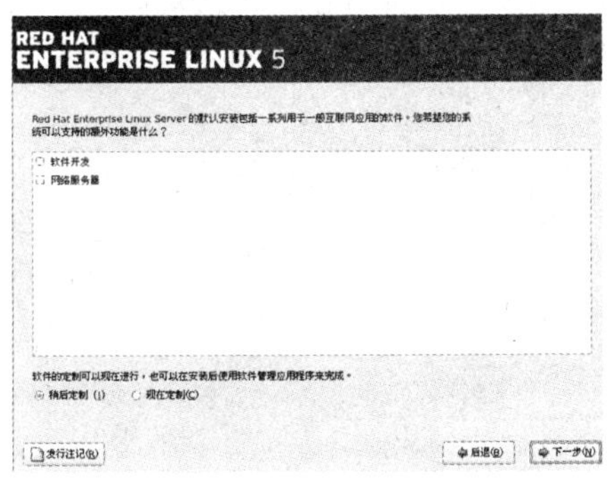

图 2-13 选择“现在定制”单选按钮

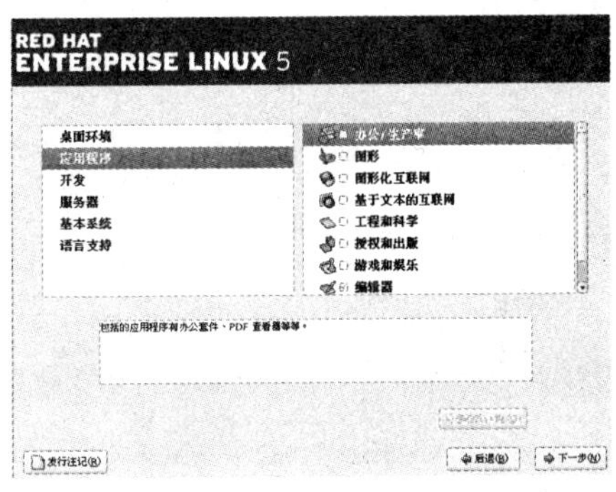

图 2-14 安装需要的软件

(12) 系统自动解决用户所安装软件包的依赖关系，如图 2-15 所示。

(13) 接着弹出一个安装前的提示，如图 2-16 所示，直接单击“下一步”按钮开始安装系统。

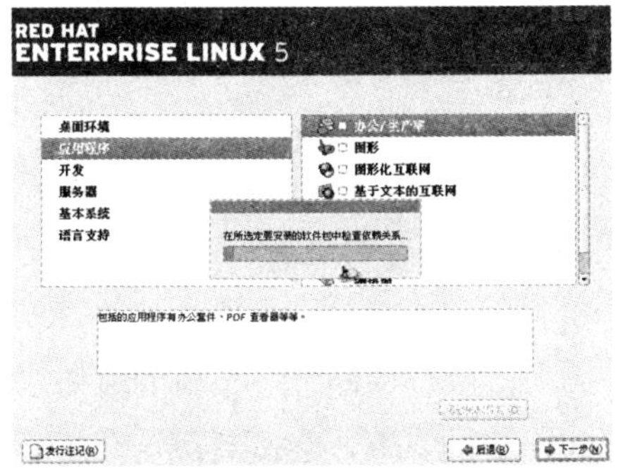

图 2-15 自动解决包依赖关系

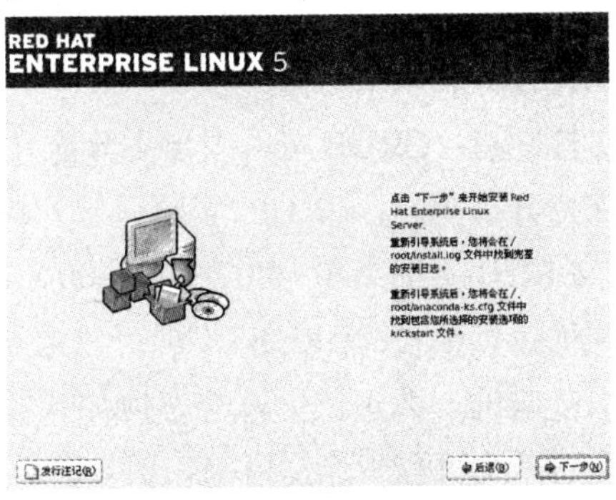

图 2-16 安装前的提示

(14) 安装程序开始格式化安装的 Linux 操作系统，如图 2-17 所示。安装完成后的界面如图 2-18 所示。

图 2-17　格式化系统

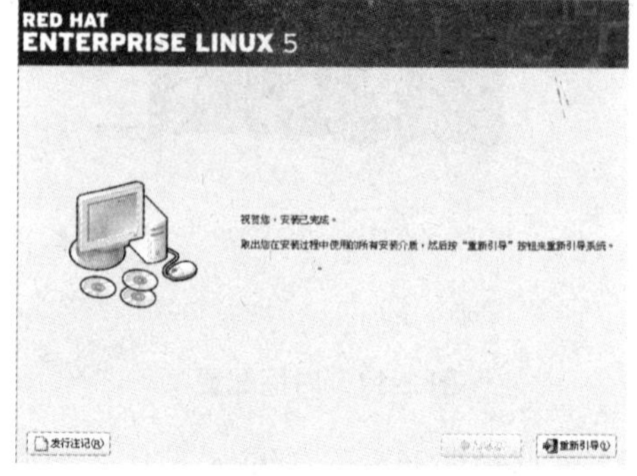

图 2-18　安装完成界面

(15) 安装完后重启 Linux 会进入管理界面，如图 2-19 所示。在该界面按向下方向键会进入 GRUB 管理界面，如图 2-20 所示。

图 2-19　Linux 的管理界面

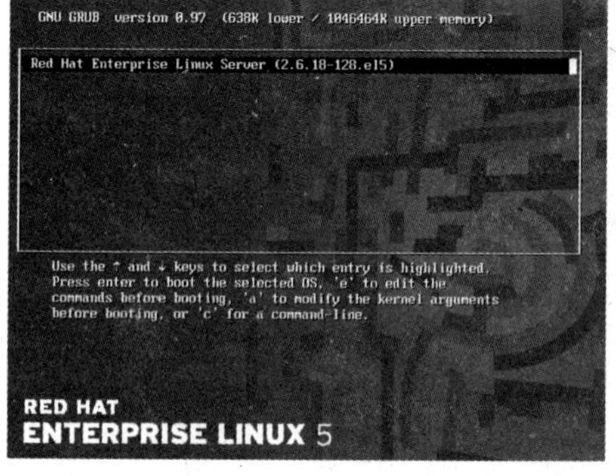

图 2-20　GRUP 界面

GRUB 是一个多重引导加载程序，是 Grand Unified Bootloader 的缩写。它可以在多个操作系统共存时选择引导哪个系统，可以引导的操作系统有 Linux Windows 95/98/NT/2000/XP、FreeBSD Solaris NetBSD 等。可以按 E 键在启动之前编辑命令，按 A 键在系统启动之前修改内核参数，按 C 键获得一个命令行。

GRUB 具有以下特点。

支持硬盘：GRUB 可以引导主分区在 8GB 以上的操作系统。

支持开机画面：GRUP 支持引导开机的同时显示一个画面。可以制作自己的个性开机画面。GRUB 支持 640×480、800×600、1024×768 各种模式的开机画面。

两种执行模式：GRUB 不但可以通过配置文件进行列行的引导，在选择引导前动态地改变引导时的参数，还可以动态地加载各种设备。例如，用户编译了一个新的内核，但是不确定它是否可以工作，可以在引导时动态地改变 GRUB 的参数，尝试装载这个新的内核进行使用。

除此之外，GRUB 还有非常大的功能，如支持多种外部设备，动态装载操作系统内核，甚至可以通过网络装载操作系统内核。它还支持多种可执行文件、多文件系统，支持自动压缩，可以引导不支持多重引导的操作系统。

2. 字符模式下安装

字符模式下安装的好处是简单、方便，安装速度比界面安装要快。下面为大家介绍字符模式下安装的步骤。

(1) 进入 Linux 的安装界面，如图 2-21 所示，在 boot 后面输入“linux text”，按 Enter 键进入字符界面，接下来会提示是否检测光盘(见图 2-2)，单击 Skip 按钮，进入 Linux 安装的欢迎界面，如图 2-22 所示。

图 2-21　系统安装界面

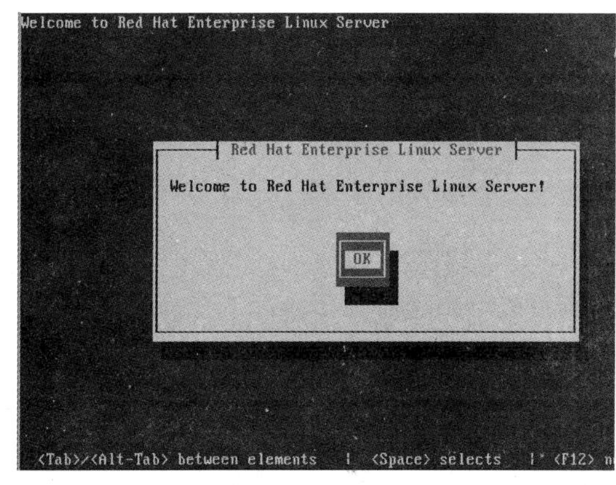

图 2-22　欢迎界面

(2) 进入语言选择项，选择 Chinese(Simplified)选项，即简体中文，单击 OK 按钮，如图 2-23 所示。

(3) 接下来会提示中文模式在字符安装下不能使用，仍然使用英文模式，如图 2-24 所示，单击 OK 按钮进入下一个界面。

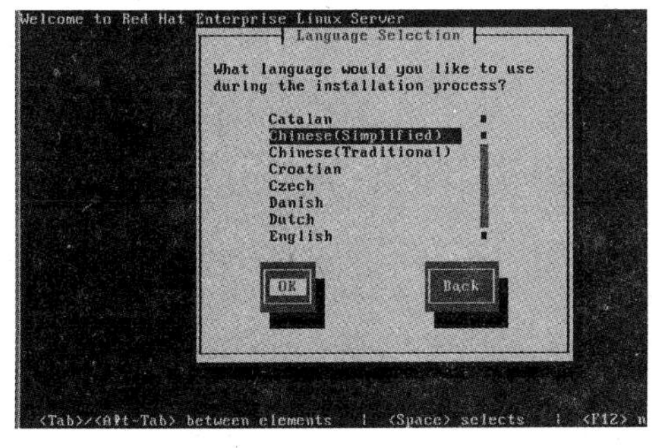

图 2-23　选择语言

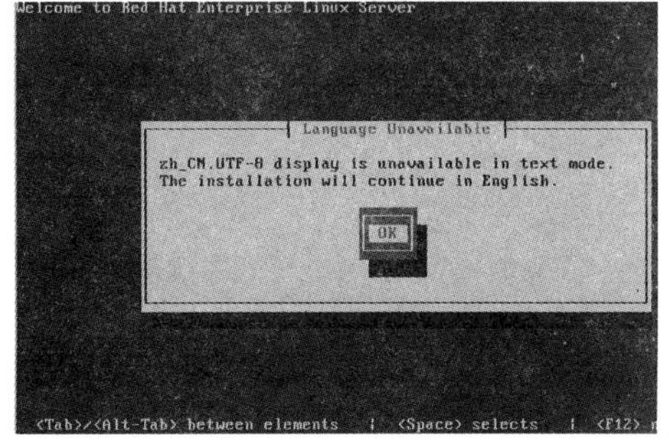

图 2-24　字符模式下无法使用中文

(4) 系统将检测键盘，按照默认选择，如图 2-25 所示。接着如图 2-26 所示要求输入安装序列号，这里跳过此步骤。

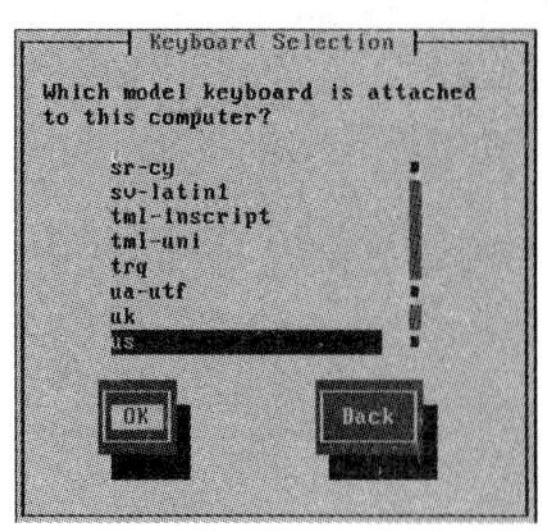

图 2-25　键盘布局

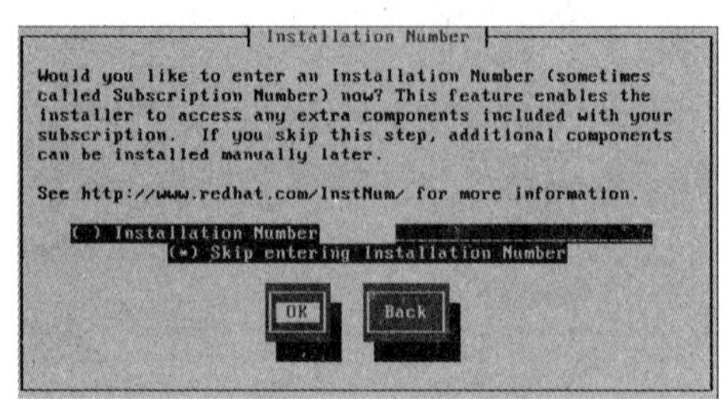

图 2-26　安装序列号

(5) 弹出提示信息，如果序列号丢失可以登录以下网址，如图 2-27 所示，单击 Skip 按钮。

(6) 接下来选择格式化硬盘选项，如图 2-28 所示，按照默认删除所有 Linux 分区，单击 OK 按钮。

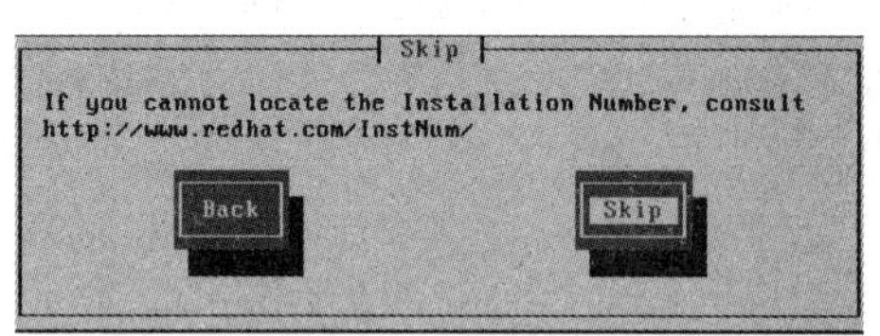

图 2-27　提示信息

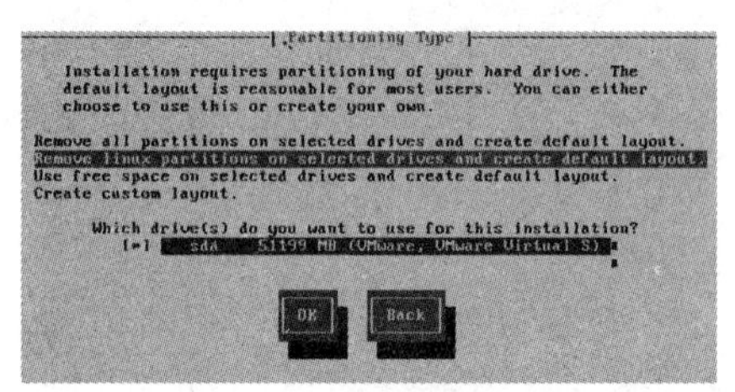

图 2-28　删除分区

(7) 接着系统警告删除分区将会丢失所有数据，单击 Yes 按钮确认，如图 2-29 和图 2-30 所示。

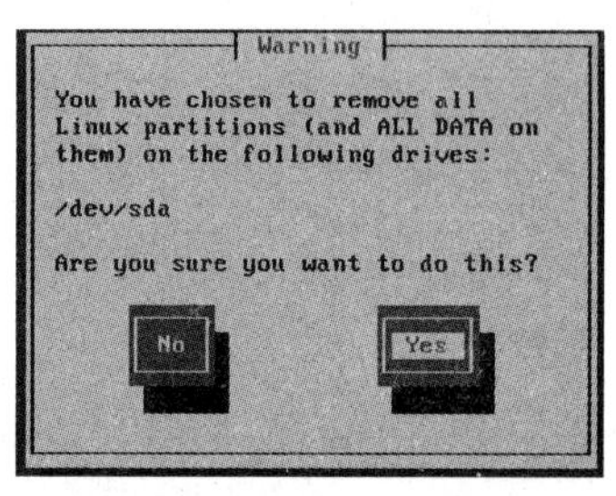

图 2-29　警告(一)

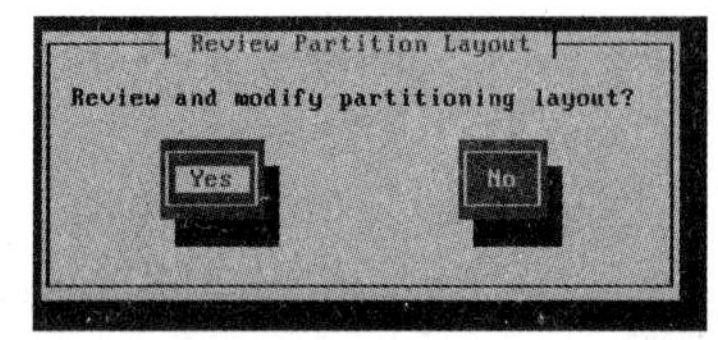

图 2-30　警告(二)

(8) 系统分区情况如图 2-31 所示，系统使用 GRUB 引导系统，如图 2-32 所示。关于启动时内核对硬盘支持的可以留空不填，如图 2-33 所示。第二个 Force use of LBA 32 模式一般可以不选择，按照默认单击 OK 按钮。

(9) 为 GRUB 设置密码，如图 2-34 所示，这里按默认单击 OK 按钮。

(10) 进入图 2-35 所示的界面，提示用户 Linux 服务器可以启动多个操作系统，单击 OK 按钮。进入图 2-36 所示的界面，提示主引导分区 MBR 在 sda 硬盘上，按照默认单击 OK 按钮。

(11) 进行网卡配置选项，单击 Yes 按钮，如图 2-37 所示，然后选择激活 Enable IPv4 support 和 Enable IPv6 support 选项，单击 OK 按钮，如图 2-38 所示。

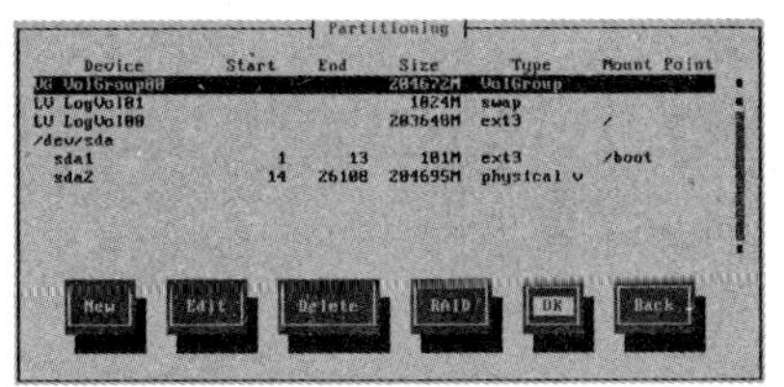

图 2-31　分区情况

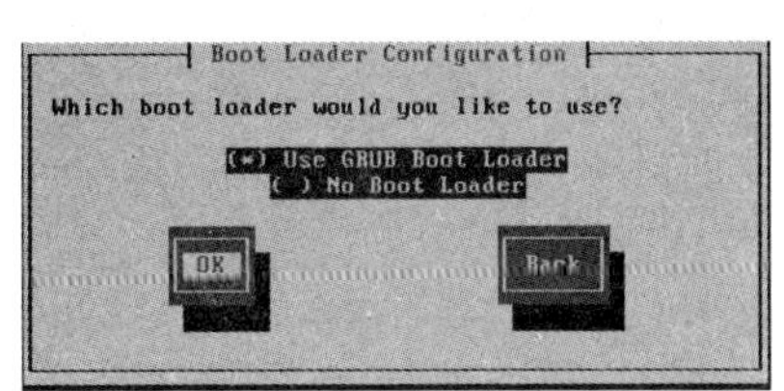

图 2-32　使用 GRUP 引导系统

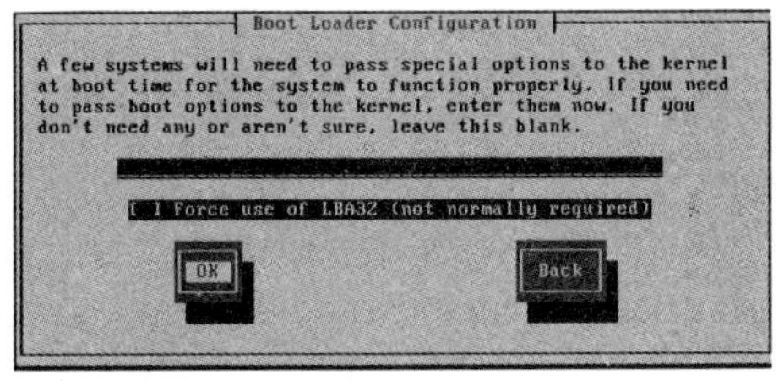

图 2-33　内核对硬盘的支持

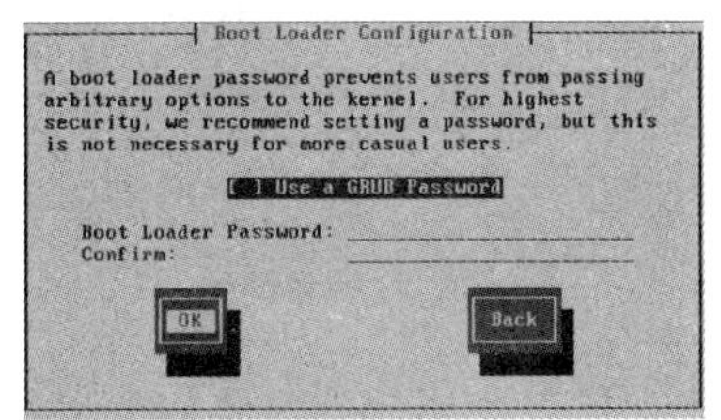

图 2-34　设置 GRUP 密码

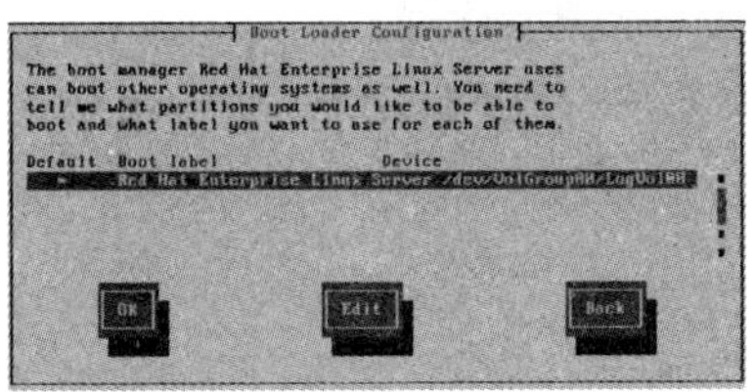

图 2-35　可以启动多个系统

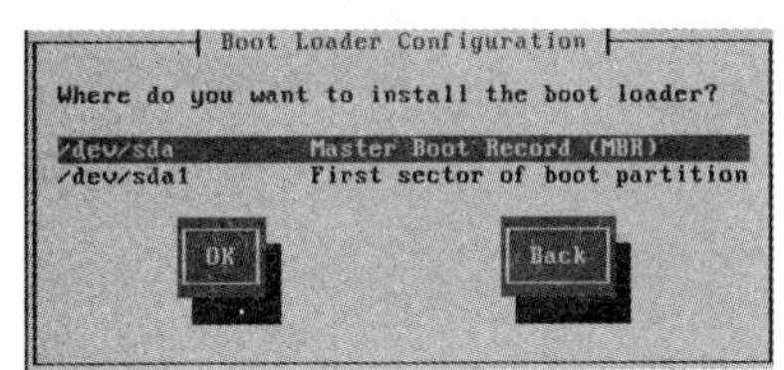

图 2-36　MBR 所在硬盘

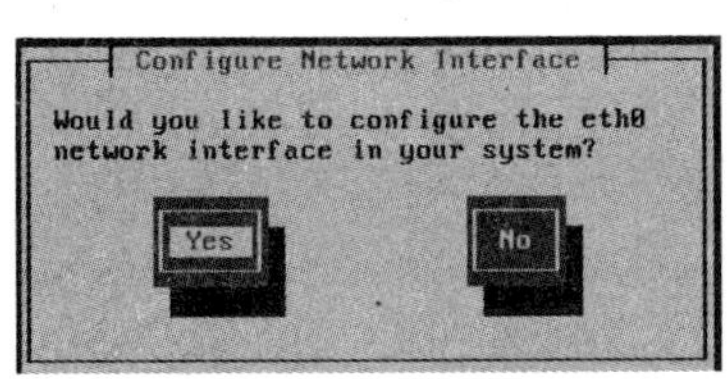

图 2-37　配置网卡 eth0

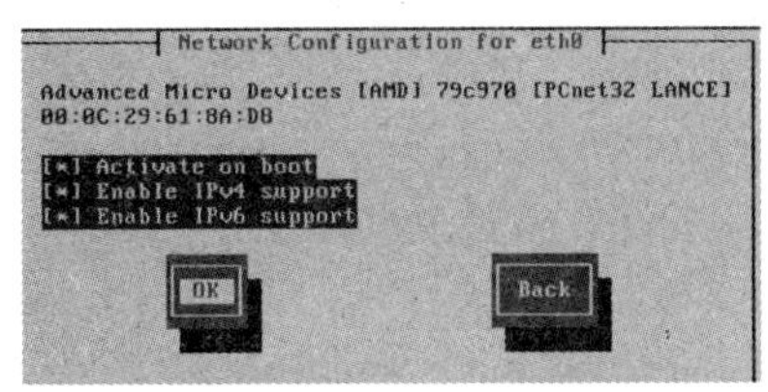

图 2-38　激活 IPv4 和 IPv6

(12) 如图 2-39 所示，选择 DHCP 自动获取还是输入 IP 地址，这里选择默认选项，单击 OK 按钮。

(13) 接下来设置主机名，按照默认选项，单击 OK 按钮，如图 2-40 所示。

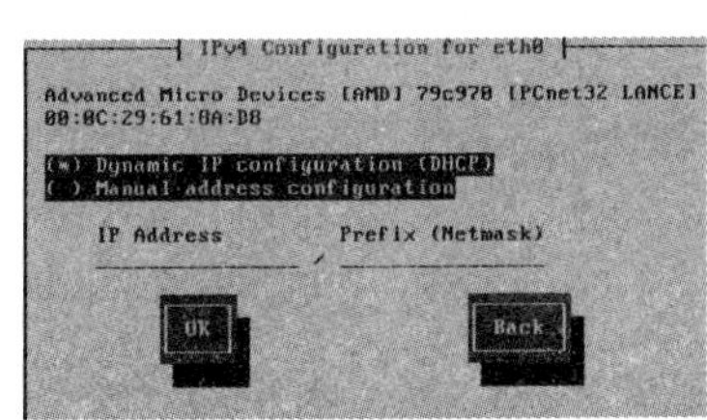

图 2-39　配置 IP 地址

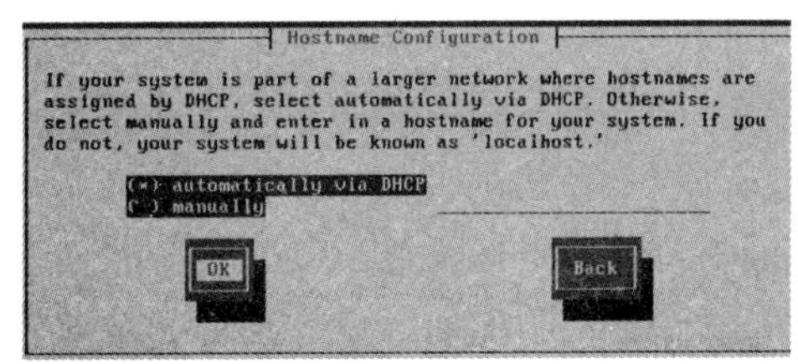

图 2-40　主机名

(14) 设置系统时区，如图 2-41 所示。选择 Asia/Shanghai 选项，然后设置登录密码，如图 2-42 所示。

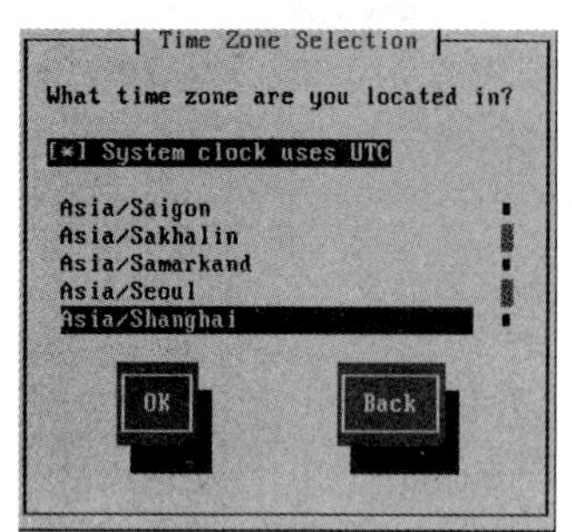

图 2-41　配置时区

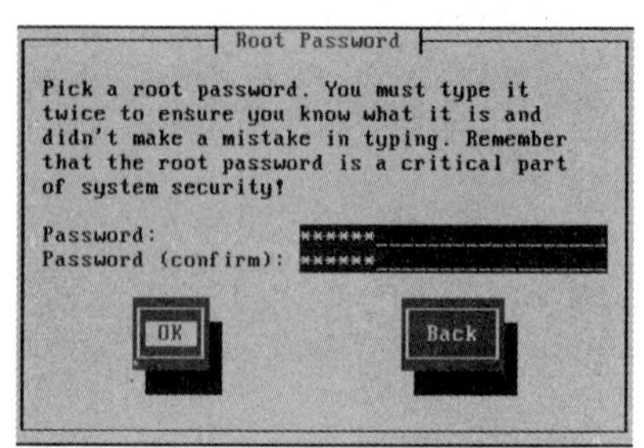

图 2-42　设置管理员密码

(15) 保存以上步骤的配置，如图 2-43 所示。

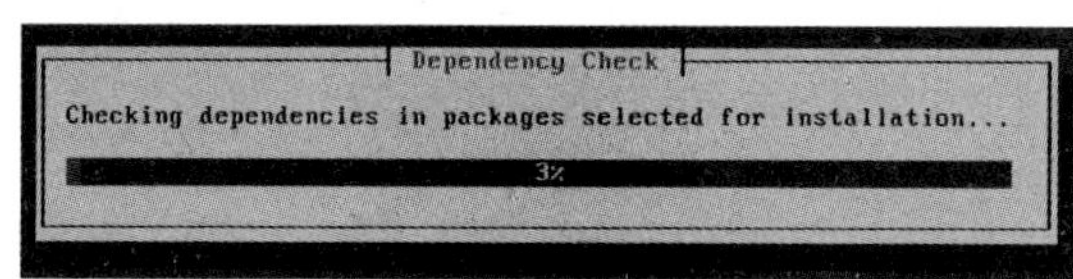

图 2-43　保存以上步骤的配置

(16) 选择系统的模式，是软件开发形式、Web 形式，还是自定义，这里选择 Web server 选项，如图 2-44 所示。

(17) 系统开始安装 Linux 系统，如图 2-45 所示。

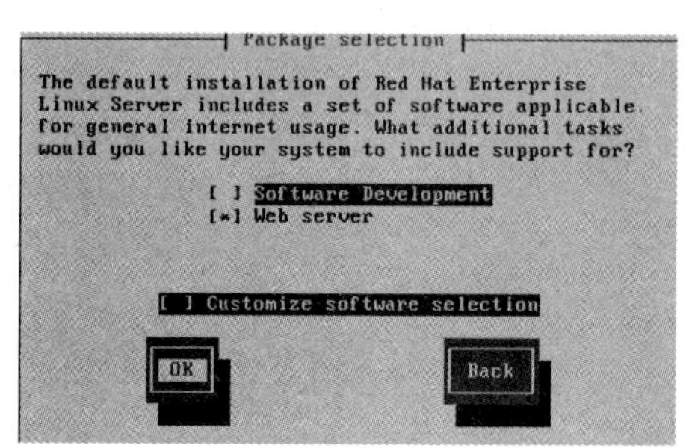

图 2-44　选择系统的模式

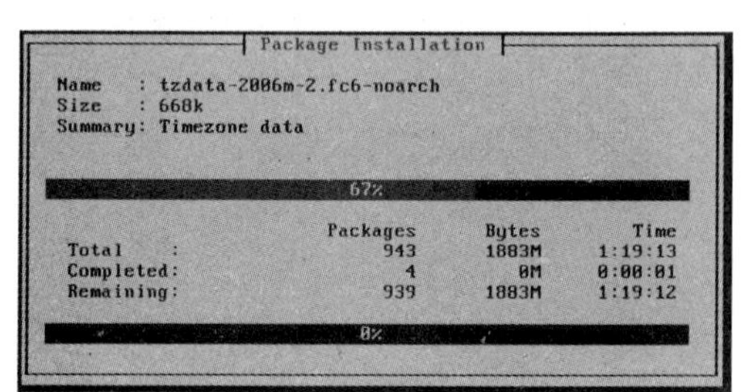

图 2-45　系统安装

系统安装完成后，重新启动计算机，将进入 GRUB 启动引导菜单，使用上下移动键选择启动的 Linux 系统，按 Enter 键后引导程序，将会装入 Linux 内核并启动它。然后，系统进入一系列的自检和初始化系统后处于登录状态，接着会要求输入用户名和密码，输入完合法的用户名和密码后，系统会启动 Windows 窗口。这时就可以看到一个和自己熟悉的 Windows 风格不同的界面，我们会在后面学习和了解这个操作系统。

注意： 字符模式下安装重新启动计算机后系统会自动进入字符模式。

2.1.2　网络安装

网络安装 Linux 系统的方法有 FTP 安装方法和 PXE 网络无人值守安装方法。本书只介绍 FTP 安装方法，PXE 方法如有需要，读者可自行查询相关资料。

下面介绍如何使用 FTP 网络安装方式安装 Linux 系统，在安装之前，先在另外一台计算机里架设一个 FTP 服务器(FTP 服务器不是本章的内容，在第 9 章有详细的介绍)，然后将光盘的所有内容复制到 FTP 的根目录/var/ftp/pub，将 pub 目录的权限放到最大(权限的设置在后面有详细的介绍)。

首先在服务器上将光盘挂载(所有外置设备都需要挂载到目录才能访问)，挂载光盘的命令是 mount /dev/cdrom /mnt，意思是将光盘挂载到 mnt 目录；进入光盘目录 cd/mnt/Server；安装 FTP 服务器 rpm-ivh vsftpd-2.0.5-12.e15.i386.rpm；启动 FTP 服务器 service vsftpd start；复制光盘内容 cp/mnt/* /var/ftp/pub(“*”代表所有内容)；复制 pub 目录最大权限 chmod-R777/var/ftp/pub。

在每台计算机上使用光盘启动，输入 linux askmethod 启动网络安装，如图 2-46 所示。

接下来和字符模式下安装一样选择安装语言和键盘，只是在选择安装方式的时候选择 FTP 选项，如图 2-47 所示。

图 2-46　启动网络安装

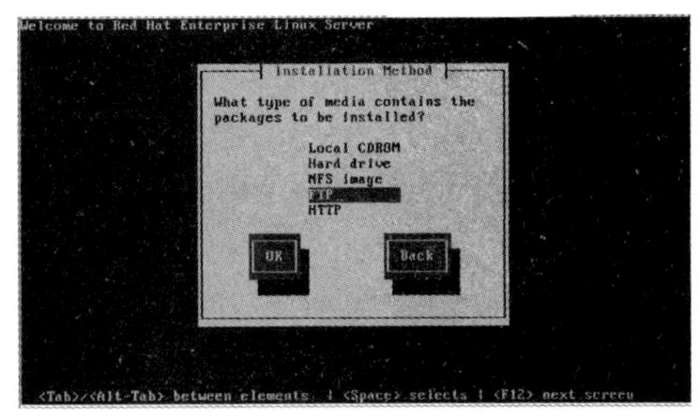

图 2-47　选择 FTP 安装

单击 OK 按钮，然后按默认配置，在选择 FTP 服务器地址和目录的时候指定 FTP 地址和主目录，如图 2-48 所示。然后就进入图形的安装界面，按照上面的图形模式安装即可。

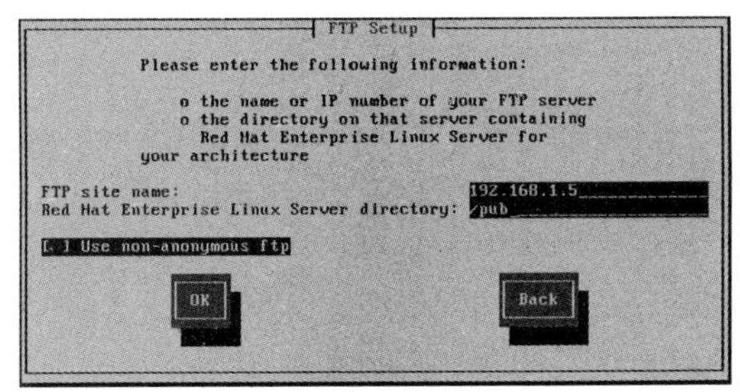

图 2-48　指定 FTP 服务器地址及主目录

2.2 磁盘分区

分区是指在硬盘的自由空间上将一块物理硬盘分成多个能被格式化的逻辑单元的一种操作。对硬盘进行分区的目的主要有 3 个：初始化硬盘，以便可以格式化和存储数据；用来分隔不同的操作系统，以保证多个操作系统在同一个硬盘上正常运行；便于管理，可以有针对性地对数据进行分类储藏，另外也可以更好地利用磁盘空间。

2.2.1 分区的类型

磁盘可以划分为两种类型的分区：主分区和扩展分区。

1. 主分区

主分区(Primary Partition)是指物理磁盘可以标记为激活，系统可以用来启动计算机的磁盘分区。在 Linux 系统中，每个物理磁盘最多可以有 4 个主分区，多个主分区共存的主要目的是分隔不同的操作系统，其次是用于存放不同类型的数据，主分区是不能够再划分分区的。

2. 扩展分区

扩展分区(Extended Partition)就是为了突破一个磁盘上只能建立 4 个分区的限制而引入的。通过扩展分区，可以将硬盘划分为多于 4 个的逻辑分区。

扩展分区也必须建立在自由空间上，一个硬盘上只能有一个扩展分区，因此在对磁盘进行分区时，应该把主分区以外的自由空间分配多个扩展分区，然后再在扩展分区上建立逻辑分区。多个逻辑分区的好处是可以把应用程序和数据文件分别存放在不同的逻辑分区上，以便于检索和备份。

3. Linux 分区的表示

Linux 内核设备管理规定，计算机的硬件设备都以文件的方式进行管理，所有的设备都映射到/dev 目录中相应的文件，因而磁盘分区也由该目录下的相应文件代替，文件名使用字符和数字组合，格式如下。

```
/dev/xxyn
```

其中，/dev/是所有设备文件所在的目录，因为分区在硬盘上，而硬盘是设备，所以这些文件代表了在/dev/上所有可能的分区。“xx”为分区名的前两个字母，表明分区所在设备的类型，通常是 hd(IDE 磁盘)和 sd(SCSI 硬盘)；“y”代表分区所在的设备，例如/dev/hda(第一个 IDE 磁盘)或/dev/sdb(第二个 SCSI 磁盘)；“n”是数字代表分区，前 4 个分区(主分区或扩展分区)分别用 1～4 表示，逻辑分区从 5 开始，例如，/dev/hda3 是在第一个 IDE 硬盘上的第三个主分区，/dev/sdb5 是在第二个 SCSI 硬盘上的第一个逻辑分区。

4. Linux 磁盘分区挂载

在划分好分区后，首先了解一下操作系统如何使用及访问各个分区，这在 DOS 和 Windows 中相对来说较为简单，每一个分区有一个“驱动器字符”，通过使用适当的驱动器字符就可以访问相应的分区上的文件和目录，而 Linux 分区是作为一个设备文件被系统管理的，对其内容的访问必须通过挂载设备来完成，用到命令 mount，也就是将分区连接到某一个目录，是通过访问挂载后的目录来访问分区的。

创建“多少个分区”在 Linux 中一直是人们讨论的话题。一般情况下，至少应创建以下几个分区：swap，交换分区；/boot，启动分区；/，根分区。

小知识：交换分区的作用

程序在运行的时候，必须把自己的代码和需要的其他资源调入内存中。运行的程序越大，需要的内存也就越多，一旦程序需要的内存超过了实际内存的大小，就会出现程序无法运行的错误，因此大部分操作系统都会使用虚拟内存来解决这个问题。当系统的实际内存不够时，可以把内存中的数据先放到硬盘上，在真正需要调用的时候再调用，这样可以扩展程序运行的空间，以避免出现程序无法运行的情况，同时可以运行更多、更大的程序。在 Linux 中就是使用交换分区来实现虚拟内存的，简单地说，交换分区就是系统物理内存的扩展。

在 Linux 中，查看内存使用情况最常用的命令有 free、top、vmstat 等。例如，我们使用 free 命令查看现在内存的使用情况，如图 2-49 所示。

```
[root@localhost ~]# free
             total       used       free     shared    buffers     cached
Mem:        271660     192364      79296          0     105220      51424
-/+ buffers/cache:      35720     235940
Swap:       557048          0     557048
[root@localhost ~]# _
```

图 2-49　内存使用情况

从图 2-49 可以看到整个内存(total)有 271660B，使用了(used)192364B，剩余(free)79296B，整个交换分区有 557048B，但是并没有使用，shared 代表了当前共享内存的大小。buffers 和 cached 显示了内核缓存的大小。

2.2.2　Linux 硬盘分区与格式化步骤

1. 分区格式化的原理

一个没有分区的硬盘好像一张白纸一样什么都没有，分好区的硬盘上是有一定结构性的。图 2-50 所示为一个分好区的硬盘。

分区就是将硬盘分成不同的区域便于我们使用和管理，每个区域有不同的用途。不管硬盘分多少个区，在硬盘的前面都有一个引导扇区。这个扇区由两部分组成，一部分是

MBR(主引导扇区或主引导记录)，图 2-50 中主引导扇区大小为 446B，存放操作系统的引导代码，在引导扇区的后面 64B 是主分区表，红色部分存放分区的个数及各个分区的起始位置，但是我们看到这个分区表大小只有 64B，所以在 Linux 下，分区工具最多只能分 4 个区，也就是每个分区的记录大小为 16B。例如，图 2-50 中我们把这个硬盘分为三个区，在主分区表中记录这三个分区的起始位置。三个分区 hda1、hda2、hda3 的分区信息是写入主分区表中的，所以这三个分区称为主分区。如果想使用 5 个以上的分区就需要使用扩展分区来实现，如图 2-51 所示。

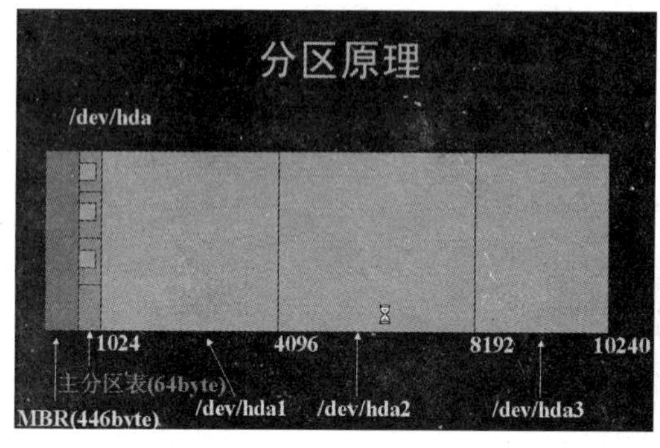

图 2-50 硬盘原理图

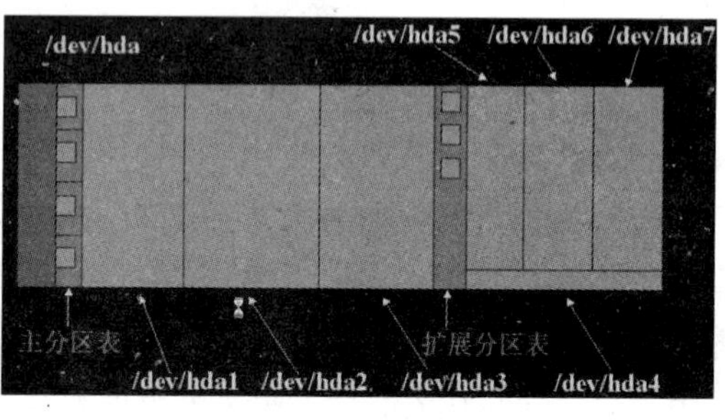

图 2-51 分区原理图

图 2-52 是一个拥有扩展分区硬盘的结构图，我们把硬盘分为三个主分区 hda1、hda2、hda3，后面的 hda4 分为一个扩展分区，在主分区表中还是 4 个分区。要使用 5 个以上的分区就是在第四个分区中再建一张分区表，然后划分更小的区域，如图 2-52 所示在第四个分区中建立的分区表称为扩展分区表，扩展分区表理论上支持无限个分区，在扩展分区表中的称为逻辑分区，图 2-52 中的 hda5、hda6、hda7 就是逻辑分区，逻辑分区的起始位置和分区的类型都写在扩展分区表中，通过这样的扩展技术就可以把硬盘分成 5 个以上的分区。

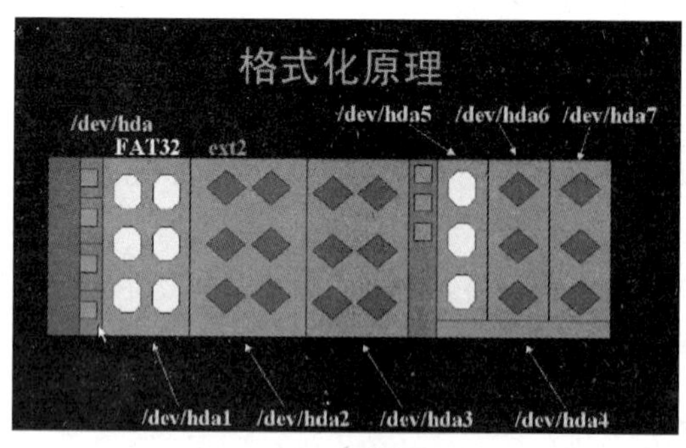

图 2-52 格式化好的分区原理

图 2-52 是一个格式化好的原理图，刚分好的分区里面没有任何数据，而且操作系统也不能识别和读写。为了让操作系统的内核能识别这个分区，必须要向这个分区写入一定格式的数据，这个过程就称为格式化，在 Linux 下面称为创建文件系统。

在图 2-52 中，把 hda1、hda5 分区格式化成一个 FAT32 格式的，这是 Windows 格式的分区，把 hda2、hda3、hda6、hda7 格式化成 Ext2 格式的，这是 Linux 操作系统的分区格式。如果在该块硬盘上安装了 Windows 操作系统，那么 hda1 和 hda5 会被系统认为是 C 盘和 D 盘。Ext2 的分区格式是不能被 Windows 识别的，只能安装 Linux 操作系统，而 Linux 只能安装到 Ext2 和 Ext3 文件系统上，不能安装在 FAT32 文件系统上。

如果用户要在一块硬盘上安装 Windows 和 Linux 操作系统，就要为不同的操作系统创建不同的分区，并且格式化成不同格式的文件系统。图 2-53 正是一个同时使用 Windows 和 Linux 操作系统的硬盘。

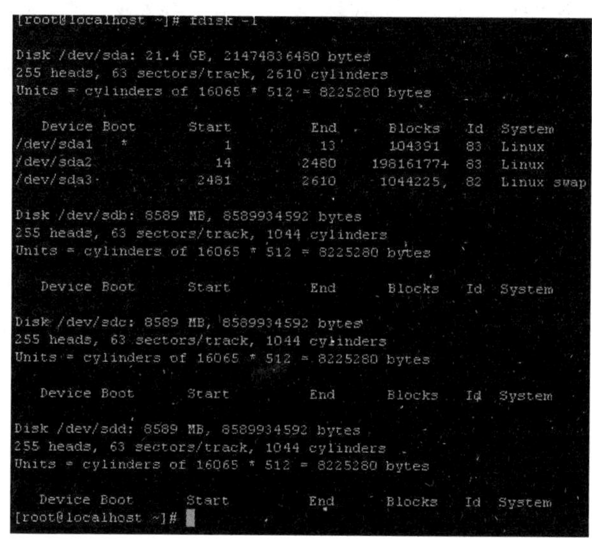

```
[root@localhost ~]# fdisk -l

Disk /dev/sda: 21.4 GB, 21474836480 bytes
255 heads, 63 sectors/track, 2610 cylinders
Units = cylinders of 16065 * 512 = 8225280 bytes

   Device Boot      Start         End      Blocks   Id  System
/dev/sda1   *           1          13      104391   83  Linux
/dev/sda2              14        2480    19816177+  83  Linux
/dev/sda3            2481        2610     1044225   82  Linux swap

Disk /dev/sdb: 8589 MB, 8589934592 bytes
255 heads, 63 sectors/track, 1044 cylinders
Units = cylinders of 16065 * 512 = 8225280 bytes

   Device Boot      Start         End      Blocks   Id  System

Disk /dev/sdc: 8589 MB, 8589934592 bytes
255 heads, 63 sectors/track, 1044 cylinders
Units = cylinders of 16065 * 512 = 8225280 bytes

   Device Boot      Start         End      Blocks   Id  System

Disk /dev/sdd: 8589 MB, 8589934592 bytes
255 heads, 63 sectors/track, 1044 cylinders
Units = cylinders of 16065 * 512 = 8225280 bytes

   Device Boot      Start         End      Blocks   Id  System
[root@localhost ~]#
```

图 2-53　操作系统的硬盘及分区情况

没有格式化的分区是不能直接使用的，没有分区的硬盘是不能格式化的，通常分区和格式化是在一起的，在使用的时候也要一起用。

2. 使用命令 fdisk 为硬盘分区

fdisk 是一个命令行工具，在 Linux 的各个版本和环境中都能使用，包含在软件包 util-linux 中，该工具是被系统默认安装的。

fdisk 的使用过程一般分为以下 3 部分(fdisk 命令必须使用管理员身份来运行)。

- 运行命令：fdisk 设备名(该设备必须是一个硬盘)可以为 fdisk/dev/sdb。
- 添加/删除/修改分区。
- 重新启动计算机。

下面举例说明 fdisk 的使用过程。

(1) 使用 fdisk-l 查看目前操作系统的硬盘及分区情况，如图 2-53 所示。

通过图 2-53 可以看到系统中有 4 块硬盘为 SCSI 硬盘，第一块硬盘 sda 大小为 21.4GB，其余 3 个硬盘分别为 8589MB，并且这 3 个硬盘 sdb、sdc、sdd 是空的。接下来以 sdb 硬盘为例向大家介绍。

(2)为了给 sdb 硬盘分区，必须用 fdisk 打开它，使用命令 fdisk/dev/sdb，如图 2-54 所示，可以看到屏幕上提示输入 m 命令获得帮助，如图 2-55 所示。

```
[root@localhost ~]# fdisk /dev/sdb

The number of cylinders for this disk is set to 1044.
There is nothing wrong with that, but this is larger than 1024,
and could in certain setups cause problems with:
1) software that runs at boot time (e.g., old versions of LILO)
2) booting and partitioning software from other OSs
   (e.g., DOS FDISK, OS/2 FDISK)

Command (m for help):
```

图 2-54　操作系统为用户提示信息获得帮助

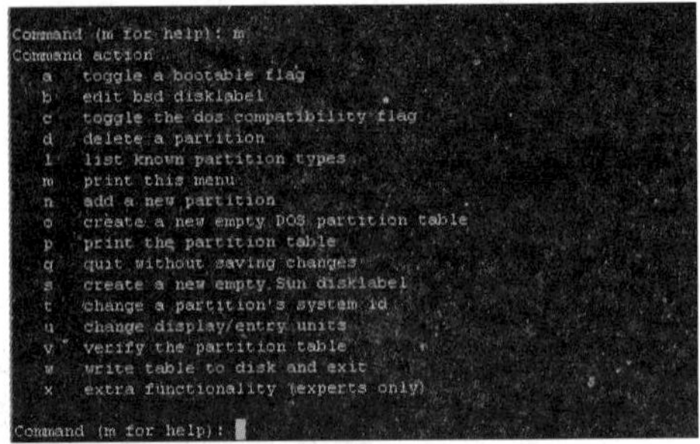

图 2-55　为用户提供各个字母的作用

由图 2-55 可以看到 fdisk 中的各个命令，这里只介绍在操作中常用的几个命令，对于其他命令就不再作解释，一般也用不到。

a：toggle a bootable flag(设置引导扇区)。

d：delete a partition(删除一个分区)。

l：list known partition types(列出已知分区类型)。

m：print this menu(列出功能菜单)。

n：add a new partition(增加新的分区)。

p：print the partition table(列出现有的分区表)。

q：quit without saving changes(不储存离开)。

t：change a partition's system id(改变分区的类型编号，不同的操作系统有不同的分区编号)。

u：change display/entry units(切换显示的单位，只有 cylinder/sector 两种)。

w：write table to disk and exit(将设置结果写入并退出)。

x：extra functionality (experts only)(一些更深入的功能，专家菜单)。

(3) 输入 p 命令查看操作系统的分区情况，如图 2-56 所示。

```
   u   change display/entry units
   v   verify the partition table
   w   write table to disk and exit
   x   extra functionality (experts only)

Command (m for help): p

Disk /dev/sdb: 8589 MB, 8589934592 bytes
255 heads, 63 sectors/track, 1044 cylinders
Units = cylinders of 16065 * 512 = 8225280 bytes

   Device Boot      Start         End      Blocks   Id  System

Command (m for help):
```

图 2-56　操作系统分区情况

图 2-56 显示的是一个空的硬盘，没有任何分区，但是显示了这块硬盘的一些信息。例

如，该硬盘有 1044 个柱面(1044 Cylinders)，有约 8GB 的内容(8589 MB)。

(4) 使用 n 命令为这个硬盘分区建立一个分区，如图 2-57 所示，提示输入 p 命令建立主分区还是输入 e 命令建立扩展分区，此处先输入命令 p 建立一个主分区，如图 2-58 所示。

```
The number of cylinders for this disk is set to 1044.
There is nothing wrong with that, but this is larger than 1024,
and could in certain setups cause problems with:
1) software that runs at boot time (e.g., old versions of LILO)
2) booting and partitioning software from other OSs
   (e.g., DOS FDISK, OS/2 FDISK)

Command (m for help): n
Command action
   e   extended
   p   primary partition (1-4)
```

图 2-57　使用 n 命令建立一个分区

```
The number of cylinders for this disk is set to 1044.
There is nothing wrong with that, but this is larger than 1024,
and could in certain setups cause problems with:
1) software that runs at boot time (e.g., old versions of LILO)
2) booting and partitioning software from other OSs
   (e.g., DOS FDISK, OS/2 FDISK)

Command (m for help): n
Command action
   e   extended
   p   primary partition (1-4)
p
Partition number (1-4):
```

图 2-58　建立主分区

(5) 进入图 2-59 所示的界面，提示用户输入需要建立的主分区的编号，这里建立的是第一个主分区，所以输入 1，如图 2-60 所示，然后输入第一个主分区的起始柱面的位置，默认为 1，按 Enter 键进入图 2-61 所示的界面，设置分区大小。

```
The number of cylinders for this disk is set to 1044.
There is nothing wrong with that, but this is larger than 1024,
and could in certain setups cause problems with:
1) software that runs at boot time (e.g., old versions of LILO)
2) booting and partitioning software from other OSs
   (e.g., DOS FDISK, OS/2 FDISK)

Command (m for help): n
Command action
   e   extended
   p   primary partition (1-4)
p
Partition number (1-4): 1
First cylinder (1-1044, default 1):
```

图 2-59　设置主分区编号

```
Command (m for help): n
Command action
   e   extended
   p   primary partition (1-4)
p
Partition number (1-4): 1
First cylinder (1-1044, default 1):
Using default value 1
Last cylinder or +size or +sizeM or +sizeK (1-1044, default 1044):
```

图 2-60　设置分区大小

(6) 进入图 2-62 所示的界面，提示输入这个分区的最后一个柱面，可以看到整个硬盘有 1044 个柱面，如果使用默认值，那么就是把这个硬盘分给了一个区，所以需要手动输入第一个分区的最后柱面，可以看到提示既可以输入柱面的数值，也可以输入分区大小，此处输入 30 个柱面，如图 2-62 所示。

```
Command (m for help): n
Command action
   e   extended
   p   primary partition (1-4)
p
Partition number (1-4): 1
First cylinder (1-1044, default 1):
Using default value 1
Last cylinder or +size or +sizeM or +sizeK (1-1044, default 1044): 30

Command (m for help):
```

图 2-61　设置分区为 30MB

```
Command (m for help): p

Disk /dev/sdb: 8589 MB, 8589934592 bytes
255 heads, 63 sectors/track, 1044 cylinders
Units = cylinders of 16065 * 512 = 8225280 bytes

   Device Boot      Start         End      Blocks   Id  System
/dev/sdb1               1          30      240943+  83  Linux

Command (m for help):
```

图 2-62　查看是否分区成功

(7) 图 2-60 中输入的是 30，也就是在第 30 个柱面输入 p 命令进行查看，可以看到第一个硬盘第一个分区 sdb1 的起始柱面为 1、最后柱面为 30，大小为 250MB 左右，分区编号为 83，系统为 Linux 系统，如图 2-62 所示。

有时候我们也可以在分区的时候使用分区大小指定分区，不使用块指定分区，例如图 2-63 所示，使用+sizeM 命令设置分区大小为 2048MB。

```
Command (m for help): n
Command action
   e   extended
   p   primary partition (1-4)
p
Partition number (1-4): 2
First cylinder (31-1044, default 31):
Using default value 31
Last cylinder or +size or +sizeM or +sizeK (31-1044, default 1044): +2048M
```

图 2-63　设置分区大于 2048MB

(8) 在图 2-63 中，建立第二个分区，起始柱面为 31，分区大小为 2GB，再使用 p 命令查看新分区，如图 2-64 所示，可以看到建立了两个主分区，并设置了分区大小及起始柱面的大小。接下来使用剩余的空间建立扩展分区，并在扩展分区上建立逻辑分区。

```
Command (m for help): p

Disk /dev/sdb: 8589 MB, 8589934592 bytes
255 heads, 63 sectors/track, 1044 cylinders
Units = cylinders of 16065 * 512 = 8225280 bytes

   Device Boot      Start         End      Blocks   Id  System
/dev/sdb1               1          30      240943+  83  Linux
/dev/sdb2              31         280     2008125   83  Linux
```

图 2-64　查看新的分区

(9) 首先输入 n 命令，建立一个分区，然后输入 e 命令建立一个扩展分区，输入分区编号，因为 1 和 2 都被占用了，这里输入 3，再输入起始柱面，按默认输入，结束柱面也按默认，这样就把剩余的空间全部划分给扩展分区，输入 p 命令查看，发现 sdb1、sdb2 为主分区，sdb3 为扩展分区，如图 2-65 所示。熟悉 Windows 的朋友知道扩展分区是不能直接使用的，所以我们还要在扩展分区上建立逻辑分区。

```
Command (m for help): n
Command action
   e   extended
   p   primary partition (1-4)
e
Partition number (1-4): 3
First cylinder (281-1044, default 281):
Using default value 281
Last cylinder or +size or +sizeM or +sizeK (281-1044, default 1044):
Using default value 1044

Command (m for help): p

Disk /dev/sdb: 8589 MB, 8589934592 bytes
255 heads, 63 sectors/track, 1044 cylinders
Units = cylinders of 16065 * 512 = 8225280 bytes

   Device Boot      Start         End      Blocks   Id  System
/dev/sdb1               1          30      240943+  83  Linux
/dev/sdb2              31         280     2008125   83  Linux
/dev/sdb3             281        1044     6136830    5  Extended
```

图 2-65　建立扩展分区

(10) 如图 2-66 所示，输入 l 建立逻辑分区，提示逻辑分区的编号只能是从 5 开始，然后输入柱面的起始位置和结束位置，建立完成后输入 p 命令查看，如图 2-67 所示。

```
Command (m for help): n
Command action
   l   logical (5 or over)
   p   primary partition (1-4)
l
First cylinder (281-1044, default 281):
Using default value 281
Last cylinder or +size or +sizeM or +sizeK (281-1044, default 1044): 300

Command (m for help): n
Command action
   l   logical (5 or over)
   p   primary partition (1-4)
l
First cylinder (301-1044, default 301):
Using default value 301
Last cylinder or +size or +sizeM or +sizeK (301-1044, default 1044):
Using default value 1044
```

图 2-66　建立逻辑分区

```
Command (m for help): p

Disk /dev/sdb: 8589 MB, 8589934592 bytes
255 heads, 63 sectors/track, 1044 cylinders
Units = cylinders of 16065 * 512 = 8225280 bytes

   Device Boot      Start         End      Blocks   Id  System
/dev/sdb1               1          30      240943+  83  Linux
/dev/sdb2              31         280     2008125   83  Linux
/dev/sdb3             281        1044     6136830    5  Extended
/dev/sdb5             281         300      160618+  83  Linux
/dev/sdb6             301        1044     5976148+  83  Linux

Command (m for help):
```

图 2-67　查看是否成功建立逻辑分区

(11) 建立了两个主分区和两个逻辑分区后，可以使用 t 命令更改分区的类型。现在把 sdb 更改成 Windows 分区，如图 2-68 所示，然后系统提示选择要更改的分区编号，输入 5，更改 sdb5 的分区编号后按 Enter 键，输入 5 后，我们不知道分区编号，提示输入 L 查看所能更改的分区类型的编号，如图 2-69 所示。

(12) 找到 Windows 的分区编号，选择 FAT32 的编号为 c，输入 c 命令并按 Enter 键，如图 2-70 所示。

(13) 在图 2-70 中可以看到 sdb5 的分区类型已经改变成 Windows 格式的类型，至此分区已经完成，输入 w 命令即可保存退出，如图 2-71 所示。

```
Command (m for help): m
Command action
   a   toggle a bootable flag
   b   edit bsd disklabel
   c   toggle the dos compatibility flag
   d   delete a partition
   l   list known partition types
   m   print this menu
   n   add a new partition
   o   create a new empty DOS partition table
   p   print the partition table
   q   quit without saving changes
   s   create a new empty Sun disklabel
   t   change a partition's system id
   u   change display/entry units
   v   verify the partition table
   w   write table to disk and exit
   x   extra functionality (experts only)

Command (m for help): t
Partition number (1-6): 5
```

图 2-68　修改分区的标签

```
Command (m for help): t
Partition number (1-6): 5
Hex code (type L to list codes): L

 0  Empty           1c  Hidden W95 FAT3 70  DiskSecure Mult bb  Boot Wizard hid
 1  FAT12           1e  Hidden W95 FAT1 75  PC/IX           be  Solaris boot
 2  XENIX root      24  NEC DOS         80  Old Minix       c1  DRDOS/sec (FAT-
 3  XENIX usr       39  Plan 9          81  Minix / old Lin c4  DRDOS/sec (FAT-
 4  FAT16 <32M      3c  PartitionMagic  82  Linux swap      c6  DRDOS/sec (FAT-
 5  Extended        40  Venix 80286     83  Linux           c7  Syrinx
 6  FAT16           41  PPC PReP Boot   84  OS/2 hidden C:  da  Non-FS data
 7  HPFS/NTFS       42  SFS             85  Linux extended  db  CP/M / CTOS / .
 8  AIX             4d  QNX4.x          86  NTFS volume set de  Dell Utility
 9  AIX bootable    4e  QNX4.x 2nd part 87  NTFS volume set df  BootIt
 a  OS/2 Boot Manag 4f  QNX4.x 3rd part 8e  Linux LVM       e1  DOS access
 b  W95 FAT32       50  OnTrack DM      93  Amoeba          e3  DOS R/O
 c  W95 FAT32 (LBA) 51  OnTrack DM6 Aux 94  Amoeba BBT      e4  SpeedStor
 e  W95 FAT16 (LBA) 52  CP/M            9f  BSD/OS          eb  BeOS fs
 f  W95 Ext'd (LBA) 53  OnTrack DM6 Aux a0  IBM Thinkpad hi ee  EFI GPT
10  OPUS            54  OnTrackDM6      a5  FreeBSD         ef  EFI (FAT-12/16/
11  Hidden FAT12    55  EZ-Drive        a6  OpenBSD         f0  Linux/PA-RISC b
12  Compaq diagnost 56  Golden Bow      a7  NeXTSTEP        f1  SpeedStor
14  Hidden FAT16 <3 5c  Priam Edisk     a8  Darwin UFS      f4  SpeedStor
16  Hidden FAT16    61  SpeedStor       a9  NetBSD          f2  DOS secondary
17  Hidden HPFS/NTF 63  GNU HURD or Sys ab  Darwin boot     fd  Linux raid auto
18  AST SmartSleep  64  Novell Netware  b7  BSDI fs         fe  LANstep
1b  Hidden W95 FAT3 65  Novell Netware  b8  BSDI swap       ff  BBT
Hex code (type L to list codes):
```

图 2-69　显示各个标签的名称

```
Hex code (type L to list codes): c
Changed system type of partition 5 to c (W95 FAT32 (LBA))

Command (m for help): p

Disk /dev/sdb: 8589 MB, 8589934592 bytes
255 heads, 63 sectors/track, 1044 cylinders
Units = cylinders of 16065 * 512 = 8225280 bytes

   Device Boot      Start         End      Blocks   Id  System
/dev/sdb1               1          30      240943+  83  Linux
/dev/sdb2              31         280     2008125   83  Linux
/dev/sdb3             281        1044     6136830    5  Extended
/dev/sdb5             281         300      160618+   c  W95 FAT32 (LBA)
/dev/sdb6             301        1044     5976148+  83  Linux

Command (m for help):
```

图 2-70　修改标签

```
Command (m for help): w
The partition table has been altered!

Calling ioctl() to re-read partition table.

WARNING: If you have created or modified any DOS 6.x
partitions, please see the fdisk manual page for additional
information.
Syncing disks.
[root@localhost ~]# fdisk -l /dev/sdb

Disk /dev/sdb: 8589 MB, 8589934592 bytes
255 heads, 63 sectors/track, 1044 cylinders
Units = cylinders of 16065 * 512 = 8225280 bytes

   Device Boot      Start         End      Blocks   Id  System
/dev/sdb1               1          30      240943+  83  Linux
/dev/sdb2              31         280     2008125   83  Linux
/dev/sdb3             281        1044     6136830    5  Extended
/dev/sdb5             281         300      160618+   c  W95 FAT32 (LBA
/dev/sdb6             301        1044     5976148+  83  Linux
[root@localhost ~]#
```

图 2-71　保存修改之后的标签

3. 用 mkfs 格式化工具创建文件系统

Linux 下的格式化工具 mkfs 支持 Ext2、Ext3、VFAT、MS-DOS、JFS、ReiserFS 等文件系统。其中，Ext2、Ext3 为 Linux 的文件系统，VFAT 为 Windows 的文件系统，MS-DOS 为 DOS 文件系统，JFS、ReiserFS 为日志文件系统，不经常用。

mkfs 的用法 1：mkfs –t <fstype> <partition>，即 mkfs –t +文件系统类型+参数。

例如：

```
mkfs -t ext3 /dev/sdb2
```

这句命令的意思就是在 sdb2 的分区上建立 Ext3 的文件系统，也就是把 sdb2 格式化成 Ext3 的类型。

mkfs 的用法 2：mkfs.<fstype> <partition>。

例如：

```
mkfs.ext3 /dev/sdb2
```

如图 2-72 所示框内是 sdd 硬盘。在该硬盘上已经分好区，有 Linux 的分区，还有 Windows 的 FAT32 分区。

```
   Device Boot      Start         End      Blocks   Id  System
/dev/sdb1               1          62      497983+  83  Linux
/dev/sdb2              63         124      498015   83  Linux

Disk /dev/sdc: 8589 MB, 8589934592 bytes
255 heads, 63 sectors/track, 1044 cylinders
Units = cylinders of 16065 * 512 = 8225280 bytes

   Device Boot      Start         End      Blocks   Id  System

Disk /dev/sdd: 8589 MB, 8589934592 bytes
255 heads, 63 sectors/track, 1044 cylinders
Units = cylinders of 16065 * 512 = 8225280 bytes

   Device Boot      Start         End      Blocks   Id  System
/dev/sdd1               1          10       80293+  83  Linux
/dev/sdd3              24        1044     8201182+   5  Extended
/dev/sdd4              11          23      104422+  82  Linux swap
/dev/sdd5              24          85      497983+   c  W95 FAT32 (LBA)
/dev/sdd6              86         110      200781   83  Linux

Partition table entries are not in disk order
```

图 2-72　sdd 硬盘

图 2-73 为已经对 sdd1 格式化，如果要格式化 sdd5，需要更改参数，改成 Windows 的文件格式，命令如下。

```
mkfs.vfat /dev/sdd5
```

```
[root@show ~]# mkfs.ext3 /dev/sdd1
mke2fs 1.35 (28-Feb-2004)
max_blocks 82219008, rsv_groups = 10037, rsv_gdb = 256
Filesystem label=
OS type: Linux
Block size=1024 (log=0)
Fragment size=1024 (log=0)
20080 inodes, 80292 blocks
4014 blocks (5.00%) reserved for the super user
First data block=1
Maximum filesystem blocks=67371008
10 block groups
8192 blocks per group, 8192 fragments per group
2008 inodes per group
Superblock backups stored on blocks:
        8193, 24577, 40961, 57345, 73729

Writing inode tables: done
inode.i_blocks = 3074, i_size = 67383296
Creating journal (4096 blocks): done
Writing superblocks and filesystem accounting information: done

This filesystem will be automatically checked every 24 mounts or
180 days, whichever comes first.  Use tune2fs -c or -i to override.
[root@show ~]#
```

图 2-73　把 sdd1 格式化成 Ext3 文件类型

如果用户忘记 mkfs 后面应该跟随什么文件格式，可以输入 mkfs 命令。按两次 Tab 键就会有提示，如图 2-74 所示。

```
[root@show ~]# mkfs.
mkfs.cramfs   mkfs.ext2    mkfs.ext3    mkfs.msdos    mkfs.vfat
[root@show ~]# mkfs.
```

图 2-74　显示以 mkfs 开头的有关命令

注意：对于图 2-72 中的 sdd4 swap 分区是不能被格式化和挂载的，只能被内核认识，用来存放内存的临时文件，所以 swap 也不能称为真正的分区，这种类型的分区不能使用 mkfs 格式化，要使用 mkswap 来初始化，如图 2-75 所示。

```
[root@show ~]# mks
mksmbpasswd.sh  mksock            mkswap
[root@show ~]# mkswap /dev/sdd4
Setting up swapspace version 1, size = 106921 kB
[root@show ~]#
```

图 2-75　初始化文件系统的交换分区

4. 硬盘分区的挂载

对于一个已经格式化好的分区，可以挂载使用，挂载命令为 mount(这里只是简单介绍，mount 命令在第 4 章有详细的说明)。

例如：

```
mount /dev/sdd1 /mnt
```

这句命令表示将 sdd1 分区挂载到 mnt 目录下，然后就可以对其分区进行操作了，如图 2-76 所示。

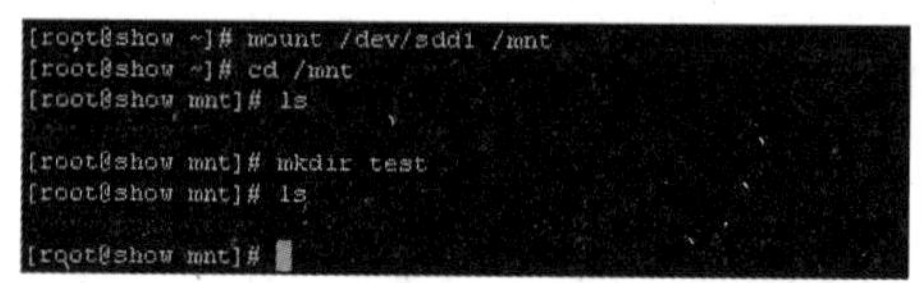

图 2-76　挂载分区

本 章 习 题

一、填空题

1. Linux 默认的文件系统是________。
2. Linux 有 4 基本的文件类型，即________、________、________、________。
3. Linux 采用________文件结构。
4. Linux 的安装方式有________、________、________、________、________。
5. 如果字符安装 Linux 输入________命令就会进入字符安装界面。
6. 安装 Linux 系统时一般情况下给 Linux 分为________、________、________三个分区。
7. Linux 下分区的命令是________，格式化的命令是________，挂载的命令是________。

二、问答题

1. 一个 Linux 的硬盘分区是/dev/sdb2，这个硬盘分区是什么意思？
2. 请说明什么是工作目录，什么是用户目录？
3. 文件的路径是什么？

三、上机实训

1. 使用 Red Hat Linux 5.0 的安装盘，在计算机上安装 Linux 系统，并正确配置，使系统能够正常运行。
2. 掌握登录系统和退出系统的方法。
3. 熟悉几种不同的关机方式。

第 3 章

Linux 的 vi 编辑器

学习目的与要求：

本章将学习使用 Linux 下的文本编辑工具 vi 对文本文件进行编辑操作。vi 编辑器是 Visual Interface 的简称，通常称为 vi。它在 Linux 上的地位就像 edit 在 DOS 上一样。它可以执行输出、删除、查找、替换、块操作等文本操作，而且用户可以根据自己的需要对其进行定制，这是其他编辑程序所没有的。通过对本章的学习，读者应做到以下几点。

- 熟悉 vi 编辑器的特点。
- 熟悉 vi 编辑器的 3 个模式。
- 熟练掌握如何进入、退出 vi 编辑器的 3 个模式。
- 熟练使用命令对命令模式、输入模式和末行模式进行编辑。

3.1 vi 编辑器的特点

vi 是 Linux 和 Unix 上最基本的文本编辑器，在字符模式下使用，是一种效率很高的文本编辑工具。由于不需要图形界面，其使用范围更广。尽管在 Linux 上也有很多图形界面的编辑器可用，但 vi 在系统配置和服务器管理中的功能是那些图形编辑器所无法比拟的。

VIM(vi Improved，即 vi 增强版)，比 vi 更容易使用，vi 的命令几乎全部都可以在 vim 上使用。vi 是 Visual Interface 的简称，它可以执行输出、删除、查找、替换、块操作等文本操作，而且使用者可以根据自己的需要对其进行定制，这是其他编辑程序所没有的。

vi 不是一个排版程序，它不像 Word 或 WPS 那样可以对字体、格式、段落等其他属性进行编排，它只是一个文本编辑程序。vi 没有菜单，只有命令并且命令繁多。

vi 命令可以说是 Unix/Linux 世界里最常用的编辑文档的命令了，很多人不喜欢 vi 就是因为它有太多的命令集。我们只需要掌握基本的命令，然后灵活地加以运用即可。

要在 Linux 下编写文本或语言程序，用户首先必须选择一种文本编辑器。大多数 Linux 中默认的 vi 是 vim，它兼容所有标准 vi 的操作，并且有多窗口编辑、多风格显示等新的功能。

3.2 vi 的模式

vi 有 3 种基本的工作模式，即命令模式、输入模式和末行模式。

1. 命令模式

当启动 vi 编辑器打开或创建一个文件时，vi 即处于命令模式，通过发布 vi 命令可使 vi 编辑器处于输入模式，任何时候只要按 Esc 键就会进入命令模式。

在命令模式中，用户可以输入各种合法的 vi 命令用于管理自己的文档。此时从键盘上输入的任何字符都被当作编辑命令来处理。若输入的字符是合法的 vi 命令，则 vi 在接受用户命令之后完成相应的动作；若输入的字符不是 vi 的合法命令，则 vi 会响铃报警。

2. 输入模式

在命令模式中输入 i(插入命令)、a(附加命令)、o(打开命令)、c(修改命令)、r(取代命令)、s(替换命令)等合法命令字符都可以进入输入模式。在该模式下，用户的任何字符都会被 vi 当作文件的内容保存并在屏幕上显示出来。在文本输入过程中，若想回到命令模式，按 Esc 键即可。

3. 末行模式

在命令模式中输入“:”(冒号)即可进入末行模式，此时 vi 会在屏幕上的最后一行显示出“:”来作为末行模式的提示符，等待用户输入命令。多数文件管理命令都是在此模式中执行的(如复制某行或某段)，末行命令执行完后 vi 自动回到命令模式。

3.3　vi 的基本命令

vi 编辑器是所有 Unix 及 Linux 系统下标准的编辑器，其功能强大，这里只是简单地介绍它的用法和一小部分指令。由于对 Unix 及 Linux 系统的任何版本，vi 编辑器是完全相同的，因此用户可以在其他任何介绍 vi 的地方进一步了解它。vi 也是 Linux 中最基本的文本编辑器。

3.3.1　进入与退出 vi 编辑器

要想进入 vi 编辑器，可以直接在系统提示符下输入“vi <文件名>”。

vi 可以自动载入所要编辑的文件或是打开一个新的文件，进入 vi 后，屏幕左方会出现波浪符号。如果首行有该符号，就代表此行目前是空的，如果输入文件名，则会打开一个空的文件，并显示 VIM 的简单帮助，如图 3-1 所示。

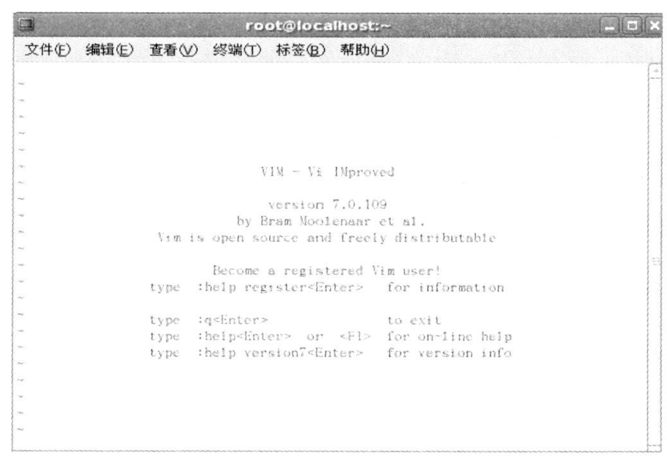

图 3-1　VIM 的帮助

如果要退出 vi，编辑器可以先输入“:”进入末行模式，然后使用 q 命令退出 vi 编辑器。如果文件被修改，希望保存后退出，使用 w 命令保存文件修改，可以和 q 命令一起使用，保存后退出(:q 表示不存盘退出，:wq 表示存盘退出)。

要切换到命令模式，则按 Esc 键，如果不知道现在处于什么模式，可以多按几次 Esc 键确保进入命令模式。

3.3.2　命令模式的编辑操作

1. 移动光标

要修改正文内容，首先必须把光标移动到指定的位置。移动光标最简单的方法是按键盘上的方向键。

除了这种方法外，在命令模式中，用户还可以利用 vi 提供的众多字符快捷键(见表 3-1)，在正文中移动光标，迅速达到指定的行或列实现定位。

表 3-1　移动光标快捷键

按　键	作　用
K、J、H、L	功能分别等同于方向键
Ctrl+B	在文件中上翻页(同 PageUp)
Ctrl+F	在文件中下翻页(同 PageDown)
H	将光标移动到屏幕的最上一行
2H	将光标移动到屏幕的第 2 行(如果是 3H，移动到第 3 行)
M	将光标移动到屏幕的中间
L	将光标移动到屏幕的最后一行
2L	将光标移动到屏幕的倒数第 2 行(如果是 3，则移动到倒数第 3 行)
W	在指定行内光标右移到下一个单词的开头
E	在指定行内光标右移到下一个单词的字尾
B	在指定行内光标左移到下一个单词的开头
0	注意是数字零，光标移至当前行首
^	移动光标，到本行的第一个非空字符

2. 替换和删除

将光标定于文件内的指定位置后，可以用其他的字符来替换光标所指向的字符，或从当前光标的位置删除一个或多个字符。替换和删除的命令见表 3-2。

表 3-2　替换和删除命令

命　令	作　用
Rc	用 c 替换光标所指向的当前字符
Nrc	用 c 替换光标所指向的当前字符开始的 n 个字符
X	删除光标所指向的当前字符
Nx	删除光标所指向的前 n 个字符
3x	删除光标所指向的前 3 个字符
Dw	删除光标右侧的字符
Ndw	删除光标右侧的 n 个字符
Db	删除光标左侧的字符
Ndb	删除光标左侧的 n 个字符
Dd	删除光标所在行，并去除空隙
Ndd	删除 n 行内容，并去除空隙

3. 粘贴和复制

从正文中剪切的内容(如字符、字和行)并没有真正地被删除，而是被剪切并复制到内存的缓冲区中，用户可将其粘贴到文件中的指定位置。完成这一操作的命令如下。

p：将缓冲区的内容粘贴到光标的后面。

P：将缓冲区的内容粘贴到光标的前面。

如果缓冲区的内容是字符，则直接粘贴在光标的前面或后面；如果缓冲区的内容为整行正文，则粘贴在光标所在行的上一行或下一行。注意上述两个命令中字母的大小写。vi 编辑器中经常以一对大、小写字母(如 p 或 P)来提供相似的功能。通常小写命令自光标的后面进行操作，大写命令在光标的前面操作。

有时需要将文件保留并复制到缓冲区(不是剪切)，要完成这一操作的命令如下。

yy：复制当前行到内存的缓冲区。

nyy：复制 n 行内容到内存的缓冲区中。例如，7yy 指复制 7 行的内容到内存的缓冲区。

4. 搜索字符串

与许多编辑器一样，vi 提供了强大的字符搜索功能。要查找文件中指定的字或短语的位置，就可以用 vi 直接搜索，而不需要手动方式进行，其命令如下。

输入字符“/”，在后面输入要搜索的字符串，然后按 Enter 键。

编辑程序执行正向搜索(即向文件末尾的方向)，并在找到字符串后将光标停到该字符串的开头，输入 n 命令可以继续执行搜索。找到这一字符串下次出现的位置，用字符“?”代替“/”，可以实现反向搜索(即从文件末尾向前)，举例如下。

- /linux：正向搜索字符串 linux。
- n：继续搜索找到 linux 字符串下一次出现的位置。
- ? linux：反向搜索 linux 字符串。

无论是正向的还是反向的搜索工作，都会循环到文件的另一端，并继续执行搜索工作。

5. 撤销和重复

在编辑文档的过程中，为了消除某个错误的编辑命令造成的后果，可以用撤销命令。另外，如果用户希望在新的光标位置重复前面执行过的编辑命令，可以使用重复的命令。

“u”：撤销前一条命令。

“.”：重复最后一条修改正文的命令。

3.3.3 输入模式的编辑操作

1. 进入文本输入模式

在命令模式中正确定位光标后，可用表 3-3 所示的命令切换到文本输入模式。

表 3-3 vi 常用命令字符

命 令	作 用
i	在光标左侧输入正文
a	在光标右侧输入正文
o	在光标所在行的下一行添加新行

续表

命　令	作　用
O	在光标所在行的上一行添加新行
I	在光标所在行的开头输入正文
A	在光标所在行的末尾输入正文

使用 i 命令进入文本输入模式后，vi 的状态则显示 INSERT 状态提示，这时所有的字符输入都被当作文本字符对待。如果在当前模式下输入命令模式中的移动命令，它们会被文本文件接受为输入字符，而不会作为命令，如图 3-2 所示。

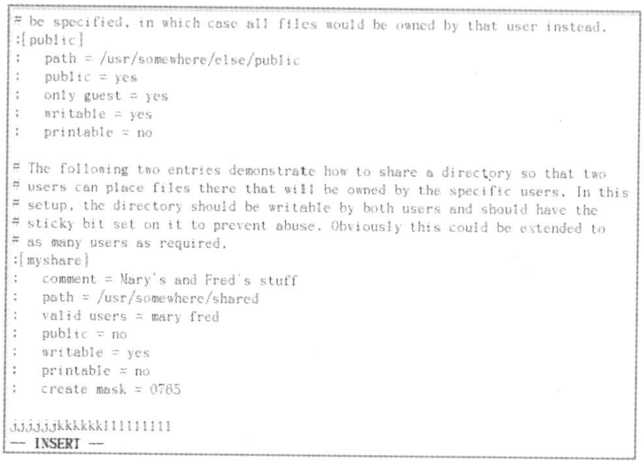

```
# be specified, in which case all files would be owned by that user instead.
;[public]
;   path = /usr/somewhere/else/public
;   public = yes
;   only guest = yes
;   writable = yes
;   printable = no

# The following two entries demonstrate how to share a directory so that two
# users can place files there that will be owned by the specific users. In this
# setup, the directory should be writable by both users and should have the
# sticky bit set on it to prevent abuse. Obviously this could be extended to
# as many users as required.
;[myshare]
;   comment = Mary's and Fred's stuff
;   path = /usr/somewhere/shared
;   valid users = mary fred
;   public = no
;   writable = yes
;   printable = no
;   create mask = 0765

jjjjjjkkkkkkllllllll
-- INSERT --
```

图 3-2　vi 的输入模式

另外还有一些命令，它们允许在进入插入模式之前首先删去一段正文，从而实现正文的替换，见表 3-4。

表 3-4　其他命令的作用

命　令	作　用
S	删除指定数目的行，并以所输入的文本代替
Ns	输入的正文替换光标右侧的 n 个字符
Cw	用输入的正文替换光标右侧的字符
Ncw	用输入的正文替换光标右侧的 n 个字符
cb	用输入的正文替换光标左侧的字符
Ncb	用输入的正文替换光标左侧的 n 个字符
cd	用输入的正文替换光标所在行
Ncd	用输入的正文替换光标下面的 n 行
C$`	用输入的正文替换光标开始到末尾的所有字符
C0	用输入的正文替换本行开头到光标的所有字符

例如，按 Esc 键退出输入状态，将光标定位在字符 j 上，然后使用 cb 命令进入输入状态，vi 会删除光标左侧的内容，然后等待用户输入，如图 3-3 所示。

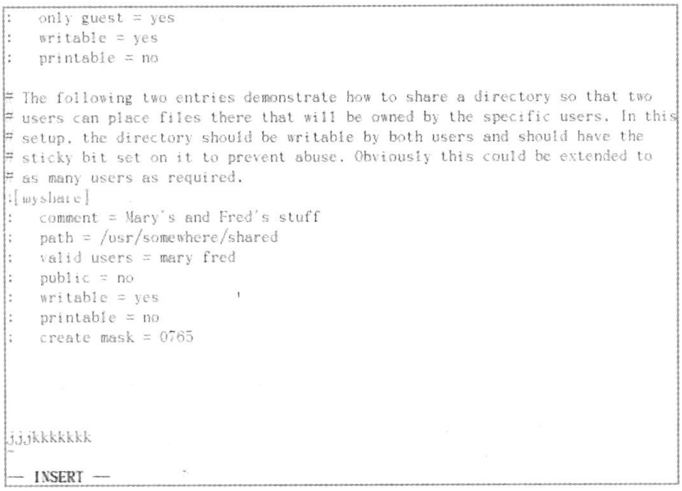

```
:    only guest = yes
:    writable = yes
:    printable = no

# The following two entries demonstrate how to share a directory so that two
# users can place files there that will be owned by the specific users. In this
# setup, the directory should be writable by both users and should have the
# sticky bit set on it to prevent abuse. Obviously this could be extended to
# as many users as required.
:[myshare]
:    comment = Mary's and Fred's stuff
:    path = /usr/somewhere/shared
:    valid users = mary fred
:    public = no
:    writable = yes
:    printable = no
:    create mask = 0765



jjjkkkkkkk
~
-- INSERT --
```

图 3-3　使用 cb 命令进入输入状态

2. 文本编辑

进入文本编辑模式后，操作者输入的任何可见字符都会显示在屏幕上，并被当作文件的内容记录在文件中。

3. 退出文本编辑模式

若要退出文本编辑模式，只需按 Esc 键即可。

3.3.4　末行模式的编辑操作

在 vi 的末行模式中，可以使用复杂的命令。在命令模式中输入“:”，光标就跳到屏幕最后一行，并在那里显示“:”，此时进入末行模式，用户输入的内容均显示在屏幕的最后一行，输入命令后按 Enter 键就会执行命令。

1. 退出命令

在命令模式中可以用 ZZ 命令退出 vi 编辑器。该命令保存对正文的修改，即保存退出，如果只需要退出编辑器，不保存编辑器内容，可用下列命令。

:q 表示在没有作修改的情况下退出 vi。

:q！表示放弃所有修改，退出 vi 编辑器，“!”具有强制的意义。

2. 行号与文件

编辑中的每一行正文都有自己的行号，可以用下列命令移动光标到指定行：

:n 表示将光标移动到第 n 行。

在命令模式中，可以规定命令操作的行号范围。数值用来指定绝对行号；字符“.”表示光标所在行的行号；字符“$”表示正文最后一行的行号。例如，简单的表达式“.+5”表示当前行往下的第 5 行。举例见表 3-5。

表 3-5 行号和文件的关系

命 令	作 用
:123	将光标移动到第 123 行
:123wtest	在当前目录下新建 text 文件，并将该文件 123 行写入 test 文件
:3,5wtest	在当前目录下新建 text 文件，并将该文件 3～5 行写入 test 文件
:1,.wtest	在当前目录下新建 text 文件，并将该文件 1 行至光标所在当前行写入 test 文件
:.,$w test	在当前目录下新建 text 文件，并将该文件的光标所在当前行至最后一行写入 test 文件
:1,$w test	在当前目录下新建 text 文件，并将该文件的所有内容写入 test 文件

如图 3-4 所示的命令是将当前文件的 20～30 行的内容写入 test 文件中，输入“:20,30 w test”命令后按 Enter 键执行。

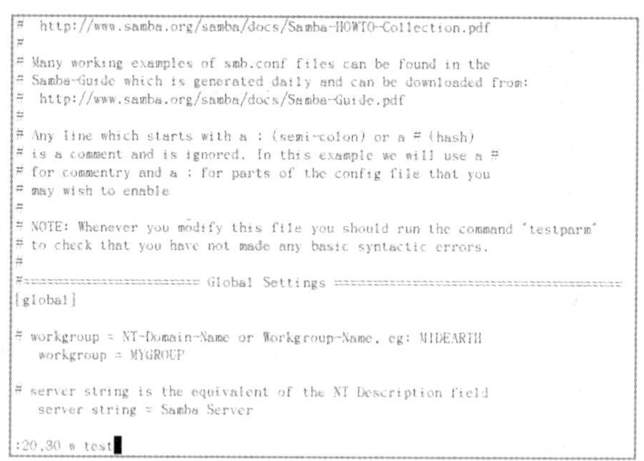

图 3-4 部分内容写入另外的文件

执行完成后，可用 cat 命令查看 test，如图 3-5 所示(cat 是用来查看文本文件内容的工具)。

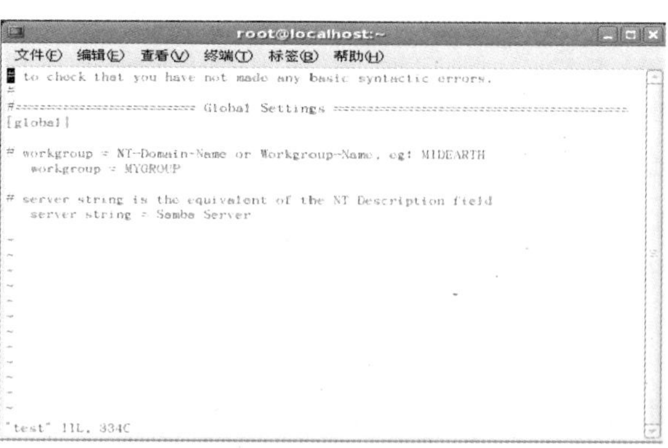

图 3-5 查看 test 内容

在末行模式下，允许从其他文件中读取文件，或将编辑的文件写入其他文件中。举例见表 3-6。

表 3-6　末行命令

命　令	作　用
:w	将新输入的内容写入原始文件，用来保存编辑中的结果
:wq	将新输入的内容写入原始文件，保存并退出
:w test	将新输入的内容写入 test 文件，保持原文件的内容不变
:1,10 w test	将第 1～10 行内容写入 test 文件
:r test	读取 test 文件内容，插入到当前光标所在行的后面
:e test	编辑新文件 test 代替原有内容
:f test	将当前文件重命名为 test
:f	打印当前文件名称和状态，如文件的行数、光标所在行号等

3. 文本替换

当需要替换文件中的字符串时，只需在查找命令的前面加上 s 命令即可。举例见表 3-7。

表 3-7　替换命令

命　令	作　用
:s/test1/test2	用字符串 test2 替换行中首次出现的字符串 test1
:s/test1/test2/g	用字符串 test2 替换行中所有出现的字符串 test1
:.,$s/test1/test2/g	用字符串 test2 替换文件当前行到尾行所有出现的字符串 test1
:1,$s/test1/test2/g	用字符串 test2 替换文件中所有出现的字符串 test1
:g/test1/test2/g	同上(用字符串 test2 替换文件中所有出现的字符串 test1)

可以看到：g 放在命令行的尾部，表示对搜索字符串的每次出现进行替换；不加 g 表示只对搜索字符串的首次出现进行替换；g 放在命令的开头，表示对正文所有包含搜索的字符串进行替换操作。

4. 删除文件中的内容

在末行模式中，使用下列命令删除正文中的内容。举例见表 3-8。

表 3-8　删除命令

命　令	作　用
:d	删除光标所在行
:3d	删除 3 行
:.,$d	删除当前行至正文的末行
:/test1/,/test2/d	删除从 test1 到 test2 的所有行

5. 恢复文件

vi 在编辑某个文件时，会另外生成一个临时文件，这个文件名通常以“.”开头，并以“.swp”结尾。vi 在正常退出时，该文件被删除，若意外退出，而没有保存文件的最新修改内容，则这个文件不会被删除。使用 ls-a 命令可以看到该文件。ls-a 可以列出当前目录中所有的文件，包括隐藏文件，如图 3-6 所示。

```
[root@localhost ~]# ls -a
.                 .cshrc       .gnome2_private         .redhat
..                Desktop      .gstreamer-0.10         .scim
123               .dmrc        .gtkrc-1.2-gnome2       smb.conf
anaconda-ks.cfg   .eggcups     .ICEauthority           .smb.conf.swp
.bash_history     file         install.log             .tcshrc
.bash_logout      filw         install.log.syslog      test
.bash_profile     .gconf       .lesshst                text
.bashrc           .gconfd      .metacity               .Trash
.chewing          .gnome       .nautilus               .xsession-errors
.config           .gnome2      .recently-used.xbel
[root@localhost ~]#
```

图 3-6　查看目录下所有的内容

.smb.conf.swp 是在打开 smb.conf 文件没有正常退出时所产生的文件。再重新打开该文件(smb.conf)，会发现提示用户进行相应的操作，如图 3-7 所示。

```
E325: ATTENTION
Found a swap file by the name ".smb.conf.swp"
          owned by: root   dated: Fri Jul  4 15:03:00 2008
         file name: ~root/smb.conf
          modified: no
         user name: root   host name: localhost.localdomain
        process ID: 3140 (still running)
While opening file "smb.conf"
             dated: Fri Jul  4 13:21:03 2008

(1) Another program may be editing the same file.
    If this is the case, be careful not to end up with two
    different instances of the same file when making changes.
    Quit, or continue with caution.

(2) An edit session for this file crashed.
    If this is the case, use ":recover" or "vim -r smb.conf"
    to recover the changes (see ":help recovery").
    If you did this already, delete the swap file ".smb.conf.swp"
    to avoid this message.
"smb.conf" 274L, 9765C
```

图 3-7　非正常退出再次打开时显示的信息

用户可以对其进行相应操作。

O：只读打开，不改变文件内容。

E：继续编辑文件，不恢复.swp 文件保存的内容。

R：将恢复上次编辑并保存的文件内容。

Q：退出。

D：删除.swp 文件。

如果用户不希望每次打开 smb.conf 文件时显示图 3-7 所示的内容，只需删除对应的.smb.conf.swp 文件即可，命令如下。

```
#rm  .smb.conf.swp
```

本 章 习 题

一、填空题

1. Linux 中最常用且最主要的文件编辑器是________编辑器。

2. vi 编辑器不需要图像，可以工作在________模式下，所以工作效率更高。

3. vi 编辑器有三种工作模式，分别是________、________、________。

4. 在 vi 编辑器的________模式下输入的任何字符，都被当作编辑命令来处理。

5. vi 编辑器的复制命令是________，粘贴命令是________。

二、问答题

1. vi 编辑器的特点是什么？
2. 在 vi 编辑器中如何将光标快速地移动到文件的倒数第 10 行？
3. 在 vi 编辑器中如果删除光标所在位置的前 5 个字符？
4. 在 vi 编辑器中如果删除光标所在位置的整行内容？
5. 在 vi 编辑器中正向搜索文件中的 Unix 字符串使用的命令是什么？
6. 在 vi 编辑器的末行模式中将文件中的字符串 test 替换为 home 的命令是什么？

三、上机实训

1. 使用 vi 的替换命令把 question2_1.txt 文件中的所有 vi 改变为 vim，并且给每行添加行号，结果保存在 question2_2.txt 中。

2. 使用 vi 编辑命令编辑第 1 题的内容，并保存到 question2_1.txt 文件中。

第 4 章

Linux 下的命令

学习目的与要求：

Linux 下的命令非常多，本章按照 Linux 命令的几个分类介绍常用的一些命令，对于 Linux 其他命令的学习，读者需要在今后的使用过程中不断积累。

通过对本章的学习，读者应做到以下几点。

- 熟练掌握 Linux 的命令格式。
- 熟练使用帮助命令。
- 熟练使用命令对文件、目录进行操作。
- 熟练使用命令管理用户。
- 熟练使用文件的备份命令。

4.1 Linux 命令概述

在传统的 Unix 系统上，系统管理员都是通过命令的方式进行管理的，在近代 Linux/Unix 上配置了 GUI 的工作环境，相当多的管理命令添加了图形工具，可以使用图形工具来进行系统的管理和维护，但作为系统管理员最有效、最直接的系统管理方式还是命令。本章主要介绍没有图形工具的命令方式。

一般 Linux 命令分为两大类：一类为 Shell 内部命令，另一类为 Shell 外部命令。Linux 的内部命令数量有限，内部命令由 Shell 程序实现，而且绝大部分都很少用到。而每一个 Linux 外部命令都是一个单独的应用程序，我们非常熟悉的 ls、cp 等绝大多数命令都是外部命令，这些命令都以可执行文件的形式存在，绝大部分放在目录/bin 和/sbin 中。

4.1.1 Linux 的命令格式

Linux 的命令格式如下。

```
command [option] [arguments]
```

其中：command 为命令名；option 为命令选项；arguments 为参数，若无参数可为空，参数可以是多个。

使用时要注意以下事项。

(1) 命令名由小写的英文字母构成，往往是表示相应功能的英文单词或单词的缩写。例如，date 表示日期，who 表示谁在系统中，cp 是 copy 的缩写，表示复制文件等。

(2) 选项是对命令的特别定义，以“-”开始，多个选项可用一个“-”连起来，如“ls -l -a”与“ls -la”相同。

(3) 命令行的参数提供命令运行的信息，或者是命令执行过程中所使用的文件名。通常参数是一些文件名，告诉命令从哪里可以得到输入，以及把输出送到什么地方。

(4) 如果命令行中没有提供参数，命令将从标准输入文件(即键盘)接收数据，输出结果显示在标准输出文件(即显示器)上，而错误信息则显示在标准错误输出文件(即显示器)上。可使用重定向功能对这些文件进行重定向。

(5) 命令在正常执行后返回一个 0 值，表示执行成功；如果命令执行过程中出错，没有完成全部工作，则返回一个非零值 (在 Shell 中可用变量“$?”查看)。在 Shell 脚本中可用命令返回值作为控制逻辑的一部分。

(6) Linux 操作系统的联机帮助对每个命令的准确语法都做了说明，可以使用命令 man 来获取相应命令的联机说明，如“man ls”。

例如，列出当前目录下所有扩展名为.jpg 的文件，如图 4-1 所示。

```
[root@localhost nature]# ls -l *.jpg
-rw-r--r--. 1 root root  200353 11月  11 2010 Aqua.jpg
-rw-r--r--. 1 root root 1157513 11月  11 2010 Blinds.jpg
-rw-r--r--. 1 root root 1021283 11月  11 2010 Dune.jpg
-rw-r--r--. 1 root root   80905 11月  11 2010 FreshFlower.jpg
-rw-r--r--. 1 root root  264831 11月  11 2010 Garden.jpg
-rw-r--r--. 1 root root  183377 11月  11 2010 GreenMeadow.jpg
-rw-r--r--. 1 root root  351588 11月  11 2010 LadyBird.jpg
-rw-r--r--. 1 root root 1242241 11月  11 2010 RainDrops.jpg
-rw-r--r--. 1 root root  695070 11月  11 2010 Storm.jpg
-rw-r--r--. 1 root root  881400 11月  11 2010 TwoWings.jpg
-rw-r--r--. 1 root root  525520 11月  11 2010 Wood.jpg
-rw-r--r--. 1 root root  267440 11月  11 2010 YellowFlower.jpg
[root@localhost nature]#
```

图 4-1　ls 查看命令

此命令的含义：-l 表示要求按长格式显示文件信息；*.jpg 表示列出扩展名为.jpg 的文件。

在执行 Linux 命令时，Shell 必须能够找到这个程序文件。Shell 的环境变量 PATH 包含了一系列的目录路径，用于 Shell 的自动搜索。如果程序文件直接位于这个目录中，则可以在 Shell 提示符下直接输入程序名，Shell 在 PATH 所指定的目录中能找到该文件，即可载入执行；如果一个程序文件没有放在这些目录中，则需要使用绝对路径来运行这个命令。例如，编译安装一个 apache 程序，该程序的安装目录是用户安装时指定的/usr/apache 目录。如果用户现在的工作目录就是在 apache 目录下，可以直接输入命令运行 apache 程序；如果工作目录没在/usr/apache 目录下，就要输入绝对路径来运行 apache 程序。

4.1.2　Linux 的命令参数

执行 Linux 命令时除了命令本身外，还可以包括可选参数和命令对象参数。通过这两种类型的参数，可以让一个程序每次运行时都能接受用户的不同指令，采取不同的运行方式，作用不同的对象，产生不同的运行结果。

Linux 遵循一种统一的命令行格式，通常有两种表达方式，即短格式和长格式。短格式是由一个“-”加上字符组成，如 -h、-v、-l filepath 等，而长格式是由“--”加一个单词组成，如 --help、--version、--load filepath 等。

4.1.3　帮助命令

Linux 操作系统作为 GNU 的产品，不仅向用户开放所有的程序代码，而且提供程序开发者与其他参与者一起编写的大量帮助文档，这些文档随着程序的发布一起安装在系统中。实际上用户可以在系统管理的过程中，通过 4 种方式获得一个命令的有关帮助信息。

1. 帮助选项

Shell 命令使用--help 选项获得使用帮助，而其他的命令通过-h 或--help 选项获得命令的参数列表或简单的使用说明，有的程序支持两种选项方式，而有一些程序只支持其中一种。例如，使用 mkdir--help 命令，可获得 mkdir 程序的参数列表和简单说明，如图 4-2 所示。

```
[root@localhost ~]# mkdir --help
用法：mkdir [选项] 目录...
若目录不是已经存在则创建目录。

  -Z, --context=CONTEXT (SELinux) set security context to CONTEXT
长选项必须用的参数在使用短选项时也是必须的。
  -m, --mode=模式    设定权限<模式>（类似 chmod），而不是 rwxrwxrwx 减 umask
  -p, --parents      需要时创建上层目录，如目录早已存在则不当作错误
  -v, --verbose      每次创建新目录都显示信息
      --help     显示此帮助信息并退出
      --version  输出版本信息并退出
```

图 4-2　mkdir 帮助

2. 使用 man 命令获得帮助

几乎 Linux 的每个命令都有相应的联机帮助文档，可以使用 man 命令查看这些帮助文档。例如，用 man 命令查看 chmod 命令的联机帮助文档，输入 man chmod，按 Enter 键，就可得到帮助文档，如图 4-3 所示。

```
CHMOD(1)                         User Commands                         CHMOD(1)

NAME
       chmod - change file access permissions

SYNOPSIS
       chmod [OPTION]... MODE[,MODE]... FILE...
       chmod [OPTION]... OCTAL-MODE FILE...
       chmod [OPTION]... --reference=RFILE FILE...

DESCRIPTION
       This manual page documents the GNU version of chmod.  chmod changes the
       permissions of each given file according to mode, which can be either a
       symbolic  representation  of changes to make, or an octal number repre-
       senting the bit pattern for the new permissions.

       The  format  of  a  symbolic  mode  is   [ugoa...][[+-=][rwxXs-
       tugo...]...][,...]'.  Multiple symbolic operations can be given, sepa-
       rated by commas.

       A combination of the letters  ugoa' controls which users' access to the
       file  will  be  changed:  the  user who owns it (u), other users in the
       file's group (g), other users not in the file's group (o), or all users
:
```

图 4-3　chmod 帮助手册

man 命令由以下几部分组成。

- 程序名称(name)。
- 命令格式(synopsis)。
- 程序功能的描述(description)。
- 所有选项清单及其描述(options)。
- 列出与这个程序有关的其他程序(see also)。
- 列出这个程序使用或修改的文件(file)。
- 列出这个程序开发的重要里程碑(history)。
- 程序的作者(authors)。

man 命令的查找路径为/usr/share/man，也就是说，所有 man 文件都放在这个目录中。man 文件是用 less 程序来显示的(可以方便地使屏幕上翻和下翻)，所以在 man 显示页面里可以使用 less 的控制键查看帮助文件。

Less 的参数如下。

[q]：退出。

[Enter]：逐行下翻。

[Space]：逐页下翻。

[b]：上翻页。

[/]：后跟一个字符串和[Enter]来查找字符串。

[n]：寻找上一次查找的下一个匹配。

3. 使用 info 查看信息

info 程序是 GNU 的超文本帮助系统，Linux 中大多数软件提供了 info 文件形式的在线文档。info 文档一般保存在/usr/share/info 目录中，可使用 info 命令查看 info 文档。要运行 info 可以在 Shell 提示后输入 info，info 帮助系统的初始屏幕显示一个主题目录，可以将光标移动到带“*”的主题菜单上，然后按 Enter 键进入该主题，也可以输入 m 命令后跟主体菜单的名称进入该主题。例如，输入 m 命令，然后输入 grep 就可以进入 grep 的主题。

要在主题间跳转可以使用下面的命令。

n：跳转到该节点的下一个节点。

p：跳转到该节点的上一个节点。

m：手动输入节点名，进入该节点的下一层。

?：显示 info 的使用帮助。

l：返回上一层节点。

u：打开与本节点关联的上一节点。

h：显示 info 的帮助，要返回只需按 l 即可。

info：的帮助主界面如图 4-4 所示。

```
File: dir       Node: Top       This is the top of the INFO tree

  This (the Directory node) gives a menu of major topics.
  Typing "q" exits, "?" lists all Info commands, "d" returns here.
  "h" gives a primer for first-timers.
  "mEmacs<Return>" visits the Emacs topic, etc.

  In Emacs, you can click mouse button 2 on a menu item or cross reference
  to select it.

* Menu:

Texinfo documentation system
* Info: (info).                 Documentation browsing system.
* Pinfo: (pinfo).             curses based lynx-style info browser.
* Texinfo: (texinfo).           The GNU documentation format.
* info standalone: (info-stnd).                Read Info documents without Emacs.
* infokey: (info-stnd)Invoking infokey.    Compile Info customizations.
* install-info: (texinfo)Invoking install-info. Update info/dir entries.
* makeinfo: (texinfo)Invoking makeinfo.          Translate Texinfo source.
* texi2dvi: (texinfo)Format with texi2dvi.       Print Texinfo documents.
* texi2pdf: (texinfo)PDF Output.                 PDF output for Texinfo.
-----Info: (dir)Top, 1990 行 --Top-----------------------------------------------
欢迎使用 Info 4.8 版。输入 ? 以获得帮助，m 将得到菜单。
```

图 4-4　info 的帮助主界面

4. help 命令

help 命令用于查看所有的 Shell 命令。用户可以通过该命令查找 Shell 命令的用法，只需要在所查找的命令前输入 help 命令，就可以看到所要查找的命令内容。例如，要查看

pwd 命令的使用方法，可以按照图 4-5 所示进行操作。

```
[root@localhost ~]# help pwd
pwd: pwd [-LP]
     Print the current working directory.  With the -P option, pwd prints
    the physical directory, without any symbolic links; the -L option
    makes pwd follow symbolic links.
[root@localhost ~]#
```

图 4-5　pwd 帮助

4.2　文件系统操作命令

Linux 系统的所有数据以文件形式存放在 Linux 主机上，它们以“/”目录作为根目录，分层组成一个树形结构文件系统，Linux 系统管理员在管理中需要进行装载文件系统、建立目录、复制文件等方面的工作。

4.2.1　目录操作命令

Linux 系统的文件都存放在一定的目录中，从“/”根目录开始，以树形结构向下延伸，上下目录之间使用“/”隔开。例如，/etc/samba/smb.conf 表示在根目录下的 etc 目录下的 samba 目录中有一个文件 smb.conf。由于目录也是文件的一种，因而对文件的操作也同样适用于目录。

1. 目录访问

(1) ls 文件名或目录名。

例如：

ls：列出目前目录下的文件名。

ls-a：列出包括以“.”开头的隐藏文件在内的所有文件名。

ls-t：依照文件最后的修改时间列出文件名。

ls-l：列出文件的详细信息。

ls-R：列出所有子目录下的文件。

ls- u：以文件上次被访问的时间排序。

ls /：列出根目录下的所有文件及目录。

(2) 查看当前用户所在的位置。

pwd (显示当前工作目录)命令告诉用户当前所在的位置。例如，查看当前工作目录，如图 4-6 所示。

```
[root@localhost anacron]# pwd
/var/spool/anacron
[root@localhost anacron]#
```

图 4-6　显示当前工作目录

(3) 查看目录所占的磁盘容量。其格式如下。

```
du [-s] 目录
```

例如：使用 du /etc 显示 etc 目录总容量及其子目录的容量(以 KB 为单位)，如图 4-7 所示。

```
[root@localhost anacron]# cd
[root@localhost ~]# du /etc
56      /etc/gnome-vfs-2.0/modules
64      /etc/gnome-vfs-2.0
84      /etc/isdn
16      /etc/cron.monthly
28      /etc/java/security/security.d
36      /etc/java/security
80      /etc/java
796     /etc/firmware
152     /etc/alternatives
120     /etc/logrotate.d
16      /etc/hp
16      /etc/netplug.d
152     /etc/profile.d
```

图 4-7　显示 etc 目录总容量及其目录的容量

若只显示 etc 的总容量可使用 du-s/etc，如图 4-8 所示。

```
[root@localhost ~]# du -s /etc
93936   /etc
[root@localhost ~]#
```

图 4-8　显示 etc 的总容量

(4) 改变工作目录。其格式如下。

```
cd [name]
```

其中，name 为目录名、路径或目录缩写。

例如：

[root@loacalhost root]#cd /etc 表示将目录位置至于 etc 下。

[root@loacalhost root]# cd ~user 表示改变目录置于用户的工作目录(user 为用户名)。

[root@loacalhost root]#cd ..表示将目录位置返回至相对路径的父目录。

2. 建立和删除目录

(1) 建立目录。其格式如下。

```
mkdir 目录名
```

例如，[root@loacalhost root]#mkdir test 表示建立 test 目录。

(2) 删除目录。其格式如下。

```
rmdir 目录名或 rm 目录名
```

例如，[root@loacalhost root]#rmdir test 表示删除 test 目录，前提是在 test 目录下没有文件或目录，否则无法删除；

[root@loacalhost root]#rm –r test 表示删除 test 目录及目录下的所有文件；

[root@loacalhost root]#rm –rf test 表示不询问，直接删除 test 目录及目录下的所有文件。

3. 装载文件系统

一个硬盘分区所构成的文件系统在装载之前是不可访问的，而装载是把一个文件系统与具体的目录绑定，系统可以在该目录下访问这个文件系统的所有文件。系统安装时建立的主分区必须在启动时装载到“/”根目录下，这是由系统自动进行的，而对于一个备份分区，则可以在启动后由 root 用户使用 mount 命令手动挂载，或通过写/etc/fstab 文件将一个分区自动挂载到一个目录后进行访问。

(1) 装载文件系统。

使用 mount 命令装载文件，其格式如下。

```
mount [-参数] [设备名称] [挂载点]
```

Linux 的设备可以使用文件的形式进行管理，所有的硬件设备都登记在/dev 目录下，硬盘分区一般使用/dev/hdaN 来表示，N 表示第几个分区。例如，要把用来备份的分区/dev/hda5 装载到目录/mnt/dever 下，应首先建立目录。

```
[root@loacalhost root]#mkdir /mnt/dever
```

将 Ext3 文件系统装载到/mnt/dever 目录下，对/mnt/dever 目录的操作就是对 hda5 分区的操作，使用命令如下。

```
[root@loacalhost root]#mount -t ext3 /dev/sda5 /mnt/dever
```

挂载光驱的命令如下。

```
[root@loacalhost root]#mount -t iso9660 /dev/cdrom /mnt/cdrom
```

光盘的文件系统为 ISO 9660 系统，设置挂载点为 /mnt/cdrom。

在 Windows 下虚拟光盘可以用虚拟光驱打开，而在 Linux 下就可以用 mount 挂载到一个目录上，进行访问非常方便，命令如下。

```
[root@loacalhost root]#mount -o loop /home/xxxx.iso /mnt/xuni
```

我们事先已经在/mnt 目录下建立了 xuni 的目录。

“-o loop”是指需要使用 “loopback device”(环路设备)，所谓“loopback device”指的就是拿文件来模拟块设备。

(2) 自动挂载分区写入 fstab 文件。

fstab 是文件系统表，其中保存的是每个分区挂载的位置，也就是分区和挂载点的映射关系。如果希望每次开机时，硬盘的 sda5 分区自动挂载到 mnt 目录下的 dever 目录中，可以在 fstab 文件中添加一条命令。

```
/dev/sda5 /mnt/dever ext3  defaults 0 0
```

各参数的含义如下。

/dev/sda5：需要挂载的分区。

/mnt/dever：分区的挂载点。

ext3：分区的文件系统。

defaults：挂载选项(也就是 mount 命令的-o 选项)。

第一个 0：转储标志是否备份，分区 0 不需要备份。

第二个 0：分区的自检顺序，设置在开机的时候是否需要自检，0 表示不需要自检。

分区的自检顺序需要注意，它要么是 0，要么是 2，注意不能是 1，只有根分区才能是 1，如图 4-9 所示。

接下来我们看具体的挂载方法，如图 4-9 所示。

```
# This file is edited by fstab-sync - see 'man fstab-sync' for details
LABEL=/                 /                       ext3    defaults        1 1
LABEL=/boot             /boot                   ext3    defaults        1 2
none                    /dev/pts                devpts  gid=5,mode=620  0 0
none                    /dev/shm                tmpfs   defaults        0 0
none                    /proc                   proc    defaults        0 0
none                    /sys                    sysfs   defaults        0 0
LABEL=SWAP-sda3         swap                    swap    defaults        0 0
# Beginning of the block added by the VMware software
.host:/                 /mnt/hgfs               vmhgfs  defaults,ttl=5      0 0
# End of the block added by the VMware software
/dev/hdc                /media/cdrom            auto    pamconsole,exec,noauto,managed 0 0
/dev/fd0                /media/floppy           auto    pamconsole,exec,noauto,managed 0 0
/dev/sdd1               /mnt/dever              ext3    defaults            0 0
```

图 4-9　分区自检挂载方法

现在 fstab 文件系统表已经写好，以后系统每次重新启动后都会自动挂载分区 sdd1。如果卸载分区 sdd1 后再挂载，就不需要将命令写全，只写 mount/dev/sdd1 即可，因为 mount 命令会自动到 fstab 文件系统表查询这个设备对应的挂载点，然后自动挂载。

(3) 使用卷标挂载。

卷标就是给分区加上一个标志信息。

我们知道一个分区的编号会发生变化，如用 fdisk 命令把 sdd1 变成 sdd2，分区号发生了变化。如果永久性地挂载这个 sdd1 分区，当分区编号发生变化，那么就找不到这个分区了，如果使用卷标的形式，就可以利用卷标来跟踪这个分区，而不需要使用一个固定的设备名。

添加卷标使用的命令是 e2label，如#e2label /dev/sdd1 test，如图 4-10 所示。

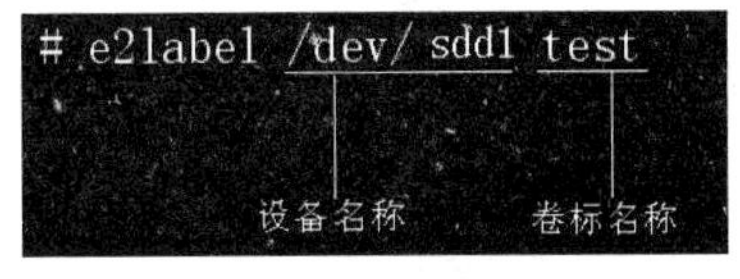

图 4-10　添加卷标

卷标的名称可以是特殊字符、数字等，不管用什么系统，其只被当作一个字符串使用。

sdd1 有了卷标以后，用户即可通过卷标来描述这个分区，下一次再挂载 sdd1 设备的时候就不需要输入/dev/sdd1，而只输入 LABEL=test 即可，如图 4-11 所示。

```
# mount LABEL=test /mnt/sdd1
```

图 4-11　使用卷标挂载设备

图 4-11 所示命令就是挂载 sdd1 的另一种卷标挂载方式。该命令的意思为卷标为 test

的那个分区挂载到 mnt 的 sdd1 目录下。

注意：图 4-11 中 LABEL 为大写字母，“=”两边没有空格，使用卷标的时候卷标名称不能冲突。如果有两个分区的卷标名同时是 test，在挂载第二个分区的时候就会发生冲突。

写入 fstab1 文件，如图 4-12 所示。具体的挂载过程如图 4-13 所示。

```
# This file is edited by fstab-sync - see 'man fstab-sync' for details
LABEL=/                 /                       ext3    defaults        1 1
LABEL=/boot             /boot                   ext3    defaults        1 2
none                    /dev/pts                devpts  gid=5,mode=620  0 0
none                    /dev/shm                tmpfs   defaults        0 0
none                    /proc                   proc    defaults        0 0
none                    /sys                    sysfs   defaults        0 0
LABEL=SWAP-sda3         swap                    swap    defaults        0 0
# Beginning of the block added by the VMware software
.host:/                 /mnt/hgfs               vmhgfs  defaults,ttl=5     0 0
# End of the block added by the VMware software
/dev/hdc                /media/cdrom            auto    pamconsole,exec,noauto,managed 0 0
/dev/fd0                /media/floppy           auto    pamconsole,exec,noauto,managed 0 0
LABEL=test              /mnt/sdd1               ext3    defaults           0 0
```

图 4-12　fstab1 文件

```
[root@show /]# cd /mnt
[root@show mnt]# ls

[root@show mnt]# e2label /dev/sdd1

[root@show mnt]# e2label /dev/sdd1 test
[root@show mnt]# df
Filesystem            1K-块      已用      可用 已用% 挂载点
/dev/sda2           19504748   3800420  14713520  21% /
/dev/sda1             101086      8566     87301   9% /boot
none                  180848         0    180848   0% /dev/shm
/dev/hdc              641798    641798         0 100% /media/cdrom
[root@show mnt]# mount LABEL=test /mnt/sdd1
[root@show mnt]# df
Filesystem            1K-块      已用      可用 已用% 挂载点
/dev/sda2           19504748   3800420  14713520  21% /
/dev/sda1             101086      8566     87301   9% /boot
none                  180848         0    180848   0% /dev/shm
/dev/hdc              641798    641798         0 100% /media/cdrom
/dev/sdd1              77749      5666     68069   8% /mnt/sdd1
[root@show mnt]#
```

图 4-13　使用卷标挂载设备的全过程

首先进入 mnt 目录查看是否有挂载目录 sdd1，然后检查/dev/sdd1 是否有卷标，给/dev/sdd1 设置卷标 test，最后使用卷标挂载/dev/sdd1。

(4) 卸载文件系统。

使用 umount 命令来卸载文件系统，其格式如下。

```
umount 目录名及路径
```

文件系统被卸载后，在系统退出之前应该把它卸载，否则有可能损害硬件设备。

对于卸载分区，命令如下。

```
[root@loacalhost root]#umount /mnt/derver
```

对于卸载光驱，命令如下。

```
[root@loacalhost root]#umount /mnt/cdrom
```

(5) 磁盘查看命令 df。

df 命令的功能：检查文件系统的磁盘空间占用情况。可以利用该命令来获取硬盘被占用了多少空间、目前还剩下多少空间等信息。其格式如下。

```
df [选项]
```

说明：df 命令可显示所有文件系统对 i 节点和磁盘块的使用情况。

该命令各个选项的含义如下。

-a：显示所有文件系统的磁盘使用情况，包括 0 块(Block)的文件系统，如/proc 文件系统。

-k：以 k 字节为单位显示。

-i：显示 i 节点信息，而不是磁盘块。

-t：显示各指定类型的文件系统的磁盘空间的使用情况。

-x：列出不是某一指定类型文件系统的磁盘空间的使用情况(与 t 选项相反)。

-T：显示文件系统类型。

【例 4-1】 列出各文件系统的磁盘空间的使用情况，如图 4-14 所示。

```
[root@show /]# df
Filesystem           1K-块      已用      可用 已用% 挂载点
/dev/sda2          19504748   3800412  14713528  21% /
/dev/sda1            101086      8566     87301   9% /boot
none                 180848         0    180848   0% /dev/shm
/dev/hdc             641798    641798         0 100% /media/cdrom
/dev/sdd1             77749      5666     68069   8% /mnt/dever
[root@show /]#
```

图 4-14　磁盘空间情况

【例 4-2】 可以使用参数 T 查看分区的类型，如图 4-15 所示。

```
[root@show /]# df -T
Filesystem    Type     1K-块      已用      可用 已用% 挂载点
/dev/sda2     ext3  19504748   3800412  14713528  21% /
/dev/sda1     ext3    101086      8566     87301   9% /boot
none         tmpfs    180848         0    180848   0% /dev/shm
/dev/hdc   iso9660    641798    641798         0 100% /media/cdrom
/dev/sdd1     ext3     77749      5666     68069   8% /mnt/dever
[root@show /]#
```

图 4-15　带分区类型的磁盘空间情况

4.2.2　文件操作命令

Linux 的文件分为普通文件、目录文件、设备文件和链接文件几个类别。除了设备文件需要装载后作为一个目录来访问外，其他的文件操作如权限设置、移动、复制、删除、查找等都能够以文件为对象。

1. 访问文件

(1) 列出单个文件的信息或目录下的文件信息。其格式如下。详细说明见 4.2.1 节。

```
ls 目录名
```

(2) 使用 find 命令查找。其格式如下。

```
find path expression
```

各参数的含义如下。

path：路径。

expression：符合条件，可以指文件的名称、类型、日期、大小、权限等。expression中经常使用的选项包括以下各项。

-name：按文件名查找。

-amin n：在过去 n 分钟内被读取过。

-anewer file：比档案 file 更晚被读取过的档案。

-atime n：在过去 n 天读取过的档案。

-cmin n：在过去 n 分钟内被修改过。

-cnewer file：比档案 file 更新的档案。

-ctime n：在过去 n 天修改过的档案。

-typeT：文件类型是 T 的文件。文件类型有 d(目录)、c(字符设备文件)、b(块设备文件)、f(普通文件)、l(符号链接)、s(套接字文件)。

在 find 命令中还可以使用-and、-or、-not、！运算符对查找条件进行逻辑运算。

例如：

将当前目录及其子目录下所有扩展名是.jpg 的文件列出，命令如下。

```
[root@loacalhost root]#find . -name "*.jpg"
```

将当前目录及其子目录中所有的普通文件列出，命令如下。

```
[root@loacalhost root]#find . -typef
```

将当前目录及子目录中最近 10 天修改过的文件列出，命令如下。

```
[root@loacalhost root]#find . -ctime-10
```

(3) 使用 whereis 命令查找。其格式如下。

```
whereis options filename
```

可以使用的选项如下。

b：只查找二进制文件。

m：查找主要文件。

s：查找来源。

u：查找不常用的记录。

whereis 命令可以迅速地找到文件，而且还可以提供这个文件的二进制可执行文件、源代码文件和使用手册存放的位置。

例如，查找 chmod 文件及其他使用手册存放的位置等，如图 4-16 所示。

```
[root@localhost dai]# whereis chmod
chmod: /bin/chmod /usr/share/man/man3p/chmod.3p.gz /usr/share/man/man2/chmod.2.g
z /usr/share/man/man1p/chmod.1p.gz /usr/share/man/man1/chmod.1.gz
[root@localhost dai]#
```

图 4-16　查找 chmod 命令的信息

(4) 查看文件内容。其格式如下。

```
cat 文件名
```

例如，cat/etc/samba/sam.conf，表示查看 etc 目录下的 samba 目录中的 sam.conf 文件的内容。

(5) 分页查看文件内容。其格式如下。

```
more 文件名
```

或

```
cat 文件名|more
```

例如，more file 和 cat file|more 均表示以分页方式查看 file 文件内容，分页查看效果如图 4-17 所示。

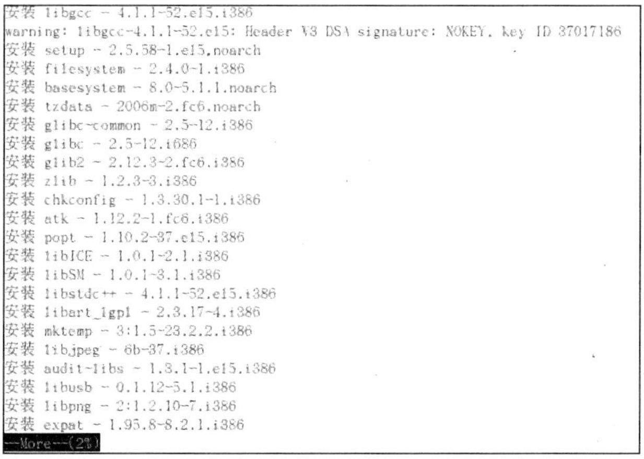

```
安装 libgcc - 4.1.1-52.el5.i386
warning: libgcc-4.1.1-52.el5: Header V3 DSA signature: NOKEY, key ID 37017186
安装 setup - 2.5.58-1.el5.noarch
安装 filesystem - 2.4.0-1.i386
安装 basesystem - 8.0-5.1.1.noarch
安装 tzdata - 2006m-2.fc6.noarch
安装 glibc-common - 2.5-12.i386
安装 glibc - 2.5-12.i686
安装 glib2 - 2.12.3-2.fc6.i386
安装 zlib - 1.2.3-3.i386
安装 chkconfig - 1.3.30.1-1.i386
安装 atk - 1.12.2-1.fc6.i386
安装 popt - 1.10.2-37.el5.i386
安装 libICE - 1.0.1-2.1.i386
安装 libSM - 1.0.1-3.1.i386
安装 libstdc++ - 4.1.1-52.el5.i386
安装 libart_lgpl - 2.3.17-4.i386
安装 mktemp - 3:1.5-23.2.2.i386
安装 libjpeg - 6b-37.i386
安装 audit-libs - 1.3.1-1.el5.i386
安装 libusb - 0.1.12-5.1.i386
安装 libpng - 2:1.2.10-7.i386
安装 expat - 1.95.8-8.2.1.i386
--More--(2%)
```

图 4-17　分页查看文件内容

2. 复制、移动、删除文件

(1) 复制文件或目录。其格式如下。

```
cp -r 源地址 目标地址
```

例如：

cp test1 test2：将文件 test1 复制到 test2 中。

cp test1/home：将文件复制到 home 目录中。

cp /home/test1 test2：将 home 下的文件 test1 复制到该目录中，重命名为 test2。

(2) 移动或更改文件和目录名称。其格式如下。

```
mv 源地址 目的地址
```

例如：

mv test1 test2：将文件 test1 重命名为 test2。

mv test1 /home：将文件 test1 移动到 home 目录中。

(3) 删除文件或目录。其语法格式如下。

```
rm 文件名
```

例如：

rm test1：删除文件 test1。

rm -f test1：不询问删除 test1。

rm f*：删除文件名以 f 开头的文件。

rm -f f*：不询问删除文件名以 f 开头的文件。

3. 设置文件或目录权限

Linux 是一个典型的多用户操作系统，不同的用户有着不同的权限。为了保护系统的安全性，Linux 系统对不同用户访问同一文件或目录的权限作了不同的规定。对于 Linux 系统中的文件来说，它的权限可以分为 3 种，即读、写和可执行权限。

文件都有一个特定的所有者，也就是对文件具有所有权的用户，同时由于在 Linux 系统中，用户是按组分类的一个用户，属于一个或多个组。文件所有者以外的用户又可以分为文件所有者同组的用户和其他组的用户，因此 Linux 系统按文件所有者、文件所有者同组用户和其他组的用户 3 类规定了不同的文件访问权限。

使用 ls-l 命令就可以显示一个文件的权限及文件所属的用户和组，如图 4-18 所示。

```
[root@localhost ~]# ls -l
总计 92
-rw-r--r-- 1 root root   157 07-02 17:22 123
-rw------- 1 root root   963 07-02 17:05 anaconda-ks.cfg
drwxr-xr-x 2 root root  4096 07-02 17:19 Desktop
-rwxrwxrwx 1 root root     0 07-04 13:22 file
-rw-r--r-- 1 root root    50 07-04 13:23 filw
-rw-r--r-- 1 root root 35447 07-02 17:05 install.log
-rw-r--r-- 1 root root  4228 07-02 17:01 install.log.syslog
-rwxrwxrwx 1 root root  9765 07-04 13:21 smb.conf
-rw-r--r-- 1 root root    11 07-04 20:41 testd
-rw-r--r-- 1 root root   334 07-04 13:28 text
[root@localhost ~]#
```

图 4-18　显示文件的信息

图 4-18 中每个文件的访问权限由左边第一个部分的 10 个字符来决定，它们的意义分别如下。

(1) 从左至右第一个字符表示一个文件类型。其中的字符可设置如下。

d：一个目录。

b：该文件是一个系统设备，通常是一个磁盘。

c：该文件是一个系统设备，一般是串口设备和语音设备。

-：该文件是一个普通文件。

l：链接文件。

p：该文件为命令管道文件。

s：该文件为 socket 文件。

(2) 第一部分的第 2～4 个字符用来确定文件所有者的用户(user)权限，第 5～7 个字符用来确定与文件所有者同组用户的权限，第 8～10 个字符用来确定其他用户的权限。其他用户既不是文件所有者，也不是同组用户。其中，第 2、5、8 个字符用来控制文件的读权限，该字符为 r 时，允许用户从该文件中读取信息，如果是一个短线“-”，表示不允许读取文件信息内容；第 3、6、9 个字符控制文件写的权限，该位置如果是 w，表示允许用户向文件中写入信息，该位如果是短线“-”，表示不允许向文件中写信息；第 4、7、10 个字符控制文件的可执行权限，该位若为 x，表示可以执行文件，如果是短线“-”，表示不允许执行文件。

例如图 4-19 列出的文件的相关信息中，该文件所有者是 root，属于 root 用户组，并且 root 用户具有可读、可写的权限，root 组中其他用户具有可读的权限，其他组的用户有可读的权限。文件的大小为 50B，创建时间为 7 月 4 日 13 时 23 分。

```
[root@localhost ~]# ls -l filw
-rw-r--r-- 1 root root 50 07-04 13:23 filw
```

图 4-19　文件信息

在 Linux 中建立一个新的文件后有一个默认的权限，这个权限受 umask 掩码控制。如果 umask 掩码为 022，新文件权限为 rw-r--r--。当文件的运行环境发生变化，需要修改文件权限时，Linux 提供了 chmod chown chgrp 命令来改变文件的权限。

(1) 使用 chmod 命令设置文件或目录的操作权限。其格式如下。

```
chmod [-R] user mode filename
```

各参数的含义如下。

user：指定更改权限的用户对象，分为 4 种类型 u(user，文件的所有者)、g(group，文件所有者所在的组)、o(other，其他用户)、a(all，包含了上述 3 种用户)。

Mode：对指定用户的权限进行修改。可以在指定用户名后面使用+r、+w、+x 来增加用户的权限，也可以使用-r、-w、-x 来减小用户的权限，使用=r、=w、=x 来指定用户的权限。

filename：操作文件后的目录名称。

-R：递归修改子目录的文件。

例如：

chmod u+w a+rx test：表示对目录 test 设定成任何人都增加可读、可执行的权限，但只有文件的所有者增加可写入的权限。

chmod u=rwx go-rxw test1：表示对于文件 test1，对所有者赋予可读、可写、可执行的权限，组中的其他用户和其他组的用户取消所有权限。

chmod u+x test2：对于文件 test2，增加所有者可执行的权限。

chmod g-x test2：对于文件 test2，取消组中其他用户的可执行权限。

chmod 0+r test2：对于文件 test2，增加其他组用户的读的权限。

(2) 使用 chown 命令更改文件或目录的用户所有权。其格式如下。

```
chown[-R]user filename
```

例如：

chown user1 test1：将文件 test1 的用户改为 user1。

chown –R user1 test：将目录 test 及其子目录下面的所有文件的用户改为 user1。

(3) 使用命令 chgrp 更改文件或目录工作组的所有权。其格式如下。

```
chgrp [-R] groupname filename
```

例如：

chgrp workgroup test1：将文件 test1 的工作组所有权改为 workgruop 工作组。

chgrp –R map test：将目录 test 及其子目录下面的所有文件工作组所有权改为 map 工作组。

4.2.3 文件备份命令

在 Linux 系统中有许多文件归档和备份的方法，包括 dump、cpio 和 tar。其中 tar 命令是用户使用最多的备份和恢复命令，使用时生成具有.tar 扩展名的文件；当与 gzip 结合用于数据压缩时，生成的文件扩展名可能是.tgz、.tar.gz；当与 compress 结合用于数据压缩时，生成的文件扩展名则是.tar.Z。

1. 使用方法和参数

tar 命令的格式如下。

```
tar [主选项+辅选项] 文件或者目录
```

主选项(运行 tar 时必须要有下列参数中的至少一个才可运行)参数如下。

-a, --catenate, --concatenate：将一存档与已有的存档合并。

-c, --create：建立新的存档。

-d, --diff, --compare：比较存档与当前文件的不同之处。

--delete：从存档中删除。

-r, --append：附加到存档结尾。

-t, --list：列出存档中文件的目录。

-u, --update：仅将较新的文件附加到存档中。

-x, --extract, --get：从存档展开文件。

注意： 在上述参数中，c、x、t 仅能存在一个，不可同时存在。因为不可能同时压缩与解压缩。

辅选项参数如下。

--atime-preserve：不改变转储文件的存取时间。

-b, --block-size N：指定块大小为 N×512B(默认时，N=20)。

-B, --read-full-blocks：读取时重组块。

-C, --directory DIR：转到指定的目录，展开.tar 文件到指定的 DIR 目录。

--checkpoint：读取存档时显示目录名。

-f, --file [HOSTNAME:]F：指定存档或设备(默认为 /dev/rmt0)。

--force-local：强制使用本地存档，即使存在复制。

-F, --info-script F --new-volume-script F：在每个磁盘结尾使用脚本 F (隐含 -M)。

-G, --incremental：建立旧 GNU 格式的备份。

-g, --listed-incremental F：建立新 GNU 格式的备份。

-h, --dereference：不转储动态链接，转储动态链接指向的文件。

-i, --ignore-zeros：忽略存档中的 0 字节块(通常意味着文件结束)。

--ignore-failed-read：在不可读文件中作 0 标记后再退出。

-k, --keep-old-files：保存现有文件，从存档中展开时不进行覆盖。

-K, --starting-file F：从存档文件 F 开始。

-l, --one-file-system：在本地文件系统中创建存档。

-L, --tape-length N：在写入 N×1024B 后暂停，等待更换磁盘。

-m, --modification-time：当从一个档案中恢复文件时，不使用新的时间标签。

-M, --multi-volume：建立多卷存档，以便在几个磁盘中存放。

-N, --after-date DATE, --newer DATE：仅存储时间较新的文件。

-o, --old-archive, --portability：以 V7 格式存档，不用 ANSI 格式。

-O, --to-stdout：将文件展开到标准输出。

-p, --same-permissions, --preserve-permissions：展开所有保护信息。

-P, --absolute-paths：不从文件名中去除“/”。

--preserve：与 -p -s 相似。

-R, --record-number：显示信息时同时显示存档中的记录数。

--remove-files：建立存档后删除源文件。

--same-owner：展开以后使所有文件属于同一所有者。

-S, --sparse：高效处理。

-T, --files-from F：从文件中得到要展开或要创建的文件名。

--null：读取空结束的文件名，使 -C 失效。

--totals：显示用 --create 参数写入的总字节数。

-v, --verbose：详细显示处理的文件。

-V, --label NAME：为存档指定卷标。

--version：显示 tar 程序的版本号。

-w, --interactive, --confirmation：每个操作都要求确认。

-W, --verify：写入存档后进行校验。

--exclude FILE：不把指定文件包含在内。

-X, --exclude-from FILE：从指定文件中读入不想包含的文件列表。

-j, --bzip2, --bunzip2：用 bzip2 对存档压缩或解压。

-Z, --compress, --uncompress：用 compress 对存档压缩或解压。

-z, --gzip, --ungzip：用 gzip 对存档压缩或解压。

--use-compress-program PROG：用 PROG 对存档压缩或解压(PROG 需能接受-d 参数)。

--block-compress：为便于磁盘存储，按块记录存档。

-[0-7][lmh] ：指定驱动器和密度(高、中、低)。

2. 使用 tar 命令进行备份

对于 Linux 系统中需要备份的文件和目录，tar 命令可以将其打包到一个文件中进行备份，这个功能称为文件和目录的归档。

tar 命令与 cf 选项配合使用建立文件和目录的归档，需要备份的文件或目录归档到指定的文件。为了明确文件类型，归档文件通常以.tar 作为扩展名。举例如下。

```
[root@localhost dai]# cd /mnt/LVM/
//查看当前目录文件
[root@localhost LVM]# ls -l
//总用量为 27
-rw-------  1 root root  7168  2月 13 17:26 aquota.group
-rw-------  1 root root  7168  2月 13 17:44 aquota.user
drwxrwxrwx  2 dai  root  1024  2月 13 17:26 dai
drwx------  2 root root 12288  2月 13 16:16 lost+found
// 把 dai 文件夹归档到 dai.tar 中
[root@localhost LVM]# tar -cf dai.tar dai
[root@localhost LVM]# ls
aquota.group  aquota.user  dai  dai.tar  lost+found
```

3. 对文件目录进行压缩备份

tar 命令与 czf 参数配合使用建立文件或目录的压缩归档，需要备份的文件或目录归档到指定的文件，c 表示创建归档文件，z 表示对归档文件进行压缩，f 后面指定压缩归档的文件名。对归档文件进行压缩保存，可以有效地节省磁盘空间。为了明确文件类型，压缩文档通常以 tar.gz 结尾。举例如下。

```
//归档前查看
[root@localhost LVM]# ls
aquota.group  aquota.user  dai  dai.tar  lost+found
//把 dai 文件夹归档并压缩到文件 dai.tar.gz 中
 [root@localhost LVM]# tar czf dai.tar.gz dai
//归档完成后查看
[root@localhost LVM]# ls
aquota.group  aquota.user  dai  dai.tar  dai.tar.gz  lost+found
```

4. 查看归档中的文件列表

对于某些归档文件用户并不了解其中包含哪些文件，所以在恢复归档文件之前能够查看归档文件中的文件和目录列表是非常重要的，tar 命令配合相应的参数可以实现查看归档文件目录列表的功能。

1) 查看 tar 归档文件中的目录列表

tar 命令与 tf 参数配合使用可查看归档文件中的文件列表，t 表示查看归档文件中的文件和目录列表，f 后面指定要查看的归档文件名。举例如下。

```
[root@localhost LVM]# tar -tf dai.tar
dai/
dai/file1
dai/file2
dai/file3
dai/file5
dai/file6
[root@localhost LVM]#
```

2) 查看压缩归档文件中的目录列表

tar 命令与 tzf 参数配合使用可查看压缩文件中的文件列表，t 表示查看归档文件中的文件和目录列表，z 表示要查看的是压缩归档文件，f 后面指定要查看的压缩归档文件名。举例如下。

```
[root@localhost LVM]# tar -tzf dai.tar.gz
dai/
dai/file1
dai/file2
dai/file3
dai/file5
dai/file6
[root@localhost LVM]#
```

5. 使用 tar 命令恢复归档文件

文件备份的最终目的是在需要的时候可以进行文件的恢复，tar 命令可以对自己建立的归档文件进行恢复。

1) 恢复 tar 备份文件

tar 命令与 xf 参数配合使用可恢复归档文件中的目录和文件，x 表示释放归档文件，f 后面指定要恢复的归档文件名。举例如下。

```
[root@localhost LVM]# tar xf dai.tar
```

2) 恢复压缩的 tar 备份文件

tar 命令与 zxvf 参数配合使用恢复压缩的归档文件，z 表示要释放的压缩归档文件，x

表示释放归档文件，v 显示处理过程，f 后面指定要恢复的压缩文件的文件名。举例如下。

```
[root@localhost ~]# tar -zxvf dai.tar.gz
dai/
dai/file1
dai/file2
dai/file3
dai/file5
dai/file6
[root@localhost ~]# ls
5  anaconda-ks.cfg  dai  dai.tar.gz  Desktop  install.log
install.log.syslog
[root@localhost ~]#
```

4.3 用户管理命令

Linux 系统是多用户的操作系统，允许多用户同时从本地或远程登录到主机上工作。这些用户分别属于一些用户组，他们被单独或以组为单位授予不同的权限，能够在主机中执行程序、修改文件、申请系统资源等。为了保证他们正常工作并且不影响系统和其他用户的操作，必须对他们进行管理。

4.3.1 用户账号管理

Linux 是一个多任务多用户的操作系统，因此可以满足多用户需要。对于每一个用户给定一个单独的用户名，这个用于登录到系统的用户名就是账户，大多数账户都设有口令。

每个账户在主机上都有自己的文件，这些文件可能是保密的，不能让其他用户读写，因此系统管理员必须让每个用户有权限管理自己的文件，并且不经允许不能操作其他人的文件。Linux 系统管理员工作包括建立账户、删除账户、修改密码、分配用户子目录、为用户指定初始的 Shell，根据需要设定每个用户所能够使用的磁盘空间、内存及进程数等。

1. 添加用户

每个用户需要有自己的账户才能进入系统，所以添加账户是最常见的用户管理操作。

使用 useradd 添加用户，该命令参数比较多，如果不指定，则按默认值处理，如图 4-20 所示。

各参数的含义如下。

-b：新账号的目录。

-c：新账号的说明栏。

-d：指定用户主目录。

-e：账号终止日期。日期的指定格式为 MM/DD/YY。

-f：账号过期几日后永久停权。当值为 0 时，账号立刻停权，而当值为-1 时，则关闭此功能，预设值为-1。

-g：group 名称或以数字来作为使用者登录起始群。

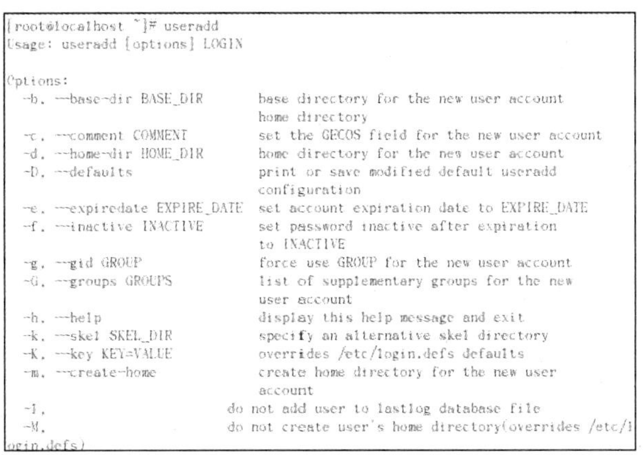

```
[root@localhost ~]# useradd
Usage: useradd [options] LOGIN

Options:
  -b, --base-dir BASE_DIR       base directory for the new user account
                                home directory
  -c, --comment COMMENT         set the GECOS field for the new user account
  -d, --home-dir HOME_DIR       home directory for the new user account
  -D, --defaults                print or save modified default useradd
                                configuration
  -e, --expiredate EXPIRE_DATE  set account expiration date to EXPIRE_DATE
  -f, --inactive INACTIVE       set password inactive after expiration
                                to INACTIVE
  -g, --gid GROUP               force use GROUP for the new user account
  -G, --groups GROUPS           list of supplementary groups for the new
                                user account
  -h, --help                    display this help message and exit
  -k, --skel SKEL_DIR           specify an alternative skel directory
  -K, --key KEY=VALUE           overrides /etc/login.defs defaults
  -m, --create-home             create home directory for the new user
                                account
  -l,                      do not add user to lastlog database file
  -M,                      do not create user's home directory(overrides /etc/l
ogin.defs)
```

图 4-20　useradd 帮助文件

群组名须为现有存在的名称，群组数字也须为现有存在的群组，预设的群组数字为 1。各参数的含义如下。

-G：定义此使用者为 groups 的成员。每个群组使用区格开，不可以夹杂空白字元。群组名同-g 选项限制。定义值为使用者的起始群组。

-m：如果用户的主目录不存在就建立一个。

-M：不建立使用者目录。

-n：预设值使用者群组与使用者名称相同。此选项将取消此预设值。

-u：用户的 ID 值。必须为唯一的 ID 值，除非用-o 选项。

注意：数字不可为负值。预设值最小不得小于 99 且逐次增加，0～99 之间的数字传统上保留给系统账号使用。

-s：使用者登录后使用的 Shell 名称。之后新加入的账号将使用此 Shell。

如果没有指定上述参数，则 useradd 将会使用/etc/login.defs 文件中设置的值。

例如：添加一个名为 tom 的账户，设置起始目录/home/tom。

```
[root@loacalhost root]#useradd tom
```

这时可以看到，在/etc/passwd 文件最后一行，新创建的 tom 用户的信息已经成功写入该文件中了，如图 4-21 所示。

```
[root@localhost ~]# cat /etc/passwd |grep tom
tom:x:501:501::/home/tom:/bin/bash
[root@localhost ~]#
```

图 4-21　passwd 文件中 tom 用户的信息

useradd 命令不能为用户设置口令，必须使用 passwd 为用户设置口令后，才能正式使用该用户。

2. 为用户设置口令

使用 useradd 建立用户后，并没有为该用户设置登录密码，因而创建用户后要立即为该用户设置密码，以免有非法入侵对系统造成破坏。

无论对于系统还是用户，口令都是一个非常重要的事，一般一个好的口令不容易被他人破解，设置口令要注意以下几点。

(1) 口令应该包括大、小写字母、数字、特殊符号。

(2) 口令应尽可能长，每加一位均会降低破解机会。

(3) 在网络上传递口令要加密。

(4) 应该经常更换口令。

设置口令的命令是 passwd，只有超级用户才能使用该命令，这个命令将在子目录/etc 中的 passwd 文本数据库中生成默认的 x 数据项，真正的口令会经过加密保存在/etc/shadow 文件中，只有 root 用户才能察看 shadow 文件。tom 设置密码的变化如图 4-22 所示。

```
[root@localhost ~]# cat /etc/passwd |grep tom
tom:x:501:501::/home/tom:/bin/bash
[root@localhost ~]#
```

图 4-22　passwd 文件中 tom 用户的信息

图 4-22 中相关项的含义如下。

tom：用户名。

x：命令(这里 x 是命令的一个占位符，真正的命令保存在/etc/shadow 文件中)。

501：用户 ID 号。

501：组 ID 号。

/home/tom：用户的主目录。

/bin/bash：用户所使用的 Shell。

图 4-22 已经建立了账户 tom，但是还没有设置口令，在/etc/shadow 口令文件中的对应内容如图 4-23 所示。

```
[root@localhost ~]# cat /etc/shadow |grep tom
tom:!!:14064:0:99999:7:::
[root@localhost ~]#
```

图 4-23　tom 还没有设置口令

如果要为 tom 账户设置口令，可以使用命令 passwd 后面跟上用户名，如图 4-24 所示。

新的口令会被记录到/etc/shadow 文件中，如图 4-25 所示，读者可以用图 4-25 和图 4-23 作比较，查看设置口令前后 shadow 文件的变化。

```
[root@localhost ~]# passwd tom
Changing password for user tom.
New UNIX password:
BAD PASSWORD: it does not contain enough DIFFERENT characters
Retype new UNIX password:
passwd: all authentication tokens updated successfully.
[root@localhost ~]#
```

图 4-24　成功为 tom 设置了口令

```
[root@localhost ~]# cat /etc/shadow |grep tom
tom:$1$h09q3XYNS11JNFC0ZGG2X1xg.RYxxC/:14066:0:99999:7:::
[root@localhost ~]#
```

图 4-25　设置密码后 tom 账户的密码记录到 shadow 中

建立新用户的第一步是执行保存在/usr/sbin 子目录中的 useradd 命令，必须是超级用户 root 才能运行，如果是普通用户会报错。

3. 删除用户

删除用户和添加用户是相对的，可以使用 userdel 命令来删除用户。命令十分简单，格式如下。

```
[root@loacalhost root]#userdel tom
```

可以加一个参数-r 将用户的起始目录及包含的文件全部删除，如下所示。

```
[root@loacalhost root]#userdel -r tom
```

4.3.2　用户组管理

每个用户都属于特定的用户组，用户组是一些具有相同属性的用户合集。Linux 是多用户操作系统，它根据各个用户所做的工作需要，将他们分为不同的组，一个用户至少属于一个组，同时还可以属于其他组。

1. 添加用户组

使用命令 groupadd 添加用户组。其格式如下。

```
groupadd [-g gid] [ -o][-r][-f] 组名
```

各参数的含义如下。

-g gid：指定新建组的 gid 号，新建的用户组 gid 号应大于 500 且不能和已经存在的组 gid 号重复，保留 0 至 499 位系统用户组。

-o：此选项和-g 选项一起使用，如果使用该选项，则允许使用相同的组标识。

-r：添加一个系统用户，使用组标识符应小于 499。

-f：此为一个强制选项，当用户试图建立一个已经存在的组时，groupadd 将会终止并返回错误信息，如果使用该项，就不会返回错误信息。

2. 为用户组设置口令

当为新用户设置口令时，可以使用 passwd 命令。如果在为用户组设置口令时没有现成的命令，则需要进行一些操作，但是还需要使用 passwd 命令。具体设置步骤如下。

(1) 添加一个新的用户，假设名为 tom。

```
[root@loacalhost root]#useradd tom
```

(2) 为账户添加口令。

```
[root@loacalhost root]#passwd tom
```

(3) 将/etc/passwd 文件中 tom 账户的条目复制到/etc/group 中，在/etc/shadow 中查找"tom"字符串所对应的加密口令，并将其复制到/etc/shadow 文件中需要口令的用户组的第二个域中，这样即可设置好口令。为用户组设置口令只作简单介绍，在实际应用中很少会对用户组设置权限。

3. 删除用户组

删除用户组的命令很简单，使用 groupdel 命令格式，如下所示。

```
[root@loacalhost root]#groupdel tom
```

本 章 习 题

一、填空题

1. 一般 Linux 命令分为________、________两大类。
2. 查看当前用户所在位置的命令是________。
3. 建立目录的命令是________，进入目录的命令是________。
4. 如果工作目录是/root，查看/home/test 文件的命令是________。
5. Linux 下的复制命令是________，剪切命令是________。
6. Linux 下用得最多的文件备份命令是________。
7. 如果用 useradd 建立一个名为 marry 的用户，用________参数可以指定其用户的主目录。
8. 建立组的命令是________。

二、问答题

1. 说出常用的几个帮助命令。
2. man 命令由几部分组成，分别是什么？
3. 命令 mount-t ext3 /dev/sdd1 /mnt/dever 的意思是什么？
4. 如果在 fstab 文件中添加/dev/sdd1 /mnt/dever ext3 defaults 0 0，这一行的意思是什么？
5. 卷标挂载的目的是什么？
6. 在 Linux 下查找一个文件 why，使用 find 的完整命令是什么？使用 find 命令查找当前目录下以.txt 结尾的文件，完整的命令是什么？
7. 使用 ls-l 命令显示-rw-r--r- root root 142 11-4 19:30 test，这条命令限制 test 文件的权限是什么？其他显示的信息是什么？
8. 命令 Chmod u=rwx go-rxw test1 的意思是什么？
9. 对 tom 目录下的所有文件进行归档并压缩，使用的命令是什么？

10. 在 passwd 文件中显示了一条内容 jerry :x :502 :502 ::/home/jerry:/bin/bash，它的意思是什么？

三、上机实训

实训目的

(1) 掌握 Linux 各类命令的使用方法。

(2) 熟悉 Linux 的操作环境。

实训内容

练习使用 Linux 的常用命令，达到熟练应用的目的。

实训步骤

利用 root 用户登录到系统，进入字符界面。

(1) 用 pwd 命令查看当前所在目录。

(2) 用 ls 命令列出此目录下的文件和目录。

(3) 用-a 选项列出此目录下包括隐藏文件在内的所有文件和目录。

(4) 用 man 命令查看 ls 命令的使用手册。

(5) 在当前目录下，创建测试目录 test，代码如下。

```
mkdir test
```

(6) 利用 ls 命令列出文件和目录，确认 test 目录创建成功。

(7) 进入 test 目录，利用 pwd 查看当前工作目录(cd /root/test pwd)。

(8) 利用 touch 命令，在当前目录创建一个新的空文件 newfile(touch newfile)。

(9) 利用 cp 命令复制系统文件/etc/profile 到当前目录下，代码如下。

```
cp /etc/profile /root/test
```

(10) 复制文件 profile 到一个新的文件 profile.bak 作为备份，代码如下。

```
cp /etc/profile profile.bak
```

(11) 用 ll 命令以长格的形式列出当前目录下的所有文件，注意比较每个文件的长度和创建时间的不同。

(12) 用 less 命令分屏查看文件 profile 的内容，注意练习 less 命令的各个子命令，如 b、p、q 等，并对 then 关键字进行查找(命令为 less /etc/profile)。

(13) 用 grep 命令在 profile 文件中对关键字 then 进行查询，并与上面的结果进行比较。代码如下。

```
grep then /etc/profle
```

(14) 给文件 profile 创建一个软连接 lnsprofile 和一个硬链接 lnhprofile，代码如下。

```
ln -s profile lnsprofile  //创建软连接
ln profile lnhprofile  //创建硬链接
```

第 5 章 RPM 包管理系统启动和运行级别

学习目的与要求：

本章将学习 Linux 下的软件包的管理及 Linux 下的启动级别。要求用户熟悉每个启动级别，而且要求用户能够熟练地管理 Linux 的进程。

通过对本章的学习，用户应做到以下几点。

- 熟练使用 RPM 命令对软件进行安装、卸载、升级、查询。
- 熟悉 Linux 下的各个启动级别，熟悉如何改变 Linux 的各个级别。
- 熟练使用命令对 Linux 的进程进行管理。
- 熟练使用调度命令对 Linux 的进程进行管理。

5.1　RPM 包管理

RPM 是 Red Hat Package Manager 的缩写，即 Red Hat(红帽)软件包管理器。它是一个开放的软件包管理系统，工作在 Red Hat Linux 及其他 Linux 及 Unix 系统上。RPM 可以为用户提供软件的安装、卸载、升级和查询等操作，并向程序员提供制作二进制代码和源代码软件安装包的方法。RPM 的发布基于 GPL 协议(GNU General Public License)的系统使用。

在操作系统中除了内核以外还包括大量的其他应用程序。它们由不同的软件开发团体开发，可独立或合作完成不同的任务，并且它们经常被开发人员使用，因而对于这些软件安装、卸载和互相之间的依赖关系的解决就显得非常重要。

在早期的 Linux 版本中，应用程序的安装主要采取源代码包编译安装的方式，这是一种比较复杂和相对灵活的安装方式。它要求安装人员有较高的系统管理知识和软件开发技能，能够对系统的环境进行相关的设置，熟练使用编译工具，并且手动解决软件包之间的依赖关系等。遗憾的是大多数希望使用 Linux 的用户不一定是这方面的专家，因而他们迫切需要一个能够简化这些安装步骤的方法，于是最初的 Debian Linux 发行版本提供了软件包管理的概念，并提供了 dpak 工具进行软件包的安装和卸载的管理，最后发展为 APT(Advanced Package Tool)高级软件包工具，接着 Red Hat 公司在 Red Hat Linux 发行版本中使用了 RPM 包管理工具。

这些软件包管理工具的作用就是，对应用程序的安装、调试、查询进行管理，使普通用户能够简单地对软件包进行上述操作，同时为高级用户提供了一个方便的制作软件包的平台，使他们能够以标准方式生成应用程序的安装软件包，并能够在采用这个管理系统的任意操作系统上安装软件。软件包的内容并不简单由上面介绍的应用程序组成，它还包括应用程序的安装信息和软件的简单说明，如应用程序中的文件应该驻留在系统中的什么地方，软件包的内容依赖哪些库或者哪些程序，以及安装指令和安装完成后的基础配置脚本等。软件包通常包含已经编译完成的可执行二进制文件，但同样可以打包源代码，并且提供从源代码软件包转换为二进制包的方便操作，从而给予软件用户更多的定制功能。

1. APT 软件包管理

APT 软件包管理系统主要适用于 Debian Linux 发行版本。它管理的软件包都遵循一定的命名约定，软件包都具有符合以下格式的文件名。

```
Pacakagename_version_arch.deb
```

各参数的含义如下。

Packagename：软件包的名称。

version：软件包版本的修订号。

arch：软件包的体系结构，如 i386、sparc、alpha 等。

所有 deb 软件包由 3 个基本部分组成。

- 一个名为 debian-binary 的文本文件。
- 一个名为 control.tar.gz 的压缩 tar 包。
- 一个名为 data.tar.gz 的压缩 tar 包。

debian-binary 文本文件包含二进制软件包的版本号，control.tar.gz 文件包包含控制文件、postinst 文件和 prerm 文件等。其中，postinst 文件是在该软件包安装后自动加载运行的指令，而 prerm 文件则包含删除指令。control.tar.gz 可能还包含另外两个文件：一个文件为 conffiles，该文件包含有关软件包配置文件的信息；另一个为 md5sums，该文件包含了软件包的 md5 校验码。data.tar.gz 包含软件包的实际应用程序文件，这些文件在安装时会放到文件系统中的适当位置。

APT 提供了方便易用的软件包安装管理功能，使用户能够在发现软件包依赖性的同时自动下载相应的软件包并加以安装，使得管理员能毫无顾忌地执行软件的升级。许多时候当用户的软件安装对系统其他部分产生不良影响时，APT 的一个改进能够让软件包安装保持正确。

APT 使用一个私有数据库，跟踪/etc/apt/sources.list 列表中软件包的当前状态(是已安装还是未安装或可安装)，工具程序 apt-get 通过该数据库来确定如何安装用户想用的软件包，以及正常运行软件包所必需的其他关联包。

(1) 使用 apt-get 安装软件包的方法如下。

```
# apt-get install allow
```

其中 allow 为软件包，不包括版本号以后部分的包名，APT 会扫描它的数据库，找到最新版本的软件包，并将它从 sources.list 中所指的地方下载到本地。如果该软件包需要其他软件包才能正常运行，APT 会做关联性检查并自动安装所需要的软件包。

(2) 使用 apt-get 删除软件包的方法如下。

```
#apt-get -remove gnome-panel
```

使用-remove 参数即可删除软件包，并清除与软件包相关的文件。

(3) 使用 apt-get 更新软件包的方法如下。

```
#apt-get -u upgrade
```

只需要一条命令就可以完成整个系统的更新工作。

2. RPM 包管理

RPM 名称的本意是 Red Hat 软件包管理，顾名思义是 Red Hat 贡献出来的软件包管理器。在 Fedora、RedHat、Mandriva、SUSE、YellowDog 等主流 Linux 发行版本及在这些版本基础上二次开发出来的发行版本均可使用。

RPM 包里面包含可执行的二进制程序，这些程序和 Windows 的软件包中的.exe 文件类似，是一个可执行的程序，RPM 包中还包括程序运行时所需要的文件，这也和 Windows 的软件包类似，Windows 程序的运行除了.exe 文件以外，也有其他的文件。一个

RPM 包中的应用程序有时除了自身所带的附加文件保证其正常以外，还需要其他特定版本文件，这就是软件包的依赖关系。依赖关系并不是 Linux 特有的，Windows 操作系统中也同样存在。

RPM 包管理的用途主要体现在以下几个方面。

- 可以安装、删除、升级和管理软件，当然也支持在线安装和升级软件。
- 通过 RPM 包管理工具能知道软件包中包含哪些文件，也能知道系统中的某个文件属于哪个软件包。
- 可以查询系统中的软件包是否已经安装及其版本型号。
- 开发者可以把自己的程序打包为 RPM 包发布。
- 软件包签名 GPG 和 MD5 的导入、验证和签名发布。
- 依赖性的检查可以查看是否有软件包由于不兼容而导致系统出现问题。

1) 软件包的安装

安装 RPM 软件包时会进行一系列的工作，首先 RPM 会检查软件包与其他软件包之间的依赖与冲突，执行软件包生成时设置的安装脚本(Sreinstall)，对原有的同名配置文件使用改名保存(在原文件的文件名后加上.orig 扩展名保存以便恢复)，然后解压应用程序软件包，把程序文件复制到设置的位置，执行设置的安装后脚本程序，更新 RPM 数据库，再根据具体情况决定是否执行安装时触发(Triggerin)，到此安装结束。

当然这其中的过程不需要用户干涉，RPM 会自动完成这些操作。

安装软件包的命令格式如下。

```
RPM [-i ][install-options] package file
```

选项-i 表明 RPM 执行安装操作，package file 是安装软件包的名称。

install-options 的主要选项如下。

--hash[h]：安装时以“#”显示安装进度，没有“#”则为 2%。

--test：测试安装，测试是否满足依赖关系，是否存在冲突，不是真正安装。

--percent：以百分比的形式输出安装的进度。

--excludedocs：不安装软件包的文档文件。

--includedocs：安装文档。

--replacefiles：替换属于其他软件的文件。

--replacepkgs：强制安装。

--force：忽略软件包及文件冲突。

--prefix<path>：为安装的软件包指定安装路径。

--ignoreos：不检查运行软件包的操作系统。

--noscripts：不运行预安装和后安装脚本。

--ignorearch：不校验软件包的结构。

--ignoresize：不检查空间大小。

--nodeps：不检查依赖关系。

通用选项是在 RPM 工具的任何工作状态下都有效的选项，在安装、卸载、升级、查询操作时都可以使用这些选项。通用选项介绍如下。

-v：显示附加信息。

-vv：显示调试信息。

--root<path>：让 RPM 将<path>指定的路径作为“根”路径，这样预安装程序和后安装程序都会安装到这个目录下。

--rcfile<rcfile>：设置资源文件为<rcfile>，RPM 默认资源文件为/usr/lib/rpm/rpmrc。

使用命令安装一个软件包，如图 5-1 所示。

```
[root@localhost Server]# rpm -vih xorg-x11-drv-i810-devel-1.6.5-9.2.el5.i386.rpm

warning: xorg-x11-drv-i810-devel-1.6.5-9.2.el5.i386.rpm: Header V3 DSA signature
: NOKEY, key ID 37017186
Preparing...                ########################################### [100%]
   1:xorg-x11-drv-i810-devel########################################### [100%]
[root@localhost Server]#
```

图 5-1　RPM 软件包安装过程

2) 卸载软件包

RPM 在卸载软件包时主要是删除安装的程序文件，但是它首先会检查程序的依赖关系，即是否有其他应用程序需要这个软件包的文件。如果没有则执行卸载前的脚本程序并检查配置文件；如果有，则会换名保存后再删除属于这个软件包的所有文件，然后执行卸载后的脚本程序，更新 RPM 数据库，根据具体情况执行卸载。命令格式如下。

```
RPM {-e|--erase} [erase--options] package file
```

选项-e 和--erase 意思相同，表明 RPM 正在执行卸载任务，package file 为需要卸载的文件。

erase--options 选项主要有以下几个。

--test：执行删除测试。

--noscripts：不运行安装前和安装后的脚本程序。

--nodeps：不检查依赖性。

--justdb：修改数据库。

--notriggers：不执行触发程序。

使用命令卸载一个软件包，如图 5-2 所示。

```
[root@localhost etc]# rpm -e bind-sdb
[root@localhost etc]#
```

图 5-2　软件包卸载

3) 查询软件包信息

利用 RPM 的查询功能，用户可以方便地查询系统所有已安装和没有安装的软件包信息，也可以查找一个文件属于哪个软件包等，RPM 提供的这些功能都能够通过简单的命令来获到，它的查询格式如下。

```
RPM {-q|--query}[select-options][query-options]
```

选项-q 和--query 都是要求 RPM 执行查询操作。

select-options 用来指定本次查询对象，各选项含义如下。

-p<file>：查询未安装的软件包的信息。

-f<file>：查询<file>属于哪个文件包。

-a：查询所有安装的软件包。

--triggeredby：查询有哪些包被指定的包触发。

--whatprovides<x>：查询提供了<x>功能的软件包。

-g<group>：查询属于哪个组。

-i：显示软件包的概要信息。

-l：显示软件包列表。

-d：显示文档文件列表。

-c：显示配置文件列表。

例如，使用下面的命令查询 bind 软件包信息。

```
#RPM -qi bind
```

查询软件包安装列表，如图 5-3 所示。

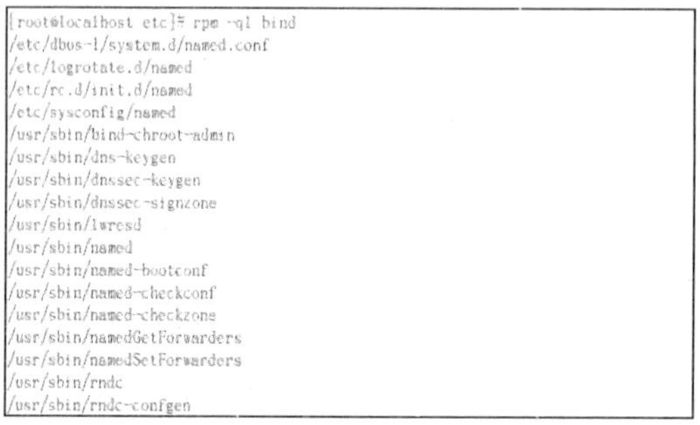

```
[root@localhost etc]# rpm -ql bind
/etc/dbus-1/system.d/named.conf
/etc/logrotate.d/named
/etc/rc.d/init.d/named
/etc/sysconfig/named
/usr/sbin/bind-chroot-admin
/usr/sbin/dns-keygen
/usr/sbin/dnssec-keygen
/usr/sbin/dnssec-signzone
/usr/sbin/lwresd
/usr/sbin/named
/usr/sbin/named-bootconf
/usr/sbin/named-checkconf
/usr/sbin/named-checkzone
/usr/sbin/namedGetForwarders
/usr/sbin/namedSetForwarders
/usr/sbin/rndc
/usr/sbin/rndc-confgen
```

图 5-3　软件包查询

4) 校验已安装的软件包

当使用 RPM 安装升级或卸载软件包时，RPM 将所有的信息都记录到数据库。RPM 的校验就是比较安装的文件信息和数据库中记载的信息之间的差别，一旦发现某个软件包被破坏(文件丢失)，RPM 就会报告错误，RPM 通过这样一种机制保证系统的正常运行。

RPM 除了校验软件包的依赖关系之外，还校验每个文件，检查其属性是否正确，属性包括属主、属组、权限、MD5 校验和大小、主设备号、从设备号、符号链接及最后修改时间等内容，其中每一项发生变化 RPM 都会发现。RPM 并非全部校验这几项属性，因为若文件类型不同，其中某些属性就会没有意义，因而 RPM 也不会去检查。

RPM 校验中如果没有错误发生，则不会有任何输出；若发现文件丢失，则会显示丢失信息 missing 文件名；如果属性被修改，则会显示 8 或 9 位的字符串和文件名的组合 SM5DLUGTC filename，各参数含义如下。

S：文件大小。

M：权限和文件类型。

5：MD5 校验码。

D：设备。

L：符号链接。

U：用户。

G：用户组。

T：文件修改日期。

C：仅当列出配置文件时才出现。

在这个字符串中如果某个位置列出的是“.”，则表明没有这方面的问题，如果显示上面的字符，则表明该属性已经被修改。例如，MS5.../etc/hosts 表明/etc/hosts 文件的大小、权限和内容都已被修改，而其他属性没有被修改。

RPM 校验软件包的命令格式如下。

```
RPM {-V|--verify}[select-options][verify-options]
```

select-options 选项指定校验对象，同于查询选项的设置，而 verify-options 指定了校验的内容，其各参数含义如下。

--noscriots：不运行校验脚本。

--nodeps：不校验依赖关系。

--nofiles：忽略丢失文件的错误。

--nomd5：忽略 MD5 校验和错误。

5.2　Linux 启动和运行级别

一般来说，操作系统启动引导过程分为两个步骤。首先，计算机硬件经过开机自检之后，从软盘或者硬盘的固定位置装载被称为“引导装载器”的一小段代码，然后，由引导装载器负责装入并运行操作系统。上述分成两阶段的引导过程，可将计算机中的固化软件保持得足够小，同时也便于实现对不同操作系统的引导。Linux 操作系统也是采用这种方式引导启动的，当 Linux 操作系统被引导装载器引导后，它最终被启动到某一个被称为“系统运行级别”的状态下运行。

5.2.1　Linux 的启动过程

Red Hat Linux 的启动过程与其他 Unix 操作系统的启动基本类似，都要经过以下几个阶段：主机启动并进行硬件检测，读取硬盘 MBR 中的启动加载引导程序，然后再由这个引导程序启动硬盘中的操作系统，根据用户在启动菜单中选择的启动项不同可以引导不同的操作系统启动。对于 Linux 操作系统，启动引导程序直接加载 Linux 内核程序。

Linux 的内核程序负责操作系统的前期工作，并进一步加载系统的 init 进程。init 进程是 Linux 系统运行的第一个进程，该进程将根据其配置文件执行相应的启动程序并进入指定的系统运行级别。在不同的运行级别中根据系统的设置将启动相应的服务程序。在启动过程的最后，将运行控制台程序提示并允许用户输入账号和密码进行登录。

5.2.2 Linux 的运行级别

在 Linux 系统中通常有 0～6 共 7 个级别，各个级别的含义见表 5-1。

表 5-1 各运行级别和含义

运行级别	含 义
0	停机(千万不要把 initdefault 设置为 0)，否则系统将不能正常启动
1	单用户模式，只允许 root 用户使用系统，不允许其他用户使用
2	多用户，在该模式下不使用 NFS
3	完全多用户模式，主机作为服务器通常在该模式下
4	没有用到
5	带图形模式的多用户模式
6	重新启动，不要把系统默认模式设置成 6，否则无法正常启动

当用户登录系统后不清楚自己当前的运行模式时，可以使用 runlevel 命令进行查询。runlevel 命令用于显示系统当前和上一次的运行级别，如果系统中不存在上一次运行级别，用“N”代替，如图 5-4 所示。

```
[root@localhost bin]# runlevel
N 5
[root@localhost bin]#
```

图 5-4 系统当前运行的级别

当用户需要从系统当前的模式改为其他模式时，以 root 用户使用 init 命令转换运行级别。

```
init [012356]
[root@loacalhost root]#init 2
```

init0 命令用于关机，因为运行级别“0”为停机状态，所以任何运行级别转换到级别“0”都会进行关机操作。

init6 命令用于重新启动，因为运行级别“6”代表重新启动，所以从任何级别转换为运行级别“6”都是重新启动操作。

init 进程是由 Linux 内核引导运行的，是系统运行的第一个进程，所以进程号(PID)为

“1”，init 进程运行后将运行其配置文件，引导运行系统所需要的其他进程，所以说 init 进程是其他进程的父进程。

查看系统中的进程，如图 5-5 所示。

```
[root@localhost ~]# ps -ef |head
UID        PID  PPID  C STIME TTY          TIME CMD
root         1     0  0 12:33 ?        00:00:02 init [2]

root         2     1  0 12:33 ?        00:00:00 [migration/0]
root         3     1  0 12:33 ?        00:00:00 [ksoftirqd/0]
root         4     1  0 12:33 ?        00:00:00 [watchdog/0]
root         5     1  0 12:33 ?        00:00:00 [events/0]
root         6     1  0 12:33 ?        00:00:00 [khelper]
root         7     1  0 12:33 ?        00:00:00 [kthread]
root        10     7  0 12:33 ?        00:00:00 [kblockd/0]
root        11     7  0 12:33 ?        00:00:00 [kacpid]
[root@localhost ~]#
```

图 5-5　显示系统进程

init 配置文件的全路径名为/etc/inittab，init 进程运行后将按照该文件中的配置内容运行系统启动程序。inittab 文件内容如图 5-6 所示。

```
[root@localhost ~]# more /etc/inittab
#
# inittab       This file describes how the INIT process should set up
#               the system in a certain run-level.
#
# Author:       Miquel van Smoorenburg, <miquels@drinkel.nl.mugnet.org>
#               Modified for RHS Linux by Marc Ewing and Donnie Barnes
#

# Default runlevel. The runlevels used by RHS are:
#   0 - halt (Do NOT set initdefault to this)
#   1 - Single user mode
#   2 - Multiuser, without NFS (The same as 3, if you do not have networking)
#   3 - Full multiuser mode
#   4 - unused
#   5 - X11
#   6 - reboot (Do NOT set initdefault to this)
#
id:5:initdefault:

# System initialization.
si::sysinit:/etc/rc.d/rc.sysinit

l0:0:wait:/etc/rc.d/rc 0
l1:1:wait:/etc/rc.d/rc 1
l2:2:wait:/etc/rc.d/rc 2
l3:3:wait:/etc/rc.d/rc 3
l4:4:wait:/etc/rc.d/rc 4
l5:5:wait:/etc/rc.d/rc 5
l6:6:wait:/etc/rc.d/rc 6
# Trap CTRL-ALT-DELETE
ca::ctrlaltdel:/sbin/shutdown -t3 -r now

# When our UPS tells us power has failed, assume we have a few minutes
# of power left.  Schedule a shutdown for 2 minutes from now.
# This does, of course, assume you have powerd installed and your
# UPS connected and working correctly.
pf::powerfail:/sbin/shutdown -f -h +2 "Power Failure; System Shutting Down"

# If power was restored before the shutdown kicked in, cancel it.
pr:12345:powerokwait:/sbin/shutdown -c "Power Restored; Shutdown Cancelled"


# Run gettys in standard runlevels
1:2345:respawn:/sbin/mingetty tty1
2:2345:respawn:/sbin/mingetty tty2

3:2345:respawn:/sbin/mingetty tty3
4:2345:respawn:/sbin/mingetty tty4
5:2345:respawn:/sbin/mingetty tty5
6:2345:respawn:/sbin/mingetty tty6

# Run xdm in runlevel 5
x:5:respawn:/etc/X11/prefdm -nodaemon
```

图 5-6　inittab 文件内容

inittab 文件作为 init 进程的配置文件，用于描述系统启动时和正常运行中将运行哪些进程，在该文件中除注释行采用“#”以外，每一行都是以下格式。

```
id:runlevels:action:process
```

inittab 文件中的每一行都是一个设置记录，每个记录中有 id、runlevel、action 和 process 四个字段，各字段都用“:”分隔，它们共同确定了某些进程在哪些运行级别中以何种方式运行。

1. id 字段

它用于在 inittab 文件中唯一表示一个配置记录，可以由 1～4 个字符组成，可以把 id 理解成一个配置记录的名称。

例如：

```
x:5:respawn:/etc/x11/prefdm -nodaemon
```

在上面的记录中，id 字段为“x”，该记录为 x 登录设置。

2. runlevel 字段

该字段用于指定该记录在哪些运行级别中运行，runlevel 可以是单个运行级别，也可以是运行级别列表。

例如：

```
2:2345:respawn:/sbin/mingetty tty2
```

上面记录的运行级别“2345”中都运行。

3. action 字段

该字段描述了记录执行哪种类型的动作。下面对 action 字段的常见设置进行介绍。

1) initdefault

其用于表示系统启动后将进入哪个运行级别，process 字段将被忽略。inittab 文件中若不存在 initdefault 记录，init 进程将会在控制台询问要进入的运行级别。

例如：

```
id:5:initdefault
```

表示系统将默认进入运行级别 5。

2) sysinit

该类进程将在系统启动 boot 或 bootwait 类进程之前运行，记录中的 runlevel 字段将被忽略。

例如：

```
si::sysinit:/etc/rc.d/rc.sysinit
```

表示系统将启动时将使用 rc.sysinit 进行系统初始化。

3) wait

wait 类进程将进入指定运行级别后运行一次，init 进程将等待其结束。

例如：

```
l0:0:wait:/etc/rc.d/rc 0
l1:1:wait:/etc/rc.d/rc 1
l2:2:wait:/etc/rc.d/rc 2
l3:3:wait:/etc/rc.d/rc 3
l4:4:wait:/etc/rc.d/rc 4
l5:5:wait:/etc/rc.d/rc 5
l6:6:wait:/etc/rc.d/rc 6
```

表示在进入系统的 0～6 运行级别后将执行相应的命令。

4) ctrlaltdel

其用于指定用户使用 Ctrl+Alt+Delete 组合键时系统所进行的操作，如重新启动、进入单用户模式等。

例如：

```
ca::ctrlaltdel:/sbin/shutdown -t3  -r now
```

表示当用户按 Ctrl+Alt+Delete 组合键时，系统关机。

5) respawn

respawn 类进程在结束后会重新启动运行。

例如：

```
# Run gettys in standard rulevels
1:2345:respawn:/sbin/mingetty tty1
2:2345:respawn:/sbin/mingetty tty2
3:2345:respawn:/sbin/mingetty tty3
4:2345:respawn:/sbin/mingetty tty4
5:2345:respawn:/sbin/mingetty tty5
6:2345:respawn:/sbin/mingetty tty6
```

表示在“2345”运行级别中都会启动 6 个虚拟控制台，当用户退出登录后 mingetty 将重启。

4. process 字段

process 字段所设置的是启动进程所执行的命令。

例如：

```
si::sysinit:/etc/rc.d/rc.sysinit
```

表示系统初始化执行的是/etc/rc.d/rc.sysinit 脚本。

5.3 进 程 管 理

Linux 用分时管理的方法使所有的任务共享系统资源，每个用户任务、每个系统管理的守护进程都可以称为进程。进程可以定义为，在自身的虚拟地址空间运行的一个单独的程序。如何去控制这些进程以让它们更好地为用户服务称为进程管理。

5.3.1　查看进程

1. 使用 ps 命令查看系统进程

ps 是 Linux 系统标准的进程查看工具，通过它可以查看系统中运行进程的详细信息，使用 ps -aux 可以查看系统内部的进程及所有用户的进程，如图 5-7 所示。

```
[root@localhost samba]# ps -aux
Warning: bad syntax, perhaps a bogus '-'? See /usr/share/doc/procps-3.2.7/FAQ
USER       PID %CPU %MEM    VSZ   RSS TTY      STAT START   TIME COMMAND
root         1  0.0  0.1   2032   640 ?        Ss   12:33   0:02 init [5]
root         2  0.0  0.0      0     0 ?        S    12:33   0:00 [migration/0]
root         3  0.0  0.0      0     0 ?        SN   12:33   0:00 [ksoftirqd/0]
root         4  0.0  0.0      0     0 ?        S    12:33   0:00 [watchdog/0]
root         5  0.0  0.0      0     0 ?        S<   12:33   0:00 [events/0]
root         6  0.0  0.0      0     0 ?        S<   12:33   0:00 [khelper]
root         7  0.0  0.0      0     0 ?        S<   12:33   0:00 [kthread]
root        10  0.0  0.0      0     0 ?        S<   12:33   0:00 [kblockd/0]
root        11  0.0  0.0      0     0 ?        S<   12:33   0:00 [kacpid]
root        72  0.0  0.0      0     0 ?        S<   12:33   0:00 [cqueue/0]
root        75  0.0  0.0      0     0 ?        S<   12:33   0:00 [khubd]
root        77  0.0  0.0      0     0 ?        S<   12:33   0:00 [kseriod]
root       140  0.0  0.0      0     0 ?        S    12:33   0:00 [pdflush]
root       141  0.0  0.0      0     0 ?        S    12:33   0:00 [pdflush]
root       142  0.0  0.0      0     0 ?        S<   12:33   0:00 [kswapd0]
root       143  0.0  0.0      0     0 ?        S<   12:33   0:00 [aio/0]
root       294  0.0  0.0      0     0 ?        S<   12:33   0:00 [kpsmoused]
root       324  0.0  0.0      0     0 ?        S<   12:33   0:00 [scsi_eh_0]
root       329  0.0  0.0      0     0 ?        S<   12:33   0:00 [kmirrord]
root       334  0.0  0.0      0     0 ?        S<   12:33   0:00 [ksnapd]
```

图 5-7　使用 ps 命令查看系统进程

ps 输出中所包含的信息如下。

USER：指明了哪个用户启动了这个命令。

PID：进程 ID 号。

TTY：指明这个进程正运行在哪个终端上。

TIME：进程执行时间。

COMMAND：启动这个进程的命令名称。

%CPU：CPU 的使用率。

VSZ：虚拟内存大小，表示如果一个程序完全驻留在内存的话，需要占用多少内存地址。

RSS：指明了当前实际占用的内存是多少。

STST：显示了进程当前的状态。

S：睡眠状态。

R：运行状态。

W：等待状态。

Z：僵死状态(进程已经终止，但在内存中保留了它的进程控制块，没有撤销)。

D：不可中断的静止。

T：暂停执行。

<：高优先级的进程。

N：低优先级的进程。

L：有内存分页分配并锁在内存内的进程(常用在实时控制系统中)。

2. 使用 top 命令查看系统进程

top 程序会在当前的终端全屏动态显示系统运行的信息，实时跟踪系统资源的使用情况(包括 CPU 和内存的使用率)，同时显示系统运行进程的列表和每一个进程运行的状态，使用资源统计信息等，非常方便地分析系统运行中的问题。在 Shell 提示符下输入 top 命令就可以显示进程，如图 5-8 所示。

```
top - 15:35:05 up  3:01,  2 users,  load average: 0.08, 0.07, 0.05
Tasks: 122 total,   3 running, 117 sleeping,   0 stopped,   2 zombie
Cpu(s):  7.6%us,  9.0%sy,  0.0%ni, 80.7%id,  0.0%wa,  2.7%hi,  0.0%si,  0.0%st
Mem:    397752k total,   371504k used,    26248k free,    24220k buffers
Swap:  1277944k total,        0k used,  1277944k free,   195484k cached

  PID USER      PR  NI  VIRT  RES  SHR S %CPU %MEM    TIME+  COMMAND
 6391 root      15   0 36296  10m 6004 S 10.3  2.8   1:05.12 Xorg
 6640 root      15   0  100m  15m 9.9m R  2.0  4.1   0:03.32 gnome-terminal
 6504 root      15   0 71088  16m  11m S  1.3  4.1   0:02.74 gnome-panel
 6506 root      15   0  107m  19m  13m S  1.3  5.1   0:04.05 nautilus
 6332 root      18   0  1920  724  640 S  0.3  0.2   0:02.67 hald-addon-stor
 6500 root      15   0 39644  10m 7704 S  0.3  2.7   0:03.11 metacity
 6541 root      15   0 68988  13m 9600 S  0.3  3.4   0:01.79 wnck-applet
 6576 root      15   0 64840  24m  14m R  0.3  6.4   0:02.23 /usr/bin/sealer
 6620 root      15   0 17252 4080 3276 S  0.3  1.0   0:02.83 gnome-screensav
    1 root      15   0  2032  640  552 S  0.0  0.2   0:02.03 init
    2 root      RT   0     0    0    0 S  0.0  0.0   0:00.00 migration/0
    3 root      34  19     0    0    0 S  0.0  0.0   0:00.02 ksoftirqd/0
    4 root      RT   0     0    0    0 S  0.0  0.0   0:00.00 watchdog/0
    5 root      10  -5     0    0    0 S  0.0  0.0   0:00.41 events/0
    6 root      10  -5     0    0    0 S  0.0  0.0   0:00.00 khelper
    7 root      11  -5     0    0    0 S  0.0  0.0   0:00.00 kthread
   10 root      10  -5     0    0    0 S  0.0  0.0   0:00.47 kblockd/0
```

图 5-8　使用 top 命令查看系统进程

3. 使用 pstree 命令查看进程树

另一个可以快速、简单地查看进程的命令是 pstree。这个命令会列出当前的进程及其树形结构。一个进程启动时会产生自己的一个子进程，运行 pstree 命令就可以容易地看到这些信息，如图 5-9 所示。

```
[root@localhost samba]# pstree
init─┬─/usr/bin/sealer
     ├─acpid
     ├─atd
     ├─auditd─┬─python
     │        └─{auditd}
     ├─automount───4*[{automount}]
     ├─avahi-daemon───avahi-daemon
     ├─bonobo-activati───{bonobo-activati}
     ├─bt-applet
     ├─clock-applet
     ├─crond
     ├─cupsd
     ├─2*[dbus-daemon]
     ├─dbus-launch
     ├─dhclient
     ├─eggcups
     ├─escd─┬─netstat
     │      └─{escd}
     ├─events/0
     ├─gam_server
     ├─gconfd-2
     ├─gdm-binary───gdm-binary─┬─Xorg
     │                         └─gnome-session─┬─Xsession
```

图 5-9　使用 pstree 命令查看进程

5.3.2　启动进程

在 Linux 中有两种启动进程，即手动启动和调度启动。前者是直接执行一个命令；而后者是预先根据用户要求进行设置，然后再自行启动。

1. 手动启动

由用户输入命令直接执行一个程序，最少会启动一个进程，但手动启动进程又可以分为前台启动和后台启动。

前台启动是手动启动进程最常见的方式，一般情况下用户输入一个命令就已经启动了一个进程，而且是一个前台进程。

启动后台进程可以使用“&”操作符，将“&”操作符放在要执行的命令后面一起执行，进程启动后就会直接在后台运行而不占用前台的 Shell 界面，方便用户进行其他操作。例如，需要复制一个大文件，如果把这个复制程序放在前台运行，则会一直占用终端，直到复制完成。如果使用“&”操作符把它启动到后台运行，启动后它不再占用终端，可以使其他程序运行。举例如下。

```
[root@loacalhost root]#cp /mnt/test1 /home/test2 &
```

2. 调度启动

有时需要对系统进行一些比较费时而且占用资源的维护工作，这些工作适合在深夜进行，这时用户就可以进行调度安排，指定任务运行时间或者场所，到时候系统会自动完成这些工作。要使用自动启动进程的功能，需要掌握以下两个启动命令。

1) at 命令

使用 at 命令在指定时刻执行指定的命令。也就是说，该命令至少需要指定一个命令、一个执行时间才可以正常运行。at 命令可以指定时间，也可以把时间和日期一起指定。其格式如下。

```
at [-V][-q queue][-f file][-m/l/d/v]TIME
```

各参数含义如下。

-V：显示版本编号。

-q queue：使用指定的队列(queue)来存储，at 的资料存放在 queue 中，使用者可以同时使用多个 queue，而 queue 的编号为 a～z 及 A～Z 共 52 个。

-m：即使程式/指令执行完成后没有输出结果，也要返回电子邮件。

-f file：读入预先写好的命令文件。使用者不一定要使用交谈模式来输入，可以先将所有的指令写入文件后再一次读入。

-l：显示所有指令队列(也可以直接使用 atq 指令)。

-d：删除指定。

-v：列出所有已经完成但尚未删除的指定队列。

使用 at 命令增加一个定时任务如图 5-10 所示。

```
[hx@localhost ~]$ at 22:28 today
at> /etc/ls
at> <EOT>
job 1 at 2013-02-26 22:28
```

图 5-10 使用 at 命令增加一个定时任务

如图 5-10 所示，在 22 时 28 分执行 ls /etc 命令查看目录。

输入 at 22:28 today 命令，再按 Enter 键，可以查看/etc 目录，再按 Ctrl+D 组合键可以进行提交。

2) crontab 命令

crontab 的守护进程是 cron。它是一个可以用来根据时间、日期、月、星期的组合来调度需要的任务，并且可以设置为在服务器空闲的时候(如夜间)自动完成。

crontab 的时间取值是分、小时、天、月、周，见表 5-2。

表 5-2　crontab 的时间取值

项　目	说　明
minute	分钟取值范围为 0～59 之间的任意整数
hour	小时取值范围为 0～23 之间的任意整数
day	日期取值范围为 0～31 之间的任意整数
monte	月取值范围为 1～12 之间的任意整数
dayofweek	星期取值范围为 0～7 之间的任意整数(0 和 7 代表星期天)

crontab 的命令格式如下。

```
crontab [-u user] [-l | -e | -r]
```

各参数的含义如下。

-e：编辑，用 crontab --e 命令修改现有的 cron 任务。

例如：

```
[root@ms ~]# crontab -e
22 14 *  *  * touch test              //每天 14:22 建立一个文件，名为 test
*  23 20 1 * reboot                   //每年的 1 月 20 日的 23 时重启服务器
*  22 * *  0 service httpd restart   //每周的星期天的 22 时重启 apache 服务器
```

输入完成后确保退出会出现 crontab: installing new crontab，新的任务已经安装。

-l：查看，使用 crontab --l 命令可以查看当前的 cron 任务列表。

-r：删除，使用 crontab --r 命令可以删除整个 cron 任务。

5.3.3　终止进程

使用 kill 命令能将系统中任何一个进程终止。其格式如下。

```
kill [-9] PID
```

各参数的含义如下。

PID：表示进程号。

-9：表示强制终止一个进程。

要终止某个进程，需要知道这个进程 PID，可以通过 ps --aux 查找这个程序的 PID，然后使用下面的命令终止它。

例如：

```
kill -9 pid
```

再次使用 ps 命令查看这个进程是否存在。

如果要终止当前控制台运行的程序，使用 Ctrl+C 组合键可以终止这个程序。其实 kill 命令不只是终止一个进程，这个命令本身是向另外进程发送一个信号，-9(SIGKILL)信号只是其中的一种信号，收到信号的进程按照约定做出相应的响应，进程对 SIGKILL 信号的响应就是立即终止。

本 章 习 题

一、填空题

1. RPM 的中文意思是________。

2. 早期的 Linux 系统中软件包的安装方法采用________。

3. APT 软件包管理主要应用于________操作系统。

4. APT 使用一个________，跟踪由用户建立的/etc/apt/sources.list 列表中软件包的当前状态(已安装、未安装或可安装)。

5. 在 Linux 中使用 RPM 卸载软件包时，不检查依赖关系的参数是________。

6. 如果想查看 Linux 系统中已安装 samba 的所有软件包所在的路径，使用的 RPM 完整命令是________。

7. 查看当前级别的命令是________。

8. 动态查看进程的命令是________。

二、问答题

1. RPM 包管理系统的用途是什么？

2. 一个 Linux 系统默认进入图形模式，如果想默认让系统进入字符多用户模式，要修改哪个文件？具体修改这个文件的哪个位置？

3. 使用 crontab 命令设置一个调度，每个月的第一天复制/var/log/message 文件到/home/back 目录，覆盖上个月复制的 message 文件。

4. 使用 crontab 命令设置一个调度，每天的 23 时重启 Linux 服务器，如何操作？

5. 使用 crontab 命令设置一个调度，每周二重启 apache 服务，如何操作？

三、上机实训

需求描述

(1) 查询 RPM 软件包。

(2) 安装 RPM 软件包。

实现思路

(1) 使用-q 选项查询。查询所有已安装的软件包，查询单个软件包，查询含有某个命令或文件的软件包。

(2) 使用-i 选项安装。把软件包下载或复制到主目录下，使用 RPM 命令进行安装，查询刚安装的软件包。

第 6 章 Linux 磁盘技术

学习目的与要求：

本章将讲述 RAID 技术及常见的规范，学习在 Linux 下使用 mdadm 管理工具实现 RAID 的搭建；学习在 Linux 下实现 LVM 逻辑卷的技术以动态地扩充磁盘容量。通过对本章的学习，读者应做到以下几点。

- 熟悉 Linux 下的 RAID 技术，并会熟练使用 Linux 配置 RAID 5。
- 熟练使用 Linux 配置 LVM 逻辑卷技术。
- 熟练使用 Linux 配置磁盘配额。

6.1 RAID 技术

RAID 是“Redundant Array of Independent Disks”的缩写，中文意思是独立磁盘冗余阵列。简单地解释就是将多个硬盘通过软件或者硬件结合成虚拟单台大容量的硬盘使用，RAID 主要强调其扩充性及容错机制。RAID 在无须停机情况下可实现以下动作。

- 可以自动检测故障硬盘。
- 可以重建硬盘坏道的资料。
- 支持在不停机的情况下对硬盘进行备份。
- 支持不停机的情况下更换硬盘。
- 支持动态扩充硬盘容量。

6.1.1 RAID 技术简介

RAID 技术最开始出现的目的是，能使用小的廉价的磁盘来代替大的昂贵磁盘，以降低数据存储的费用，同时 RAID 技术使得磁盘在出现问题时可以保护硬盘上的数据不会丢失，并且能适当地提升数据读写的速度。

以前的 RAID 一直使用在高档的服务器上，一直是高档的 SCSI 硬盘的配套技术。近年来随着技术的发展和硬件产品成本的不断下降，IDE 硬盘性能有了很大提升，加之 RAID 芯片的普及，使得 RAID 也逐渐在个人计算机上得到应用。

那么什么是 RAID，Redundant 的汉语意思是多余的。当然磁盘阵列不只是一个磁盘而是多个磁盘。它是利用重复相同的磁盘来处理数据，使数据得到高稳定性和快速的读写速度。

RAID 分为不同的级别，不同的级别有着不同的工作模式，整个 RAID 通过对磁盘进行组合，达到提高效率、减少错误的目的。为了便于说明，图 6-1 的每个方块代表一个磁盘阵列，竖的代表一个磁盘，横的称为带区。

RAID 技术规范主要包含 RAID 0～RAID 6 等规范，它们的侧重点各不相同，常见的规范有如下几种。

1. RAID 0

RAID 0 是所有 RAID 中读写性能最高的，如图 6-1 所示。要实现 RAID 0 必须要有两个以上硬盘驱动器，RAID 0 并不是真正的 RAID 结构，RAID 0 连续以位或字节为单位分割数据，并行读/写于多个磁盘上，因此具有很高的数据传输率，但它没有数据冗余，因此并不能算是真正的 RAID 结构。RAID 0 只是单纯地提高性能，并没有为数据的可靠性提供保证，而且其中的一个磁盘失效将影响到所有数据。因此，RAID 0 不能应用于数据安全性要求高的场合。

2. RAID 1

与 RAID 0 相比，RAID 1(如图 6-2 所示)有很好的数据保护性能，但是数据的读取速度会受到影响，因为数据要一边写一边备份，如果要求数据的可靠性，可以考虑 RAID 1，即使一个硬盘出现问题也不会对整个数据造成损害。

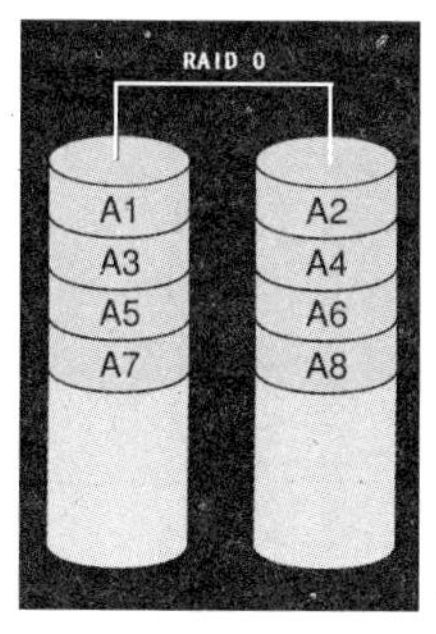

图 6-1　RAID 0

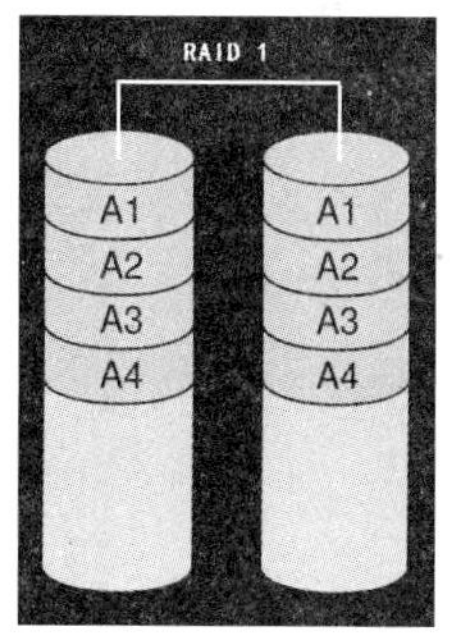

图 6-2　RAID 1

3. RAID 2 和 RAID 3

从概念上讲，RAID 2 与 RAID 3(如图 6-3 所示)类似，两者都是将数据条块化地分布于不同的硬盘上，然而 RAID 2 使用称为“加重平均纠错码”的编码技术来提供错误检查及恢复服务。这种编码技术需要多个磁盘存放检查及恢复信息，使得 RAID 2 技术的实施更复杂，因此在商业环境中很少使用。RAID 3 使用单块磁盘存放奇偶校验信息，奇偶盘失效并不影响数据使用，RAID 3 对于大量的连续数据可提供很好的传输率，但对于随机数据，奇偶盘会成为写操作的瓶颈。

4. RAID 4

RAID 4(如图 6-4 所示)同 RAID 2 和 RAID 3 一样，也同样将数据条块化并分布于不同的磁盘上，但条块单位为块或记录。RAID 4 使用一块磁盘作为奇偶校验盘，每次写操作都需要访问奇偶盘，成为写操作的瓶颈，其在商业应用中很少使用。

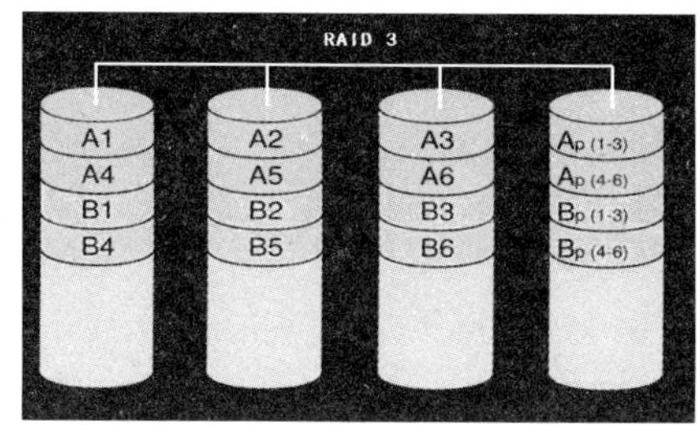

图 6-3　RAID 3

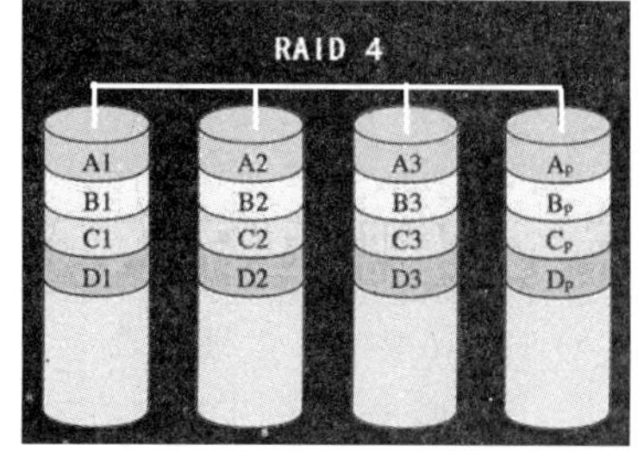

图 6-4　RAID 4

5. RAID 5

RAID 5(如图 6-5 所示)没有单独指定的奇偶盘，而是交叉地存取数据及奇偶校验信息于所有磁盘上。在 RAID 5 上读/写指针，可同时对阵列设备进行操作，提供了更高的数据流量，RAID 5 更适合于小数据块随机读写的数据。RAID 3 与 RAID 5 相比，重要的区别在于 RAID 3 每进行一次数据传输，需涉及所有的阵列盘，而对于 RAID 5 来说，大部分数据传输只对一块磁盘操作，可进行并行操作。在 RAID 5 中有“写的损失”，即每一次写操作将产生 4 个实际的读/写操作，其中两次读旧的数据及奇偶信息，两次写新的数据及奇偶信息。

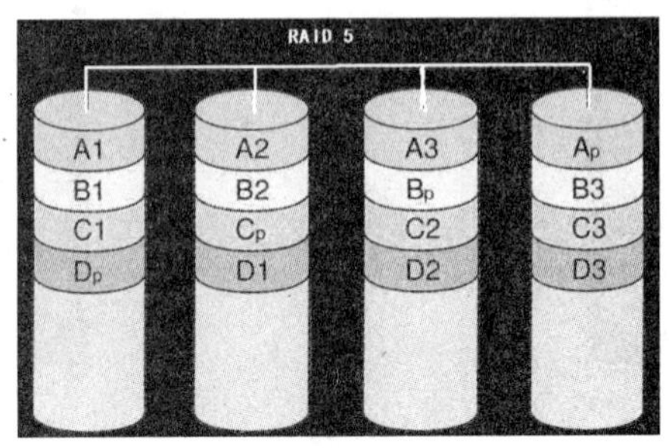

图 6-5　RAID 5

6. RAID 6

与 RAID 5 相比，RAID 6 增加了第二个独立的奇偶校验信息块。两个独立的奇偶系统使用不同的算法，数据的可靠性非常高，即使两块磁盘同时失效，也不会影响数据的使用，但需要分配给奇偶校验信息更大的磁盘空间，相对于 RAID 5 有更大的“写的损失”。RAID 6 的写性能非常差，较差的性能和复杂的实施使得 RAID 6 很少使用，如图 6-6 所示。

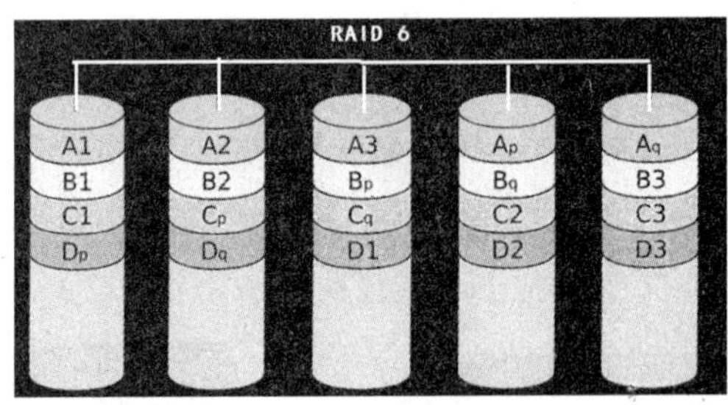

图 6-6　RAID 6

7. RAID 0+1

把 RAID 0 和 RAID 1 技术结合起来，即 RAID 0+1。数据除分布在多个盘上外，每个盘都有其物理镜像盘，提供全冗余能力，允许一个以下磁盘故障而不影响数据可用性，并具有快速读/写能力，要求至少 4 个硬盘才能做成 RAID 0+1。

6.1.2　RAID 5 配置

下面以 RAID 5 为例给大家介绍它的配置过程。RAID 5 在很多领域都得到了广泛的应用，它的冗余和容错能力都是非常不错的。在 Linux 系统中，内核支持 RAID 技术，这里给大家介绍 Linux 下的软 RAID，也就是用软件实现的 RAID 技术。

在早期的 Linux 版本中使用的是 raidtools 工具。raidtools 是 Linux 下一款经典的用于管理软件 RAID 的工具，但是因为配置/etc/RAIDtab 比较繁琐，而且其功能有限，所以现在越来越多的人选择 mdadm。mdadm 是 Multiple Devices Admin 的简称，它是 Linux 下的一款标准的 RAID 管理工具，mdadm 具有以下特点。

- mdadm 能够诊断、监控和收集详细的阵列信息。
- mdadm 是一个单独集成化的程序，而不是一些分散程序的集合，因此对不同 RAID 管理命令有共通的语法。
- mdadm 能够执行几乎所有的功能，而不需要配置文件(也没有默认的配置文件)。

当然，如果需要一个配置文件，mdadm 将帮助管理它的内容。mdadm 与其说是工具不如说是一个命令，只要输入一条命令就能实现 RAID。

一般情况下，mdadm 工具在高版本的 Linux 中已经自带，如果没有，可以到官方网站下载(http://www.cse.unsw.edu.au/)。推荐下载 TGZ 格式的压缩包自行编译，然后安装 mdadm 和它的文档、手册和示例文件。具体安装过程不做讲解。

1. mdadm 的用法

mdadm 的格式如下。

```
mdadm [mode] <RAID-device> [options] <component-devices>
```

其目前支持 Linear、RAID 0(striping)、RAID 1(mirroring)、RAID 4、RAID 5、RAID 6、RAID 10、Multipath 和 Faulty。

mdadm 主要命令说明模式如下。

assemble：加入一个以前定义的阵列。

build：创建一个没有超级块的阵列。

zcreate：创建一个新的阵列，每个设备具有超级块。

manage：管理阵列(如添加和删除)。

misc：允许单独对阵列中的某个设备进行操作(如停止阵列)。

follow or Monitor：监控 RAID 的状态。

grow：改变 RAID 的容量或阵列中的设备数目。

mode 选项如下。

-A, --assemble：加入一个以前定义的阵列。

-B, --build：建立一个没有超级块的陈列。

-C, --create：创建一个新的阵列。

-Q, --query：查看一个 device，判断它为 md device 还是 md 阵列的一部分。

-D, --detail：打印一个或多个 md device 的详细信息。

-E, --examine：打印 device 上的 md superblock 的内容。

-F, --follow, --monitor：选择 Monitor 模式。

-G, --grow：改变正在运用的阵列的大小或形态。

-h, --help：帮助信息，用在以上选项后，则显示该选项信息。

--help：同-h 选项。

-V, --version：显示版本信息。

-v, --verbose：显示细节。

-b, --brief：较少的细节，用于 --detail 和 --examine 选项。

-c, --config=：指定配置文件，默认为/etc/mdadm/mdadm.conf。

-s, --scan：扫描配置文件或/proc/mdstat，以搜寻丢失的信息。配置文件为/etc/mdadm/mdadm.conf。

如果 mode 选择使用了-C--create 或-B--build 选项，则可以进一步使用以下的辅助选项。

-c, --chunk=：chunk 大小默认为 64。chunk-size 是一个重要的参数，决定了一次向阵列中每个磁盘写入数据的量。在创建带区时，我们应该根据实际应用的需要，合理地选择带区大小。

--rounding=：线性阵列单位 (==chunk size)。

-l, --level=：设定 raid level。

--create：可用 Linear、RAID 0、0、stripe、RAID 1、1、mirror、RAID 4、4、RAID 5、5、RAID 6、6、Multipath、mp。

--build：可用 Linear、RAID 0、0、stripe。

-p, --parity=：设定 RAID 5 的奇偶校验规则，即 eft-asymmetric、left-symmetric、right-asymmetric、right-symmetric、la、ra、ls、rs，默认为 left-symmetric。

--layout=：类似于--parity。

-n, --RAID-devices=：指定阵列中可用 device 的数目，这个数目只能由 --grow 修改。

-x, --spare-devices=：指定初始阵列的富余 device 数目。

-z, --size=：组建 RAID 1/4/5/6 后，从每个 device 获取的空间总数。

--assume-clean：目前仅用于 --build 选项。

-R, --run：阵列中的某一部分出现在其他阵列或文件系统中时，mdadm 会确认该阵列。此选项将不做确认。

-f, --force：通常 mdadm 不允许只用一个 device 创建阵列，而且创建 RAID 5 时会使用一个 device 作为 missing drive。此选项正好相反。

2. 具体配置过程

使用 4 块硬盘，其中 3 块作为 RAID 5，另外一块作为备份设备。如果 RAID 5 中的 3 块硬盘中有一块损坏，则备份硬盘自动替换。因为 RAID 使用的是硬盘的分区，所以把 4 块硬盘的每块硬盘分一个区，然后把分区的编号改成 RAID 的编号，如图 6-7 所示。

```
[root@localhost ~]# fdisk -l

Disk /dev/sda: 21.4 GB, 21474836480 bytes
255 heads, 63 sectors/track, 2610 cylinders
Units = cylinders of 16065 * 512 = 8225280 bytes

   Device Boot      Start         End      Blocks   Id  System
/dev/sda1   *           1          13      104391   83  Linux
/dev/sda2              14        2480    19816177+  83  Linux
/dev/sda3            2481        2610     1044225   82  Linux swap

Disk /dev/sdb: 8589 MB, 8589934592 bytes
255 heads, 63 sectors/track, 1044 cylinders
Units = cylinders of 16065 * 512 = 8225280 bytes

   Device Boot      Start         End      Blocks   Id  System
/dev/sdb1               1        1044     8385898+  fd  Linux raid autodetect

Disk /dev/sdc: 8589 MB, 8589934592 bytes
255 heads, 63 sectors/track, 1044 cylinders
Units = cylinders of 16065 * 512 = 8225280 bytes

   Device Boot      Start         End      Blocks   Id  System
/dev/sdc1               1        1044     8385898+  fd  Linux raid autodetect

Disk /dev/sdd: 8589 MB, 8589934592 bytes
255 heads, 63 sectors/track, 1044 cylinders
Units = cylinders of 16065 * 512 = 8225280 bytes

   Device Boot      Start         End      Blocks   Id  System
/dev/sdd1               1        1044     8385898+  fd  Linux raid autodetect

Disk /dev/sde: 8589 MB, 8589934592 bytes
255 heads, 63 sectors/track, 1044 cylinders
Units = cylinders of 16065 * 512 = 8225280 bytes

   Device Boot      Start         End      Blocks   Id  System
/dev/sde1               1        1044     8385898+  fd  Linux raid autodetect
```

图 6-7　把 4 个硬盘分区

图 6-7 中 sda 硬盘是系统所在硬盘，sdb、sdc、sdd、sde 四块硬盘作为 RAID 使用，并且分区的 id 为 Linux raid autodetect。

1) 使用 mdadm 命令创建 RAID 5

这里使用了/dev/sdb1、/dev/sdc1、/dev/sdd1、/dev/sde1 四个设备创建 RAID 5，其中/dev/sdb1 作为备份设备，其他为活动设备。备份设备主要起备用作用，一旦某一设备损坏，可以立即用备份设备替换，当然也可以不使用备份设备。命令格式如下，如图 6-8 所示。

```
mdadm -Cv /dev/md0 -l5 -n3 -c128 /dev/sdc1 /dev/sdd1 /dev/sde1 -x1
/dev/sdb1
```

```
[root@localhost ~]# mdadm -C -v /dev/md0 -l5 -n3 -c128 /dev/sdb1 /dev/sdc1 /dev/sdd1 -x1 /dev/sde1
mdadm: layout defaults to left-symmetric
mdadm: size set to 8385792K
mdadm: largest drive (/dev/sdc1) exceed size (8385792K) by more than 1%
Continue creating array?
Continue creating array? (y/n) y
mdadm: array /dev/md0 started.
```

图 6-8　建立 RAID 5 命令

图 6-8 的命令中，各参数分别表示如下作用：“-C”指创建一个新的阵列；“/dev/md0”表示阵列设备名称；“-l5”表示设置阵列模式，可以选择 0、1、4、5、6，

它们分别对应于 RAID 0、RAID 1、RAID 4、RAID 5、RAID 6，这里设为 RAID 5 模式；“-n3”指设置阵列中活动设备的数目，该数目加上备用设备的数目应等于阵列中的总设备数；“-x1”指设置阵列中备份设备的数目，当前阵列中含有 1 个备份设备；“-c128”指设置块的尺寸为 128KB，默认为 64KB。

2) 查看状态命令

查看状态命令 more /proc/mdstat，如图 6-9 所示。

```
[root@localhost ~]# more /proc/mdstat
Personalities : [raid5]
md0 : active raid5 sdd1[3] sde1[4] sdc1[1] sdb1[0]
      16771584 blocks level 5, 128k chunk, algorithm 2 [3/2] [UU_]
      [>....................]  recovery =  2.7% (232064/8385792) finish=2.9min s
peed=46412K/sec
unused devices: <none>
[root@localhost ~]# 0
```

图 6-9　查看状态命令

图 6-9 是 RAID 5 建立进度条，过几分钟再次查看，如图 6-10 所示，RAID 5 已经建立成功。其中包含磁盘数量、RAID 登记、块尺寸、块个数。

```
[root@localhost ~]# more /proc/mdstat
Personalities : [raid5]
md0 : active raid5 sdd1[2] sde1[3] sdc1[1] sdb1[0]
      16771584 blocks level 5, 128k chunk, algorithm 2 [3/3] [UUU]

unused devices: <none>
[root@localhost ~]#
```

图 6-10　RAID 5 建立成功

3) 挂载设备

RAID 5 配置已经完成，要使用它，必须先格式化，再挂载。可以使用 mkfs 命令格式化，使用 mount 命令挂载，格式化命令是#mkfs.ext3 /dev/md0，如图 6-11 所示。

```
[root@localhost ~]# mkfs.ext3 /dev/md0
mke2fs 1.35 (28-Feb-2004)
max_blocks 4293525504, rsv_groups = 131028, rsv_gdb = 1023
Filesystem label=
OS type: Linux
Block size=4096 (log=2)
Fragment size=4096 (log=2)
2097152 inodes, 4192896 blocks
209644 blocks (5.00%) reserved for the super user
First data block=0
Maximum filesystem blocks=0
128 block groups
32768 blocks per group, 32768 fragments per group
16384 inodes per group
Superblock backups stored on blocks:
        32768, 98304, 163840, 229376, 294912, 819200, 884736, 1605632, 2654208,
        4096000

Writing inode tables: done
inode.i_blocks = 90032, i_size = 4243456
Creating journal (8192 blocks): done
Writing superblocks and filesystem accounting information: done

This filesystem will be automatically checked every 23 mounts or
180 days, whichever comes first.  Use tune2fs -c or -i to override.
[root@localhost ~]#
```

图 6-11　格式化 RAID 5

将 md0 挂载到 mnt 下的 RAID5 文件夹中，使用的命令是 mount/dev/md0/mnt/raid5，如

图 6-12 所示。md0 已经挂载到 raid5 文件夹中，可以对其进行操作。

```
[root@localhost ~]# mount /dev/md0 /mnt/raid5/
[root@localhost ~]# df -T
Filesystem    Type     1K-块       已用      可用 已用% 挂载点
/dev/sda2     ext3   19504748   3115388  15398552  17% /
/dev/sda1     ext3     101086      8566     87301   9% /boot
none         tmpfs     307500         0    307580   0% /dev/shm
/dev/hdc   iso9660     164716    164716         0 100% /media/cdrom
/dev/md0      ext3   16508328     77844  15591908   1% /mnt/raid5
[root@localhost ~]#
```

图 6-12　挂载 RAID 5

4) RAID 的启动和停止

停止的命令是 mdadm -S /dev/md0(先要用 umount 卸载 md0)。

启动的命令是 mdadm -A /dev/md0 /dev/sdb1 /dev/sdc1 /dev/sdd1 /dev/sde1。

查看 md0 的信息，使用命令 mdadm -D /dev/md0 查看 RAID 设备的详细信息，如图 6-13 所示。该图给用户提供了 RAID 的信息，有版本号、建立时间、RAID 等级、能使用的空间大小、总的空间大小、RAID 设备(几个硬盘参与 RAID 5 活动，图中为 3 个)、总的设备(一共有几个硬盘，图中有 4 个)、更新时间、块的大小、硬盘的名称等。

```
[root@localhost mnt]# mdadm -D /dev/md0
/dev/md0:
        Version : 00.90.01
  Creation Time : Thu Feb 12 10:19:11 2009
     Raid Level : raid5
     Array Size : 16771584 (15.99 GiB 17.17 GB)
    Device Size : 8385792 (7.100 GiB 8.59 GB)
   Raid Devices : 3
  Total Devices : 4
Preferred Minor : 0
    Persistence : Superblock is persistent

    Update Time : Thu Feb 12 16:11:47 2009
          State : clean
 Active Devices : 3
Working Devices : 4
 Failed Devices : 0
  Spare Devices : 1

         Layout : left-symmetric
     Chunk Size : 128K

    Number   Major   Minor   RaidDevice State
       0       8       65        0      active sync   /dev/sde1
       1       8       33        1      active sync   /dev/sdc1
       2       8       49        2      active sync   /dev/sdd1
       3       8       17       -1      spare   /dev/sdb1
           UUID : 6b455a2a:465478e1:244c7438:72536af1
         Events : 0.52
[root@localhost mnt]#
```

图 6-13　查看 md0 信息

6.1.3　RAID 故障模拟

上面的实例使我们对 Red Hat Linux 的软 RAID 功能有了一定的认识，并且通过详细的步骤说明了如何创建 RAID 5。有了 RAID 做保障，计算机中的数据看起来似乎已经很安全了，然而现有的情况还是不能让我们高枕无忧，万一磁盘出现故障怎么办？下面模拟一个更换 RAID 5 故障磁盘的完整过程，希望以此丰富大家处理 RAID 5 故障的经验，提高管理和维护水平。

我们仍然沿用前面的 RAID 5 配置，首先往阵列中复制一些数据，接下来开始模拟

/dev/sdb1 设备故障。不过对于没有备份设备的 RAID 5 模拟过程也要经过以下 3 步，只是阵列重构和数据恢复是发生在新设备添加到阵列中之后，而不是设备损坏时。

(1) 挂载 md0 到 mnt 目录下的 raid5 文件夹，然后写入一些数据，如图 6-14 所示。

```
[root@localhost raid5]# ls
hell  hello  lost+found  welcome
[root@localhost raid5]#
```

图 6-14　在 RAID 设备中写入一些数据

(2) 使用 mdadm -f 命令模拟 sdb1 坏损，然后查看阵列状态，如图 6-15 所示。

```
[root@localhost raid5]# mdadm /dev/md0 -f /dev/sdb1
mdadm: set /dev/sdb1 faulty in /dev/md0
[root@localhost raid5]# more /proc/mdstat
Personalities : [raid5]
md0 : active raid5 sdd1[2] sde1[3] sdc1[1] sdb1[4](F)
      16771584 blocks level 5, 128k chunk, algorithm 2 [3/2] [_UU]
      [>...................]  recovery =  4.1% (344800/8385792) finish=2.7min s
peed=49257K/sec
unused devices: <none>
[root@localhost raid5]#
```

图 6-15　模拟 sdb1 损坏

因为有备份设备，所以当阵列中出现设备损坏时，阵列能够在短时间内实现重构和数据的恢复。从当前的状态可以看出，阵列正在重构且运行在降级模式，sdb1 的后面已经标上了(F)，活动设备数也降为两个。

(3) 过几分钟再次查看 RAID 的状态，如图 6-16 所示。因为有备份设备 sde1，所以在 sdb1 坏损的时候，sde1 自动添加到 RAID 中。从图中可以看到 sde1 已经工作，设备又变成了 3 个。

```
[root@localhost raid5]# more /proc/mdstat
Personalities : [raid5]
md0 : active raid5 sdd1[2] sde1[0] sdc1[1] sdb1[3](F)
      16771584 blocks level 5, 128k chunk, algorithm 2 [3/3] [UUU]

unused devices: <none>
[root@localhost raid5]#
```

图 6-16　查看 RAID 的状态

(4) 再次查看 raid5 文件夹中的文件是否存在，如图 6-17 所示。从图中可以看到文件仍然存在，说明 raid5 的容错能力很好。

```
[root@localhost raid5]# mdadm /dev/md0 -f /dev/sdb1
mdadm: set /dev/sdb1 faulty in /dev/md0
[root@localhost raid5]# more /proc/mdstat
Personalities : [raid5]
md0 : active raid5 sdd1[2] sde1[3] sdc1[1] sdb1[4](F)
      16771584 blocks level 5, 128k chunk, algorithm 2 [3/2] [_UU]
      [>...................]  recovery =  4.1% (344800/8385792) finish=2.7min s
peed=49257K/sec
unused devices: <none>
[root@localhost raid5]# more /proc/mdstat
Personalities : [raid5]
md0 : active raid5 sdd1[2] sde1[0] sdc1[1] sdb1[3](F)
      16771584 blocks level 5, 128k chunk, algorithm 2 [3/3] [UUU]

unused devices: <none>
[root@localhost raid5]# ls
hell  hello  lost+found  welcome
[root@localhost raid5]#
```

图 6-17　查看 RAID 文件夹的文件是否存在

(5) 移除坏损设备并添加新的硬盘，移除设备使用 mdadm 的-r 参数，如图 6-18 所示，sdb1 已经被移除。

```
[root@localhost raid5]# mdadm /dev/md0 -r /dev/sdb1
mdadm: hot removed /dev/sdb1
[root@localhost raid5]# more /proc/mdstat
Personalities : [raid5]
md0 : active raid5 sdd1[2] sde1[0] sdc1[1]
      16771584 blocks level 5, 128k chunk, algorithm 2 [3/3] [UUU]

unused devices: <none>
[root@localhost raid5]#
```

图 6-18　移除坏的设备

因为是模拟操作，可以通过下面的命令再次将/dev/sdb1 添加到阵列中。如果是实际操作，则要注意两点：一是在添加之前要对新磁盘进行正确的分区；二是添加时要用所添加设备的设备名替换/dev/sdb1，如图 6-19 所示。此时 sdb1 已经添加到 RAID5 中并成为备份设备。

```
[root@localhost raid5]# mdadm /dev/md0 -a /dev/sdb1
mdadm: hot added /dev/sdb1
[root@localhost raid5]# more /proc/mdstat
Personalities : [raid5]
md0 : active raid5 sdb1[3] sdd1[2] sde1[0] sdc1[1]
      16771584 blocks level 5, 128k chunk, algorithm 2 [3/3] [UUU]

unused devices: <none>
[root@localhost raid5]#
```

图 6-19　再次添加备份设备

6.2　LVM

LVM 是逻辑卷管理(Logical Volume Manager)的简称。它是 Linux 环境下对磁盘分区进行管理的一种技术，是建立在硬盘和分区之上的一个逻辑层，从而提高对分区管理的灵活性。

6.2.1　LVM 简介及产生的背景

逻辑卷管理器是逻辑的磁盘分区，区别传统的物理硬盘。每种技术的产生都有其必然的需要。LVM 的产生是为了满足企业日益变化的存储需求和传统的磁盘分区之间的矛盾。传统的磁盘分区大小是固定的，每一个分区容量也是固定的，但是数据是不断变化的。随着数据的不断增加，磁盘总会有一天被填满，在当今这个高速发展的时代，企业的信息化进程不断加深，数据变化的速度非常快，所以硬盘分区用不了多长时间就需要重新格式化以增加分区。

假设有一个硬盘分区大小是 100MB，如果这个分区数据已满，只能添加一个新的硬盘，在新硬盘上创建一个新的分区，然后将以前分区中的内容，移植到新硬盘的分区中。这个过程需要关闭计算机，需要把新分区格式化，然后复制数据，这是非常烦琐的，也会影响企业的正常工作。LVM 的产生就是为了解决这个矛盾，使用 LVM 技术不需要关闭计算机，不需要重新分区，直接使用现有的物理设备就可以直接增加新的物理空间，用户可以动态地放大或缩小一个存储空间的大小，这个存储的空间称为逻辑块或是逻辑区。

6.2.2 LVM 基本术语

1) 物理卷

物理卷(Physical Volume，PV)在逻辑管理中处于最底层，可以是一个分区也可以是整个硬盘。

2) 卷组

LVM 卷组(Volume Group，VG)类似于非 LVM 系统中的物理硬盘。它由物理卷组成，可以在卷组上创建一个或多个“LVM 分区”(逻辑卷)。LVM 卷组由一个或多个物理卷组成。

3) 逻辑卷

逻辑卷(Logical Volume，LV)建立在卷组之上，卷组中的未分配空间可以用于建立新的逻辑卷。逻辑卷建立后可以动态地扩展和缩小空间，系统中的多个逻辑卷可以属于同一个卷组，也可以属于不同的卷组。

4) 物理区域

每一个物理卷被划分为称为物理区域(Physical Extents，PE)的基本单元，具有唯一编号的物理区域是可以被 LVM 寻址的最小单元，物理区域的大小是可配置的，物理区域的默认值为 4MB。

5) 逻辑区域

逻辑区域(Logical Extent，LE)逻辑卷中可用于分配的最小存储单元。逻辑区域的大小取决于逻辑卷所在卷组中的物理区域的大小。

6.2.3 逻辑卷配置

逻辑卷管理器如图 6-20 所示。使用逻辑卷必须要准备物理分区，也只有物理的介质才能存放数据，假设一块硬盘上有 3 个物理分区 sdb1、sdb2 和 sdb3，将它们初始化时使用的命令是 pvcreate，后面跟随真实的物理设备。

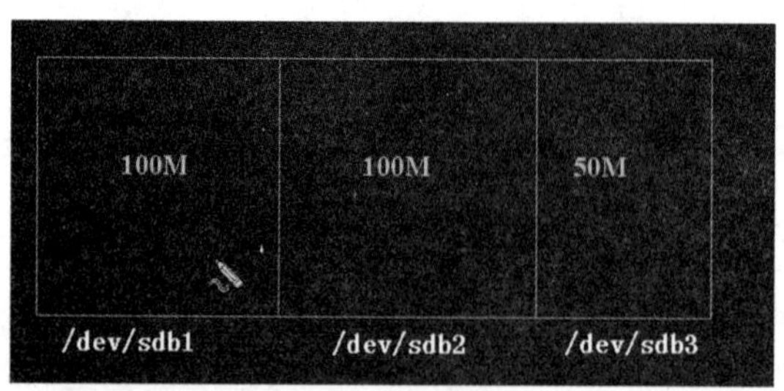

图 6-20　逻辑卷管理器

命令是 pvcreate /dev/sdb1 /dev/sdb2 /dev/sdb3，如图 6-21 所示。这个命令表示同时初始化这 3 个硬盘分区，初始化好的物理分区是 LVM 专用的，称为物理卷。物理卷是一个非常重要的概念，一定要区别后面介绍的逻辑卷。现在假设图 6-21 的 3 个物理卷已经全部完成初始化，为了使用物理卷，还需要把完成初始化的物理卷合并起来成为一个大的设备，如图 6-22 所示。

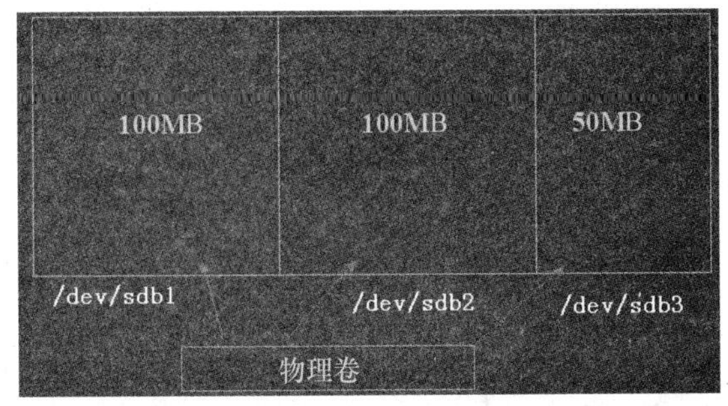

图 6-21　对其初始化的命令

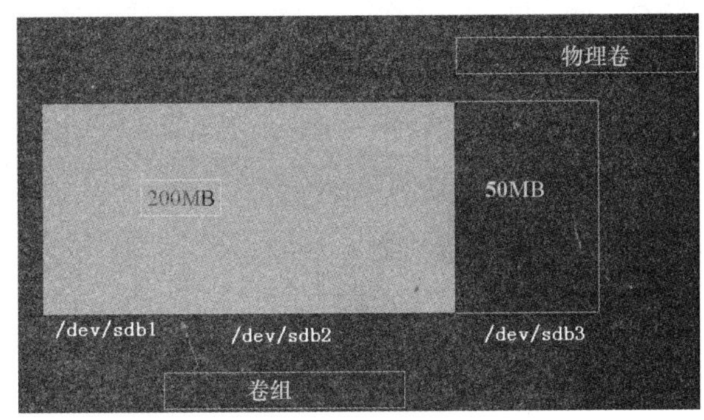

图 6-22　多个物理卷合并形成的逻辑卷组

把完成初始化的 3 个分区中的 sdb1 和 sdb2 合并成一个逻辑卷组使用，命令是 vgcreate vg0 /dev/sdb1 /dev/sdb2，意思为把 sdb1 和 sdb2 加入一个卷组，名称为 vg0。这个名称可以自定义，卷组是不能使用的，而卷组一但组合成功，sdb1 和 sdb2 分区就不能再单独使用。目前 sdb3 还没有用到，要使用 vg0，必须在卷组上分割出新的逻辑卷，逻辑卷使用的是软件技术模拟出的一个分区，可以认为是一个分区，如图 6-23 所示。在卷组 vg0 上建立一个 10MB 的逻辑卷，使用的命令是 lvcreate，命令为 lvcreate -n data -L10M vg0。

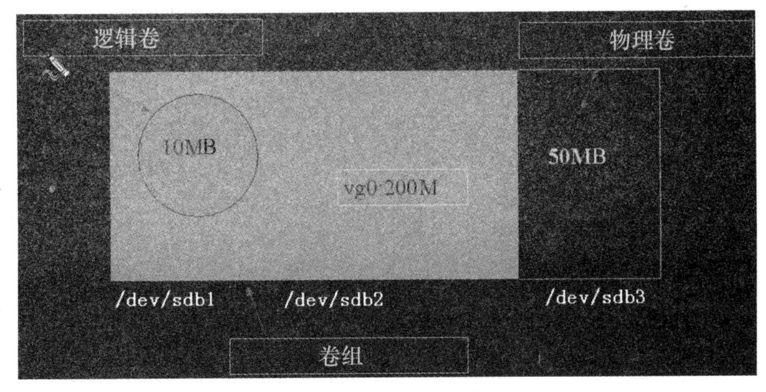

图 6-23　在逻辑卷组上建立的逻辑卷

逻辑卷必须要命名，物理分区名称是系统自动分配的，如 sdb1、sdb2，但是逻辑卷是手动建立的，是逻辑的概念，所以必须命名并指定空间的大小。该命令的意思为从卷组vg0中分离一个10MB大小、名称为data的空间，创建逻辑卷，vg0剩余的空间可以继续创建逻辑卷，也可以为data增加大小。

data逻辑卷可以不断地放大，直到充满整个vg0。放大逻辑卷的命令是lvextend，命令为lvextend -L +10M /dev/vg0/data。

如图6-24所示为给data逻辑卷增加10MB的大小。前面建立的逻辑卷data需要格式化后挂载使用，data在放大的时候不影响data里面原有的数据和文件系统，逻辑卷上也可以支持其他文件系统，但是只能使用lvextent命令来放大逻辑卷。

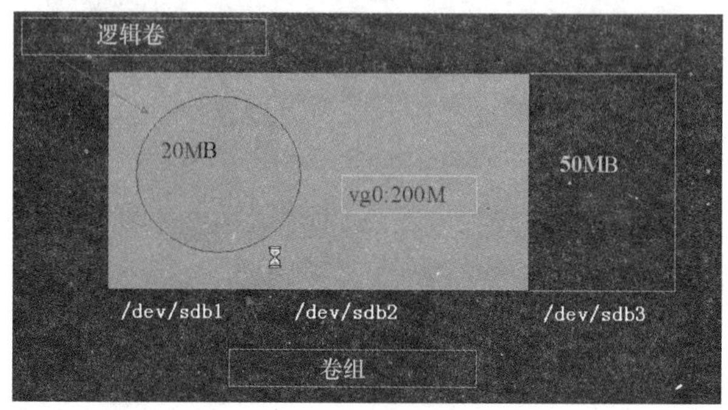

图6-24 扩大的逻辑卷

如果整个逻辑卷充满整个卷组，就需要扩充卷组，如图6-25所示。

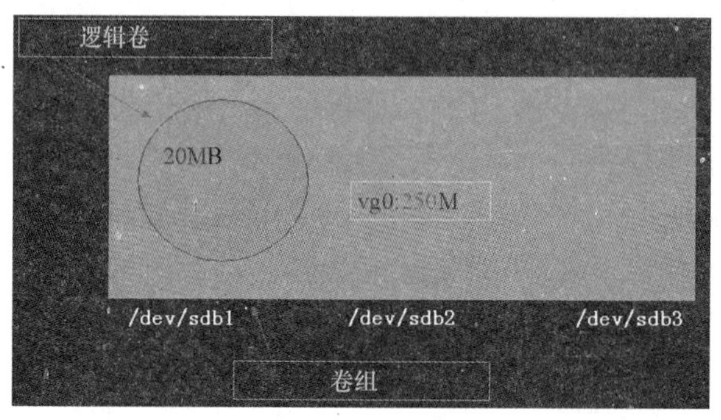

图6-25 逻辑卷组扩充

扩充卷组使用的命令是vgextend。例如，vgextend vg0/dev/sdb3，意思为向vg0中增加新的成员sdb3。通过这种方法可以看到，vg可以动态放大，逻辑卷可以动态放大，最终的结果就是逻辑卷就能够动态地放大和缩小，可以满足企业里不断变化的存储需求。

逻辑卷还有一个很强的功能，即可以在底层的物理卷上做数据的移植，可以透明地将一个分区的数据移植到另一个分区上，如图6-26所示。

假如sdb1分区上有坏道，可以将上面的数据移到其他分区，命令是pvmove /dev/sdb1 [/dev/sdd1]。如果想单纯地腾空，sdb1命令的后面就不需要加其他参数，命令为pvmove /dev/sdb1。该命令的意思为删除sdb1上面的物理卷，逻辑卷管理器会自动地将sdb1上面的数据腾出来，把原有的逻辑卷数据移植到其他空余的逻辑卷上。通过这种技术，用户可以在逻辑卷中删除一部分物理分区。

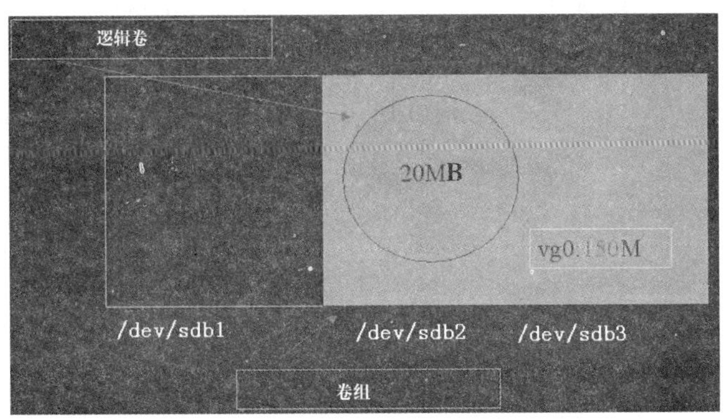

图 6-26　逻辑卷组中的物理卷移植

下面是实际的配置过程。

(1) 在/dev/sdb 上做 LVM，首先用 fdisk 建立分区。注意如果硬盘以前使用过，一定要重新启动计算机，才能使用刚分好区的硬盘 sdb。如图 6-27 所示，sdb 上的分区已经分好。

```
Disk /dev/sdb: 8589 MB, 8589934592 bytes
255 heads, 63 sectors/track, 1044 cylinders
Units = cylinders of 16065 * 512 = 8225280 bytes

   Device Boot      Start         End      Blocks   Id  System
/dev/sdb1               1          13      104391   8e  Linux LVM
/dev/sdb2              14          26      104422+  8e  Linux LVM
/dev/sdb3              27          51      200812+  8e  Linux LVM
```

图 6-27　sdb 设备的分区

(2) 初始化 3 个分区，使用 pvcreate /dev/sdb1 /dev/sdb2 /dev/sdb3，也可使用通配符的形式，即 pvcreate /dev/sdb[1-3]。如图 6-28 所示，3 个物理卷已经初始化成功。

```
[root@localhost ~]# pvcreate /dev/sdb[1-3]
  Physical volume "/dev/sdb1" successfully created
  Physical volume "/dev/sdb2" successfully created
  Physical volume "/dev/sdb3" successfully created
[root@localhost ~]#
```

图 6-28　初始化 sdb 设备上的 3 个分区

(3) 将物理卷合并成一个卷组，在合并之前要有卷组数据库，使用 vgscan 进行扫描。在创建卷组之前一定要运行 vgscan，接下来使用 vgcreate，如图 6-29 所示。

```
[root@localhost ~]# vgscan
  Reading all physical volumes.  This may take a while...
[root@localhost ~]# vgcreate vg0 /dev/sdb1 /dev/sdb2
  Volume group "vg0" successfully created
[root@localhost ~]#
```

图 6-29　创建卷组

(4) 在图 6-29 中，vg0 这个卷组已经建立成功，使用 vgdisplay 查看 vg0 卷组的信息。VG Size 卷组大小为 200MB，PE Size 扩展块如图 6-30 所示。

```
[root@localhost ~]# vgdisplay vg0
  --- Volume group ---
  VG Name               vg0
  System ID
  Format                lvm2
  Metadata Areas        2
  Metadata Sequence No  1
  VG Access             read/write
  VG Status             resizable
  MAX LV                0
  Cur LV                0
  Open LV               0
  Max PV                0
  Cur PV                2
  Act PV                2
  VG Size               200.00 MB
  PE Size               4.00 MB
  Total PE              50
  Alloc PE / Size       0 / 0
  Free  PE / Size       50 / 200.00 MB
  VG UUID               VQEdPg-MuFB-Xxfz-NEE4-OH3P-rKjO-raAvZv
```

图 6-30　vg0 卷组的信息

(5) 在 vg0 上创建新的逻辑卷，并且格式化逻辑卷。如图 6-31 所示，创建格式化成功。

```
[root@localhost ~]# lvcreate -n data -L 10M vg0
  /dev/cdrom: open failed: 只读文件系统
  Rounding up size to full physical extent 12.00 MB
  Logical volume "data" created
[root@localhost ~]# mkfs.ext3 /dev/vg0/data
mke2fs 1.35 (28-Feb-2004)
max_blocks 12582912, rsv_groups = 1536, rsv_gdb = 47
Filesystem label=
OS type: Linux
Block size=1024 (log=0)
Fragment size=1024 (log=0)
3072 inodes, 12288 blocks
614 blocks (5.00%) reserved for the super user
First data block=1
Maximum filesystem blocks=12582912
2 block groups
8192 blocks per group, 8192 fragments per group
1536 inodes per group
Superblock backups stored on blocks:
        8193

Writing inode tables: done
inode.i_blocks = 190, i_size = 67383296
Creating journal (1024 blocks): done
Writing superblocks and filesystem accounting information: done

This filesystem will be automatically checked every 25 mounts or
180 days, whichever comes first.  Use tune2fs -c or -i to override.
[root@localhost ~]#
```

图 6-31　新建并格式化逻辑卷

(6) 逻辑卷可以像使用普通的硬盘分区一样挂载，如图 6-32 所示。将 data 逻辑卷挂载到 mnt 下的 LVM 目录下。

```
[root@localhost ~]# mount /dev/vg0/data /mnt/LVM/
[root@localhost ~]# CD /mnt/LVM/
-bash: CD: command not found
[root@localhost ~]# ls
  anaconda-ks.cfg         install.log  install.log.syslog
[root@localhost ~]# cd /mnt/LVM/
[root@localhost LVM]# ls

[root@localhost LVM]# mkdir test
[root@localhost LVM]# ls

[root@localhost LVM]#
```

图 6-32　挂载逻辑卷

(7) 查看 data 逻辑卷的一些信息，使用 lvdisplay 命令，如图 6-33 所示。

```
[root@localhost LVM]# lvdisplay data
  Volume group "data" not found
[root@localhost LVM]# lvdisplay
  --- Logical volume ---
  LV Name                /dev/vg0/data
  VG Name                vg0
  LV UUID                DDfAyO-Oa3d-OuLD-5ajr-Udi1-F4Ob-dKa25M
  LV Write Access        read/write
  LV Status              available
  # open                 1
  LV Size                12.00 MB
  Current LE             3
  Segments               1
  Allocation             inherit
  Read ahead sectors     0
  Block device           253:0

[root@localhost LVM]#
```

图 6-33　查看 data 逻辑卷的信息

从图 6-33 中可以看到这个逻辑卷的大小是 12MB，而前面建立的命令中指定的是 10MB。为什么逻辑卷大小是 12MB 而不是 10MB 呢？接下来再看 vg0 卷组的信息，如图 6-34 所示。

```
[root@localhost LVM]# vgdisplay
  --- Volume group ---
  VG Name               vg0
  System ID
  Format                lvm2
  Metadata Areas        2
  Metadata Sequence No  2
  VG Access             read/write
  VG Status             resizable
  MAX LV                0
  Cur LV                1
  Open LV               1
  Max PV                0
  Cur PV                2
  Act PV                2
  VG Size               200.00 MB
  PE Size               4.00 MB
  Total PE              50
  Alloc PE / Size       3 / 12.00 MB
  Free  PE / Size       47 / 188.00 MB
  VG UUID               VQEdPg-MuFB-Xxfz-NEE4-OH3P-rKjO-raAvZv

[root@localhost LVM]#
```

图 6-34　卷组信息

在图 6-34 中显示“Alloc PE / Size 3 / 12.00MB”。PE 是扩展块，每个 PE 的大小是 4MB。为 data 指定大小是以扩展块的数量为单位的，指定 data 大小为 10MB，两个扩展块不够 10MB，只能选用 3 个扩展块，所以 data 大小为 12MB，data 大小是 10MB，那么只能为 data 分配 3 个扩展，块大小是 12MB，这样就能理解图 6-33 中 data 的大小为什么是 12MB 了。

图 6-34 中，vg0 已经分配了 3 个扩展块，剩余 47 个扩展块。再建立逻辑卷的时候，可以通过指定扩展块的数量建立，使用 lvcreate -n data -l 4 vg0(把大写的 L 改成小写的 l 就是以扩展块来分配逻辑卷的大小)，使用 lvscan 查看现在系统中有多少个活动的逻辑卷，如图 6-35 所示。

```
[root@localhost LVM]# lvscan
  ACTIVE            '/dev/vg0/data' [12.00 MB] inherit
  ACTIVE            '/dev/vg0/test' [20.00 MB] inherit
[root@localhost LVM]#
```

图 6-35　查看活动卷

(8) 逻辑卷扩充。查看逻辑卷如图 6-36 所示。

```
[root@localhost LVM]# df -lh
Filesystem              容量  已用  可用 已用% 挂载点
/dev/sda2                19G  3.0G   15G  17% /
/dev/sda1                99M  8.4M   86M   9% /boot
none                    223M     0  223M   0% /dev/shm
/dev/mapper/vg0-data     12M  1.2M   10M  11% /mnt/LVM
[root@localhost LVM]# ls

[root@localhost LVM]#
```

图 6-36　查看逻辑卷

如图 6-36 所示，data 的大小为 12MB，其中有数据。如果 data 逻辑卷没有空间了，需要把 data 扩大，使用 lvextend 命令，如图 6-37 所示。

```
[root@localhost mnt]# lvextend  -L +20M /dev/vg0/data
  /dev/cdrom: open failed: 只读文件系统
  Extending logical volume data to 32.00 MB
  Logical volume data successfully resized
[root@localhost mnt]#
```

图 6-37　扩大逻辑卷

在使用 lvextend 命令后，再次查看 data，会发现没有任何变化，因为 lvextend 增加逻辑卷的容量不会马上实现。如果想立刻显现增加的容量，需要运行 ext2online 命令，该命令要在逻辑卷挂载后运行，如图 6-38 所示，使用 ext2online 命令要重新启动计算机才能使用，否则会提示错误。

```
[root@localhost ~]# ext2online /dev/vg0/data
ext2online v1.1.18 - 2001/03/18 for EXT2FS 0.5b
[root@localhost ~]# df -lh
Filesystem              容量  已用  可用 已用% 挂载点
/dev/sda2                19G  3.0G   15G  17% /
/dev/sda1                99M  8.4M   86M   9% /boot
none                    223M     0  223M   0% /dev/shm
/dev/mapper/vg0-data     32M  1.2M   29M   4% /mnt/LVM
[root@localhost ~]#
```

图 6-38　查看逻辑卷

通过上面的试验可以看出 LVM 具有非常好的动态存储技术，而且不会破坏逻辑卷中的数据。使用 pvscan 查看逻辑卷的数量，如图 6-39 所示。

```
[root@localhost ~]# pvscan
  PV /dev/sdb1   VG vg0   lvm2 [100.00 MB / 48.00 MB free]
  PV /dev/sdb2   VG vg0   lvm2 [100.00 MB / 100.00 MB free]
  PV /dev/sdb3            lvm2 [195.92 MB]
  Total: 3 [395.92 MB] / in use: 2 [200.00 MB] / in no VG: 1 [195.92 MB]
You have mail in /var/spool/mail/root
[root@localhost ~]#
```

图 6-39　逻辑卷的数量

图中 sdb1 和 sdb2 分区属于 vg0 卷组，而 sdb3 不属于任何卷组。要把 sdb3 添加到 vg0 卷组中使之动态扩大，使用命令 vgextend，如图 6-40 所示。

```
[root@localhost ~]# vgextend vg0 /dev/sdb3
  /dev/cdrom: open failed: 只读文件系统
  /dev/cdrom: open failed: 只读文件系统
  Volume group "vg0" successfully extended
[root@localhost ~]# vgdisplay
  --- Volume group ---
  VG Name               vg0
  System ID
  Format                lvm2
  Metadata Areas        3
  Metadata Sequence No  10
  VG Access             read/write
  VG Status             resizable
  MAX LV                0
  Cur LV                2
  Open LV               0
  Max PV                0
  Cur PV                3
  Act PV                3
  VG Size               392.00 MB
  PE Size               4.00 MB
  Total PE              98
  Alloc PE / Size       13 / 52.00 MB
  Free  PE / Size       85 / 340.00 MB
  VG UUID               VQEdPg-MuFB-Xxfz-NEE4-OH3P-rKjO-raAvZv

[root@localhost ~]#
```

图 6-40　添加新物理卷到卷组中

可以看到已成功将 sdb3 添加到卷组 vg0 中，卷组 vg0 的大小从 200MB 增加到 392MB。

(9) 移除逻辑卷。在移除 LVM 的时候先要移除逻辑卷，然后再移除卷组。移除逻辑卷的命令是 lvremove /dev/vg0/date，如下所示。

```
# lvremove/dev/vg0/data
  /dev/cdrom: open failed: 只读文件系统
Do you really want to remove active logical volume "data"? [y/n]: y
  Logical volume "data" successfully removed
#
```

再用 lvdisplay 查看，发现 data 逻辑卷已经删除。

(10) 移除卷组。移除逻辑卷后才能移除卷组，vg0 使用的命令是 vgremove/dev/vg0，如下所示。

```
# vgremove/dev/vg0
   /dev/cdrom: open failed: 只读文件系统
   Volume group "vg0" successfully removed
   #
```

逻辑卷管理就介绍到这里，要注意所有物理卷的查看使用 pvscan，所有逻辑卷的查看使用 lvscan，移除逻辑卷使用 lvremove，移除卷组使用 vgremove。

6.3 磁盘配额

Linux 系统的磁盘配额功能用于限制用户所使用的磁盘空间，并且在用户使用了过多的磁盘空间或分区的空闲过少时，系统管理员会接到警告。

6.3.1 磁盘配额简介

磁盘配额可以针对单独用户进行配置，也可以针对用户组进行配置。配置的策略也比较灵活，既可以限制占用磁盘空间，也可以限制文件的数量。

要实现磁盘配额，必须在系统中安装 quota 软件包，一般默认已经安装，但是在配置磁盘配额之前，最好还是先查询确认该软件包已经安装。

配置磁盘配额的命令如下。

```
# rpm -qa quota
quota-3.12-5
```

6.3.2 磁盘配额的配置

1. 磁盘配额的相关概念

1) 容量限制与文件数限制

对磁盘配额的限制一般是从一个用户占用磁盘大小和拥有文件的数量两个方面进行限制的。

2) 软限制与硬限制

quota 对于用户使用磁盘空间有软限制和硬限制两种。软限制是指一个用户在文件系统中可拥有的最大磁盘空间和最多的文件数量，在某个限制范围可以暂时超过这个限制。硬限制是指一个用户可拥有的磁盘空间或文件的绝对数量，绝对不允许超过这个限制。

3) 用户限制和组限制

quota 可以对 Linux 系统中的某个用户进行磁盘配额的配置，也可以对系统中某个用户组进行磁盘配额的配置。对用户进行配额是指在 quota 中设置对指定用户的磁盘空间限制和文件数限制，配额只对该用户起作用。对用户组进行配额是指在 quota 中设置对指定用户组的磁盘空间限制和文件数量限制，配额将对组中的所有用户进行整体限制。

2. 配置磁盘配额的步骤

(1) 磁盘配额只能在 Ext2 或 Ext3 文件系统上配置，将/dev 目录下的 sdb1 分区格式化成 Ext3 文件系统，如下所示。

```
#mkfs.ext3 /dev/sdb1
```

(2) 挂载 sdb1 到 mnt 下的 windows 目录，并添加选项 usrquota 和 grpquota 命令。

```
#mount /dev/sdb1 /mnt/windows -o usrquota, grpquota
```

usrquota 挂载选项是使 sdb1 支持用户的磁盘配额。grpquota 挂载选项是使 sdb1 支持用户组的磁盘配额，磁盘配额只支持分区。

(3) 使用 mount 命令查看挂载情况代码如下。

```
[Root@Localhost ~]# Mkfs.Ext3 /Dev/Vg0/Data   //使用前面配置好的 LVM 作为磁盘配额
mke2fs 1.35 (28-Feb-2004)
max_blocks 33554432, rsv_groups = 4096, rsv_gdb = 127
Filesystem label=
OS type: Linux
Block size=1024 (log=0)
Fragment size=1024 (log=0)
8192 inodes, 32768 blocks
1638 blocks (5.00%) reserved for the super user
First data block=1
Maximum filesystem blocks=33554432
4 block groups
8192 blocks per group, 8192 fragments per group
2048 inodes per group
Superblock backups stored on blocks:
      8193, 24577

Writing inode tables: done
inode.i_blocks = 764, i_size = 67383296
Creating journal (4096 blocks): done
Writing superblocks and filesystem accounting information: done

This filesystem will be automatically checked every 38 mounts or
180 days, whichever comes first.  Use tune2fs -c or -i to override.
//挂载逻辑卷 data 让其支持磁盘配额
[root@localhost ~]# mount  /dev/vg0/data  /mnt/LVM/  -o usrquota,grpquota
//使用 mount 命令进行查看
[root@localhost ~]# mount
/dev/sda2 on / type ext3 (rw)
none on /proc type proc (rw)
none on /sys type sysfs (rw)
none on /dev/pts type devpts (rw,gid=5,mode=620)
usbfs on /proc/bus/usb type usbfs (rw)
/dev/sda1 on /boot type ext3 (rw)
none on /dev/shm type tmpfs (rw)
none on /proc/sys/fs/binfmt_misc type binfmt_misc (rw)
sunrpc on /var/lib/nfs/rpc_pipefs type rpc_pipefs (rw)
none on /proc/fs/vmblock/mountPoint type vmblock (rw)
//此行告诉用户为磁盘配额分区
```

```
/dev/mapper/vg0-data on /mnt/LVM type ext3 (rw,usrquota,grpquota)
//该结果保存在/etc/mtab 中
[root@localhost ~]# cat /etc/mtab
/dev/sda2 / ext3 rw 0 0
none /proc proc rw 0 0
none /sys sysfs rw 0 0
none /dev/pts devpts rw,gid=5,mode=620 0 0
usbfs /proc/bus/usb usbfs rw 0 0
/dev/sda1 /boot ext3 rw 0 0
none /dev/shm tmpfs rw 0 0
none /proc/sys/fs/binfmt_misc binfmt_misc rw 0 0
sunrpc /var/lib/nfs/rpc_pipefs rpc_pipefs rw 0 0
none /proc/fs/vmblock/mountPoint vmblock rw 0 0
//如果没有下面这句话，磁盘配额是无法使用的
/dev/mapper/vg0-data /mnt/LVM ext3 rw,usrquota,grpquota 0 0
```

(4) 使用 quotacheck 命令建立磁盘配额数据库文件。

使用 quotacheck 指令，扫描挂入系统的分区，并在各分区的文件系统根目录下产生 aquota.user 和 aquota.group 文件，设置用户和群组的磁盘空间限制参数。各参数的含义如下。

-a：对/etc/fstab 文件进行扫描，有加入 quota 设置的分区。

-d：详细显示指令执行过程，便于排错或了解程序执行的情形。

-g：扫描磁盘空间时，计算每个群组识别码所占用的目录和文件数目。

-R：排除根目录所在的分区。

-u：扫描磁盘空间时，计算每个用户识别码所占用的目录和文件数目。

-v：显示指令的执行过程。

-a：表示扫描所有分区，如果要制定某一个分区不需要添加-a，如 quotacheck -cvug /dev/vg0/data。举例如下。

```
[root@localhost ~]# quotacheck -cvuga
quotacheck: Checked 3 directories and 2 files
quotacheck: Old file not found.
quotacheck: Old file not found.
//系统会自动建立两个文件 aquota.group 和 aquota.user，这两个是数据库文件，用来保存
//每个用户和组的配额情况
[root@localhost ~]# ls /mnt/LVM/
aquota.group  aquota.user  lost+found
[root@localhost ~]#
```

此时需要重新启动计算机才能生效，或使用 quotaon 命令加一个参数-a 激活所有分区，quotaoff 用来关闭用户的磁盘配额。

(5) 使用 edquota 编辑用户的配额情况，参数-u 为用户配额，-g 为用户组配额，代码如下。

```
//对用户 dai 进行配额
[root@localhost ~]# edquota -u dai
Disk quotas for user dai (uid 500):
 Filesystem            blocks      soft       hard     inodes     soft     hard
 /dev/mapper/vg0-data   0           0          0         0          0        0
```

其中：

- blocks：数据块。
- inodes：节点数量(又称文件数量)，是定义该用户在这个分区上能建立几个文件。

blocks 和 inodes 表示(user dai) 用户 dai 在(fileyserm /dev/sdb3) dev/sdb3 分区上能够使用(blocks)数据库的数量和(inodes)节点的数量，它们都有两个限制：soft(软限制，软限制是可以超过的，以字节为单位)和 hard(硬限制，硬限制是任何时候都不能超过的，如果达到硬限制设置的数值就再也不能写数据了)。

对 dai 用户进行磁盘配额，只允许用户使用 4MB 大小的磁盘空间，只能建立 6 个文件，配置结构如图 6-41 所示。

图 6-41 用户 dai 的磁盘配额

现在已经配置完成，可以进行测试，代码如下。

```
//经查看 LVM 目录下没有任何文件
[root@localhost ~]# ls /mnt/LVM/
aquota.group  aquota.user  lost+found
//建立目录 dai
 [root@localhost ~]# mkdir /mnt/LVM/dai
//把目录的所有者改成用户 dai
 [root@localhost ~]# chown dai /mnt/LVM/dai
//使用 dai 用户登录
[root@localhost ~]# su dai
[dai@localhost root]$ cd /mnt/LVM/dai
//查看自己的配额情况，已经使用了一个数据块和一个文件，因为 dai 目录的所有者是用户 dai，
//所以其也在配额中
[dai@localhost dai]$ quota
Disk quotas for user dai (uid 500):
    Filesystem    blocks  quota  limit  grace  files  quota  limit  grace
/dev/mapper/vg0-data    1    2048    4096          1      4      6
[dai@localhost dai]$ ls -ld
drwxr-xr-x  2 dai root 1024  2月 13 17:16 .
[dai@localhost dai]$
```

建立几个文件，代码如下。

```
[dai@localhost dai]$ dd if=/dev/zero of=file6 bs=1k count=1024
dd: 正在写入 'file6' : 超出磁盘限额
读入了 1+0 个块
输出了 0+0 个块
[dai@localhost dai]$ ls
file1  file2  file3  file5  file6
```

使用 dd if=/dev/zero of=file1 bs=1k count=1024 进行测试，该命令的意思为在 zero 文件中读数据到 file1 文件中，每次读 1KB，文件长度为 1024B。

使用 quota 命令进行检查，代码如下。

```
[dai@localhost dai]$ quota
Disk quotas for user dai (uid 500):
 Filesystem    blocks  quota   limit   grace   files   quota   limit
grace
/dev/mapper/vg0-data  4096*   2048    4096             6*      4       6
[dai@localhost dai]$
```

可以看到文件块已经达到硬限制，并且文件数量也达到了硬限制，再也不能向 dai 目录写入数据和建立文件了，如图 6-42 所示。

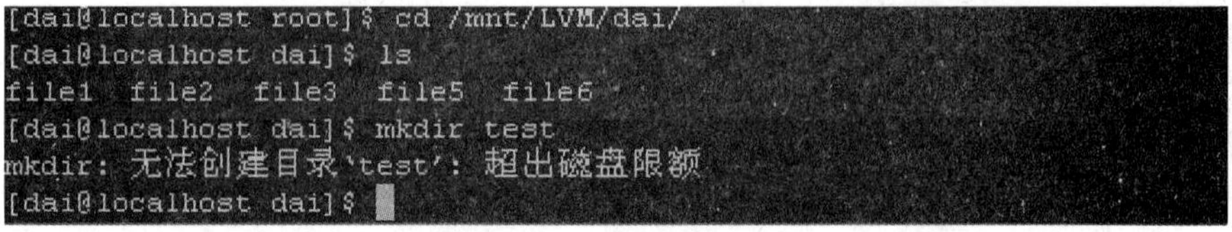

```
[dai@localhost root]$ cd /mnt/LVM/dai/
[dai@localhost dai]$ ls
file1  file2  file3  file5  file6
[dai@localhost dai]$ mkdir test
mkdir: 无法创建目录'test': 超出磁盘限额
[dai@localhost dai]$
```

图 6-42　磁盘限额的作用

此时磁盘配额已经配置结束，可以使用管理员身份查看配置情况，如图 6-41 所示。

目前系统中只有两个用户，每个用户的磁盘配额情况如图 6-43 所示。用户组的磁盘配额和用户的配置一样，这里不再赘述。

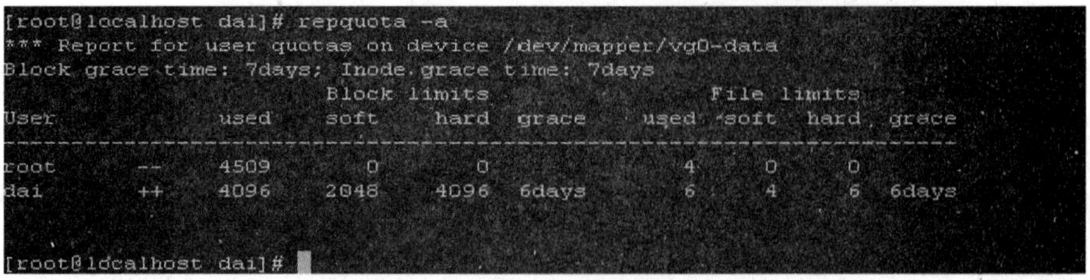

```
[root@localhost dai]# repquota -a
*** Report for user quotas on device /dev/mapper/vg0-data
Block grace time: 7days; Inode grace time: 7days
                        Block limits                File limits
User            used    soft    hard  grace    used  soft  hard  grace
----------------------------------------------------------------------
root      --    4509       0       0              4     0     0
dai       ++    4096    2048    4096  6days       6     4     6  6days

[root@localhost dai]#
```

图 6-43　所有用户的磁盘限额信息

本 章 习 题

一、填空题

1. RAID 技术的中文意思是________。

2. 整个 RAID 通过对磁盘进行组合达到________、减少________的目的。

3. RAID 0+1 是指将________和________结合起来。

4. Linux 下的 RAID 管理工具是________。

5. Linux 下的 RAID 设备的表示名称是________。

6. 建立磁盘配额数据库文件的命令是________。

二、问答题

1. 磁盘阵列技术出现的目的是什么？

2. RAID 0 和 RAID 1 有什么区别？各有什么特点？

3. 如图 6-44 所示，可以看出是 RAID 5 技术，图中有几个硬盘？哪些是活动的？哪些是备份的？RAID 5 的使用容量是多少？

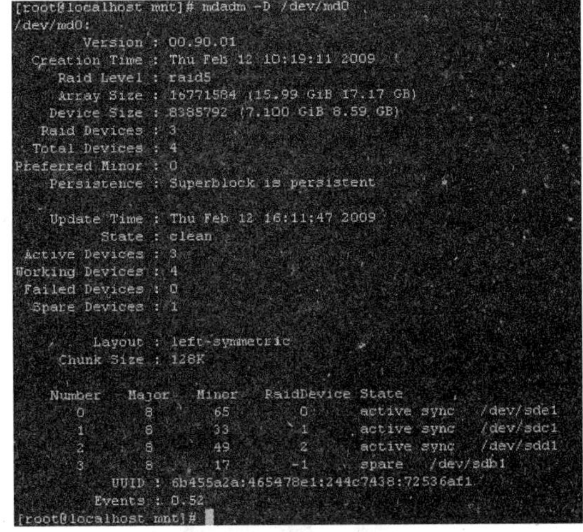

图 6-44　3 题信息

4. LVM 逻辑卷产生的目的是什么？

5. LVM 逻辑卷有哪些属性？分别是什么？

6. 什么是磁盘配额的软限制和硬限制？

7. LVM 逻辑卷产生的目的是什么？

8. 如图 6-45 所示，软限制和硬限制是多少？后面的 4 和 6 是什么意思？

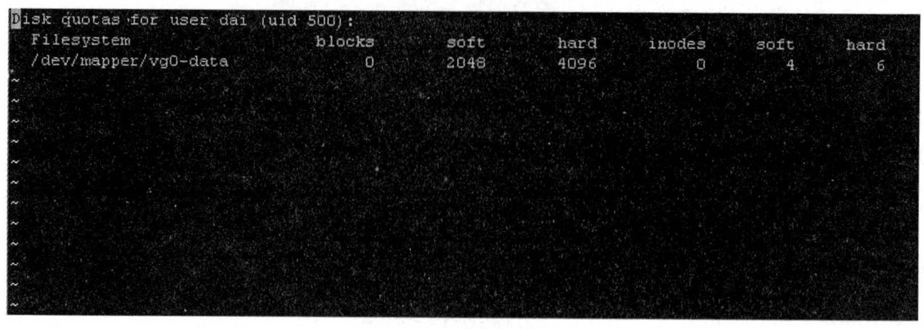

Disk quotas for user dai (uid 500):
Filesystem blocks soft hard inodes soft hard
/dev/mapper/vg0-data 0 2048 4096 0 4 6

图 6-45 8 题信息

三、上机实训

根据公司的信息安全建设要求，为了保证公司业务数据库安全，提高容错能力和存储空间的可扩容性，需要对公司新的的服务器进行规划，该服务器共有 6 块 100G 的硬盘提供使用。

需求描述：

由于系统 24 小时不间断运行，对系统的稳定性和可靠性要求很高。在不增加硬盘的前提下，保证操作系统、应用软件等安全可靠性要求高的软件能够做到有备份， 数据库等大量的数据能够有足够大的硬盘容量供使用。

实现思路：

考虑使用 RAID 1 模式相结合的方式实现系统备份。2 块硬盘做 RAID 1，用来安装对安全可靠性要求很高的操作系统及相关软件，示意图如下，但是数据的读取速度会受到影响，因为数据要一边写一边备份，RAID 1 的优点是即使一个硬盘出现问题也不会对整个数据造成损害，从而满足了需求对系统稳定性和可靠性的要求。

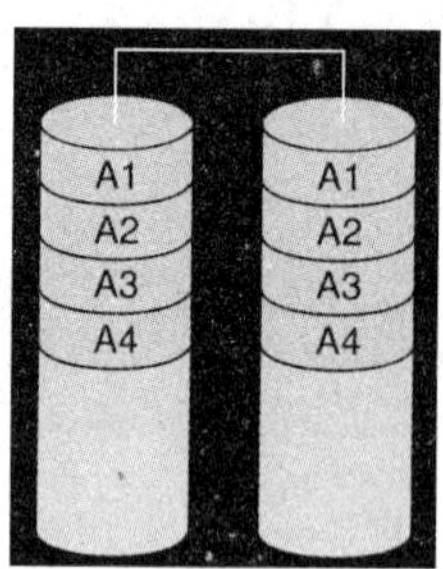

剩下的 4 块 100G 硬盘做 RAID 5，专门用来存放数据，其中三块做 RAID 5 另外一块做备份设备，如果 RAID 5 中的三块硬盘中有一块坏损，则备份硬盘自动替换。这样就能满足需求大容量硬盘的要求。

第 7 章

Linux 网络基础

学习目的与要求：

Linux 操作系统具有强大的网络功能，它不仅比 Windows 系统具有较高的安全性，而且几乎可以设置成所有的网络服务。本章主要向读者介绍基本的 TCP/IP 网络知识、网络服务器配置和 Linux 网络配置的文件及工具，让读者可以简单地配置 Linux 系统下的网络。

通过对本章的学习，读者应该做到以下几点。

- 熟悉 OSI 七层模型和 TCP/IP 四层模型。
- 了解 4 层模型每次大概有哪些协议和每一层数据封装的过程。
- 熟悉 Linux 下网络配置文件所在的位置、名称及作用。
- 熟悉相关的网络概念，包括网络接口、IP 地址、DNS 的解析、地址转换等。
- 熟练使用命令配置以太网络。

7.1 TCP/IP 网络基础

7.1.1 OSI 参考模型

早期由于具有不同分层结构和不同协议的网络体系结构不断出现，使得这些不相同的网络结构很难进行相互连接和相互通信，为此国际标准化组织(ISO)在 1985 年的时候，制定了开放系统互连的 7 层参考模型(RM)，即 ISO/OSI 网络体系结构。它只是提供了概念上和功能性的主体结构，是一种开放式系统互联的基本模型，而不是实际的标准规范。它将网络分为 7 层，即物理层(Physical Layer)、数据链路层(Data Link Layer)、网络层(Network Layer)、传输层(Transport Layer)、会话层(Session Layer)、表示层(Presentation Layer)、应用层(Application Layer)，见表 7-1。

表 7-1　OSI 七层模型的功能

名　称	功　能
物理层	负责传输比特流信号并实现两台计算机之间的物理连接
数据链路层	控制网络层与物理层之间的通信
网络层	负责实现网络间信息的中间转发和路径选择
传输层	负责提供从一台计算机到另一台计算机的可靠数据传输
会话层	负责建立和终止网络的数据传输并实现物理地址的转换
表示层	指定一特定数据的编码、表示规范
应用层	负责提供用户操作的界面

7.1.2 TCP/IP 网络模型

TCP/IP 网络模型是 Internet 所采用的基本模型，是当前使用最广泛的网络模型。TCP/IP 网络模型分为接入网层(Host Net Layer)、网间网络层(Inter -Network Layer)、传输层(Transport Layer)、应用层(Application Layer)4 层并和 OSI 的 7 层模型有一定的对应关系，如图 7-1 所示。

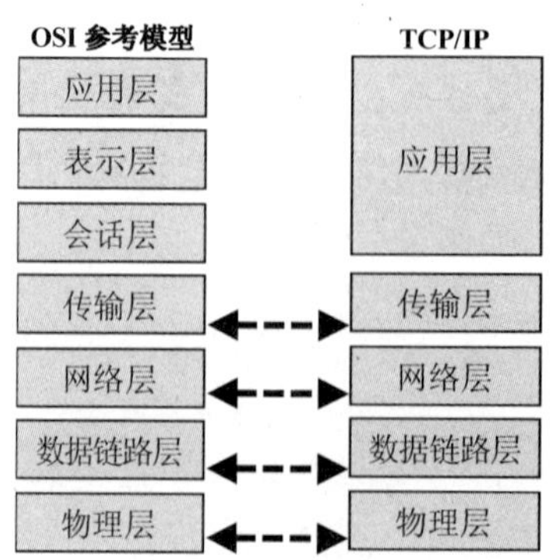

图 7-1　TCP/IP 参考模型和 OSI 参考模型的对应关系

表 7-2 描述了 TCP/IP 网络模型各层的功能。

表 7-2　TCP/IP 网络模型各层的功能

层　次	功　能
接入网层	负责数据的实际传输，相当于 OSI 参考模型中的下两层。TCP/IP 模型对该层很少定义具体协议，它依赖于早期的协议传输数据
网间网层	负责网络间的寻址和数据传输，相当于 OSI 参考模型中的第三层
传输层	负责提供可靠的传输服务，相当于 OSI 参考模型中的第四层
应用层	负责实现一切与应用程序相关的功能，相当于 OSI 参考模型中的上三层

7.1.3　使用的协议

表 7-3 列出了 TCP/IP 模型中各层使用的一些常用协议及服务。

表 7-3　TCP/IP 模型各层使用的协议及服务

层　次	协　议	服　务
接入网层	HDLC(统计链路控制)	面向点到点的链路传输
	PPP(点到点协议)	在串行接口上，用于点到点的数据传输
	SLIP (串行线路接口协议)	在串行接口上，用于点到点的数据传输
网间网层	IP(网际协议)	提供主机之间的报文分组传递服务
	ICMP(网际报文控制协议)	控制主机与网关之间的差错并控制报文的传输
	RIP(路由选择协议)	用于网络设备之间交换路由信息
	ARP (地址转换协议)	将 IP 地址映射为网络地址
	RARP(反向地址转换协议)	将物理地址映射为网络地址
传输层	TCP (传输控制协议)	提供可靠的、面向连接的数据流传递服务
	UDP (用户数据报协议)	提供不可靠的、无连接的报文分组传递服务
应用层	FTP (文件传输协议)	用于实现互联网中交互式文件传输
	Telnet(远程登录协议)	用于实现互联网中的远程登录功能
	SMTP(简单邮件传输协议)	用于实现互联网中的电子邮件传输
	HTTP(超文本传输协议)	用于实现互联网中的 WWW 服务
	DNS(域名服务)	用于实现主机名和 IP 地址的映射
	NFS (网络文件系统)	用于实现不同主机间的文件共享
	SMB (服务信息块)	用于实现 Windows 和 Linux 主机间的文件共享

7.1.4　数据封装

当用户数据从高层发送给低层时，每层协议要对数据进行处理，在数据的前后添加各自的控制信息，然后再将它们作为一个整体传送给下一层，每一层都将把上一层接收到的全部信息作为自己的数据进行处理。这种在用户数据前后添加控制信息的过程称为数据包的封装。以 TCP/IP 参考模型为例，数据封装(Data Encapsulation)如图 7-2 所示。

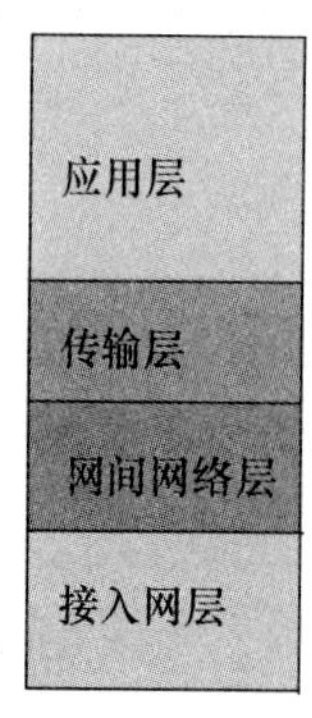

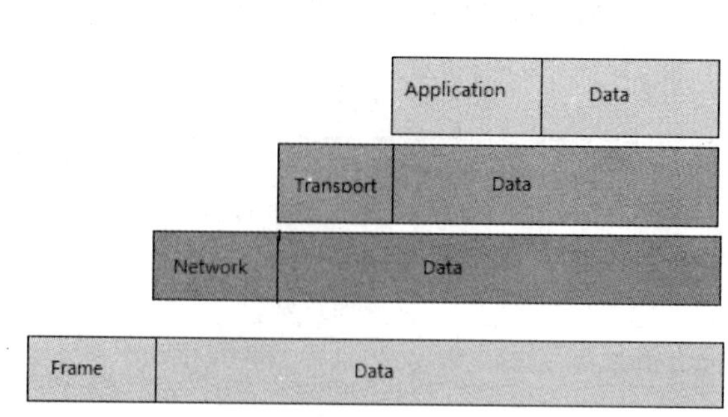

图 7-2　不同协议层的数据处理

数据包在第一层被添加上应用层控制信息，然后传送到传输层，在传输层被添加上传输层的控制信息传输到下一层，直到数据包到接入网层添加控制信息后传送到另一台设备上。接受该数据包的设备对传输来的数据包进行解封装，也就是解除数据的控制信息，直到应用层用户对数据进行处理。

7.1.5　TCP/IP 网络相关概念

1. 网络接口

现实的网络环境是多种多样的。为了灵活地使用各种不同的网络，TCP/IP 定义了简单的硬件接口，这些接口为不同的硬件设备收发数据包提供了一套相同的操作，以隐藏物理网络之间的异同性。在网络中使用的每一个外围的网络接口，在 Linux 核心中都有相应的名称。表 7-4 列出了一些比较常见的用户比较熟悉的硬件设备和与它们密切相关的设备接口名。

表 7-4　设备接口名

接口设备	说　明
lo	本地回环接口，用于网络软件测试及本地主机进程间通信。无论什么程序，一旦使用回环地址发送数据包，协议软件立即将其返回，不进行任何网络传输。在 Linux 中，回环设备已被默认
ethn	第 n 个以太网接口(n 为 0 时，表示第一块，以此类推)，eth 是大多数网卡的设备接口名
pppn	第 n 个 ppp 接口。ppp 接口按照与它们有关的 ppp 配置顺序连接在串口上

2. IP 地址和域名

在 Internet 上，如果一台主机与另一台主机进行通信，就需要有一个标示来为这台主机作唯一编号，这个标示就称为 IP 地址。IP 地址用 32 位的二进制数字来表示，通常将其用 4 组 8 位二进制数表示，每个数字间用“.”间隔。例如，用 X.X.X.X 格式表示，X 为由 8 位二进制数转换而来的十进制数，其值在 0～255 之间，如 202.106.0.20，这种格式的地址也称为点分十进制地址。

为了在复杂的 Internet 网络中更快地找到另一台计算机，IP 采用了分级寻址的方案。

传统的分级寻址方法是把一个 IP 地址分为两个部分：一部分为网络位，另一部分是主机位。网络位通常表示一个主机所在的网络区域，而主机位则表示本区域内唯一的一台主机。根据网络位和主机位的划分方法不同，将 IP 地址分为 A、B、C、D 和 E 类 IP 地址。其中 A、B、C 类 IP 地址是正常的 IP 地址，它们的情况见表 7-5，其余两类使用较少，D 类用于群组广播使用，E 类被保留。

表 7-5　正常的 IP 地址分类

类　别	网络位所占的位数	主机位所占的位数	网 络 数	主 机 数
A	8	24	126	16387064
B	16	16	16256	64516
C	24	8	2064512	254

按照分级寻址的方案，将整个 IP 地址空间做人为划分，1/2 的 IP 地址给了 A 类地址，1/4 的 IP 地址给了 B 类地址，1/8 的 IP 地址给了 C 类地址。剩下的一半给了 D 类地址作群组广播地址，另一半保留，见表 7-6。

表 7-6　IP 地址分配

类　别	二进制起始位	IP 地址范围
A	0	0.0.0.0～127.255.255.255
B	10	128.0.0.0～191.255.255.255
C	110	192.0.0.0～233.255.255.255
D	1110	224.0.0.0～239.255.255.255
E	1111	240.0.0.0～255.255.255.255

在地址的每字节中，通常 0 和 255 均不分配给具体的主机，作用网络标示地址和广播地址，127.×.×.×这样的地址作回环用，通常作为同一主机的各网络进程之间的通信，也不分配给具体主机。

为了解决 IP 地址不足的问题，IP 协议规定了一些保留的 IP 地址专门用于私有网络，它们不会在 Internet 中的任何部分出现，见表 7-7。

表 7-7　私有网络使用的 ip 地址

类　别	网络号数量	地址范围
A	1	10.×.×.×
B	16	172.16.×.×～172.32.×.×
C	256	192.168.×.×～192.168.255.×

当私有网络要与 Internet 公网连接时，只需在连接处进行 NAT(Network Address Translation，网络地址转换)，或使用代理服务器即可让私网内的用户连接到外网。

数字 IP 地址不容易记忆，所以采用了域名来描述 IP 地址。例如，202.33.102.6 的 IP 地址可以用 test.dat.com 域名来表示。域名的每一部分有独立的含义。为了实现 IP 地址与域名之间的映射，就需要使用 DNS(Down Name Server)，它使用一种分层的分布式数据库，来处理 Internet 上成千上万的主机和 IP 地址的转换。

3. 地址转换和反转换

在广域网中使用 IP 地址来鉴别主机，它由 4B 的 32 位二进制数组成，而在以太网上是使用 48 位(6B)字节的物理地址来鉴别主机的，如何实现二者之间的转换是本节的内容。

IP 地址和路由表将数据包引向一个特定的物理网络，但是当数据传输时，它必须遵循该网络所使用的物理层协议。作为 TCP/IP 网络底层的物理层并不能识别 IP 地址，它有自己的寻址方案，网络访问协议的一个重要任务就是将 IP 地址映射为物理地址。

IP 地址与以太网地址之间的关系就是网络访问层功能的最普遍例子。执行这一动作的协议就是地址转换协议(Address Resolution Protocol，ARP)。

ARP 的核心就是广播，想要查寻目的 IP 地址所对应的物理地址，只需要在网络上广播目的 IP 地址。所有计算机都能收到广播，但是只有被查找的计算机发出回应，告知所查 IP 地址对应的物理地址。

单靠广播还是具有很多弊端的，因为频率广播会造成网络拥塞。为了解决这一问题，ARP 实现了 Cache(高速缓冲存储器)的方法，Cache 将最近用过的 IP 地址和物理地址的对应关系放在缓冲中。主机发送 IP 地址的查询请求之前先查看 Cache，能从 Cache 中解析的就不再进行广播，从而大大减少了网络流量。

ARP Cache 有动和静之分，静态 cache 是管理员手动添加到 IP 和物理地址的映射关系，动态 Cache 是计算机利用广播查询到的。

反向 ARP(Reverse ARP)的功能与 ARP 正好相反，它是将已经知道的物理地址解析为 IP 地址，无盘工作站不存在自己的 IP 地址，但是它的网卡上有物理地址，在启动时利用 RARP 协议广播自己的物理地址。网络上的 RARP 服务器会依次查询，告诉无盘工作站对应的 IP 地址，这样无盘工作站就可以获得自己的 IP 地址并继续引导。RARP 服务器用一张表格来进行解析，这张表格中存放着已知的物理地址与 IP 地址的映射关系。

4. 端到端连接

经常会遇到这样的情况，一台服务器在使用 TCP/IP 协议的同时为客户提供各种服务，如 WWW 服务、Telnet 服务、FTP 服务等，而在一台客户机上也可以同时使用 TCP/IP 协议申请各种不同的服务，甚至同时申请多个相同的服务。例如，使用浏览器打开多个页面，使用 FTP 工具下载多个文件。那么如何确定服务器将哪部分数据发给哪个用户，而用户又如何知道哪部分数据是发给自己的呢？这些都是由 TPC/IP 协议通过建立端到端的连接来实现的。

服务器提供的每一个服务都要运行一个进程，而客户每申请一次服务也要运行一个进程，那么如何区别进行数据传输的不同进程或者说区别不同的连接呢？实际上只需给确定的连接加一个表示即可。对于 TCP/IP 协议来说，这种表示就称为“端口号”(Port

Number)，端口号用一个 16 位的二进制数来表示，也就是说端口号的范围是 0～65535。将这些数值分为 3 个部分，低于 256 的端口号是留给知名服务的知名端口(Well-known Port)，如 WWW、FTP、Telnet 等。从 256～1024 的端口号用于 Unix/Linux 的专用服务(但是现在大多数服务已经不再是 Unix/Linux 所专有的了)。

以上两类端口号都是标准化的，它使得远程主机知道连接到哪一个端口号，并可以得到特定的网络服务，这样就简化了连接过程。因此发送方和接受方都明确地知道，与特定的网络服务相关的数据库将使用特定的端口号。例如，Telnet 使用端口 23 提供服务。

Linux 系统中的端口号是由/etc/servers 文件定义的。表 7-8 列出了常用的标准端口。

表 7-8　常用的 TCP 标准端口

服务名称	默认端口
DNS	53
FTP	20、21
SMTP	25
POP3	110
WWW	80
Telnet	23

大于 1024 的端口用于端口的动态分配，动态分配端口并不是预先分配的，必要时才将它分配给进程。系统确保不会将同一个端口号赋予两个进程，而且赋予的端口号高于 1024。一个 IP 地址和一个端口号的组合称为“套接字”(Socket)，它为进程之间的通信提供了方法。一个套接字可以唯一标识整个 Internet 中的一个网络进程，一对套接字(一个用于接收主机，一个用于发送主机)可以定义面向连接协议的一次连接。

接下来看一个动态分配端口号和知名端口号的例子。假设主机 A(202.106.0.6)和主机 B(202.106.0.9)建立了一个远程连接的请求，如图 7-3 所示。

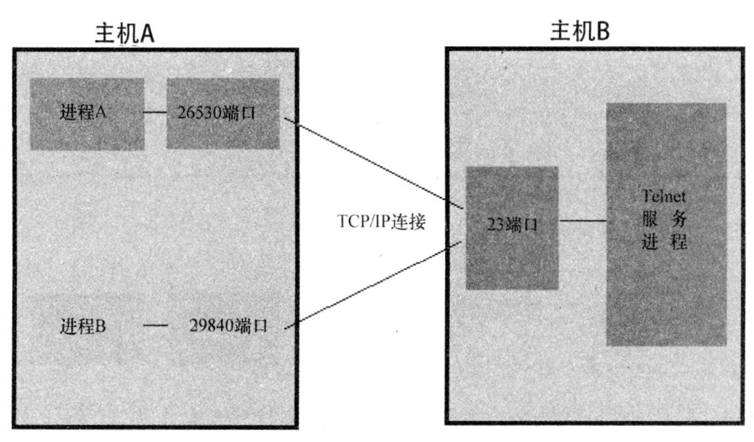

图 7-3　主机间的通信过程

建立连接的过程如下。首先 A 主机的 Telnet 进程 A 请求建立一个 Socket(动态分配端口)的通信端点。在建立 Socket 的过程中，在本主机请求了一个独占的 TCP 端口，动态分配的端口号是 26530，称为原端口。然后向主机 B 的 Telnet 服务器进程端口 23 发送连接请求，当请求成功后，主机 A 就与主机 B 建立了一个确定是 TCP 的连接。一个确定的端到端的 TCP 连接由 4 项参数决定：原主机的 IP 地址、原主机的端口号、目的主机的 IP 地址和目的主机的端口号。这样就可以区分开不同用户进程的数据。假设主机 A 又向主机 B 请求了另一个 Telnet 连接，则主机 A 在其本地又动态分配了一个端口号 29840，虽然这两次有 3 个参数都相同，但是远端口号不同，所以标示着两个不同的 TCP 连接。由于连接被区分开了，所以发往各自的数据也就被区分了。

7.2 TCP/IP 网络配置

Linux 作为一个日趋成熟与流行的操作系统，最大的优势在于开源。实际上 Linux 的商业应用定位在中低档网络服务器市场。作为一个与 Unix 兼容的操作系统，Linux 集成了 Unix 的开放性、兼容性、稳定性及安全性等优点，再加上适当的服务器端软件，可以用非常低的成本满足绝大多数的网络应用，表 7-9 给出了运行于 Linux 系统下的常用网络服务器软件。

表 7-9 常用网络服务器软件

服务类型	软件名称
Web 服务	Apache
Mail 服务	Sendmain
	Postfix
	Qmail
FTP 服务	VSFTP
	WU-FTP
	PROFTP
DNS 服务	BIND
DB 服务	MySQL
	PostgreSQL
	Sybase
	Oracle

7.2.1 TCP/IP 配置文件

1. Red Hat Linux 中的 TCP/IP 配置文件

Linux 系统中，TCP/IP 网络是通过若干个文本文件进行配置的，这些配置文件都可以通过 vi、Webmin 来进行修改配置，表 7-10 列出了 Red Hat 中的配置 TCP/IP 网络使用的配置文件。

表 7-10　TCP/IP 配置文件

配置文件名	功能说明
/etc/sysconfig/network	包含了主机最基本的网络信息，用于系统启动
/etc/sysconfig/network-script	此目录下就是系统启动时用来初始化网络的一些信息。例如，第一块以太网接口的文件为 ifcfg-eth0
/etc/xinetd.conf	定义了由超级进程 xinetd 启动的网络服务
/etc/hosts	完成主机名映射为 IP 地址的功能
/etc/host.conf	配置域名服务客户端的控制文件
/etc/resolv.conf	配置域名服务客户端的配置文件，用于指定域名服务器的位置
/etc/protocols	设定了主机使用的协议及各个协议的协议号
/etc/service	设定主机不同端口的网络服务

2. 安装网络接口设备

要配置 Linux 的 TCP/IP 网络，首先要安装网络接口设备。下面以常用的以太网络接口为例进行说明。

在 Linux 中第一块以太网卡设备名为 eth0，以后依次类推为 eth1、eth2…，但网卡并不是作为裸设备出现于/dev 下的，而是内核在引导时在内存中建立的，这就是说应该在系统引导时自动设置网卡，Linux 默认采用内核模块的方式在系统引导时设定网卡。当然如果清楚地知道自己的网卡类型，也可以把相应的网卡驱动编译进内核，所以当选择网卡时，应该选择 Linux 支持的品牌。在/usr/doc/HOWTO/Ethernet-HOWTO 中列出了 Linux 支持的各类以太网卡的完整列表，仔细阅读该文档可以获得有关网卡安装和使用的详细的操作知识。

用户也可以在/lib/modules/release/kernel/drivers/net 目录下找到可以装入的驱动，release 是内核的版本号，如图 7-4 所示，在系统中显示如下。

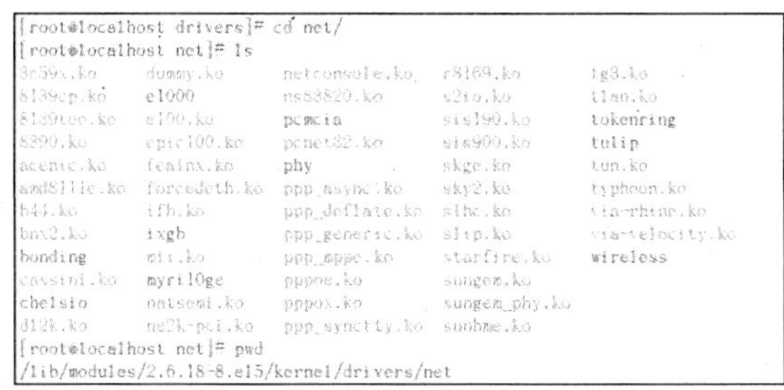

图 7-4　包含的网卡驱动程序

对于在安装 Linux 过程中没有配置网络，而事后又需要配置安装网卡的用户来说，启动过程会自动检测到新的网卡设备，并装载适用的以太网设备的驱动模块。

7.2.2 使用图形工具配置以太网络

1. 使用图形工具配置以太网

很多发布版本的 Linux 操作系统提供友好的图形工具，用于系统配置。例如，redhat-config-network 是 Red Hat Linux 提供的一个图形界面网络配置工具。使用该配置工具，可以配置各种网络连接，单击系统管理中的网络图标，将进入如图 7-5 所示的界面。

图 7-5　图形网络配置界面

单击工具栏上的“新建”按钮，在打开的“选择以太网设备”窗口中选择“以太网卡”选项，然后单击“前进”按钮，如图 7-6 所示。如果列表中没有以太网设备，则选择“其他以太网卡”选项来添加硬件设备，打开如图 7-7 所示的“选择以太网适配器”窗口。

图 7-6　选择以太网卡

图 7-7　其他网卡配置

选择该以太网的制造商和型号，选择该设备的名称。如果它是系统的第一个以太网卡，把 eth0 选作设备名，如果它是第二个以太网卡，把 eth1 选作设备名，以此类推，还允许配置 NIC 的资源，配置后单击“前进”按钮继续。

如果在图 7-6 中选择已有的以太网卡，单击“前进”按钮，打开如图 7-8 所示的“配置网络设置”。可以配置动态获得 IP 地址还是手动输入，配置好后单击“前进”按钮。配置完成的以太网设备列表如图 7-9 所示。

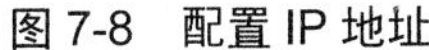

图 7-8 配置 IP 地址

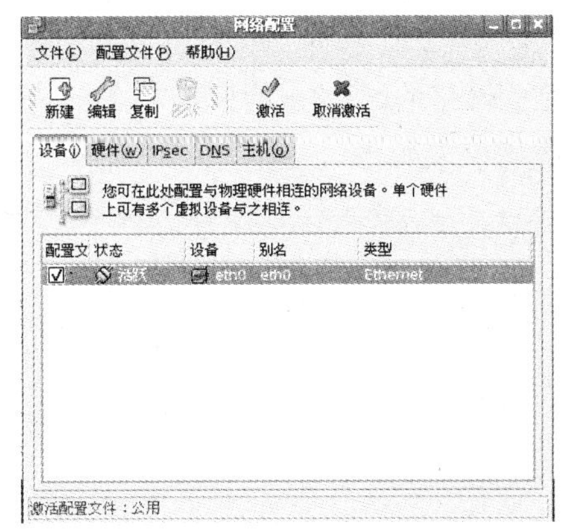

图 7-9 配置完成的以太网设备

刚添加的以太网设备是没有被激活的。如果想激活该设备，单击工具栏中的“激活”按钮即可，添加的以太网卡经过上述配置会生成配置文件，存放在/etc/sysconfig/network-script/ifcfg-eth1 中，如果要使设备生效，可以用命令 service network restart 重启网络。

2. 使用设备的别名

设备的别名与一个物理网络硬件设备相关联，与同一物理硬件相关联的设备别名能够同时被激活，并拥有不同的 IP 地址。设备别名通常使用设备名、冒号和数字来代表(如 eth0:1)，设备的别名用于给一个网卡配置多个 IP 地址。

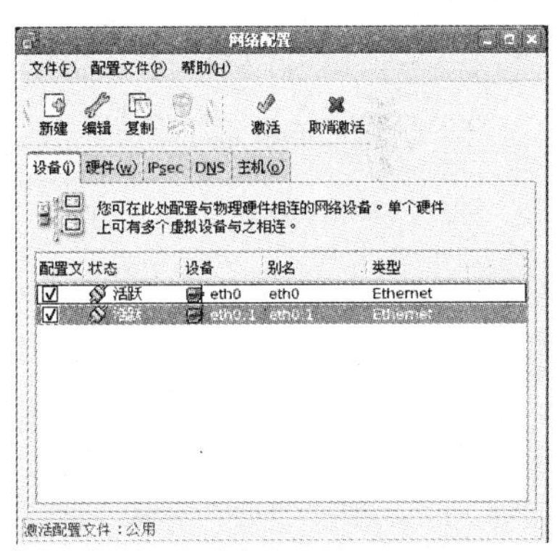

图 7-10 设置别名

为了配置设备的别名，首先确保已经正确配置了以太网设备(如 eth0)，要使用静态 IP 地址(dhcp 自动获取 IP 地址不能使用别名)，在图 7-9 的主窗口的“设备”选项卡中，单击工具栏上的“新建”按钮，配置以太网卡的别名及别名的静态 IP 地址，然后单击“应用”按钮来创建它，以太网的设备已经存在，刚刚创建的只不过是一个别名，如 eth0:1。图 7-10 中的 eth0:1 是 eth0 的别名。

经过以上配置将生成配置文件/etc/sysconfig/network-script/ficfg-eth0:1，然后选择设备别名，最后单击工具栏上的“激活”按钮来激活这个别名设备。

eth0:1 是 eth0 设备的第一个别名，eth0 第二个别名的设备名是 eth0:2，以此类推。

3. 修改常规网络配置

要修改网络设备或网络设备别名，可以从设备列表中选中该设备名，然后单击“编辑”按钮来编辑它的配置。在如图 7-11 中的“常规”选项卡中，可以修改是否在计算机启动时激活该设备，也可以修改使用 DHCP 或静态 IP 地址、子网掩码和默认网关。

4. 添加路由配置

在图 7-12 所示的“路由”选项卡中添加、修改和删除路由配置。可以添加两种路由：一种是到网络的路由(子网掩码中 1 的位数小于 32)，另一种是到主机的路由(子网掩码中 1 的位数等于 32)。

图 7-11　修改 eth0

图 7-12　添加路由

要使路由配置生效，可选择菜单“文件”|“保存”命令，随后重新启动 network 服务，所做的改变将更新路由表。

在如图 7-13 所示的“硬件设备”选项卡中，可以选择配置网络设备硬件和设备别名号码，还可以查看该网络设备的 MAC 地址。

5. 配置 DNS 客户

可以在如图 7-14 所示的窗口中选择 DNS 选项卡，配置 DNS 客户。此界面中可以修改计算机的主机名，也可以填写 1～3 个 DNS 服务器 IP 地址，还可以在 DNS 搜索路径中填写 DNS 搜索域。对 DNS 的修改将保存到/etc/resolv.conf 文件中。

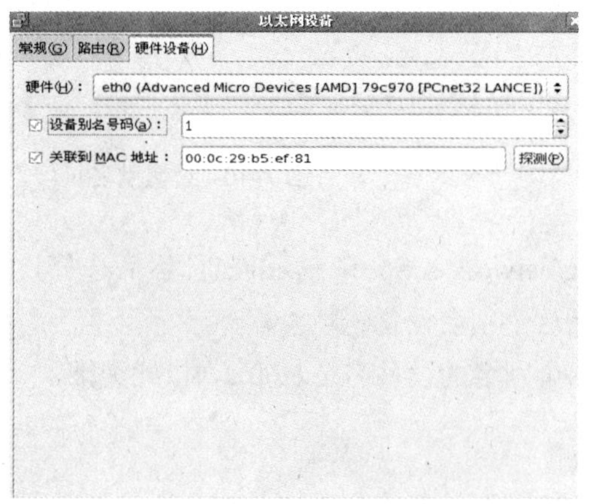

图 7-13　修改网络配置

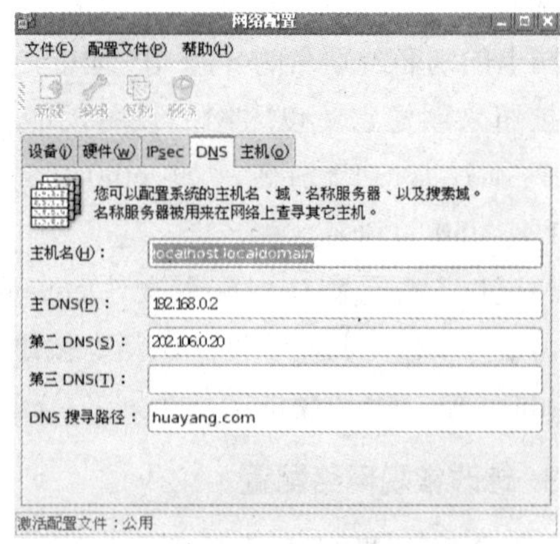

图 7-14　DNS 配置

6. 配置静态主机解析表

可以在图 7-15 所示的窗口中选择“主机”选项卡，配置系统的静态主机解析表。要添加静态主机解析记录，可以单击工具栏上的“编辑”按钮，在弹出的“添加/编辑主机项目”对话框中输入 IP 地址及与其对应的主机名，单击“确定”按钮即可。

图 7-15　配置静态主机

配置结果保存在/etc/hosts 文件中，也可直接编辑/etc/hosts 文件添加静态主机，配置完成后重新启动 network 服务。

7.2.3　使用命令配置以太网络

除了使用图形工具进行以太网络的配置，对于一个系统管理员来说，更需要熟练使用的是在文本模式下直接采用相应的命令来进行以太网络的配置管理。下面介绍几个 Linux 系统下常用的以太网配置管理命令。

1. ifconfig

可以使用 ifconfig 命令来配置并查看网络接口的配置情况，举例如下。

(1) 配置 eth0 的 IP 地址、掩码，同时激活该设备，代码如下。

```
[root@loacalhost root]#ifconfig eth0 192.168.3.100 netmask
255.255.255.0 up
```

(2) 配置 eth0 别名设备 eth0:1 的 IP 地址并添加路由，代码如下。

```
[root@loacalhost root]#ifconfig eth0:1 192.168.2.3
[root@loacalhost root]#route add -host 192.168.2.3 dev eht0:1
```

(3) 激活设备的代码如下。

```
[root@loacalhost root]#ficonfig eth0:1 up
```

(4) 禁用设备的代码如下。

```
[root@loacalhost root]#ifconfig eth0:1 down
```

(5) 查看指定的网络接口的配置代码如下。

```
[root@loacalhost root]#ifconfig eth0
```

(6) 查看所有网络接口的配置代码如下。

```
[root@loacalhost root]#ifconfig
```

2. route

可以使用 route 命令来配置并查看内核路由表的配置情况，举例如下。

(1) 添加到主机的路由，代码如下。

```
[root@loacalhost root]#route add-host 192.168.3.1 dev eth0
[root@loacalhost root]#route add-host 202.103.0.51 gw 202.103.0.20
```

(2) 添加到网络的路由，代码如下。

```
[root@loacalhost root]#route add-net 10.10.20.40 netmask
255.255.255.248 eth0
[root@loacalhost root]#route  add-net 10.10.20.41 netmask
255.255.255.248 gw 10.10.20.42
[root@loacalhost root]#route   add-net 192.168.1.0/24 eth1
```

(3) 添加默认网关的代码如下。

```
[root@loacalhost root]#route add default gw 192.168.0.1
```

(4) 查看内核路由表的配置，代码如下。

```
[root@loacalhost root]#route
```

(5) 删除路由的代码如下。

```
[root@loacalhost root]# route del-host 192.168.3.1 dev eth0
[root@loacalhost root]# route del-host 202.103.0.51 gw 202.103.0.20
[root@loacalhost root]# route del-net 10.10.20.40 netmask
255.255.255.248 eth0
[root@loacalhost root]#route del-net 10.10.20.41 netmask 255.255.255.248
gw 10.10.20.42
[root@loacalhost root]# route add-net 192.168.1.0/24 eth1
[root@loacalhost root]# route add default gw 192.168.0.1
```

3. traceroute

该命令用来显示数据包到达目的主机所经过的路由，举例如下。

```
[root@loacalhost root]# traceroute www.sina.com.cn
```

4. ping

可以使用 ping 命令来测试网络的联通性，举例如下。

```
[root@loacalhost root]# Ping www.sina.com.cn
```

```
[root@loacalhost root]#Ping 192.168.0.1
```

5. netstat

可以使用该命令来显示网络状态信息。netstat 命令是一种监控 TCP/IP 网络的很有效的工具，可以显示网络连接状况、路由表的信息和网络接口的状态。

输入 netstat 命令，其输出的结果分为两个部分，一部分是 Active Internet connections，称为活动的 TCP 连接，另一部分为 Active UNIX domain sockets，称为 Unix 域套接口的连接情况，如图 7-16 所示。

```
[root@123 ~]# netstat
Active Internet connections (w/o servers)
Proto Recv-Q Send-Q Local Address               Foreign Address             State
tcp        0      0 ::ffff:192.168.0.25:ssh     ::ffff:192.168.0.10:edtools ESTABLISHED
tcp        0    132 ::ffff:192.168.0.25:ssh     ::ffff:192.16:timbuktu-srv1 ESTABLISHED
Active UNIX domain sockets (w/o servers)
Proto RefCnt Flags       Type       State         I-Node Path
unix  18     [ ]         DGRAM                    7441   /dev/log
unix  2      [ ]         DGRAM                    1125   @/org/kernel/udev/udevd
unix  2      [ ]         DGRAM                    8806   @/org/freedesktop/hal/udev_event
unix  2      [ ]         DGRAM                    10023
```

图 7-16　netstab 命令的输出结果

第一部分的各个选项的含义如下。

Proto：使用的协议，tcp 或 udp。

Recv-Q：接收数据包的数量。

Send-Q：发送数据包的数量。

Local Address：本地 IP 地址和端口号。

Foreign Address：外部的 IP 地址和端口号(连接到本地服务器的客户端的 IP 地址和端口号)。

State：状态，分为 ESTABLISHED(已经建立连接)、SYN SEND (准备建立连接)、SYN RECV(已经收到连接请求)、FIN WAIT1(连接关闭)和 FIN WAIT2 (连接准备关闭)。

第二部分的各个选项含义如下。

Proto：协议。

RefCnt：引用计数器。

Flags：显示的是一些条目信息。

Type：类型，分为 DGRAM(数据连接模式)和 STREAM(流体连接口)。

State：状态。

I-Node：端口号。

Path：路径。

netstat 具体参数如下。

(1) 显示网络接口状态信息，代码如下。

```
[root@loacalhost root]#netstat  -i
```

(2) 显示所有监控中的 Socket 和正在使用的 Socket 的程序信息，代码如下。

```
[root@loacalhost root]#netstat  -lpe
```

(3) 显示内核路由表信息，代码如下。

```
[root@loacalhost root]#netstat  -r
[root@loacalhost root]#netstat  -nr
```

(4) 显示 TCP/IP 传输协议的链接信息，代码如下。

```
[root@loacalhost root]#netstat  -t
[root@loacalhost root]#netstat  -u
```

(5) 显示组播成员的一些信息，代码如下。

```
[root@loacalhost root]#netstat  -g
```

(6) 列出伪装连接，代码如下。

```
[root@loacalhost root]#netstat  -M
```

(7) 显示每个协议的一些摘要信息，代码如下。

```
[root@loacalhost root]#netstat  -s
```

(8) 显示准确的地址，代码如下。

```
[root@loacalhost root]#netstat  -n
```

(9) 只显示监听的 Socket，代码如下。

```
[root@loacalhost root]#netstat  -l
```

(10) 显示每个 Socket 的程序名称和 PID，代码如下。

```
[root@loacalhost root]#netstat  -p
```

6. hostname

可以使用 hostname 命令来更改主机名，举例如下。

```
hostname myname
```

7. arp

将 IP 地址转换成物理地址，每个网络上的主机都有一个自己的 IP 地址，为了让数据包在物理链路上传送，必须知道对方的物理地址，这样就存在把 IP 地址转换成物理地址的问题。

下面以主机 A(192.168.0.5)向主机 B(192.168.0.1)发送数据为例。当发送数据时，主机 A 会在自己的 ARP 缓存表中寻找是否有目标 IP 地址。如果找到了，也就知道了目标 MAC 地址，直接把目标 MAC 地址写入帧里面发送即可；如果在 ARP 缓存表中没有找到相对应的

IP 地址，主机 A 就会在网络上发送一个广播，目标 MAC 地址是“FF.FF.FF.FF.FF.FF”，这表示向同一网段内的所有主机发出这样的询问，即“192.168.0.1 的 MAC 地址是什么？”。网络上其他主机并不响应 ARP 询问，只有主机 B 接收到这个帧时，才向主机 A 做出这样的回应“192.168.0.1 的 MAC 地址是 00 ad 00 64 c6 09”，这样主机 A 就知道了主机 B 的 MAC 地址，它就可以向主机 B 发送信息了，同时它还更新了自己的 ARP 缓存表，下次再向主机 B 发送信息时，直接从 ARP 缓存表里查找即可。

(1) 查看 ARP 缓存，代码如下。

```
[root@loacalhost root]#arp
```

(2) 添加一个 IP 地址和 MAC 地址的对应表，代码如下。

```
[root@loacalhost root]#arp -s 192.168.1.100 00: de:4f:5e:b2
```

(3) 删除一个 IP 地址和 MAC 地址的对应缓存记录，代码如下。

```
[root@loacalhost root]#arp -d 192.168.1.100
```

本 章 习 题

一、填空题

1. OSI 参考模型的中文意思是________。
2. eth1 的意思是________。
3. 端口号的范围是________。
4. 使用端口号 53 的服务是________。

二、问答题

1. OSI 的 7 层模型是什么？功能分别是什么？
2. ICP/IP 四层模型是什么？分别有什么功能？
3. 什么是数据的封装？
4. IP 地址分为几大类？它们的取值范围是多少？
5. 域名的作用是什么？
6. 服务器的 IP 地址是 192.168.1.20，使用 ifconfig 临时增加一个 IP 为 192.168.2.30 的命令是什么？
7. 添加一条到主机 192.16.3.4 的路由。

三、上机实训

实训目的

掌握 Linux 操作系统下用命令方式配置 Linux 网络组件的方法。

实训内容

(1) 使用 ifconfig、ifup、ifdown 配置、激活和禁用网络设备。

(2) 使用控制台命令 route 操作 IP 路由表。

(3) 使用 ping 命令测试网络、使用 netstat 命令输出网络状态。

实训步骤

配置 TCP/IP 网络。

要求： 在服务器上添加一个虚拟网络接口 eth0:0，为其设置 IP 地址，并启动该网络接口，完成一个完整的 TCP/IP 网络配置。

(1) 配置 IP 和掩码并查看网络设备的配置信息，代码如下。

```
#ifconfig eth0 192.168.1.191 netmask 255.255.255.0
#ifconfig -a
```

(2) 激活或禁用网络设备，代码如下。

```
#ifup eth0
#ifdown eth0
```

(3) 添加静态路由，代码如下。

```
#route add -net 192.168.2.0 netmask 255.255.255.0 gw 192.168.1.254
```

(4) 使用 ping 命令测试网络，代码如下。

```
#ping 192.168.1.254
```

第 8 章 Samba 服务器配置

学习目的与要求：

Linux 使用一个被称为 Samba 的程序集来实现 SMB(Server Message Block)协议。通过 Samba，可以为 Linux 系统编程一台 SMB 服务器，使得 Windows 用户可以使用 Linux 的共享文件和打印机，同样 Linux 用户也可以通过 SMB 客户端使用 Windows 上的文件和打印机资源。本章介绍 Linux 下的 Samba 服务器的搭建，以及如何使用 Samba 服务使 Linux 操作系统和 Windows 操作系统互相访问。通过对本章的学习，读者应该做到以下几点。

- 了解 SMB 协议。
- 熟悉 Samba 服务器的配置文件内容。
- 熟练配置 Samba 服务器。

8.1 SMB 协议和 Samba 简介

SMB 是用于局域网上共享文件夹/打印机的一种协议。而 Samba 是 Linux 平台上实现 SMB 协议的软件集。

8.1.1 SMB 协议

SMB 协议用于共享文件、共享打印机、共享串口等用途。在 Windows 的网络邻居下访问一个域内的其他机器，就是通过这个协议实现的。

SMB 协议是一个遵循客户机/服务器模式的协议。SMB 服务器负责通过网络提供可用的共享资源给 SMB 客户机，服务器和客户机之间通过 TCP/IP 协议或者 IPX 协议通信。一旦服务器和客户机之间建立了一个连接，客户机就可以通过向服务器发送命令完成对共享文件的操作。

8.1.2 Samba 概述

Samba 是一组软件包，安装了 Samba 后就可以直接而方便地在不同系统间共享资源，从而免去了以前使用 FTP 的麻烦。

Samba 于 1991 年由澳大利亚人 Andrew Tridgell 研发，最初是为了代替 PC-NFS 而开发的。经过 Samba 小组(http://www.samba.org)的共同努力，现在的 Samba 已经成为一个非常强大的软件包，其可以在包括 Linux 操作系统在内的几乎所有的 Unix 平台上运行。Samba 目前已经成了各种 Linux 发行版本的一个基本的软件包。

Samba 的核心是两个守护程序 smbd 和 nmbd。服务器启动到停止期间持续运行，smbd 监听 139 端口，nmbd 监听 137 和 138 端口。

8.1.3 Samba 功能介绍

1. Samba 软件的功能

- 共享 Linux 文件系统。
- 共享安装在 Samba 服务器上的打印机。
- 支持 Windows 客户使用网上邻居浏览网络。
- 支持使用 Samba 资源的用户进行认证。
- 支持 WINS 名称服务器解析及浏览。
- 支持 SSL 安全套接层协议。

2. Samba 的应用环境

图 8-1 所示为一个小型网络环境，在此环境中，运行 Samba 服务器的 Linux 系统为所

有的客户提供网络文件服务器和打印服务器的功能。

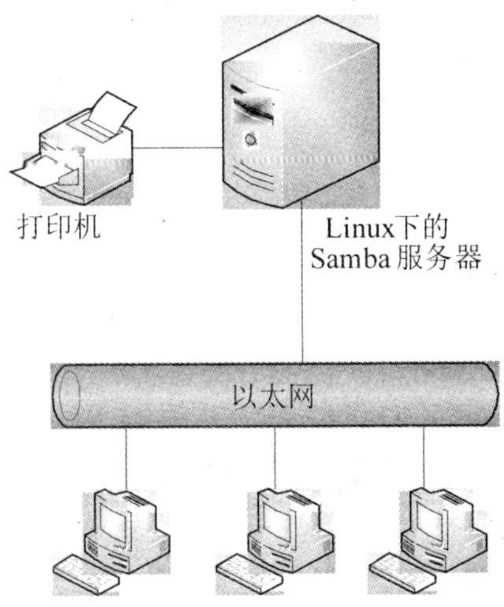

图 8-1　Samba 的网络结构图

当 Samba 服务器在 Linux 计算机上运行以后，Linux 计算机在 Windows 网上邻居中看起来如同一台 Windows 的计算机，如图 8-2 所示。

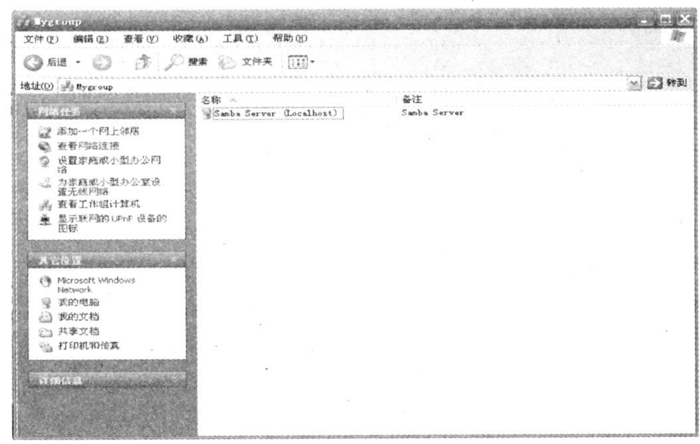

图 8-2　Windows 网上邻居查看 Samba 服务器

8.2　安装和启动 Samba 服务

默认情况下，Red Hat 安装程序没有安装 Samba 服务，在使用 Samba 服务之前需进行安装。下面介绍如何安装 Samba 服务。

8.2.1　安装

在 Red Hat Linux 中提供了如下几个 Samba 安装包。

samba-common：该软件包含了服务器端和客户端所需要的文件。

samba：Samba 服务器端的软件。

samba-client：Samba 客户端的软件。

redhat-config-samba：Smaba 服务器的 GUI 配置具。

Samba-swat：Samba 的 Web 配置工具。

下面用 RPM 的安装方法介绍 Samba 的安装方式。如果用户在安装系统时已经安装了 Samba 软件包，可以跳过该安装步骤。

(1) 查看是否安装了 Samba。使用 rpm 命令查看，格式为 rpm -qa|grep samba，如图 8-3 所示。

图 8-3　查看 Samba 是否安装

(2) 如图 8-3 所示，系统中已经安装了 Samba 的服务器端和客户端工具。如果系统没有安装 Samba 软件包，则要安装光盘或者从网站下载 Samba 软件安装文件并安装。

运行 rpm　-ivh　samba 软件包文件命令进行安装，如图 8-4 所示。

```
[root@localhost home]# rpm -ivh /media/Server/samba-3.0.33-3.7.el5.i386.rpm
warning: /media/Server/samba-3.0.33-3.7.el5.i386.rpm: Header V3 DSA signature: N
OKEY, key ID 37017186
Preparing...                ########################################### [100%]
   1:samba                  ########################################### [100%]
[root@localhost home]#
```

图 8-4　Samba 的安装

(3) 安装 Samba 的 Web 配置工具 samba-swat 与安装 Samba 的 GUI 配置工具的方法和安装服务器端的格式相同。接下来查看安装后的 Samba 软件包，如图 8-5 所示。

```
[root@localhost Server]# rpm -qa |grep samba
samba-common-3.0.33-3.7.el5
samba-client-3.0.33-3.7.el5
samba-3.0.33-3.7.el5
system-config-samba-1.2.41-3.el5
samba-swat-3.0.33-3.7.el5
```

图 8-5　安装后的 Samba

注意： 在安装 samba-swat 时要先安装 xinetd，否则会提示依赖关系错误无法安装，因为 swat 的配置及启动全是依靠 xinetd 的。要启动 swat，首先要修改 /etc/xinetd.d/swat 文件，如图 8-6 所示。设置 disable=no，若不想在 Linux 上配置 swat，需要修改 only…from，将其设置成为浏览器，配置 Samba 服务器。若 only…from 192.168.0.29 修改保存后，使用命令 service xinetd restart 重启 xinetd，在 IE 地址栏中输入 http://192.168.0.29:901，就可在 IE 中配置 Samba，如图 8-7 所示。

```
# default: off
# description: SWAT is the Samba Web Admin Tool. Use swat \
#              to configure your Samba server. To use SWAT, \
#              connect to port 901 with your favorite web browser.
service swat
{
        port            = 901
        socket_type     = stream
        wait            = no
        only_from       = 127.0.0.1
        user            = root
        server          = /usr/sbin/swat
        log_on_failure  += USERID
        disable         = no
}
~
~
~
~
~
~
~
"swat" 15L, 362C
```

图 8-6　swat 的配置文件

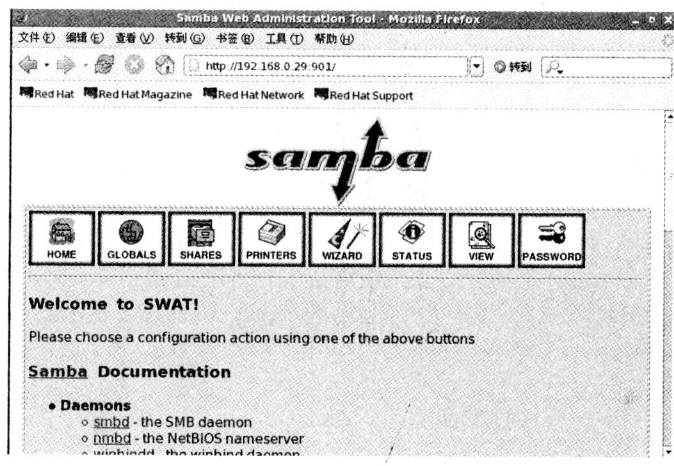

图 8-7　在 IE 中配置 Samba

(4) 现在 Samba 服务器已经安装完成，下面进行 Samba 服务器的配置工作。

8.2.2　配置

1. Red Hat Linux 中 Samba 服务的默认配置

Red Hat 的 Samba 服务配置文件为/etc/samba/smb.conf。该文件中大多数行是以“#”符号开头的注释行。为了忽略注释行而直接显示关注的配置参数，使用如下命令进行查看。

```
# grep -v "#" /etc/samba/smb.conf |grep -v ";"
//设置全局参数
[global]
//设置工作组的名称
 workgroup = Mygroup
//设置 Samba 服务器的名称
 server string = samba server
//设置打印机配置文件路径
 printcap name = /etc/printcap
```

```
//允许共享打印
 local printers = yes
//设置打印类型
 printing = cups
//设置日志文件路径
 log file = /var/log/samba/%m.log
//不对日志做长度限制
 max log size = 0
//设置 user 的安全等级
security = user
//设置用户名密码
encrypt passwords = yes
//设置口令文件路径
 smb passwd file = /etc/samba/smbpasswd
//设置 Samba 用户账号和 Linux 系统账号同步
unix password sync = yes
//设置本地口令程序
 Passwd program= /usr/bin/passwd %u
//控制 smbd 和/usr/bin/passwd 之间的会话，用以对用户密码进行改变
passed chat = *nes*password* %n\n *retype*new*password*
%n\n*passwd:*all*authentication*tokens*updated*successfully*
//用户要求更改密码时，使用 PRM，而不用 passwd program 参数所指定的本地口令程序
/uer/bin/passwd
pam password change=yes
//当认证用户时，服从 PRM 的管理限制
obey pam restrictions = yes
//设置服务器和客户之间的会话的 Socket 选项
socket options = tcp_nodelay so_rcvbuf=8192  so_sndbuf=8192
//不为客户做 DNS 查询
dns proxy = no
//设置每个用户的主目录共享
[home]
    comment = Home Directories
    browseable = no
    writable = yes

//设置全部打印机共享
[printer]
    comment = All Printers
    path = /usr/spool/samba
    browseable = no
    guest ok = no
    writable = no
    printable = yes
```

详细的 smb.conf 配置文件解释见 8.3 节。

2. Samba 密码文件

当设置了 user 的安全等级后，将会有本系统负责对 Samba 服务器访问的用户进行认证。要进行认证，就需要一个 Samba 口令文件，该文件由 smb passwd file 参数指定。默认为/etc/samba/smbpasswd，在初始情况下，文件 smbpasswd 是不存在的，在使用 smbpasswd 命令修改用户口令时，被修改的 Samba 用户的本地系统账号必须存在。使用带-a 参数的 smbpasswd 命令添加单个 Samba 账户口令时，要求被添加的 Samba 用户的本地 Linux 系统账号必须存在。如果 Samba 的本地 Linux 系统账号不存在，可以使用 useradd 命令进行添加。

8.2.3 启动 Samba 服务

1. 检查配置文件是否正确

在修改完毕或配置 Samba 服务器后，可以使用 testparm 命令查看配置文件是否正确，如图 8-8 所示。

```
[root@localhost ~]# testparm
Load smb config files from /etc/samba/smb.conf
Processing section "[homes]"
Processing section "[printers]"
Loaded services file OK.
Server role: ROLE_STANDALONE
Press enter to see a dump of your service definitions
█
```

图 8-8 testparm 命令的执行结果

2. 启动 Samba 服务器

在安装完成后，即可启动 Samba 服务器。Red Hat Linux 默认的 Samba 以独立运行方式启动，需要输入启动命令 service smb start 启动服务，输入命令后可以使用 pstree |grep mbd 查看 Samba 是否启动，如图 8-9 所示。

```
[root@localhost ~]# service smb start
/etc/sysconfig/network: line 3: SERVER: command not found
启动 SMB 服务:                                          [确定]
启动 NMB 服务:                                          [确定]
[root@localhost ~]# pstree |grep mbd
     |-nmbd
     |-smbd---smbd
[root@localhost ~]# █
```

图 8-9 启动 Samba

可以使用 service smb restart 命令重启 Samba 服务器。如果希望每次开机后自动启动 Samba 服务器，可以使用 ntsysv 命令，如图 8-10 所示，选择 smb 选项后单击“确定”按钮。

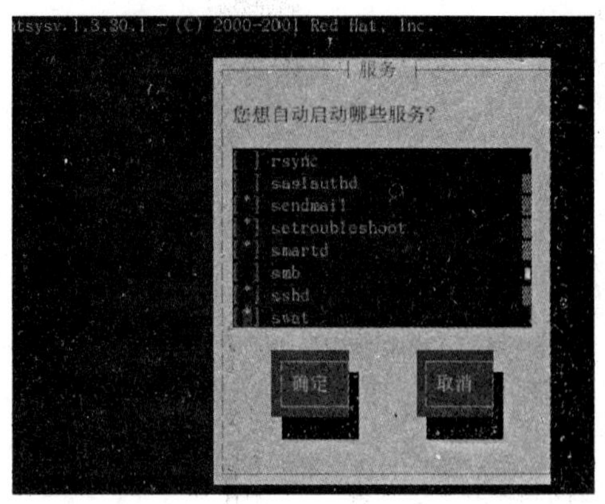

图 8-10　ntsysv 命令界面

8.2.4　测试 Samba 的配置

1. 通过 Windows 访问 Linux 的 Samba 服务器

使用 Windows 操作系统，打开网上邻居，查看工作组，双击 Samba 服务器图标，输入用户名密码后会看到 Samba 服务器共享的文件和打印机等。双击共享的文件夹 dai，Samba 服务器上的共享文件夹内容显示在 Windows 用户的屏幕上，如图 8-11 所示。

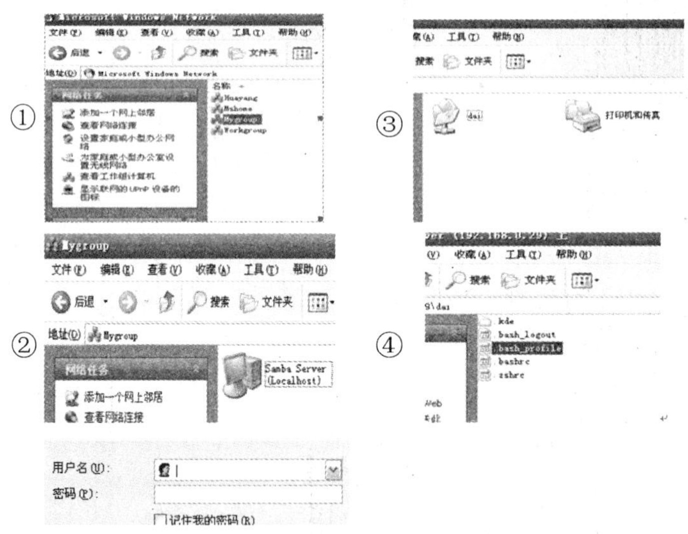

图 8-11　Windows 用户访问 Samba 服务器

在网上邻居访问会影响网络速度，用户可以在开始运行中输入 Samba 服务器的 IP 地址进行访问，这样会提升网络速度，因为不用解析计算机名即可直接访问 IP。

2. 映射网络驱动器访问 Samba 共享

右击 Samba 服务器后看到共享资源，选择“属性”选项，在弹出的快捷菜单中选择“映射网络驱动器”命令，如图 8-12 所示。在弹出的“映射网络驱动器”对话框中设置驱

动器的盘符，如图 8-13 所示。

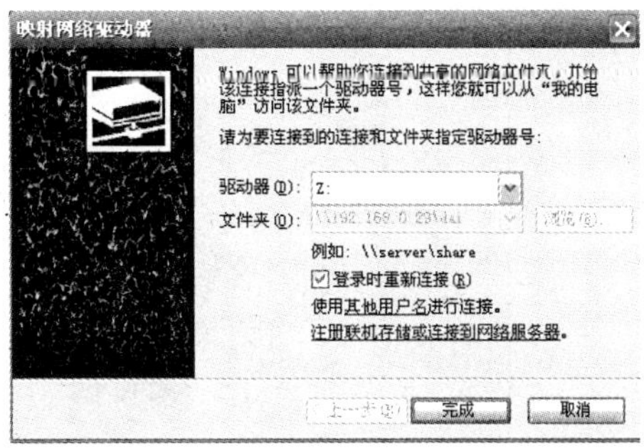

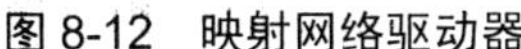

图 8-12　映射网络驱动器　　　　图 8-13　设置网络驱动器的盘符

设置完网络驱动器后，它会显示在“我的电脑”窗口中，给用户的感觉就像在本地访问磁盘一样方便，如图 8-14 所示。

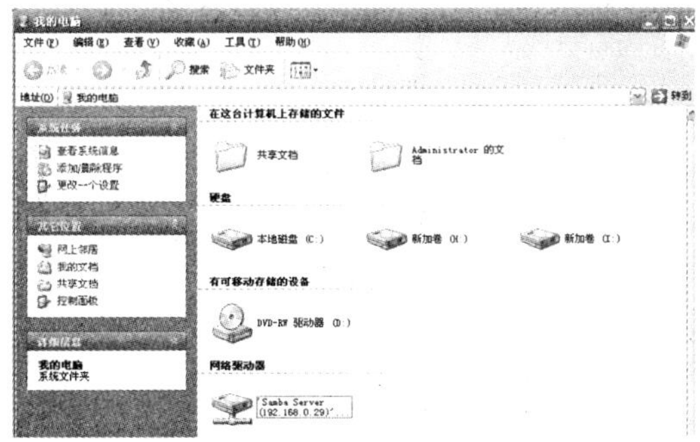

图 8-14　通过映射网络驱动器来访问 Samba 服务器

3. 检查服务器上的共享资源

用户可以在 Samba 服务所在的 Linux 服务器上使用 smblicent 命令查看已经发布的共享资源，如图 8-15 所示。

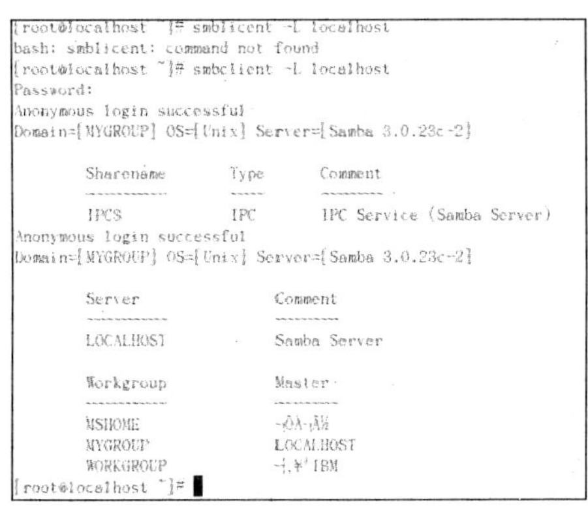

```
[root@localhost ~]# smblicent -L localhost
bash: smblicent: command not found
[root@localhost ~]# smbclient -L localhost
Password:
Anonymous login successful
Domain=[MYGROUP] OS=[Unix] Server=[Samba 3.0.23c-2]

        Sharename       Type      Comment
        ---------       ----      -------
        IPC$            IPC       IPC Service (Samba Server)
Anonymous login successful
Domain=[MYGROUP] OS=[Unix] Server=[Samba 3.0.23c-2]

        Server               Comment
        ---------            -------
        LOCALHOST            Samba Server

        Workgroup            Master
        ---------            -------
        MSHOME               [illegible]
        MYGROUP              LOCALHOST
        WORKGROUP            [illegible] IBM
[root@localhost ~]#
```

图 8-15　Samba 服务器上发布的资源

4. 列出 Samba 的资源使用情况

用户可以在 Linux 上使用命令 smbstatus 查看 Samba 服务器共享资源使用的情况，如图 8-16 所示。

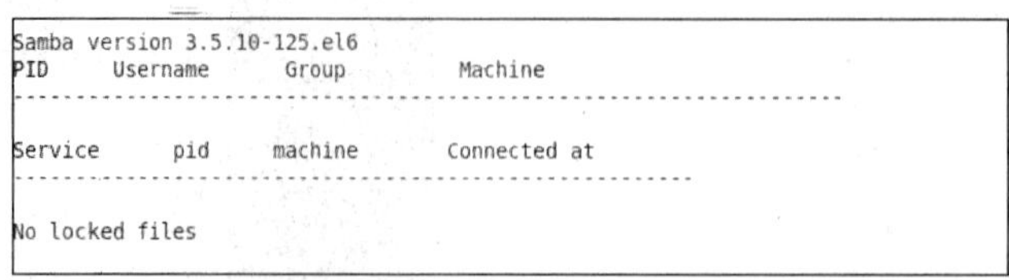

图 8-16 smbstatus 命令的结果

8.3 Samba 的配置文件

Samba 服务配置文件为/etc/samba/smb.conf，该文件是纯文本文件，可以用 vi 等文本编辑命令进行编辑。下面对 smb.conf 文件的内容进行详细介绍。

8.3.1 smb.conf 简介

1. smb.conf 文件的结构

smb.conf 的文件采用了分节的结构，其基本的格式和 Windows 中的.ini 文件类似。一般 smb.conf 文件由 3 个标准节和多个用户自定义共享节组成，见表 8-1。

表 8-1 smb.conf 文件中的节

名 称	说 明
[Global]	用于定义全局参数和默认值
[Homes]	用于定义用户的 Home 目录共享
[Printers]	用于定义打印机共享
[Userdefined_ShareName]	用户自定义可以有多个

2. smb.conf 文件中的语法元素

smb.conf 文件中的语法元素见表 8-2。

表 8-2 smb.conf 文件的语法元素

语法元素	说 明
#或;	注释
[Name]	节名称
\	连续符
%	变量名前缀
参数=值	一个配置选项，只可以有两种数据类型

3. Samba 的安全等级

Samba 有以下 4 种安全等级，可以使用 securty 参数进行定义。

(1) share：用户不需要账户及密码即可登录到 Samba 服务器。

(2) user：由提供服务的 Samba 服务器负责验证账户和密码(是 Samba 的默认级别)。

(3) server：验证账户和密码的工作由另一台 Windows NT/2000 或 Samba 服务器负责。

(4) domain：由指定 Windows NT/2000 域控制器负责验证用户的账号及密码。

8.3.2 smb.conf 的参数说明

1. 全局参数

表 8-3 列出了 smb.conf 一些常用的全局参数及说明。

表 8-3 smb.conf 全局参数及说明

参 数	说 明
workgroup = MYGROUP	设置 Samba 的工作组
server string=Samba Server	在浏览的列表中对 Samba 服务器的描述
scurity=user	定义 Samba 的安全级别
localhost allow	可以访问的 Samba 主机
printcap name	自动共享，不需要逐一设置，使用这两个选项
load printers	
printing = cups	当前支持的打印系统主要有以下几类：# bsd、sysv、plp、lprng、aix、hpux、qnx、cups
guest account = pcguest	如果想要一个 guest 账号，就不用注释下面的行。必须把这个加入到 /etc/passwd 中，否则用户“nobody”会被使用
max log size =50	指定日志文件的最大尺寸(KB)
include = /etc/samba/smb.conf.%m	在每一台服务器上，使用下面的行可以定制自己的配置。%m 以连接机器的 netbios 名代替
interfaces=192.168.12.2/24 192.168.13.2/24	如果有多个网络接口，必须在下面把它们列出来
local master = no	如果用户不想让 Samba 在网络中变成一个主浏览器，可以设置 local master 为 no，否则将采用正常的规则
os level = 33	os level 决定在主浏览器中被提取的优先级。默认值是很合理的
domain master = yes	域 master 指定 Samba 是域主浏览器。这允许 Samba 在子网之间比较浏览列表。如果用户已经有了一个 Win NT 的主域控制器，就不要设置这个选项
wins server = w.x.y.z	Samba 既可以是一个 WINS 服务器，也可以是一个客户端，或为其他

2. 共享资源辅助参数

例如，设置一个共享目录 share，则需要使用 comment、read list 等共享资源辅助参数对它进行配置，配置内容如下。

```
[share]
    comment = Samba's share directory
    read list = tom
    writable = yes
    path = /home/share
```

表 8-4 列出了一些常用的共享资源的辅助参数及说明。

表 8-4　Samba 辅助参数及说明

参　数	说　明
comment	对 Samba 共享的说明
path	共享目录的路径
writable	是否可写
browseable	共享路径是否可浏览
read only	共享的路径是否可读
public	是否允许 guest 访问
guest account	指定一般性客户的账号
guest only	是否只允许 guest 访问
read list	设置只读用户访问列表
writable list	设置读写用户访问列表
valid users	指定允许使用服务的用户
invalid users	指定不允许使用服务的用户

3. Samba 的变量

Samba 有很多不同的变量，这些变量能帮助用户完成一些动态的工作。下面来看这些变量。

(1) %U：表示当前的用户名，如果用 user1 用户访问共享资源，%U 是 user1，如果是 user2 用户访问，那么这个%U 就是 user2。利用这个特点，我们可以针对不同的用户设置不同的共享目录。其格式如下。

```
[home]
        Path = /home/%U
        ...
```

当用户 user1 访问 Samba 服务器时，显示的共享目录就是/home/user1 目录，当 user2 访问时，访问的就是/home/user2 目录。

(2) %G：当前用户所在的工作组，假设 user1 属于 sambauser 组，那么%G 就是 sambauser。

(3) %h：Samba 所在的 Linux 主机名。

(4) %m：客户机的 netbios 名称。

(5) %T：当前的日期和时间。

(6) %L：服务器的 netbios 名称。

8.3.3　举例配置 Samba 服务器文件共享

本节将举例说明 Samba 的配置，在每次修改 smb.conf 文件后，都要使用 service smb restart 命令重新启动，以使 Samba 服务器的配置生效。

1. 修改 Samba 的全局配置

修改 smb.conf 文件可以通过 vi 编辑命令对/etc/samba/smb.conf 直接进行编辑，代码如下。

```
#vi /etc/samba/smb.conf
```

对 smb.conf 文件中如下全局配置参数进行修改，最终改为如图 8-17 的结果。

```
//修改工作组的名称
#workgroup = MYGROUP
//修改服务器的描述
# server string = samba server
//修改允许访问 Samba 服务器的主机
#hosts allow = 192.168.0.
```

```
# workgroup = NT-Domain-Name or Workgroup-Name, eg: MIDEARTH
  workgroup = MYGROUP

# server string is the equivalent of the NT Description field
  server string = Samba Server

# Security mode. Defines in which mode Samba will operate. Possible
# values are share, user, server, domain and ads. Most people will want
# user level security. See the Samba-HOWTO-Collection for details.
  security = user

# This option is important for security. It allows you to restrict
# connections to machines which are on your local network. The
# following example restricts access to two C class networks and
# the "loopback" interface. For more examples of the syntax see
# the smb.conf man page
  hosts allow = 192.168.0. 192.168.2. 127.
```

图 8-17　smb.conf 的部分内容

2. 为所有用户配置只读共享和读写的共享

为了配置所有用户的只读共享，被共享的目录在 Linux 操作系统中应具有其他用户的可读权限；为了配置对所有用户的可读写共享，被共享的目录在 Linux 操作系统中应具有其他用户可读写的权限。

下面以/home/test 目录的只读共享和/home/test1 的读写共享为例进行配置。

```
//修改配置文件/etc/samba/smb.conf
#vi /etc/samba/smb.conf
//添加 test1 目录读写的共享
[test1]
    Comment = myshare
    Path = /home/test1
    Read only = no
    Public = yes
//添加 test 目录的只读共享
[test1]
Comment = mysamba
    Path = /home/test1
    Read only = yes
    Public = yes
//保存后退出 vi
```

3. 为指定用户或组配置 Samba 共享

有时需要为指定的一个用户或多个用户提供共享资源，或者为指定的组用户提供共享资源。

文件系统的权限和共享权限：Samba 服务器要将本地文件系统共享给 Samba 用户，这就涉及两个权限，即本地文件系统权限和 Samba 权限。当 Samba 用户访问共享时，最终的权限将是两种权限中最严格的权限。

如果在 smb.conf 中对用户设置了写的权限，但是用户对共享的 Linux 目录没有做相应的权限更改，那么用户还是不能对共享的目录有写的权限。

```
//(1)单个用户配置 Samba 共享
//创建本地账户
Useradd dai
Passwd dai
//添加 dai 到 Samba 账号
Smbpasswd -a dai
//建立共享目录
Mkdir /home/dai
//修改配置文件
Vi /etc/samba/smb.conf
//为 dai 用户添加读写共享
Comment = dai sercie
Path = /home/dai
Valid users = dai
Public = no
Writable = yes
//修改后保存退出
//(2) 为多个用户配置 Samba 共享
```

```
//建立本地用户
#useradd marry
#passwd marry
#useradd tom
#passwd tom
//添加到 Samba 账号
#smbpasswd -a tom
#smbpasswd -a marry
//创建本地的共享目录
#mkdir /home/tommarry
//设置目录权限
#chmod 707 tommarry
//修改配置文件
#vi /etc/samba/smb.conf
//为用户 tom 和 marry 添加读写共享
[myshare]
 comment = tom and marry share
 path = ./home/tommarry
 valid users = tom marry
 public = mo
    writable = yes
```

当按照上面操作配置修改完成后，重新启动 Samba 服务，在 Windows 网络上就可以看到 Samba 上的共享文件，如图 8-18 所示。

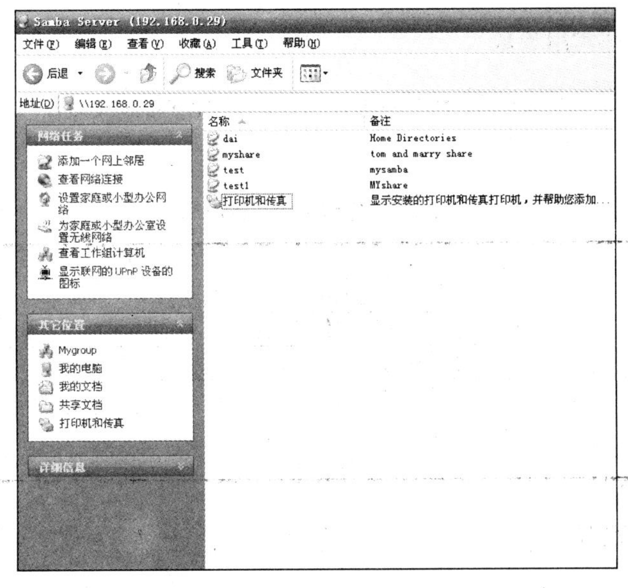

图 8-18　Windows 上看到的共享资源

注意： 在以前的 Linux 版本中，Samba 用户的账号保持在/etc/samba/smbpasswd 文件中，但是在 CentOS 的版本和 Red Hat 企业版 Linux 5 中没有 smbpasswd 文件，samba 用户的信息被保存在 tdbsam 数据库中。如果想启动 smbpasswd 验证用户名和密码，在 Samba 配置文件中修改如下。

```
# -------------------- Standalone Server Options --------------------
#
# Security can be set to user, share(deprecated) or server(deprecated)
#
# Backend to store user information in. New installations should
# use either tdbsam or ldapsam. smbpasswd is available for backwards
# compatibility. tdbsam requires no further configuration.

      security = share
#     passdb backend = tdbsam

      smb passwd file = /etc/samba/smbpasswd
# ---------------------- Domain Members Options ----------------------
```

将 passdb backend = tdbsam 行用#号注释掉，添加一行 smb passwd file = /etc/samba/smbpasswd。

8.4 配置打印共享

为了节约打印机资源，公司很少会为每一台计算机配置一台打印机，最好的办法是将打印机共享，使需要的用户通过网络访问并使用它们，Samba 服务可以完成这个任务。

1. 打印机的一些常用参数

配置打印共享，其实是修改 Samba 服务配置文件 smb.conf 中有关打印机的参数项。表 8-5 为打印机的一些常用参数。

表 8-5 打印机的参数说明

参 数	说 明
Local printers	是否加载打印机的配置文件
Printcat name	设置打印机配置文件的路径
Printing	设置打印机的类型
Path	指定打印机的队列位置
Printer admin	设置打印机管理员
Printable	指定用户是否可打印(默认是不可以)

2. 打印机共享配置

按照如下配置修改 smb.conf 文件。

```
[global]
load printers =yes
printing=cups
printcap name=cups
```

```
[printers]
comment = all printers
path = /var/spool/samba
browseable = no
public = yes
guest ok = yes
writable = no
printable = yes
printer admin = root
[print$]
comment = printer derver
path= /etc/samba/derver
browseable = yes
guest ok = no
read only=yes
writable list =root
//重新启动 Samba 服务器
p#service smb restart
```

3. 为 Windows 客户端准备打印驱动

为 Windows 客户端准备打印驱动，可以运行 cupsaddsmb 命令。执行以下操作，将打印机驱动放在/etc/samba/derver 目录中。

```
//创建/etc/samba/derver 目录
#mkdir /etc/samba/derver
//运行命令 cupsaddsmb
#cupsaddsmb -a -U root
//-a 表示共享所有打印机
//-U root 表示以 root 身份运行命令
```

执行本操作的目的是使没有打印机驱动的 Windows 客户端在网络上看到 Samba 共享的打印机，双击打印机图标就可以自动安装驱动程序。

8.5　Samba 客户端

如果用户需要使用 Linux 系统作为客户端访问 Samba 服务器，那么需要对自己的系统进行一些配置。下面就以配置方法做详细介绍。

8.5.1　Lmhosts 文件

Linux 系统中的/etc/hosts 文件存放了 TCP/IP 主机名和与 IP 地址一一对应的列表，/etc/hosts 为静态主机表，Samba 使用/etc/samba/lmhosts 文件存放 NetBIOS 名与 IP 地址的静态映射表。

当 Linux 主机作为 Samba 客户端访问 Samba 服务器时，可以使用 IP 地址访问，也可以用 NetBIOS 名访问。如果用 NetBIOS 名访问 Samba 服务器，需要在/etc/samba/lmhosts 文件中添加相应记录。

```
//查看 lmhosts 文件的初始内容
#cat /etc/samba/lmhosts
127.0.0.1 localhost
//修改文件添加 IP 地址和 NetBIOS 名的对应
//查看修改后文件
#cat /etc/samba/lmhosts
127.0.0.1 localhost
192.168.0.29 samb
```

8.5.2 smbclient 命令

Samba 为客户程序提供 smbclient，用以访问 Samba 共享。

smbclient 命令的格式如下。

(1) smbclient -L IP 或 NetBIOS。

(2) smbclient //NetBIOS 或 IP/共享名-U 用户名。

格式(1)用于显示指定主机提供的共享。

格式(2)用于访问指定主机的制定共享。

下面举例说明 smbclient 命令的使用。

```
//查看 Samba 提供的共享，如图 8-19 所示
#smbclient -L samba
//以 dai 用户访问 Samba 的共享目录 dai
#smbclient //samba/dai -U dai
```

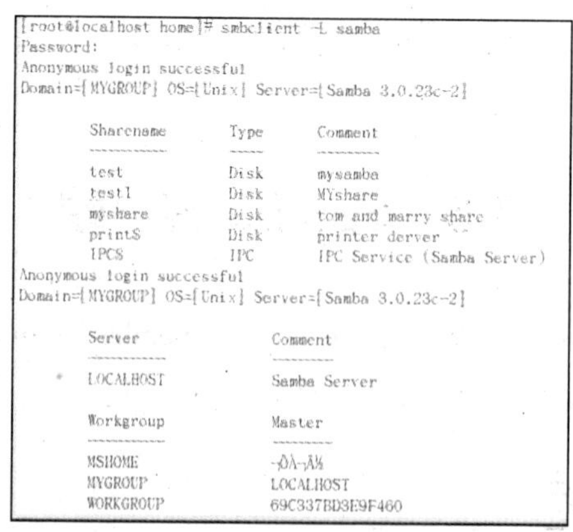

```
[root@localhost home]# smbclient -L samba
Password:
Anonymous login successful
Domain=[MYGROUP] OS=[Unix] Server=[Samba 3.0.23c-2]

        Sharename       Type      Comment
        ---------       ----      -------
        test            Disk      mysamba
        test1           Disk      MYshare
        myshare         Disk      tom and marry share
        print$          Disk      printer derver
        IPC$            IPC       IPC Service (Samba Server)
Anonymous login successful
Domain=[MYGROUP] OS=[Unix] Server=[Samba 3.0.23c-2]

        Server               Comment
        ---------            -------
        LOCALHOST            Samba Server

        Workgroup            Master
        ---------            -------
        MSHOME               -ÕÀ-¬Ã¼
        MYGROUP              LOCALHOST
        WORKGROUP            69C337BD3E9F460
```

图 8-19 查看共享

输入用户名和密码，如图 8-20 所示。

一旦访问成功，就进入了一个交互的模式，接下来可以像访问 FTP 客户端的方法通过

输入命令的方式使用 smbclient，可以用“?”来查看命令帮助。

```
[root@localhost home]# smbclient //samba/dat -U dat
Password:
Domain=[LOCALHOST] OS=[Unix] Server=[Samba 3.0.23c-2]
smb: \> ls
  .                                  D        0  Sat Jul 19 20:56:33 2010
  ..                                 D        0  Sat Jul 19 18:52:43 2010
  新建 文本文档.txt                 A        0  Sat Jul 19 20:50:21 2010
  新建 WinRAR ZIP 压缩文件.zip      A       22  Sat Jul 19 20:56:33 2012
  .zshrc                             H      658  Tue Sep 12 06:26:44 2012
  .bash_profile                      H      176  Wed Jul 12 15:11:52 2012
  .bashrc                            H      124  Wed Jul 12 15:11:52 2012
  ter                                D        0  Sat Jul 19 20:56:23 2012
  .kde                               DH       0  Wed Jul 16 20:54:30 2012
  新建 Microsoft PowerPoint 演示文稿.ppt      A    12800  Sat Jul 19 20:56:30 20
08
  新建 Microsoft Word 文档.doc      A    10752  Sat Jul 19 20:56:17 2012
  .bash_logout                       H       24  Wed Jul 12 15:11:52 2010

                48976 blocks of size 1048576. 43232 blocks available
smb: \>
```

图 8-20　smbclient 访问共享的方法

本 章 习 题

一、填空题

1. 在 Windows 的网络邻居下访问一个域内的其他机器是通过________协议实现的。
2. SMB 是一个遵循________模式的协议及 C/S 架构。
3. Samba 守护进程是________和________。
4. Samba 的主配置文件是________。
5. smb.conf 文件由________和________组成。
6. 创建 Samba 账号的命令是________。

二、问答题

1. Samba 有哪些功能？
2. 启动、停止和重启 Samba 服务器的命令是什么？
3. Samba 有几个安全级别？分别是什么？
4. 配置一个 Samba 共享，代码如下。

```
[test1]
Comment = mysamba
    Path = /home/test1
    Read only = yes
    Public = yes
    Writable=yes
```

各行的意思是什么？

5. lmhosts 文件的作用是什么？

6. 使用 smbclient 命令连接远程计算机，远程计算机的 IP 地址是 192.168.1.20，用户名是 tom，密码是 passwod。

三、上机实训

根据公司的信息化建设要求，需要在局域网内部搭建一台文件服务器，便于数据的集中管理和备份。考虑到服务器的运行效率及稳定性、安全性，选择在 Linux 操作系统中构建 Samba 服务器以提供文件资源共享服务。

需求描述

(1) 创建 3 个文档目录。

/var/share/public：存放公共数据。

/var/share/training：存放技术培训资料。

/var/share/devel：存放项目开发资料。

(2) 将/var/share/public 目录共享为 public，所有员工可匿名访问，但是只能读取文件，不能写入。

(3) 将/var/share/training 目录共享为 peixun，只允许管理员 admin 及技术部的员工只读访问。

(4) 将/var/share/devel 目录共享为 kaifa，技术部的员工都可以读取该目录中的文件，但是只有管理员 admin 及 benet 项目组的员工有写入权限。

实现思路

(1) 用户账号及目录调整。

(2) 技术部的员工账户属于 tech 基本组。

(3) benet 项目组的员工账户属于 benet 基本组，tech 作为附加组。

(4) 将/var/share/devel 目录的组改为 benet，并为组权限增加可写(w)属性。

(5) 将 admin 作为 root 用户的映射账户。

(6) 修改 smb.conf 文件，添加相应的共享目录段。

(7) 通过配置项 username map 建立用户名映射。

(8) 匿名共享和用户验证共享共存时，安全级别保持为 share。

(9) 验证共享服务时可使用 smbclient 命令。

第 9 章

FTP 服务器配置

学习目的与要求：

FTP 文件传输服务是 Internet 中最早提供的服务之一。FTP 服务提供了在 Internet 的任意两台计算机之间相互传输文件的机制，它是广大用户获得丰富的 Internet 资源的重要方法之一。本章介绍 Linux 下的 FTP 服务器的知识和配置方法。通过对本章的学习，读者应该做到以下几点。

- 熟悉 FTP 的工作原理。
- 熟悉 FTP 的 3 种传输模式。
- 熟练配置给予虚拟账号的 FTP 服务器。
- 熟练配置给予 FTP 的 Yum 服务器。

9.1 FTP 概述

自从有了网络，文件的传输就是一个非常重要的工作。在 Internet 发展之初，FTP 就已经应用在文件的传输方面，而且是文件传输的重要角色。在今天的互联网上占有最大流量的也是 FTP 服务器。

FTP 服务是 Internet 上最早应用于主机之间文件传输的基本服务之一。FTP 服务的一个非常重要的特点就是其可以独立于平台，也就是说在大多数的操作系统上都可以搭建 FTP 服务器。

9.1.1 FTP 简介

1. FTP 的协议

FTP(File Transfer Protocol，文件传输协议)定义了远程计算机和本地计算机之间文件传输的一种标准。FTP 运行在 OSI 七层模型的应用层，并使用 TCP/IP 协议进行数据的传输。TCP/IP 协议是一种面向连接的、可靠的传输协议，这种可靠性保证了 FTP 文件传输的可靠性。

2. FTP 的运行原理

FTP 协议采用 C/S 模式，通过一个支持 FTP 协议的客户机程序，连接到远程的 FTP 服务器上。用户通过客户机程序向服务器发送指令，服务器程序执行用户所发来的指令，并将其结果返回到客户机上。

一个 FTP 会话通常包括 5 个软件元素的交互，见表 9-1。

表 9-1 软件元素

元 素	解 释
用户接口(UI)	提供了一个用户接口并使用客户协议解释器的服务
客户端协议解释器(CPI)	向远程服务器协议机发送命令并且驱动客户数据传输的过程
服务器协议解释器(SPI)	响应客户协议机发出的命令并驱动服务器数据传输的过程
客户端数据传输协议(CDTP)	负责完成和服务器数据传输过程及客户端本地文件系统的通信
服务器数据传输协议(SDTP)	负责完成和客户数据传输过程及服务器端文件系统的通信

大多数的 TCP 应用协议使用单个连接，一般是客户向服务器的一个知名端口发起连接，然后使用它来连接并进行通信。但是 FTP 协议却有所不同，其运行时要使用两个 TCP 连接，在 FTP 会话中会存在两个独立的 TCP 连接，一个是由 CPI 和 SPI 使用的控制连接(Control Connection)，另一个是由 CDTP 和 SDTP 使用的数据连接(Data Connection)。FTP 独特的双端口连接结构的优点在于：两个连接可以选择不同的合适的服务质量(如对控制连接来说，需要更短的延迟时间；对于数据连接来说，需要更大的数据吞吐量)。

控制连接主要用来传送在实际通信过程中需要执行的 FTP 命令及命令的响应。控制连接是由客户端发起的通往 FTP 服务器的连接。其并不传输数据，只用来传输控制数据传输的 FTP 命令及其响应，因此控制连接只需要很小的网络带宽。通常情况下，FTP 服务器监听端口号 21 来等待控制连接建立请求，控制连接建立以后并不是立即传输数据，而是服务器先通过一定的方式来验证客户的身份，以决定是否建立数据传输。

数据连接用来传输用户的数据，在客户端要求进行目录列表、上传及下载操作时，客户和服务器将建立一条数据连接。这里的数据连接是全双工的，允许同时进行双向的数据传输且可以上传和下载同时进行。

在数据连接存在的时间内，控制连接肯定是存在的。一旦控制连接断开，数据连接也就会自动断开。

3. FTP 的数据传输模式

FTP 的数据传输模式是针对 FTP 数据连接而言的，分为主动传输模式、被动传输模式和单端口传输模式 3 种。

1) 主动传输模式

当 FTP 的控制连接建立，且客户提出目录列表、传输文件时，客户端发送 PORT 命令与服务器进行协商，FTP 服务器使用一个标准的端口 20 作为服务器端的数据连接端口(ftp-data)与客户机建立连接。端口 20 只用于连接源地址是服务器端的情况，并且在端口 20 上没有监听进程和监听客户的请求。

在主动传输模式下，FTP 的数据连接和控制连接的方向是相反的，也就是说是服务器向客户端发起一个用于数据传输的连接，客户端的连接端口是由服务器和客户端协商确定的。

2) 被动传输模式

当 FTP 的控制连接建立，且客户提出目录列表、传输文件时，客户端发送的 PASV 命令使服务器处于被动传输的模式下，FTP 服务器等待客户与其联系。FTP 服务器在非 20 端口的其他数据传输端口上监听客户请求。

在被动传输模式下，FTP 的数据连接和控制连接的方向是一致的，也就是说是客户端向服务器发起一个用于数据连接的连接，客户端的连接端口是发起这个数据连接请求时使用的端口号。

当 FTP 客户在包过滤防火墙之后对外来访问 FTP 服务器时，需要使用被动传输模式。因此，通常情况下，防火墙允许所有内部用户访问外网，但是对于外部向内部发起的连接却存在很多限制。在这种情况下，客户可以正常地和服务器建立控制连接，而如果使用主动传输模式，ls、put 和 get 等数据传输命令就不能成功使用，因为防火墙会堵塞从外部服务器向内部客户发起的数据传输连接。简单的包过滤防火墙把控制连接和数据传输连接完全分离开处理，因此很难通过配置防火墙来允许主动传输模式的 FTP 数据传输连接通过。而使用被动传输模式一般可以解决该问题，因此在被动模式下，数据连接是由客户端发起的，不过这要看 FTP 服务器和客户程序是否支持被动传输模式。在 Linux 环境下的命令行，FTP 客户程序一般使用 passive 命令开/关被动传输模式。

3) 单端口传输模式

在 FTP 协议中，除了被动传输模式和主动传输模式之外，还有另一种数据传输模式，即单端口传输模式。如果客户程序既不向服务器发出 PASV 命令，也不发送 PORT 命令，当 FTP 的控制连接建立，且客户提出目录列表、传输文件时，FTP 服务器就会使用 FTP 协议的数据传输端口(20)和客户端的控制连接端口建立一个数据传输连接。这就需要客户程序在这个端口上监听。

这种模式的数据连接请求是由 FTP 服务器发起的，使用这种模式时客户端的控制连接所使用的端口和客户端的数据连接所使用的端口是一致的。

这种模式最大的缺点是无法在短期内连续输入数据传输命令，用户经常会遇到“bind: address already in use”等错误信息，这是 TCP 协议造成的。因此这种模式并不经常使用。

4. FTP 典型的消息

在使用 FTP 客户程序与服务器进行通信时，经常会看到一些由 FTP 服务器发送的消息，这些消息是 FTP 协议定义的。表 9-2 列出了一些典型的 FTP 消息。

表 9-2　典型的 FTP 消息

消 息 号	含 义
125	数据连接打开，传输开始
200	命令执行成功
266	数据传输完毕
331	用户名称正确，需要输入密码
425	不能打开数据连接
426	数据连接被关闭，传输被中断
452	错误写文件
500	语法错误，不可识别的命令

9.1.2　Linux 下的 FTP 服务器

目前在 Linux 下常用的 FTP 服务器软件主要有 WU-FTP、ProFTP 和 VSFTP。本书主要介绍 VSFTP。

1. FTP 客户端和 FTP 服务器

许多涉足 Linux 网络的初学者，不能严格地区分 FTP 客户端和 FTP 服务器。例如，不知道如何下载整个目录是 FTP 客户端的管辖范围，能够匿名上传是服务器的管辖范围。因此有必要了解哪个是 FTP 客户端程序，哪个是 FTP 服务器程序，以方便初学者将其与 Windows 系统对比，对这两个概念有一个明确的认识，见表 9-3。

表 9-3　两个平台下常用的 FTP 客户端和服务器端程序

	Linux 环境	Windows 环境
FTP 服务器程序	vsftpd	IIS
	proftpd	Serv-U
	Wu-ftpd	
FTP 客户端程序	ftp/ncftp 命令行工具	FTP 命令行工具
	gFTP	Cuteftpro
	浏览器 Mozilla	浏览器 IE

2. Linux 环境下的 FTP 服务器

目前在 Linux 环境中有 3 种常用的 FTP 服务器。它们是 wu-ftpd、vsftpd、proftpd，3 个 FTP 程序都是基于 GPL 协议开发的。

1) wu-ftpd

它是历史最久的一款非商业的 FTP 服务器程序之一，也是 Internet 上最流行的 FTP 守护进程。其功能十分强大，可以架构多种 FTP 服务器，是一款稳定、强大的 FTP 服务器程序，但是 wu-ftpd 发行比较早，服务器组织较为零散，安全性比 proftpd 和 vsftpd 差。

wu-ftpd 服务器具有以下特点。

- 可以在用户下载文件的同时对文件做自动的压缩或解压缩操作。
- 可以对不同网络上的机器做不同的存取限制。
- 可以记录文件上传和下载的时间。
- 可以显示传输时的相关信息，方便用户及时了解目前的传输动态。
- 可以设置最大连接数，提高效率，有效地控制负载。

2) proftpd

proftpd 虽然较之 wu-ftpd 具有极佳的特点，但是它还是欠缺许多 Win32 平台上的 FTPServer 的特色，同时 wu-ftpd 也存在着许多漏洞。proftpd 的开发者曾经花费大量的时间去发掘 wu-ftpd 的漏洞，试图对其加以改进，并添加了许多功能，但遗憾的是，他们发现需要重新改写 wu-ftpd 才能补足其缺乏的一些功能，在这种情况下，proftpd 就诞生了。proftpd 的代码不是从其他 FTP 服务器修改而成，恰恰相反，它的源码是完全独立的。proftpd 的开发者的编写目的是追求一个安全、易于设定的 FTPServer。Proftpd 的配置比较容易，速度也比较快，而且它的源码也很干净，配置非常容易。

proftpd 具有以下特点。

- 可以设置从 inetd 启动，或者是独立启动的两种运行方式。
- 匿名 FTP 的根目录不需要任何特殊的目录结构。
- 不执行任何外部程序，从而减少了安全隐患。
- 支持 shadow 密码，包括支持密码过期机制。

- 以非 root 身份运行，从而减少了安全隐患。
- 强大的 log 功能，支持 utmp/wtmp 及 wu-ftpd 格式的记录标准，并支持扩展功能。
- 设定多个虚拟的 FTPServer，而匿名 FTP 服务器更是十分容易。

3) vsftpd

vsftpd 是基于 GPL 发布的 Unix 系统上使用的 FTP 服务器软件，其中的 VS 是“Very Secure”的缩写，从名称上可以看出其代码的安全性。

安全性是编写 vsftpd 的初衷，除了与生俱来的安全性能之外，高速、稳定的性能也是 vsftpd 的特点。

在速度方面，使用 ASCII 模式下载数据时，vsftpd 的速度是 wu-ftpd 的两倍；在性能方面，它可以在单机(非集群)上支持 4000 个并发用户的连接。

vsftpd 有以下特点。

- 是一个安全、高速、稳定的服务器。
- 可以基于 IP 设置多个虚拟的 FTPServer。
- 匿名的 FTP 服务更容易。
- 不执行任何外部程序，从而减少了安全隐患。
- 支持虚拟用户，并支持每个虚拟用户独立的配置。
- 可以设置从 inetd，或者是独立的 FTP 服务器启动的两种运行方式。
- 支持带宽限制。

9.1.3 使用 FTP 服务器

1. FTP 服务的使用

一般来说，传输文件的用户需要先经过认证后才能登录网站，然后才能访问、传输服务器上的文件。

根据 FTP 服务器服务的对象不同，可以将 FTP 用户分为 3 类，即本地用户、虚拟用户和匿名用户。

如果用户在远程服务器上有账号，该用户为本地用户，本地用户可以输入自己的账号和口令来进行授权登录；如果用户在远程服务器上拥有账号，并且此账号只能用于文件的传输，则称此用户为虚拟用户或 Guest 用户；如果用户在远程服务器上没有账号，则称此用户为匿名用户。

2. FTP 客户端的使用

下面介绍 Linux 环境的 FTP 命令行客户程序的使用。Linux 环境下常用的 FTP 命令行客户程序是 FTP。由于 FTP 是交互式的命令行工具，所以使用 FTP 需要掌握许多 FTP 子命令。表 9-4 列出了常用的 FTP 子命令。

表 9-4　FTP 常用的子命令

命　令	说　明
? |help	显示 FTP 内部命令及相应的帮助信息
!	在本地执行交互 shell 命令后回到 FTP 环境
Lcd	切换本地工作目录
open hsot [port]	建立指定 FTP 服务器的连接，可以指定连接的端口
Close	中断与 FTP 服务器的对话
Asc	使用 ASCII 类型传输方式
Bin	使用二进制方式传输
Pwd	显示远程主机当前的工作目录
mkdir-dir-name	在远程主机中建一个目录
ls[remote-dir][local-file]	显示远程目录 remote-dir，并存入本地文件 local-file
size file-name	显示远程主机文件的大小
get remote-file [local-file]	将远程主机文件 remote-file 传至本地硬盘的 local-file 目录
mget remote-file	传输多个文件
reget remote-file [local-file]	类似于 get，但若 local-file 存在，则从上次传输中断处续传
put local-file [remote-file]	将本地文件 local-file 传送至远程主机
mput local-file	将多个文件传送到主机上
rename [from][to]	更改远程主机文件名
delete remote-file	删除远程主机文件
mdelete [remote-file]	删除远程主机上的多个文件
rmdir dir-name	删除远程主机目录
Status	显示当前的 FTP 状态
bye/quit	退出 FTP 会话

9.2　vsftpd 的默认配置

本节介绍常用的 vsftpd 的安装、配置及使用。

9.2.1　vsftpd 的安装

Red Hat 自带了 vsftpd，笔者以 RPM 的安装方法为例介绍 vsftpd 的安装方法。如果用户已经安装了 vsftpd，可以跳过此步骤。

1. 从 rpm 安装 vsftpd

代码如下：

```
//查看系统是否安装了 vsftpd 软件包
```

```
#rpm -qa|grep vsftpd
//插入 RedHat 光盘，在光盘中找到 vsftpd.2.0.5-10.el5.i386.rpm 文件所在目录，输入下
//面的命令安装 vsftpd 软件
#rpm -ivh vsftpd.2.0.5-10.el5.i386.rpm
```

2. 启动 vsftpd 服务

安装完成后，即可直接启动服务，Red Hat 默认 vsftpd 以独立方式启动，需要使用命令 service vsftpd start 启动，如图 9-1 所示。

```
[root@localhost ~]# service vsftpd start
/etc/sysconfig/network: line 3: SERVER: command not found
为 vsftpd 启动 vsftpd:                                    [确定]
[root@localhost ~]# pstree |grep vsftpd
     |-vsftpd
[root@localhost ~]#
```

图 9-1 启动 vsftpd

如果希望 vsftpd 在下一次计算机启动时，在 5 运行级别环境下自动启动，输入命令 ntsysv，选择 vsftpd 即可。

3. vsftpd 中的配置文件

vsftpd 中有 3 个配置文件，它们分别是/etc/vsftpd/vsftpd.conf、/etc/vsftpd/user_list 和 /etc/vsftpd/ftpusers。其中 vsftpd.conf 是主配置文件；ftpusers 指定了哪些用户不能访问 FTP 服务器；user_list 中指定的用户在 vsftpd.conf 中设置了 user_enable=YES 且 userlist_deny=YES 时，不能访问服务器，当在 vsftpd.conf 中设置了 user_enable=YES 且 userlist_deny=NO 时，仅允许 user_list 中指定的用户访问服务器。

9.2.2 默认配置

下面介绍 vsftpd 服务的默认配置。

1. 查看默认配置

使用如下操作可以查看 vsftpd 中默认主文件的配置。

```
# grep -v "#" /etc/vsftpd/vsftpd.conf
//允许匿名登录
# anonymous_enable=yes
//允许本地登录
#local_enable=yes
//开放本地用户写的权限
#write_enable=yes
//允许匿名账户在 FTP 服务器中创建目录
#anon_mkdir_write_enable=yes
```

```
//设置本地用户的文件生成掩码为 022，默认值为 007
#local_umask=022
//激活目录信息，当远程用户更改目录时将出现提示信息
#dirmessage_enable=yes
//启动上传和下载日志功能
#xferlog_enable=yes
//启用 FTP 数据端口的连接请求
#connect_form_prot_20=yes
//是否启用标准的 ftpd xferlog 日志文件格式
#xferlog_std_format=yes
//使 vsftpd 处于独立启动模式
#listen=yes
//设置 PAM 认证服务的配置文件名称，该文件存储在/etc/pam.d/目录下
#pam_service_name=vsftpd
//文件中所列的用户均不能访问此 vsftpd 服务器
#userlist_enable=yes
//使用 tcp_wrappers 作为主机访问控制方式
#tcp_wrappers=yes
```

2. 测试 Red Hat Linux 中的默认配置(使用匿名用户)

执行下面操作，可以测试 Red Hat Linux 中的 vsftpd 的默认配置。在默认情况下，匿名服务器下载目录 /var/ftp/pub 中没有任何文件。为了进行测试，现向目录中复制了一些文件，具体如下。

```
//生成目录信息文件/var/ftp/pub/.message
#echo "welcome to china" > /var/ftp/pub/.message
//使用 FTP 客户端连接 FTP 服务器
# ftp (FTP 服务器的 IP 地址)192.168.0.29
Connected to 192.168.0.29
220 <vsftpd 2.0.5>
//使用匿名用户登录(ftp 或 anonymous)
User (192.168.0.29: (none)) ftp
331 please specify the password
//输入一个 E-mail 作为 FTP 的密码
Password
230 login successful
//进入 FTP 的下载目录
ftp>cd pub
//此处显示.message 文件的内容
250- welcome to china
2520 Directory successfully changed
//查看 pub 内容
ftp>ls
//(此处不再显示 pub 中的内容)
//下载其中一个文件 VMareTools-5.5.3-34695.tar.gz
```

```
ftp>mget VMare*
200 Switching to ASCII mode
Mget VMareTools-5.5.3-34695.tar.gz ? y
//下载过程不再显示
//出现下面提示，表示下载成功
266 File send ok
ftp: 收到 17553676 字节，用时 1.64seconds 10703.46kbytes/sec.
//使用命令查看本地列表
ftp>!dir
//此处本地列表不再一一显示
//确认 VMareTools-5.5.3-34695.tar.gz 已经下载到本地
//上传一个文件
ftp>put lookE.text
//上传失败
//退出 FTP 服务器
ftp>bye
221 Goodbye
```

具体访问过程如图 9-2 所示。

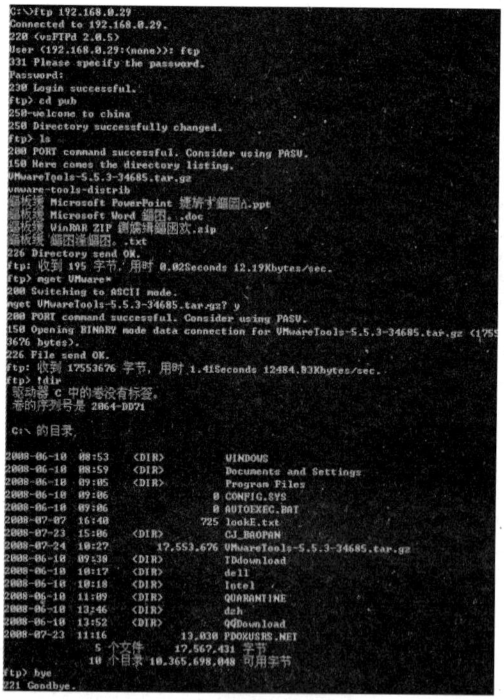

图 9-2　FTP 的使用 1

3. 测试 Red Hat Linux 中的默认配置(使用本地账号)

执行下面的操作，可以测试 Red Hat Linux 中的默认配置。

```
//使用本地账号登录 FTP 服务器
#ftp 192.168.0.29
```

```
Connected to 192.168.0.29
220 <vsftpd 2.0.5>
//使用本地账号登录服务器
User (192.168.0.29: (none))dai
331 please specify the password
//输入该用户的密码口令
Password
230 login successful
//现在 FTP 使用的下载目录是 dai 用户的主目录/home/dai
ftp>pwd
257"/home/dai"
//显示目录内容
ftp>ls
//目录中的内容不再显示
//下载一个文件 bind-9.3.3-7.el5.i386.rpm
ftp>mget bind-9.3.3-7.el5.i386.rpm
//下载过程不再显示
//出现下面提示，表示下载成功
266 File send ok
ftp: 收到 976657 字节，用时 0.09seconds 10501.69kbytes/sec
//使用命令查看是否已经下载
ftp>!dir
//已经下载到本地
//上传一个文件 VMareTools-5.5.3-34695.tar.gz
ftp>put VMareTools-5.5.3-34695.tar.gz
//出现以下提示，表示已经上传成功
200 PORT dommand successful. Consider using PASU
150 ok to send data
226 File receive OK
ftp: 发送 17553676 字节，用时 1.58Seconds 11124.00kbytes/sec
//查看远程服务器
ftp>ls
//VMareTools-5.5.3-34695.tar.gz 已经上传成功
//退出远程服务器
ftp>bye
221 Goodbye
```

具体访问过程如图 9-3 所示。通过上述默认配置可以得出以下结论。

(1) FTP 服务器允许匿名用户和本地用户登录。

(2) 匿名用户可以下载，但不能上传文件。

(3) 本地用户可以上传和下载文件。

(4) 匿名用户的用户名是 ftp 或 anonymous，口令是一个 E-mail 地址。

(5) 本地用户的口令是本地用户的口令。

```
C:\>ftp 192.168.0.29
Connected to 192.168.0.29.
220 (vsFTPd 2.0.5)
User (192.168.0.29:(none)): dai
331 Please specify the password.
Password:
230 Login successful.
ftp> pwd
257 "/home/dai"
ftp> ls
200 PORT command successful. Consider using PASV.
150 Here comes the directory listing.
bind-9.3.3-7.el5.i386.rpm
install.log.syslog
ter
226 Directory send OK.
ftp: 收到 52 字节，用时 0.00Seconds 52000.00Kbytes/sec.
ftp> mget bind*
200 Switching to ASCII mode.
mget bind-9.3.3-7.el5.i386.rpm?
200 PORT command successful. Consider using PASV.
150 Opening BINARY mode data connection for bind-9.3.3-7.el5.i386.rpm (976657 bytes).
226 File send OK.
ftp: 收到 976657 字节，用时 0.09Seconds 10389.97Kbytes/sec.
ftp> ls
200 PORT command successful. Consider using PASV.
150 Here comes the directory listing.
bind-9.3.3-7.el5.i386.rpm
install.log.syslog
ter
226 Directory send OK.
ftp: 收到 52 字节，用时 0.00Seconds 52000.00Kbytes/sec.
ftp> put VMware*
200 PORT command successful. Consider using PASV.
150 Ok to send data.
226 File receive OK.
ftp: 发送 17553676 字节，用时 1.50Seconds 11702.45Kbytes/sec.
ftp> bye
221 Goodbye

C:\>_
```

图 9-3　FTP 的使用 2

9.3　修改 vsftpd 的默认配置

前面介绍了 vsftpd 的默认配置及使用。有时用户可能有诸如允许匿名上传等特殊的 FTP 需求，这时简单使用默认的配置就不能满足用户要求，用户可以根据自己的需要，通过修改 vsftpd 的相关配置文件参数来达到自己的目的。下面就修改 vsftpd 配置的方法做详细介绍。

9.3.1　允许匿名用户上传

多数 FTP 都应提供匿名访问，它使得所有用户都能通过一个通用的账户来访问 FTP 公共区域。匿名用户存在也是使 FTP 受欢迎的原因之一，它可以使用户不受约束地去访问和下载所需的公共资源。

1. 配置允许匿名用户上传和建立文件夹

有些情况下，FTP 服务器允许匿名用户有上传的功能，需要在/etc/vsftpd 中激活两个选项，分别是 anon_upload_enable 和 anon_mkdir_write_enable。其具体步骤如下。

```
//备份默认配置文件
#cp /etc/vsftpd/vsftpd.conf /etc/vsftpd/vsftpd.conf.cp
//修改如下两行，把前面的“#”删掉
#anon_upload_enable=YES          //允许匿名用户上传
#anon_mkdir_write_enable=YES     //开启匿名用户在 FTP 服务器上具有写和创建目录的权限
//保存退出 vi
//创建匿名上传目录
#mkdir /var/ftp/in
```

```
//修改目录的权限
#chmod o+w /var/ftp/in
//重新启动 FTP
#service vsftpd restart
```

配置完成后，测试结果如图 9-4 和图 9-5 所示。

```
C:\Documents and Settings\Administrator>ftp 192.168.0.29
Connected to 192.168.0.29.
220 (vsFTPd 2.0.5)
User (192.168.0.29:(none)): ftp
331 Please specify the password.
Password:
230 Login successful.
ftp> cd in
250 Directory successfully changed.
ftp> !dir
 驱动器 C 中的卷没有标签。
 卷的序列号是 2064-DD71

 C:\Documents and Settings\Administrator 的目录

2008-06-10  09:09    <DIR>          ..
2008-06-10  08:59    <DIR>          「开始」菜单
2008-06-10  09:13    <DIR>          My Documents
2008-06-10  09:13    <DIR>          Favorites
2008-06-10  08:59    <DIR>          桌面
2008-06-13  15:35               81 default.pls
2008-06-14  08:35    <DIR>          Debug
2008-06-14  09:41           33,792 dd.ncb
2008-06-14  09:41            1,180 dd.plg
2008-06-14  08:39              240 dd.cpp
2008-06-14  08:47              213 static.cpp
2008-06-14  09:40              381 dasdfsdf.cpp
2008-06-14  09:41           48,640 dd.opt
2008-06-14  09:41            3,551 dd.dsp
2008-06-14  09:41              512 dd.dsw
               9 个文件         88,590 字节
               6 个目录 10,357,620,736 可用字节
ftp> put dd.dsw
200 PORT command successful. Consider using PASV.
150 Ok to send data.
226 File receive OK.
ftp: 发送 512 字节，用时 0.00Seconds 512000.00Kbytes/sec.
ftp>
```

图 9-4　测试上传结果

```
ftp> ls -l
200 PORT command successful. Consider using PASV.
150 Here comes the directory listing.
-rw-------    1 14       50            240 Jul 26 02:18 dd.cpp
-rw-------    1 14       50            512 Jul 26 02:20 dd.dsw
-rw-------    1 14       50         162304 Jul 26 01:54 phase4tickets.xls
drwx------    2 14       50           4096 Jul 26 01:54 新文件夹
226 Directory send OK.
ftp: 收到 269 字节，用时 0.01Seconds 17.93Kbytes/sec.
ftp> mkdir new
257 "/in/new" created
ftp> ls -l
200 PORT command successful. Consider using PASV.
150 Here comes the directory listing.
-rw-------    1 14       50            240 Jul 26 02:18 dd.cpp
-rw-------    1 14       50            512 Jul 26 02:20 dd.dsw
drwx------    2 14       50           4096 Jul 26 02:23 new
-rw-------    1 14       50         162304 Jul 26 01:54 phase4tickets.xls
drwx------    2 14       50           4096 Jul 26 01:54 新文件夹
226 Directory send OK.
ftp: 收到 330 字节，用时 0.00Seconds 330000.00Kbytes/sec.
ftp>
```

图 9-5　测试建立文件夹的结果

2. 配置文件中的一些其他配置

dirmessage_enable= YES：激活目录信息，当远程用户更改目录时显示此信息。

xferlog_enable=YES：启用上传和下载日志功能。

xferlog_file=/var/log/vsftpd.long：设置日志的存储目录。

xferlog_std_formaYES：是否使用标准的 ftpd xferlog 日志格式。

idle_session_timeout=600：设置空闲的用户会话中断时间。

data_connection_timeout=120：设置连接超时时间。

ascii_download_enable=YES：是否允许使用 ascii 格式来上传和下载文件。

ftpd_danner=Welcome to blah FTP service：欢迎信息在用户登录 FTP 服务器时会显示。

chroot_list_enable=YES：如果希望用户登录后不能切换到自己目录以外的其他目录设置此项。

3. 设置连接服务器的最大并发连接数和用户的最大线程数

FTP 服务器要为众多用户提供服务，如果一时段登录 FTP 服务器的用户过多或下载数据过大，就会影响服务器的性能，因此在建立 FTP 服务器时，一定设置连接服务器的最大

并发用户数和每一用户下载文件的最大线程数。修改配置文件/etc/vsftpd/vsftpd.conf，添加如下语句。

```
max_clients=100 //设置同时连接 FPT 服务器的并发用户为 1000
mas_per_ip=3    //每一个用户同一时段并发下载线程数为 2，同时只能放在两个文件中
```

4. 设置匿名用户的最大传输速率

下载速率对 FTP 服务器的性能影响很大，限制用户的最大传输速率可以平均分配网络带宽，增强网络的流畅性，避免网络堵塞，在配置文件/etc/vsftpd/vsftpd.conf 中添加如下语句。

```
anon_max_rate=20000          //设置匿名用户的最大传输速率为 20Kb/s,
                             //此外也可以设置本地账号设置传输速率
Local_max_rate=100000        //设置本地用户的最大传输速率为 1Mb/s
```

5. 禁止某些 IP 的匿名用户访问 FTP 服务器

某些情况下，FTP 服务器不想对某些主机开放，但它们又处在同一网络或 VLAN 中，这时可以限制某些主机访问 FTP 服务器，方法如下。

(1) 确认配置文件/etc/vsftpd/vsftpd.conf，文件中有如下语句。

```
tcp_wrappers=YES
```

(2) 修改文件/etc/hosts.allow 如下。

```
#Hosts.allow this file describes the names of the hosts which are
#   allow to use the local INET service, as decided
#   by the '/usr/sbin/tcpd' server.
vsftpd:192.168.0.19:DENY
vsftpd:192.168.0.106: DENY
```

限制 192.168.0.19 和 192.168.0.106 两个 IP 地址访问 FTP 服务器，切记一定要在 IP 地址前面加上“vsftpd”。

(3) 测试结果如图 9-6 所示。

```
C:\Documents and Settings\Administrator>ping 192.168.0.29

Pinging 192.168.0.29 with 32 bytes of data:

Reply from 192.168.0.29: bytes=32 time<1ms TTL=64
Reply from 192.168.0.29: bytes=32 time<1ms TTL=64
Reply from 192.168.0.29: bytes=32 time<1ms TTL=64
Reply from 192.168.0.29: bytes=32 time<1ms TTL=64

Ping statistics for 192.168.0.29:
    Packets: Sent = 4, Received = 4, Lost = 0 (0% loss),
Approximate round trip times in milli-seconds:
    Minimum = 0ms, Maximum = 0ms, Average = 0ms

C:\Documents and Settings\Administrator>ftp 192.168.0.29
Connected to 192.168.0.29.
421 Service not available.
User (192.168.0.29:(none)): ftp
Connection closed by remote host.
```

图 9-6　限制访问测试

6. 设置数据传输中断时间间隔

如果用户和 FTP 服务器之间已经停止传输文件，但是用户仍一直和 FTP 服务器连接，这样会占用网络带宽和 FTP 服务器最大用户数量限制等资源，因此，设置数据传输完成后多长时间中断与服务器的会话是很有必要的。

修改配置文件 vsftpd.conf 使下面语句生效即可。

```
Idle_session_timeout=600    //去掉前面的#号，设置空闲的用户会话中断时间为 10 分钟
Data_connection_timeout=120//去掉前面的#号，设置数据连接超时时间为 120 秒
```

9.3.2 真实账号服务器

用真实账号访问服务器在小范围内对 FTP 服务器来说是必要的。下面就介绍用真实账号访问 FTP 服务器的几种设置，首先要建立几个 Linux 系统用户(aaq、bbc)。

1. 限制用户列表内的用户访问 FTP 服务器

对/etc/vsftpd/user_list 文件中列出的账号设置允许访问 FTP 服务器是很重要的。某些情况下是绝对不允许用户列表中的用户访问 FTP 服务器的，但有些时候为了管理方便，也有必要开放某些用户的访问权限，有以下两种方法。

(1) 用户列表内的用户不能访问 FTP 服务器，而其他不在列表中的账户可以访问。修改配置文件 vsftpd.conf 使下面语句生效。

```
userlist_enable=YES
```

同时把不允许访问 FTP 服务器的用户账号加入 vsftpd.user_list 文件中，这里把用户 aaq 加入 vsftpd.user_list 文件中，如图 9-7 所示。

测试结果如图 9-8 所示。

```
# vsftpd userlist
# If userlist_deny=NO, only allow users in this file
# If userlist_deny=YES (default), never allow users in this file, and
# do not even prompt for a password.
# Note that the default vsftpd pam config also checks /etc/vsftpd/ftpusers
# for users that are denied.
root
bin
daemon
adm
lp
sync
shutdown
halt
mail
news
uucp
operator
games
nobody
aaq
```

图 9-7　将 aaq 用户添加到 vsftpd. user-list 文件中

```
C:\Documents and Settings\Administrator>ftp 192.168.0.29
Connected to 192.168.0.29.
220 (vsFTPd 2.0.5)
User (192.168.0.29:(none)): aaq
530 Permission denied.
Login failed.
ftp> user root
530 Permission denied.
Login failed.
ftp> user dai
331 Please specify the password.
Password:
230 Login successful.
ftp> _
```

图 9-8　限制用户测试 1

图 9-8 显示用户 aaq 和用户 root 都不能访问 FTP 服务器，但是用户 dai 可以访问。

(2) 用户列表内的用户允许访问 FTP 服务器，而其他不在列表中的用户不能访问服务器。修改配置文件 vsftpd.conf，使如下配置参数生效。

```
userlist_deny=NO
```

测试结果如图 9-9 所示。

```
C:\Documents and Settings\Administrator>ftp 192.168.0.29
Connected to 192.168.0.29.
220 (vsFTPd 2.0.5)
User (192.168.0.29:(none)): dai
530 Permission denied.
Login failed.
ftp> user aaq
331 Please specify the password.
Password:
230 Login successful.
ftp> _
```

图 9-9　限制用户测试 2

如图 9-9 所示，用户 aaq 可以访问 FTP 服务器，但是用户 dai 不可以访问，和图 9-8 所显示的正好相反。

2. 更改 FTP 服务器的端口号

在 FTP 服务器端，FTP 服务器有两个默认的端口号，即 20、21。其中端口 21 用于发送和接收 FTP 控制信息，FTP 服务器通过监听这个端口来判断是否有 FTP 客户的连接请求，一旦 FTP 会话建立后，端口 21 的连接就会在会话间始终保持打开状态。端口 20 用于发送和接收 FTP 数据(ASCII 码或二进制文件)，该数据端口只有在传输数据时打开，并在传输数据结束时关闭。

一般情况下，所有的客户端用户，在登录 FTP 服务器时不需要输入服务器默认端口号，但是有时出于安全的考虑，有必要为 FTP 服务器制定特殊的端口号，这在一定程度上增大了“黑客”攻击服务器的难度。

可以在配置文件 vsftpd.conf 中添加如下语句。

```
lsten_port=6666            //指定服务器的端口
```

测试结果如图 9-10 所示。

```
[root@localhost ~]# ftp 192.168.0.29 6666
Connected to 192.168.0.29.
220 (vsFTPd 2.0.5)
530 Please login with USER and PASS.
530 Please login with USER and PASS.
KERBEROS_V4 rejected as an authentication type
Name (192.168.0.29:root): aaq
331 Please specify the password.
Password:
230 Login successful.
Remote system type is UNIX.
Using binary mode to transfer files.
ftp>
```

图 9-10　通过其他端口使用 FTP

3. 设置群组方式访问 FTP 服务器

为了设置不同的安全级别及管理方便，有时候可以采用用户群组方式访问 FTP 服务器，这样可以设置不同用户对同一目录具有不同的访问权限。例如，组 test 有 3 个用户 test1、test2、test3，要求用户 test1 对目录/home/test 目录有读、写、执行的权限。而用户 test2 和用户 test3 对目录/home/test 只有读和执行权限。

建立组 test 和用户 test1、test2、test3。选择系统管理中的用户和组，单击“添加组群”按钮，输入组名称“test”，如图 9-11 和图 9-12 所示。

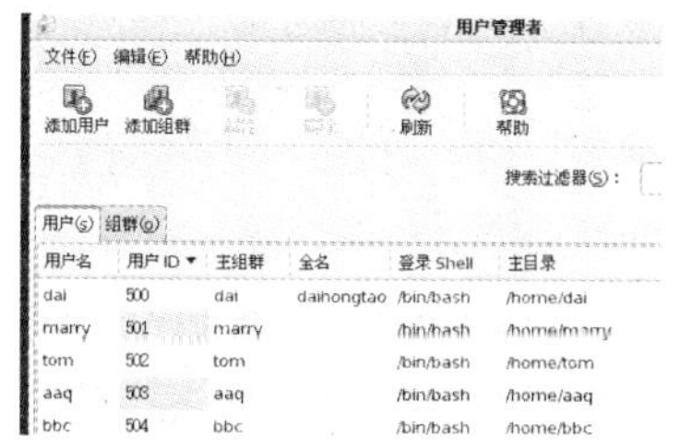

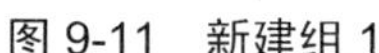
图 9-11　新建组 1

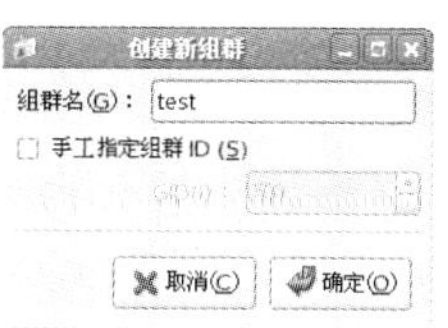

图 9-12　新建组 2

设置完组后建立用户，按提示输入用户名密码，在创建用户的界面上不要选中“创建主目录”和“为该用户创建私人组群”复选框，并在“用户属性”窗口中的“主目录”文本框中输入“/home/test”，如图 9-13 和图 9-14 所示。

图 9-13　新建用户 1

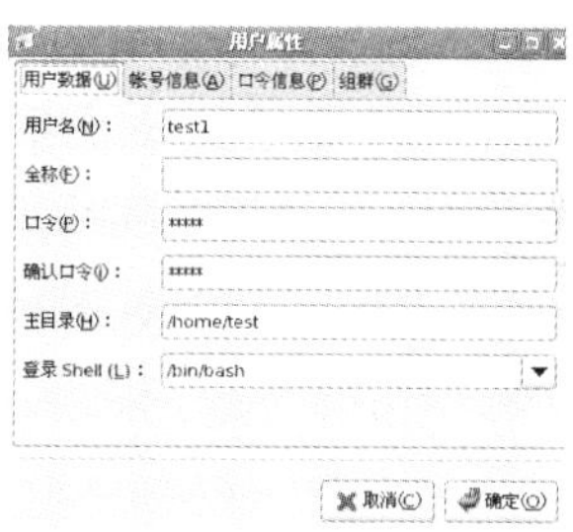

图 9-14　新建用户 2

将用户加入到组 test 中，双击 test 组，选择群组用户，如图 9-15 所示。

设置目录/home/test 的属性，在“test 属性”对话框中选择“权限”选项卡，在“所有者”下拉列表框中选择 test1，在“群组”下拉列表框中选择 test，然后在“所有者”下的“文件夹访问”下拉列表框中选择相应的权限，如“创建和删除文件”，在“群组”下的“文件夹访问”下拉列表框中选择“访问文件”，这样 test1 对目录/home/test 具有创建和删除的权限，用户 test2 和 test3 对目录具有访问的权限。最后关闭完成设置，如图 9-16 所示。

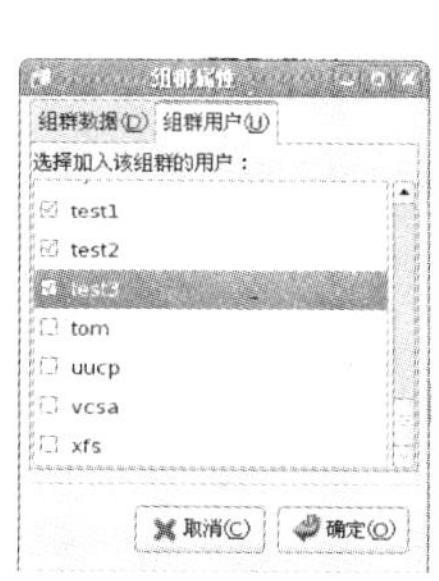

图 9-15　将新建用户归组

图 9-16　设置权限

配置完成后，可以测试用户 test1 对目录建立、删除文件的权限，其他两个用户对文件只有浏览的权限。

4. 限制用户访问目录

默认情况下，用户登录到 FTP 服务器后，可以访问服务器中自己目录以外的文件。为了增强 FTP 服务器的安全性，有必要对用户访问目录进行限制。例如，用户登录到 FTP 服务器后不能更改目录，修改配置文件 vsftpd.conf 添加如下参数配置，即 chroot_local_user=yes。测试结果如图 9-17 所示。

```
C:\Documents and Settings\Administrator>ftp 192.168.0.29
Connected to 192.168.0.29.
220 (vsFTPd 2.0.5)
User (192.168.0.29:(none)): test1
331 Please specify the password.
Password:
230 Login successful.
ftp> ls -l
200 PORT command successful. Consider using PASV.
150 Here comes the directory listing.
drwxr-xr-x    2 506      100          4096 Jul 28 07:48 111
drwxr-xr-x    2 506      100          4096 Jul 28 07:50 222
drwxr-xr-x    2 0        0            4096 Jul 19 10:24 aaa
-rw-r--r--    1 506      100           512 Jul 28 07:49 dd.dsw
-rw-r--r--    1 506      100         33792 Jul 28 07:51 dd.ncb
226 Directory send OK.
ftp: 收到 311 字节，用时 0.00Seconds 311000.00Kbytes/sec.
ftp> cd /
250 Directory successfully changed.
ftp> ls -l
200 PORT command successful. Consider using PASV.
150 Here comes the directory listing.
drwxr-xr-x    2 506      100          4096 Jul 28 07:48 111
drwxr-xr-x    2 506      100          4096 Jul 28 07:50 222
drwxr-xr-x    2 0        0            4096 Jul 19 10:24 aaa
-rw-r--r--    1 506      100           512 Jul 28 07:49 dd.dsw
-rw-r--r--    1 506      100         33792 Jul 28 07:51 dd.ncb
226 Directory send OK.
ftp: 收到 311 字节，用时 0.00Seconds 311000.00Kbytes/sec.
ftp> cd /root
550 Failed to change directory.
ftp> ch /home
Invalid command.
ftp> cd /home
550 Failed to change directory.
ftp>
```

图 9-17　限制用户访问目录

9.3.3　FTP 虚拟用户的配置

VSFTP 支持匿名用户、本地用户和虚拟用户 3 类用户账号。使用虚拟账号可以提供集中管理，同时用于登录 FTP 服务器的用户名密码与系统账号是分开的，即使丢失账号密码对服务器也不会产生安全威胁。

1. 建立虚拟用户的数据库

VSFTP 所使用的虚拟账号保持在一个数据库中，这个数据库是 Berkeley DB 格式的数据库文件，手动建立这个数据库文件所使用的是 db_load 命令工具，从安装光盘中可以获得这个工具。

首先建立文本格式的用户名密码，然后使用 db_load 工具转换成数据库文件，注意文本格式的用户密码文件奇数行是用户名，偶数行是密码。例如，建立两个用户，一个是 tom 密码 123，一个是 jerry 密码 234，具体如下。

```
# vi /etc/vsftpd/vuser.list
    tom
    123
    jerry
    234
```

然后使用 db_local 工具将文本文件转换成 DB 格式的数据库文件。

```
# cd /etc/vsftpd/
# db_load -T -t hash -f vuser.list vuser.db
# ls
    ftpusers  user_list  vsftpd.conf  vsftpd_conf_migrate.sh  vuser.db
vuser.list
```

在 db_load 命令中，“-f”选项用于指定用户/密码列表文件，“-T”选项允许非 Berkeley 格式的应用程序使用从文本格式转换的 DB 数据库，“-t hash”选项指定读取数据文件的基本方法。

2. 建立系统账号

建立 FTP 访问的根目录虚拟用户对应的系统账号，该账号无须密码和登录的 Shell。该用户的宿主目录作为虚拟用户登录 FTP 的根目录。

```
# useradd -d /var/ftproot/ -s /sbin/nologin virtual
                    //建立映射的系统账号
#chmod 755 /var/ftproot
                    //更改目录的权限
#ls -lh /boot > /var/ftproot/vut
                    // 建立测试文件
```

3. 建立 PAM 认证文件

PAM 配置文件用于为程序提供用户认证控制，VSFTP 服务使用的默认 PAM 模块文件是/etc/pam.d/vsftpd，可以参考该文件的格式建立一个新的 PAM 文件。

```
# cat /etc/pam.d/vsftpd.vu
  ` auth required pam_userdb.so db=/etc/vsftpd/vuser
    account required pam_userdb.so db=/etc/vsftpd/vuser
#
```

配置时注意将 db 选项指定为先前建立的虚拟用户数据库文件/etc/vsftpd/vuser(扩展名可以不要)。

4. 修改 vsftpd 主配置文件 vsftpd.conf，添加对虚拟用户的支持

在 vsftpd.conf 文件中添加 Guest_enable、Guest_username 配置项，将 FTP 服务的所有虚拟用户对应到同一个系统账号 virtual，并修改 Pam_service_name 选项，即为上一步建立的那个 PAM 文件。

```
# vi /etc/vsftpd/vsftpd.conf
Anonymous_enable=NO                     //关闭匿名账号
Local_enable=YES                        //启用本地账号
Anon_umask=022
Write_enableYES
Guest_enable=YES                        //启用用户映射功能
Guest_username=virtual                  //虚拟账号映射的本地账号
Pam_service_name=vsftpd.vu              //修改使用的 PAM 文件
```

5. 测试虚拟用户

启动 FTP 服务，在客户端测试，使用账号 tom 和 jerry，如图 9-18 所示。从图中可以看到使用虚拟账号可以登录到服务器，这样大大增加了服务器的安全性。

```
管理员: C:\Windows\system32\cmd.exe - ftp 192.168.0.20
C:\Users\Administrator>ftp 192.168.0.20
连接到 192.168.0.20。
220 (vsFTPd 2.0.5)
用户(192.168.0.20:(none)): tom
331 Please specify the password.
密码:
230 Login successful.
ftp> ls
200 PORT command successful. Consider using PASV.
150 Here comes the directory listing.
vut
226 Directory send OK.
ftp: 收到 5 字节，用时 0.00秒 5.00千字节/秒。
ftp> dir
200 PORT command successful. Consider using PASV.
150 Here comes the directory listing.
-rw-r--r--    1 0        0             437 Sep 24 15:28 vut
226 Directory send OK.
ftp: 收到 61 字节，用时 0.00秒 61000.00千字节/秒。
ftp> quit
221 Goodbye.

C:\Users\Administrator>ftp 192.168.0.20
连接到 192.168.0.20。
220 (vsFTPd 2.0.5)
用户(192.168.0.20:(none)): jerry
331 Please specify the password.
密码:
230 Login successful.
ftp> dir
200 PORT command successful. Consider using PASV.
150 Here comes the directory listing.
-rw-r--r--    1 0        0             437 Sep 24 15:28 vut
226 Directory send OK.
ftp: 收到 61 字节，用时 0.00秒 20.33千字节/秒。
ftp>
```

图 9-18　虚拟用户使用 FTP 测试

9.4　日 志 管 理

FTP 服务器的日志文件 xferlog 记录了有关用户连接和 FTP 服务器运行的信息，该文件可以在目录/var/log 下找到。这个文件由多个命令组成，每一命令行是一项，每一项都由空格分为若干个字段。这些字段包括 curren-timet、transfer-time、remote-host、file-size、filename、special-action、direction、access-mode、direction、username、service-name、transfer-type、authentication-method 和 autenti cated-user-id。字段 transfer-name 用来指定传输花费的时间，以秒计算；字段 remote-host 用来指定建立连接的远程地址；字段 username 指定系统中用户的名称；字段 transfer-type 中，a 代表 ASCII，b 代表二进制；字段 access-mode 用来指定用户的登录方法，a 代表匿名(anonymous)，g 代表客户(guest)，r 代表系统中其他的账号(real login)；字段 direction 中，O 代表输出，I 代表输入。

下面为 xferlog 中的一段内容，如图 9-19 所示。

```
Thu Jul 24 02:02:11 2012 1 192.168.0.19 17553676 /pub/VMwareTools-5.5.3-34685.tar.gz a _ o a daitaohong@126.com
 ftp 0 * c
Thu Jul 24 02:26:17 2012 1 192.168.0.19 17553676 /pub/VMwareTools-5.5.3-34685.tar.gz a _ o a daihongtao ftp 0 *
 c
Thu Jul 24 02:48:32 2012 1 192.168.0.19 976657 /home/dai/bind-9.3.3-7.el5.i386.rpm a _ o r dai ftp 0 * c
Thu Jul 24 02:52:00 2012 2 192.168.0.19 17553676 /home/dai/VMwareTools-5.5.3-34685.tar.gz a _ i r dai ftp 0 * c
Thu Jul 24 02:58:32 2012 1 192.168.0.19 976657 /home/dai/bind-9.3.3-7.el5.i386.rpm a _ o r dai ftp 0 * c
Thu Jul 24 02:59:26 2012 1 192.168.0.19 976657 /home/dai/bind-9.3.3-7.el5.i386.rpm a _ o r dai ftp 0 * c
Thu Jul 24 02:59:45 2012 2 192.168.0.19 17553676 /home/dai/VMwareTools-5.5.3-34685.tar.gz a _ i r dai ftp 0 * c
Sat Jul 26 01:54:06 2012 1 192.168.0.19 162304 /in/phase4tickets.xls b _ i a IEUser@ ftp 0 * c
Sat Jul 26 02:18:50 2012 1 192.168.0.19 240 /in/dd.cpp a _ i a daihongtao@126.com ftp 0 * c
Sat Jul 26 02:20:42 2012 1 192.168.0.19 512 /in/dd.dsw a _ i a daihongtao@123.com ftp 0 * c
Mon Jul 28 07:49:36 2012 1 ::ffff:192.168.0.19 512 /home/test/dd.dsw a _ i r test1 ftp 0 * c
Mon Jul 28 07:51:03 2012 1 ::ffff:192.168.0.19 33792 /home/test/dd.ncb a _ i r test1 ftp 0 * c
Mon Jul 28 07:54:17 2012 1 ::ffff:192.168.0.19 0 /home/test/111 a _ o r test2 ftp 0 * i
Mon Jul 28 07:54:32 2012 1 ::ffff:192.168.0.19 0 /home/test/dd.opt a _ i r test2 ftp 0 * i
~
~
```

图 9-19　FTP 日志

从这段日志文件中，可以看出数据项首先提供的是时间、FTP 服务器、文件的大小及文件名，文件路径有用匿名用户登录，也有用本地用户 test1 登录的。

9.5　给予 FTP 的 Yum 服务器

大家在使用 RPM 安装软件的时候都会遇到有关软件包依赖的问题，即安装 A 软件包是需要 B 软件包的支持。要安装 A 就要先安装 B 这还是好解决的，最令人头疼的是多个软件包的依赖。Yum 的出现，很方便地解决了此问题。

9.5.1　Yum 概述

如图 9-20 所示，安装 MySQL 软件需要很多软件包支持，而且安装其中某个软件包还需有与其他软件包的依赖。那么有没有更好的办法让系统自动解决安装软件包时候的依赖问题呢？答案是肯定的，下面为大家介绍另一个工具 Yum。

```
[root@localhost Server]# rpm -ivh mysql*
warning: mysql-5.0.45-7.el5.i386.rpm: Header V3 DSA signature: NOKEY, key ID 37
17186
error: Failed dependencies:
        perl(DBI) is needed by mysql-5.0.45-7.el5.i386
        perl(DBI) is needed by mysql-bench-5.0.45-7.el5.i386
        libltdl.so.3 is needed by mysql-connector-odbc-3.51.12-2.2.i386
        libodbcinst.so.1 is needed by mysql-connector-odbc-3.51.12-2.2.i386
        unixODBC is needed by mysql-connector-odbc-3.51.12-2.2.i386
        perl(DBI) is needed by mysql-server-5.0.45-7.el5.i386
        perl-DBD-MySQL is needed by mysql-server-5.0.45-7.el5.i386
        perl-DBI is needed by mysql-server-5.0.45-7.el5.i386
[root@localhost Server]# _
```

图 9-20　安装软件的依赖错误

Yum(Yellow dog Updater Modified)是 Yup 的改进版，Yup 最早是由 TSS 公司使用 Python 语言开发的，后由杜克大学的 Linux 开发团队改进并且命名为 Yum。它主要用于软件的安装、卸载、升级，和 RPM 工具一样，但是 Yum 可以自动解决软件包安装过程中的依赖问题。如果想使用 Yum 工具管理软件，还需要一个包含 RPM 软件包的软件仓库 repository，便能提供这个仓库的系统成为源服务器，软件仓库可以基于 FTP，也可基于 HTTP。这里给大家介绍基于 FTP 的软件仓库，用户访问的 FTP 源服务器主目录中所有的 RPM 包头信息组成 repodata(仓库数据)，为 Yum 客户端提供查询分析。

9.5.2　构建 FTP 的 Yum 服务器

(1) 安装配置 FTP 服务器，将光盘挂载，进入光盘目录，如图 9-21 所示。

```
[root@localhost ~]# mount /dev/cdrom /mnt
mount: block device /dev/cdrom is write-protected, mounting read-only
[root@localhost ~]# cd /mnt/Server/
[root@localhost Server]# rpm -ivh vsftpd-2.0.5-12.el5.i386.rpm
warning: vsftpd-2.0.5-12.el5.i386.rpm: Header V3 DSA signature: NOKEY, key ID 37
017186
Preparing...                ########################################### [100%]
   1:vsftpd                 ########################################### [100%]
[root@localhost Server]# _
```

图 9-21　安装 FTP

(2) 将光盘的所有内容复制到 FTP 的主目录/var/ftp/pub 下，如图 9-22 所示。

```
[root@localhost Server]# cp -ap /mnt/* /var/ftp/pub/ &
[1] 3287
[root@localhost Server]# _
```

图 9-22 复制光盘内容

图 9-21 和图 9-22 中，“*”是一个通配符，代表该目录下的所有文件，“&”代表让命令后台运行，因为光盘的内容太多，如果不后台运行会一直占用界面而无法进行其他操作。

(3) 安装 CEATEREPO 软件，该软件主要用于手机目录中 RPM 包文件的头信息，用于创建 repodata 软件仓库数据。

(4) 创建 repository 仓库信息文件，使用 createrepo 命令在当前目录下生成 repodata 数据，使用-g 选项可以指定用于常见组信息的 XML 文件模板。注意在 pub 目录中有 4 个目录，即 Cluster、ClusterStorage、Server 和 VT，这 4 个目录包含了光盘中所有的 RPM 数据包。在这 4 个目录中建立 repository 的方法如下。

```
# createrepo -g repodata/comps-rhel5-cluster.xml ./
32/32 - Cluster_Administration-en-US-5.2-1.noarch.rpm
Saving Primary metadata
Saving file lists metadata
Saving other metadata
# cd ../ClusterStorage/
# createrepo -g repodata/comps-rhel5-cluster-st.xml ./
39/39 - Global_File_System-ru-RU-5.2-1.noarch.rpm
Saving Primary metadata
Saving file lists metadata
Saving other metadata
# cd ../VT/
# createrepo -g repodata/comps-rhel5-vt.xml ./
35/35 - Virtualization-en-US-5.2-11.noarch.rpm
Saving Primary metadata
Saving file lists metadata
Saving other metadata
# cd ../Server/
# createrepo -g repodata/comps-rhel5-server-core.xml ./
2255/2255 - SysVinit-2.86-15.el5.i386.rpm
Saving Primary metadata
Saving file lists metadata
Saving other metadata
#
```

(5) 启动 FTP 服务器，代码如下。

```
#service vsftpd restart
```

9.5.3　客户端设置

(1) Yum 客户端工具是系统自带的，在字符模式下使用 Yum 命令，在图像模式下还有一个图形化的 Yum 工具。

(2) 设置 Yum 数据源的位置。

使用 Yum 源服务器之前，必须为客户端建立指定的配置文件，设置好原服务器的位置和可用的目录等选项。该配置文件的位置在/etc/yum.repos.d 目录中，名称为 rhel-debuginfo.repo，直接修改这个配置文件如下。

```
[rhel-debuginfo]
name=Red Hat Enterprise Linux $releasever - $basearch - Debug //名称
//下面是仓库数据的位置
baseurl=ftp://192.168.1.104/pub/Cluster
      ftp://192.168.1.104/pub/ClusterStorage
      ftp://192.168.1.104/pub/Server
      ftp://192.168.1.104/pub/VT
enabled=1                                                //启用该目录
gpgcheck=0                                               //不检查 gpg
#gpgkey=file:///etc/pki/rpm-gpg/RPM-GPG-KEY-redhat-release //不需要密钥
```

(3) 在客户端可以使用 yum 命令查看软件的信息，代码如下。

```
yum list updates                    //查看可以升级的软件包
yum list installed                  //查看本机安装了哪些软件包
yum list available                  //查看 Yum 源中所有的软件包
yum list available samba*           //查看 Yum 源中以 samba 开头的软件包
yum list info installed apache      //查看已安装了 apache 的软件包信息
```

在客户端可以使用 yum 命令，采用 update 参数升级软件，采用 remove 参数卸载软件，采用 install 安装软件。在执行上面命令后，系统会提示用户按 Y 键确认，如果不希望输入 Y 键，可以加一个参数“-y”，具体如下。

```
yum -y update                       //升级所有可用的软件包
yum -y update apache                //升级 apache 软件包
yum -y remove bind                  //卸载 bind 软件包
yum -y install mysql                //安装 mysql 软件包
```

(4) 客户端实验。下面用 Yum 来解决图 9-20 的问题，安装 MySQL 如图 9-23 所示。

```
#yum -y install mysql
```

(5) 客户端使用图形模式在应用程序中的添加删除程序如图 9-24 所示。

```
This system is not registered with RHN.
RHN support will be disabled.
Setting up Install Process
Parsing package install arguments
Resolving Dependencies
--> Running transaction check
---> Package mysql.i386 0:5.0.45-7.el5 set to be updated
--> Finished Dependency Resolution

Dependencies Resolved

=============================================================================
 Package            Arch          Version             Repository         Size
=============================================================================
Installing:
 mysql              i386          5.0.45-7.el5        rhel-debuginfo    4.1 M

Transaction Summary
=============================================================================
Install      1 Package(s)
Update       0 Package(s)
Remove       0 Package(s)

Total download size: 4.1 M
Downloading Packages:
mysql-5.0.45-7.el5.i386.rpm                                  |   0 B     00:00
ftp://192.168.2.103/pub/ClusterStorage/mysql-5.0.45-7.el5.i386.rpm: [Errno -1] Package does not match intended download
Trying other mirror.
mysql-5.0.45-7.el5.i386.rpm                                  |   0 B     00:00
ftp://192.168.2.103/pub/Cluster/mysql-5.0.45-7.el5.i386.rpm: [Errno -1] Package does not match intended download
Trying other mirror.
mysql-5.0.45-7.el5.i386.rpm                                  | 4.1 MB    00:00
Running rpm_check_debug
Running Transaction Test
Finished Transaction Test
Transaction Test Succeeded
Running Transaction
  Installing     : mysql                                [1/1]

Installed: mysql.i386 0:5.0.45-7.el5
Complete!
You have mail in /var/spool/mail/root
[root@localhost ~]#
```

图 9-23　Yum 安装 MySQL

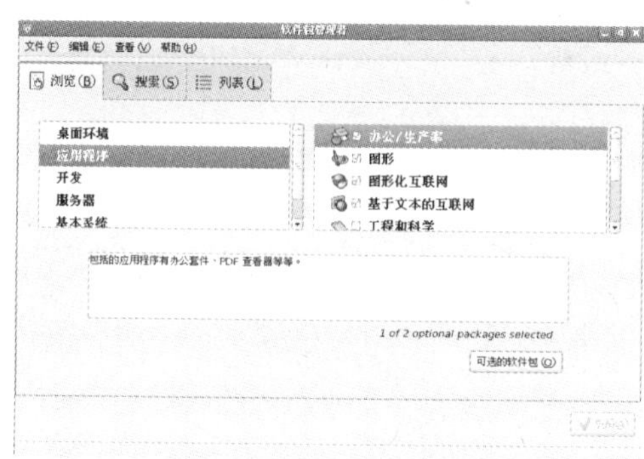

图 9-24　软件包管理

本 章 习 题

一、填空题

1. FTP 协议应用 OSI 七层模型中的________层。

2. 与大多数的服务器一样，FTP 协议也是一种________模式的架构。

3. FTP 的数据传输模式分为________、________、________3 种。

4. FTP 的端口号是________、________。

5. VSFTP 服务器的只配置文件是________。

6. 根据 FTP 服务器服务的对象不同，可以将 FTP 用户分为________、________、________3 类。

二、问答题

1. FTP 服务器和客户机通信会建立两个连接，分别是什么？它们分别有什么作用？

2. 什么是 FTP 的主动模式？它是如何工作的？

3. 什么是 FTP 的被动模式？它是如何工作的？

4. VSFTP 有哪些特点？

5. FTP 服务器只配置文件默认情况下是不允许匿名用户上传文件的，那么如何修改才能让匿名用户上传文件？

6. 如何设置一个 FTP 服务器并发连接数为 1 万，并且每个用户同时只能下载 3 个文件？

7. 如果在局域网中运行所有主机访问 FTP 服务器，只是 192.168.1.50 这台客户机不能访问，应如何设置？

三、上机实训

根据公司的开发部门和市场部门的业务发展要求，需要搭建一台 FTP 文件服务器，以提供公测版软件、市场资料的下载与上传、文件管理等应用，同时要对用户访问、下载和上传流量进行控制。考虑到服务器的运行效率、稳定性及安全性，选择在 Linux 操作系统中构建 vsftpd 服务器实现。

需求描述

(1) 添加 3 个 FTP 虚拟用户 devadm、sales 和 saleadm。

(2) 设置用户访问及文件权限控制：开放匿名访问，任何用户可以从/var/ftp/soft/目录下载资料；用户 devadm 可以对/var/ftp/soft/目录进行管理；用户 sales 可以从/var/market/目录下载资料；用户 saleadm 可以对/var/market/目录进行管理。所有上传的文件，均去除非属主位的写(w)权限；对服务器中没有明确授权的其他目录，均禁止以上用户访问。

(3) 下载、上传流量及带宽控制：最多允许 150 个并发用户连接，每个 IP 并发连接数不超过 5 个；匿名用户及 sales 用户的下载带宽限制为 100Kb/s；devadm、saleadm 用户的下载、上传带宽限制为 500Kb/s。

实现思路

(1) 注意虚拟 FTP 用户数据库的建立过程。

(2) 通过配置项 anon_max_rate 限制传输速率。

(3) 通过配置项 anon_root 设置匿名 FTP 用户的默认主目录。

(4) 通过配置项 local_root 为个别虚拟用户设置主目录。

第 10 章 DHCP 服务器配置

学习目的与要求：

在 TCP/IP 网络上，每台工作站在访问网络上的资源之前，都必须进行基本的网络配置。对于一个较大的网络，网络的管理和维护任务是相当繁重的。因此，需要有一种机制来让 TCP/IP 的配置和管理从客户端转移到服务器端，实现 IP 的集中式管理。所有入网的必要参数(包括 IP 地址、子网掩码、默认网关和 DNS 服务器地址等)的设置都可以交给 DHCP 服务器负责，DHCP 服务器对 IP 地址进行集中管理，克服了静态 IP 地址的缺点，还可以在某种程度上解决 IP 地址资源不足的问题。

本章介绍 Linux 下的 DHCP 服务器的搭建，通过对本章的学习，读者应做到握以下几点。

- 熟悉 DHCP 服务器的工作原理。
- 熟悉 DHCP 服务器的安装方法。
- 熟悉 DHCP 服务器配置文件内容。
- 熟练配置 DHCP 服务器。

10.1 DHCP 概述

DHCP 是 Dynamic Host Configuration Protocol(动态主机配置协议)的简称，是一个简化主机 IP 地址分配管理的 TCP/IP 协议。网络上的主机作为 DHCP 的客户端，可以从网络中的 DHCP 服务器下载网络的配置信息。这些信息包括 IP 地址、子网掩码、网关、DNS 服务器和代理服务器地址。使用 DHCP 服务器，不再需要手工设定网络的配置信息，从而为集中管理不同的系统带来了方便，网络管理员可以通过配置 DHCP 服务器来实现对网络中不同系统的网络配置。

DHCP 的原理是：网络中有一台设置成通过 DHCP 获取网络配置参数的客户端计算机，这台客户端计算机在开机时发送一个广播地址(32 位全为 1 的 IP 地址，即 255.255.255.255)，本地网络中的 DHCP 服务器收到广播后，会根据收到的物理地址在服务器上查找相应的配置，并从划定的 IP 地址区中发送某个 IP 地址、附加选项(如租期和到期时间)、子网掩码、网关和 DNS 等信息给该计算机，该计算机收到响应后还要发送一条注册信息，以告诉服务器该 IP 地址已被租用，防止 IP 地址冲突。整个注册过程实际上是一套相当复杂的程序，双方要进行多次信息交换，最终才能注册成功，注册成功后该计算机即可直接使用 IP 地址。

DHCP 服务器支持 3 种方式的 IP 地址分配：自动方式、手动方式和动态方式。自动方式为主机分配永久的 IP 地址；手动方式由管理员专门指定 IP 地址；动态方式是在主机需要 IP 地址时，从 IP 地址区中分配一个 IP 地址让主机租用，用完后可以自动释放该 IP 地址。

10.1.1 DHCP 的工作过程

一台 DHCP 客户端的计算机第一次启动时，需要经过一系列步骤才能获得 TCP/IP 的配置信息，并得到 IP 地址的租期，主要过程如下。

1. DHCP 客户首次获得 IP 租约

DHCP 客户首次获得 IP 租约，需要经过 4 个阶段与 DHCP 服务器建立联系，如图 10-1 所示。

(1) IP 租用请求：DHCP 客户机启动计算机后，通过 UDP 端口 67 广播一个 DHCPDIS COVER 信息包，向网络中的任意一个 DHCP 服务器请求提供 IP 地址。

(2) IP 租期提供：网络上所有的 DHCP 服务器均会收到此信息包，每台 DHCP 服务器都通过 UDP 端口 68 向 DHCP 客户机发送一个 DHCPOFFER 广播包提供一个 IP 地址。

(3) IP 租用选择：客户机从不只一台 DHCP 服务器上收到信息后，会选择第一个收到的 DHCPOFFER 包，并向网络中广播一个 DHCPREQUEST 信息包，表明自己已经收到了一个 DHCP 服务器提供的 IP 地址，该广播包中包含接受的 IP 地址和服务器的 IP 地址。

(4) IP 租用确认：被客户机选择的 DHCP 服务器在收到 DHCPREQUEST 广播后，会广播返回客户机一个 DHCPACK 信息包，表明已经接受客户机的选择，并将这一 IP 地址的合法租用及其他的配置信息都放入该广播包发给客户机。

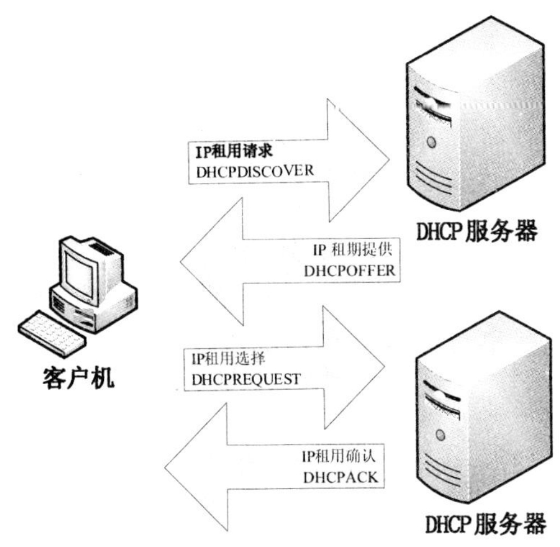

图 10-1 DHCP 原理图

客户机在收到 DHCPACK 广播包后，会使用该广播包中的信息来配置自己的 TCP/IP，这样租用过程完成，客户机即可在网络中正常通信。

2. DHCP 客户进行 IP 租约更新

取得 IP 租约后，DHCP 客户机必须定期进行更新租约，否则当租约到期，就不能再使用该 IP 地址了。按照 RFC 的默认规定，每当租期时间超过租约的 50%和 87.5%时，客户机就必须发出 DHCPREQUEST 信息包，向 DHCP 服务器请求更新租约。在更新租约时，DHCP 客户机以单点传送方式发出 DHCPREQUEST 信息包，不再进行广播。具体过程如下。

(1) 在当前租期已过去 50%时，DHCP 客户机直接向为其提供 IP 地址的 DHCP 服务器发送 DHCPREQUEST 信息包。如果客户机收到该服务器回应的 DHCPACK 信息包，客户机就根据包中所提供的新租期及其他已经更新的 TCP/IP 参数更新自己的配置，IP 地址租期更新完成。如果没有收到该服务器的回应，则客户机继续使用现有的 IP 地址，因为当前租期还有 50%。

(2) 如果租期过去 50%时未能更新成功，则客户机将在当前租期过去 87.5%时再次向为其提供 IP 地址的 DHCP 服务器发送信息，试图与其联系，但是如果联系不成功，则重新开始 IP 地址租用过程。

(3) DHCP 客户机如果重启动时，将会尝试更新上次关机时拥有的 IP 租用；如果更新未能成功，客户机则认为自己仍然位于与其获得现有 IP 租用相同的子网上，继续使用现有的 IP 地址；如果未能与默认网关联系成功，客户机会认为自己已经被移到不同的子网上，则 DHCP 客户机将失去 TCP/IP 网络功能。此后 DHCP 客户机将每隔 5 分钟尝试一次重新开始新一轮的 IP 租用过程。

3. 使用 DHCP 服务器的情况

在网络使用 DHCP 服务器一般适合以下两种情况。

(1) IP 地址有限，而其租用 IP 地址的主机在同一时间段内不是很多。如果在一个办公局域网中有 50 台计算机，但是只有 30 个 IP 地址可供使用，而且在该局域网内，同时上网的用户一般不超过 30 个，这时就可以配置一台 DHCP 服务器来动态为局域网分配 IP 地址。

(2) 大型网络，并且网络中的计算机用户不固定。一般来说，现在的中小型网络采用手动方式分配 IP 地址。对于中小型网络，手动分配不容易造成 IP 地址冲突，然而对于大型网络来说，手动分配就非常不方便了，而且容易造成 IP 地址冲突。如果网络采用 DHCP 服务器分配 IP 地址，只要在服务器端进行设置即可，这样既减少了网络管理员的工作量，又不会造成 IP 地址冲突。

10.1.2 DHCP 的地址租约方式

DHCP 服务器在工作时是以地址租约的方式向客户端提供 IP 地址分配服务的，一般有两种分配方式。

(1) IP 地址租期约定是指当一台 DHCP 客户机租用到一个 IP 地址后，有一个约定的租期。当 DHCP 客户机向 DHCP 服务器租用 IP 地址后，客户机可以使用该 IP 地址一段时间。当使用时间达到租用周期的一半时，客户机必须向 DHCP 服务器提出续约请求，请求成功后，可以继续使用该 IP 地址；如果客户机没有续约成功，服务器就会把该 IP 地址收回，分配给其他客户端使用。当然原客户端还继续需要 IP 地址时，服务器会分配一个新的 IP 地址给它使用，这样就会很好地解决 IP 地址不够用的问题，这也是在网络中设置 DHCP 服务器最重要的原因。

(2) IP 地址被永久租用，根据需要，一些客户机必须永久占用一个 IP 地址。例如，网络中的 Web 服务器的 IP 地址不能随便被更改。所以当客户机向 DHCP 服务器租用到一个 IP 地址后，这个地址就永久地分配给这个 DHCP 客户机使用，这样客户机就不必频繁地向 DHCP 服务器提出续约请求。

10.2 DHCP 服务器的安装

Red Hat 安装程序默认没有安装 DHCP 服务，若需使用，必须先在系统中安装 DHCP 服务，安装方法如下。

10.2.1 安装配置 DCHP 服务器

在 Red Hat 的光盘中提供了 DHCP 服务器的安装包。下面以 RPM 包的安装方式为例，介绍 DHCP 服务器的安装。如果用户已经安装了 DHCP，则可以跳过下面的安装过程。

```
//查看是否安装了 DHCP
#rpm -qa |grep dhcp
//将光盘放入光驱安装
#rpm -ivh dhcp-3.0.5-3.el5.i386.rpm
```

如图 10-2 所示为 DHCP 的安装过程。

```
[root@localhost Server]# rpm -ivh dhcp-3.0.5-3.el5.i386.rpm
warning: dhcp-3.0.5-3.el5.i386.rpm: Header V3 DSA signature: NOKEY, key ID 37017
186
Preparing...                ########################################### [100%]
   1:dhcp                   ########################################### [100%]
[root@localhost Server]#
```

图 10-2　DHCP 软件包安装

10.2.2　DHCP 的配置文件

DHCP 的配置文件为/etc/dhcpd.conf。默认的情况下没有该文件，只有通过系统提供的模板进行查看，模板的路径为/usr/share/doc/dhcp-3.0.5/dhcpd.conf.sample。下面对此文件进行说明，如图 10-3 所示。

```
ddns-update-style interim;
ignore client-updates;

subnet 192.168.0.0 netmask 255.255.255.0 {

# --- default gateway
        option routers                  192.168.0.1;
        option subnet-mask              255.255.255.0;

        option nis-domain               "domain.org";
        option domain-name              "domain.org";
        option domain-name-servers      192.168.1.1;

        option time-offset              -18000; # Eastern Standard Time
#       option ntp-servers              192.168.1.1;
#       option netbios-name-servers     192.168.1.1;
# --- Selects point-to-point node (default is hybrid). Don't change this unless
# -- you understand Netbios very well
#       option netbios-node-type 2;

        range dynamic-bootp 192.168.0.128 192.168.0.254;
        default-lease-time 21600;
        max-lease-time 43200;

        # we want the nameserver to appear at a fixed address
        host ns {
                next-server marvin.redhat.com;
                hardware ethernet 12:34:56:78:AB:CD;
                fixed-address 207.175.42.254;
        }
```

图 10-3　dhcpd.conf.sample 文件内容

使用 vi 打开该文件，代码如下。

```
ddns-update-style interim;                              //动态 DNS 更新方式
 ignore client-updates;

 subnet 192.168.1.0 netmask 255.255.255.255{    //必须用 subnet 在 DHCP 服务器
 //内设置一个 IP 作用域，用户可以用 subnet 语句通知 DHCP 服务器，把服务器可以分配的
 //IP 地址范围限制在规定的子网内，当 DHCP 客户端向 DHCP 服务器请求 IP 地址时，DHCP 服
 //务器就可以从该作用域内选择一个尚未分配的 IP 地址。subnet 语句包含了表示子网掩码的
 //netmask。{}内所有的内容多是与该作用域有关的数据
```

```
# ---default gateway
option routers              192.168.1.1 ;         //设定网关和路由器的 IP 地址
option subnet-mask           255.255.255.0;       //设定子网掩码
option nis-domain           "domain.org" ;
option domain-name          "domain.org" ;        //设置 DNS 域名
option domain-name-servers     192.168.1.1  ;  //设置 DNS 服务器的 IP 地址(可多个)

option time-offset         -1800  #Eastern Standard Time    //设置与格林威治
                                                            //时间的偏移时间
#   option net-servers        192.168.1.1;
#   option netbios-name-servers  192.168.1.1;
# --- Selects point-to-point node (default is hybrid). Don't change this
unless
# --- you understand Netbios very well
#   option netbios-node-type 2;
    Range dynamic-bootp 192.168.1.128 192.168.1.254;          //通过 range
//语句，可以指定动态分配的 IP 地址范围。在 range 语句中需要指定地址端的首地址和末地址
//(可设置多个范围)
    Default-lease-time 21600;                     //指定客户端 IP 地址默认租用的时间长度是
                                                  //多少(以秒为单位)
    Max-lease-time  43200                         //设置最长租用 IP 地址时间(以秒为单位)
#   we want the nameserver to appear at a fixed address
Host ns {                                         //给某个主机绑定固定 IP 地址(可设置多个)
       Next-server marvin.redhat.com;  //设置为固定，用于定义服务器从引导文件装
                                                  //入主机名，一般不用(仅用于无盘工作站)
     Hardware Ethernet 12:34:56:78:AB:CD //指定 DHCP 的客户的 MAC 地址
     Fixed-address 207.175.42.254          //对指定的 Mac 地址分配 IP 地址
  }
}
```

10.2.3 配置 DHCP 服务器举例

配置 DHCP 服务器时，主要修改 dhcpd.conf 文件，其中主要设置子网网段、网关地址、DNS 地址、租用时间、可提供分配的 IP 地址范围和绑定某些 IP 地址等。下面将举例说明。

假设局域网中有 50 台计算机，但是只有 30 个 IP 地址，地址段为 192.168.0.200～192.168.0.229，子网掩码是 255.255.255.0，其中 192.168.0.200 和 192.168.0.220 要分配给固定的主机。配置方法如图 10-4 所示。

配置完成后使用命令 service dhcpd start 启动 DHCP 服务器即可。

注意： 如果是下载的 tar 包编译安装的情况，还要在/var/db/建立一个 dhcpd.leases 的文件，Linux 的版本不同，文件建立的位置也不同。文件记录了客户机获得 IP 地址的详细信息。

```
subnet 192.168.0.0 netmask 255.255.255.0 {

# --- default gateway
        option routers                  192.168.0.1;
        option subnet-mask              255.255.255.0;

        option nis-domain               "domain.org";
        option domain-name              "domain.org";
        option domain-name-servers      192.168.0.1,202.106.0.20;

        option time-offset              -18000; # Eastern Standard Time
#       option ntp-servers              192.168.1.1;
#       option netbios-name-servers     192.168.1.1;
# --- Selects point-to-point node (default is hybrid). Don't change this unless
# -- you understand Netbios very well
#       option netbios-node-type 2;

        range dynamic-bootp 192.168.0.200 192.168.0.229;
        default-lease-time 21600;
        max-lease-time 43200;

        # we want the nameserver to appear at a fixed address
        host ns {
                next-server marvin.redhat.com;
                hardware ethernet 12:34:56:78:AB:CD;
                fixed-address 192.168.0.200;
        }
        host dns{
                hardware ethernet 00:1A:A0:9A:58:64;
                fixed-address 192.168.0.229;
```

图 10-4　dhcpd.conf 部分内容

10.2.4　配置 DHCP 中继

当企业的内部网络规模较大时，通常划分为多个不同的物理子网，在不同的子网段之间是不允许广播包通过的。而 DHCP 服务恰恰是通过 UDP 广播的方式进行工作的，这就出现一个问题：使用一台 DHCP 服务器将无法同时为多个物理子网段提供服务。解决的办法有两种：其一，为每个物理网段安装一台 DHCP 服务器，但这种方式存在资源上的浪费，而且不利于集中管理；其二，在连接不同物理网段的路由器中开启 DHCP 中继功能，允许有针对性地转发 DHCP 广播包。

下面以使用 RHEL 5 服务器作为网段间的路由器为例，介绍 DHCP 中继服务器的配置，网络拓扑图如图 10-5 所示。图中 DHCP 服务器除了为本地网络 192.168.1.0 分配 IP 地址外，还通过中继服务器为 192.168.2.1 和 192.168.3.1 配置 IP 地址。

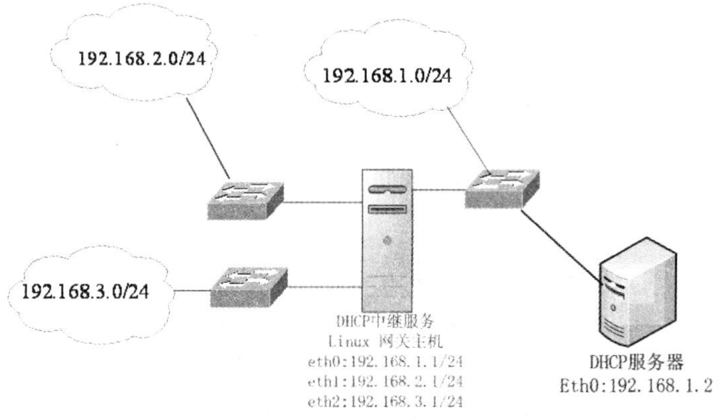

图 10-5　网络拓扑图

DHCP 服务器的主配置文件配置内容如下。

```
ddns-update-style interim;          //动态 DNS 更新方式
 ignore client-updates;

 subnet 192.168.1.0 netmask 255.255.255.255{
     option routers                  192.168.1.1 ;
     option subnet-mask              255.255.255.0;
     option nis-domain               "domain.org" ;
     option domain-name              "domain.org" ;
     option domain-name-servers      192.168.1.1  ;
        range dynamic-bootp 192.168.1.128 192.168.1.254;
        Default-lease-time 21600;
        Max-lease-time  43200
}

 subnet 192.168.2.0 netmask 255.255.255.255{
   option routers                    192.168.2.1 ;
   option subnet-mask                255.255.255.0;
   option nis-domain                 "test.org" ;
   option domain-name                "test.org" ;
   option domain-name-servers        192.168.2.1  ;
        range dynamic-bootp 192.168.2.128 192.168.2.254;
        Default-lease-time 21600;
        Max-lease-time  43200
}
 subnet 192.168.3.0 netmask 255.255.255.255{
   option routers                    192.168.3.1 ;
   option subnet-mask                255.255.255.0;
   option nis-domain                 "domain.org";
   option domain-name                "domain.org";
   option domain-name-servers        192.168.3.1  ;
        range dynamic-bootp 192.168.3.128 192.168.3.254;
        Default-lease-time 21600;
        Max-lease-time  43200
}
```

把要分配的 3 个网段分别写到 dhcpd.conf 文件中，启动 DHCP 服务器。在中继服务器上配置步骤如下。

在 RHEL 5 系统中安装好 DHCP 服务器软件后，就包含了 DHCP 中继相关的程序和脚本。配置 DHCP 中继服务器，只需要修改配置文件/etc/sysconfig/dhcrealy，并启动 dhcrelay 服务即可。当然作为路由器使用，还要开启路由转发功能。

(1) 在中继服务器上开启服务器的路由转发功能。编辑/etc/sysctl.conf 文件，将 net.ipv4.ip_forward 配置选项修改值改为 1，并执行 sysctl -p 命令生效。

```
# vi  /etc/sysctl.conf
net.ipv4.ip_forward = 1
# sysctl -p
```

(2) 设置允许 DHCP 中继数据的接口及 DHCP 服务器的 IP 地址。编辑/etc/sysconfig/dhcrelay，分别设置 INTERFACES 和 DHCPSERVERS 配置项。

```
# /etc/sysconfig/dhcrelay
INTERFACES = "eth0 eth1 eht2"
DHCPSERVERS = "192.168.1.2"
```

(3) 启动 dhcrelay 中继服务器。

```
#service dhcrelay start
# chkconfig -level 35 dhcrelay on   //设置开机自动启动
```

还要注意 DHCP 服务器的网关一定指向 DHCP 中继服务器。

10.3　配置 DHCP 客户端

在 Linux 和 Windows 中配置 DHCP 客户端很简单，下面介绍具体的实现方法。

10.3.1　配置 Linux 下的 DHCP 客户端

在 Red Hat 下配置 DHCP 客户有两种方法：图形配置和手动配置。无论哪种配置方法，第一步都是确定内核能够识别网卡。大多数网卡会在安装过程中被识别，系统会为该网卡配置适当的内核驱动。

图形方式配置 DHCP 客户端只需要输入命令 netconfig 调出图形界面即可，有些 netconfig 工具在 Linux 系统中不是默认安装程序，如果没有安装，只需要插入 Linux 光盘对其进行安装即可，netconfig 工具为 RPM 包形式(注：netconfig 工具在企业版 5 中不是默认安装文件，需要手动安装，可以在网上下载)。图形配置方法如图 10-6 和图 10-7 所示。

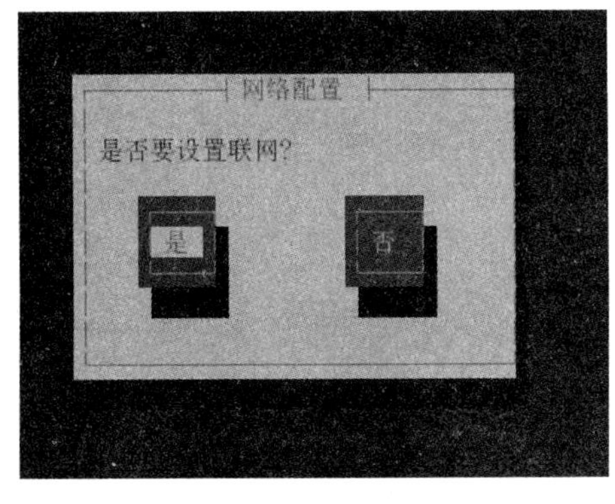

图 10-6　netconfig 界面 1

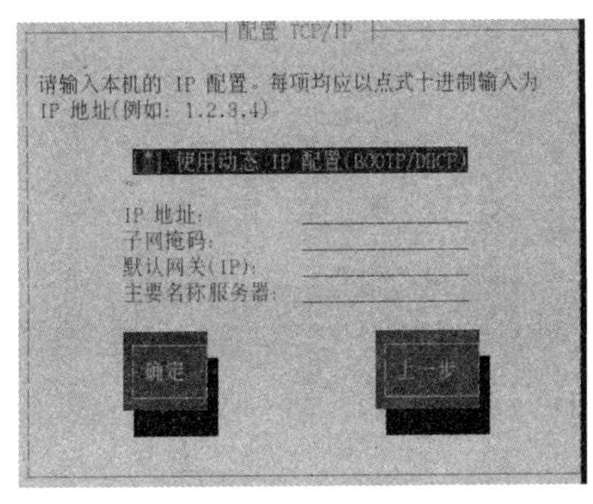

图 10-7　netconfig 界面 2

要手动配置 DHCP 客户，需要修改网卡的配置文件“ifcfg-eth ?”，该文件的目录为 /etc/sysconfig/network-scripts。这里的 eth ?是网络设备的名称，如 eth1、eth0、eth0:1 等。具体的配置步骤如下。

```
//修改/etc/sysconfig/network-scripts/ifcfg-eth0 文件
#vi /etc/sysconfig/network-scripts/ifcfg-eth0
//修改结果如下
DEVICE=eth0
BOOTPROTO=dhcp
ONBOOT=yes
//对每个想配置 DHCP 的网络设备做类似配置
```

对于每次的网络设备配置后多要重新启动网络设备。

```
#service  network  reatart
    #
```

10.3.2　配置 Windows 的 DHCP 客户端

为了配置 Windows 的 DHCP 客户端，需要执行如下步骤(以 Windows XP 为例)。

(1) 打开网络连接窗口，如图 10-8 所示。右击“本地连接”图标，选择“属性”命令，弹出“本地连接 属性”对话框，如图 10-9 所示。

图 10-8　配置 DHCP 客户端 1

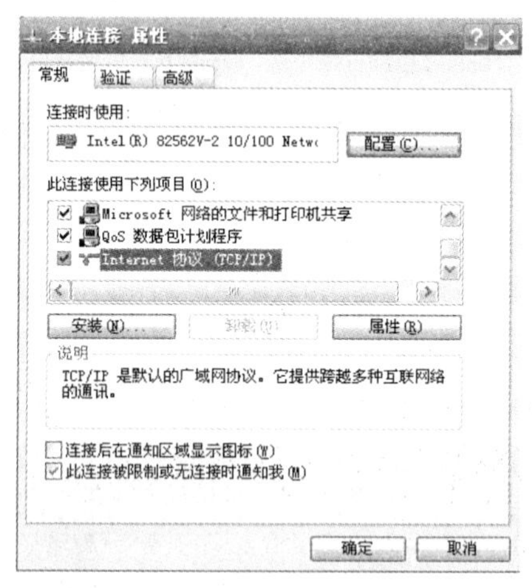

图 10-9　配置 DHCP 客户端 2

(2) 选择“Internet 协议(TCP/IP)”选项，单击“属性”按钮，弹出“Internet 协议(TCP/IP)属性”对话框，如图 10-10 所示。

(3) 选择“自动获取 IP 地址”单选按钮，单击“确定”按钮完成客户端的设置。

(4) 查看 Windows 下自动获取 IP 地址的结果，如图 10-11 所示。

(5) 在服务器上查看 dhcpd.leases 文件，如图 10-12 所示。

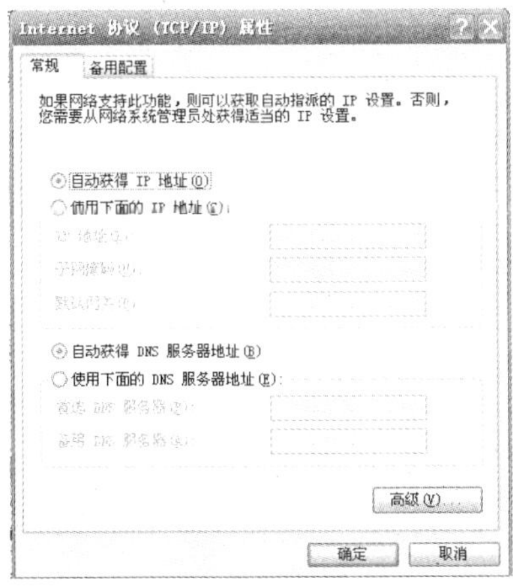

图 10-10　配置 DHCP 客户端 3

```
Ethernet adapter 本地连接:

        Connection-specific DNS Suffix  . : domain.org
        Description . . . . . . . . . . . : Intel(R) 82562V-2 10/100 Network Con
nection
        Physical Address. . . . . . . . . : 00-1A-A0-9A-58-64
        Dhcp Enabled. . . . . . . . . . . : Yes
        Autoconfiguration Enabled . . . . : Yes
        IP Address. . . . . . . . . . . . : 192.168.0.229
        Subnet Mask . . . . . . . . . . . : 255.255.255.0
        Default Gateway . . . . . . . . . : 192.168.0.1
        DHCP Server . . . . . . . . . . . : 192.168.0.29
        DNS Servers . . . . . . . . . . . : 192.168.0.1
                                            202.106.0.20
        Lease Obtained. . . . . . . . . . : 2013年4月1日 10:03:56
        Lease Expires . . . . . . . . . . : 2013年4月1日 16:03:56

C:\Documents and Settings\Administrator>
```

图 10-11　通过 DHCP 自动获得的网络参数

```
# The format of this file is documented in the dhcpd.leases(5) manual page.
# This lease file was written by isc-dhcp-4.1.0

server-duid "\000\001\000\001\021\362\016\314\000\014)\275IF";

lease 192.168.0.240 {
  starts 4 2013/04/16 16:17:52;
  ends 4 2013/04/16 22:17:52;
  cltt 4 2013/04/16 16:17:52;
  binding state active;
  next binding state free;
  hardware ethernet 00:0c:29:01:c0:49;
  uid "\001\000\014)\001\300I";
  client-hostname "client";
}
lease 192.168.0.240 {
  starts 4 2013/04/16 16:17:55;
  ends 4 2013/04/16 22:17:55;
  cltt 4 2013/04/16 16:17:55;
  binding state active;
  next binding state free;
  hardware ethernet 00:0c:29:01:c0:49;
  uid "\001\000\014)\001\300I";
  client-hostname "client";
```

图 10-12　dhcpd.leases 文件内容

图中记录了一台 DHCP 客户机的详细信息，如客户机获得的 IP 地址启用时间、客户机的 MAC 地址、客户机的计算机名称等。

本 章 习 题

一、填空题

1. DHCP 是________的简称。

2. DHCP 服务器可以给客户机分配包括________、________、________、________、________等信息。

3. DHCP 服务器支持________、________、________3 种方式的 IP 地址分配。

4. DHCP 服务器的主配置文件是________。

5. Linux 下的 DHCP 客户端使用________命令可以调查图形模式配置网络。

二、问答题

1. 叙述 DHCP 的工作过程。

2. 叙述当客户机的 IP 地址租期到达 50%和 87.5%时会怎样。

3. 在什么情况下使用 DHCP 服务器?

4. 在什么情况下使用 DHCP 中继?

5. 用网卡 eth0 配置 DHCP 获取 IP 地址，其内容是怎么配置?

6. 有一个公司的局域网需要配置 DHCP 服务器。IP 地址范围是 192.168.1.100 ~ 192.168.1.200，DNS 服务器地址是 202.106.0.20，备用 DNS 是 192.168.1.1，网关 IP 地址是 192.168.1.1。其中地址范围内的 192.168.1.150 分配给 Web 服务器，它的 MAC 地址是 11:22:33:44:55:AV。写出 DHCP 主配置文件的内容如何配置。

三、上机实训

公司的内部网络划分为 3 个物理网段，并通过一台 Linux 网关服务器相互连接。为了提供集中化的地址分配管理，现需要构建一台 DHCP 服务器，在不增加硬件投资的情况下，为处于不同网段的客户机动态配置 IP 地址等网络参数。

需求描述

(1) 在网关主机中构建 DHCP 和 DHCP 中继服务器。

(2) 为以下 3 个物理网段提供动态地址分配服务：192.168.1.0/24、192.168.2.0/24、192.168.3.0/24。

(3) 默认租约时间 21600 秒，最大租约时间 43200 秒。

(4) 客户机使用的 DNS 服务器地址：202.106.0.20、202.106.148.1。

(5) 用于动态分配的 IP 地址范围分别为：192.168.1.20～192.168.1.200；192.168.2.20～192.168.2.200；192.168.3.20～192.168.3.200。

(6) 网关主机各接口的 IP 地址作为对应网段的默认网关。

实现思路

(1) 确认服务器主机的网络地址配置正确。

(2) 先配置好 DHCP 服务器。

(3) 再配置 DHCP 中继服务器。

(4) 验证实验结果。

注意事项

将 DHCP 服务器的默认网关指向 DHCP 中继服务器。

第 11 章 DNS 服务器配置

学习目的与要求：

在引入 DNS(Domain Name System)之前，网络中的主机是将容易记忆的域名映射到 IP 地址并将它保存在一个共享的文本文件 hosts 中，再由 hosts 文件来实现网络中域名的管理。最初，Internet 非常小，这种方式足以满足要求，每个 Internet 站点将定期地更新其主机文件 hosts 的副本，并且发布主机文件的更新版本来反映网络的变化。但是，当 Internet 上的计算机海量增加时，文件也会随着时间的推移越来越大，这种按当前和更新的形式维持文件及将文件分配至所有站点将变得非常困难，甚至无法完成。DNS 很好地解决了这个问题。

本章介绍 DNS 的工作原理及如何搭建 DNS 服务器。通过对本章的学习，读者应该做到以下几点。

- 熟悉 DNS 服务器的工作原理。
- 熟悉 DNS 的查询方式。
- 熟悉域名的组成。
- 熟练安装 DNS 服务器。
- 熟练配置 DNS 服务器。

11.1 DNS 概述

域名系统 DNS 在 TCP/IP 结构的网络中是一个很重要的 Interne 服务，它是一种域层次结构的计算机和网络服务命名系统。通过 DNS 服务可以将易于记忆的域名和不易记忆的 IP 地址进行转换，从而使得人们能通过使用简单、好记的域名代替 IP 地址来访问网络。承担 DNS 解析任务的网络主机就被称为 DNS 服务器(DNS Server)。建立一台企业网络的 DNS 服务器需要具备以下条件：一个固定的 IP 地址、域名、网络与 Internet 连接。

11.1.1 DNS 的特征及组成

通常人们认为 DNS 只是将域名转换成 IP 地址，然后再使查找的 IP 地址连接目标主机，这个过程称为“正向解析”。事实上，将 IP 地址转换成相应域名的功能也时常用到。例如，当客户机登录到一台 Linux 服务器时，服务器就会找出客户机是从哪个地方来的，这个过程称为“反向解析”。

1. DNS 的特征

DNS 具有以下重要特征。

(1) 适用于任何网络规模，DNS 工作不依赖于大规模的 IP 地址映射表。

(2) 采用分布式系统结构，易于管理网络，运行可靠性高。

(3) 在 DNS 系统中新入网的 IP 信息可以在需要时自动广播至网络的任意一处。

2. DNS 的组成

DNS 系统依赖于一种层次化的域名空间分布式数据库。具体地讲，它由 3 个部分组成。

(1) 域名和资源记录(Domain Name and Resource Records)：用来指定结构化的域名空间和相应的数据。

(2) 域名服务器(Domain Name System)：它是一个服务器端程序，包括域名空间树结构的部分信息。

(3) 解析器(Resolves)：它是客户端向域名服务器提交解析请求的程序。

11.1.2 DNS 的层次结构与域名分配

DNS 在运行中需要进行委派，这项工作由 Internet 协会的授权委员会完成。该协会管理 Internet 的地址和域名的登记，其下属的 3 个机构分别管理全球不同地区的域名和地址分配。欧洲信息网络服务中心(EINS)负责管理欧洲的域名分配，InterNIC 负责管理南、北美洲和非亚太所属区的域名，亚太地区的亚太互联网络信息中心 APNIC 负责管理该地区的域名和地址分配。

中国属于亚太地区，所以这里重点介绍 APNIC 分配地址的两种方式。

(1) 下属有 4 个国家及地区网络中心机构，即日本、韩国、泰国和中国台湾地区。APNIC 向其授权域名分配的权利，它们所属的机构可向各自主管机构申请域名。

(2) 没有被授权的国家网络中心机构，如中国 APINC 成立了 ISP 机构负责该项工作。由 APINC 把部分地址分给 ISP，再由大的 ISP 分给小的 ISP 层层划分域名。

出于分散还有并行处理的需要，与 Linux 文件系统相类似。DNS 采用树形层次结构，虽然 DNS 被用于域名与 IP 地址的映射，但在广域网中并未保存整个域网的 IP 地址信息。

在局域网中 IP 地址信息被有规律地分散在各自域的域名服务器中。在 DNS 系统内存在着一个最上面的服务器，通常被称为根节点服务器(Root Server)的 IP 地址。各个国家和地区的根节点服务器为该国和地区的网络提供 IP 查询服务，而具体的映射是由其下属的各级服务器来实现的。

各根节点下的一级域名服务器仅负责管理其二级域的 IP 地址信息，二级域名服务器则仅为其所属范围内的各个三级域提供服务，三级域以下的各子域则由各个入网单位自己管理。三级域的域名一般由各个国家的网络中心(Network Information Center)统一分配和管理。

一级域名：又称根域名，世界各国或地区的根域名均依照国际标准化组织的规定，采用双字符方式来表示。例如，中国 ChinaNet 的根域(Top Domain)名为 cn。

二级域名：各国有各自的规定。例如，ChinaNet 的二级域名定义如下：edu 指教育科研机构；com 指企事业单位；gov 指政府机关；net 指网络管理机关；org 指网络服务性机关。

在 ChinaNet 上还采用下述域名表示法：Beijing 指北京地区；Shanghai 指上海地区；Guangzhou 指广州地区等。

在中国，ChinaNet 由 CNIN(China Network Information Center)统一负责 IP 地址分配及二级域名的命名。三级域名常常以各个单位的英文缩写来命名，如新浪(sina)、搜狐(sohu)等，因此这些单位的三级域名表示为 sina.com.cn、sohu.com.cn。四级及其以下的域名，由各三级域名所属单位各自命名，一般为各个下属机关、部门的英文缩写，但是必须是唯一的，如 lib.sina.com.cn、bbs.sohu.com.cn。为了书写方便，各个域名的字符数也不宜太长。

11.1.3　DNS 查询的工作过程和模式

1. DNS 查询的工作过程

DNS 是典型的 C/S 模式结构。其查询过程如下：请求程序通过客户端的解析器向服务器发送查询请求，等待服务器数据库(Server Database)给出应答并解释服务器给出的答案，然后把所得信息给请求程序。

例如，假设查询某计算机的 FQDN(Full Qualified Domain Name，完全合格域名)为 http://ftp.master.net.cn，那么 DNS 的查询过程如下。

(1) 客户端发送请求给这台计算机，所设置的 DNS Server 询问 http://ftp.master.net.cn

的 IP 地址是多少。

(2) 指定的 DNS Server 先查看该域名是不是在它的缓存文档中。如果有，则回答答案，如果没有，就从最上一级查起，在 DNS Server 配置文件中有“.”的设置，表示往上一层的任何一台 DNS 服务器查询。在本例客户端发送请求会问.cn 要向谁查询。

(3) “.”层的 DNS Server 会回答：.cn 要向.cn 所在的 DNS Server1 查询。

(4) 向 DNS Server1 询问：.net.cn 要向谁查询。DNS Server 回答：.net.cn 要向.net.cn 所在的 DNS Server2 查询。

(5) 向 DNS Server2 询问：.master.net.cn 要向谁查询，回答是要向 master.net.cn 所在的 DNS Server3 查询。

(6) 在 DNSServer3 确定 ftp.masternet.cn 要向 www.master.net.cn 查询：www.master.net.cn 域下的 ftp.masternet.cn 的 IP 地址是什么。

(7) www.master.net.cn 会回答 ftp.master.net.cn 的 IP 地址是多少。

2. DNS 的查询模式

1) 递归查询

当收到 DNS 客户的查询请求后，本地 DNS 服务器只会向 DNS 客户返回两个信息，要么是在该 DNS 服务器上查到的结果，要么查询失败。当在本地 DNS 服务器中找不到时，该 DNS 服务器不会主动地告诉 DNS 客户另外的 DNS 服务器的地址，而是由该 DNS 服务器自行完成名称和 IP 地址的转换，即利用服务器上的软件来请求下一个服务器，如果其他 DNS 服务器查询失败，就会告知客户查询失败。当本地 DNS 服务器利用服务器上的软件请求下一个服务器时，使用的就是“递归查询”(Recursive Query)算法进行查询，因此而得名。一般 DNS 客户段向 DNS 服务器提出的查询请求属于递归查询。

2) 叠代查询

当收到客户端的查询请求后，如果 DNS 服务器中没有查到所要的数据，该 DNS 服务器便会告诉 DNS 客户端另外一台 DNS 服务器的 IP 地址，然后再由另外一台 DNS 服务器查询，以此类推，一直到查到所需要的数据为止。如果到最后一台 DNS 服务器都没有所需要的数据，则通知 DNS 客户端查询失败。“迭代”的意思就是，如果在某地查不到，该地址就会告诉用户其他地方的地址，转到其他地方去查。一般在 DNS 服务器之间的查询请求属于叠代查询(Iterative Query)(DNS 服务器也可以充当 DNS 客户机的角色)。

11.1.4 DNS 的类别

目前 Linux 系统上使用的 DNS 服务器软件是伯克利(Berkeley)。Internet 域名系统(Berkeley Internet Name Domain)即 BIND。从概念上讲，BIND 系统由服务器和解析器两部分组成。

服务器：对查询请求加以应答，一般为一个独立的进程常驻系统。

解析器：向服务器进程提供查询请求，解析器一般并非一个常驻程序，而是作为库程序，存放在系统中以供查询事件动态调用，该程序提供与域名服务器的连接和信息交换的方法。

DNS 服务器有不同的类型，每种服务器在域名服务系统中所起的作用也是不一样。基本的 DNS 服务器是主服务器(Master Server)。每一个网络至少有一个主服务器，以解析网络上的域名，比较大的网络会有多个 DNS 服务器，其中有些可以直接从主服务器上进行更新，是网络中主机可以使用的替换 DNS 服务器，这些服务器常被称为从服务器(Secondary Server)。DNS 服务器不能解析的 DNS 请求会被发送到网络之外的服务器，即 Internet 的特定服务器上，用户可以设置网络中的 DNS 服务器完成此项功能，这样的服务器称为转发服务器(Forward Server)。为减轻工作负担，本地 DNS 服务器可以设置为缓存服务器(Caching Server)，此服务器仅仅收集发送到主机 DNS 服务器的以前的查找结果，任何重复的请求可以有缓存服务器应答。

可以应答特定区域 DNS 查询的服务器被称为授权服务器。授权服务器保存了区域中主机的 DNS 配置文件记录，该记录将主机的 DNS 名称与 IP 地址关联起来。例如，主服务器本身就是一个授权服务器；从服务器也可以作为授权服务器；缓存服务器不具备授权特性它只能保存从其他服务器获取的相应关系，并且不能保证这种关系的有效性。

以下是这几种服务器的具体特征描述。

1. 主服务器

它给定域的所有信息的授权来源，其所装载的域信息来源于域管理员所创建的磁盘文件，通过本地维护，更新有关服务器授权管理的域的最精确信息。它具有最权威的回答，能完成任何关于授权管理的域的查询。

2. 从服务器

用户可以从从服务器上获得域信息的完整集合，域文件从主服务器上传过来，并以本地的文件形式存储在从服务器的硬盘上。从服务器保留了一份所有域信息的完整副本，也能以授权的方式回答相关域的查询。DNS 从服务器有时也被称为备份域名服务器，具有主服务器的部分功能。

3. 转发服务器

转发服务器把将要解析的 DNS 请求发送到该网络以外的服务器，它可以保持局域网上的其他服务器对 Internet 的隐藏。

11.2　BIND 的安装和启动

BIND 是为 BSD 操作系统开发的一套网络域名服务系统，是一款实现 DNS 服务器的开放源码软件，能够运行在当前大多数的操作系统上。它原来是美国 DARPA 资助伯克利大学开设的一个研究课题，后来经过多年的发展变化，已经成为世界上使用最广泛的 DNS 服务器软件，Internet 上绝大多数的 DNS 服务器都是用 BIND 来架设的。目前 BIND 软件由因特网软件联合会 ISC(Internet Software Consortium)这个非营利性机构负责开发和维护。BIND 软件版本在不断进行更新，以适应新的安全性和管理需要。

11.2.1 安装 BIND 域名服务器

Red Hat Linux 提供了域名服务器的 RPM 包，有如下几个。

BIND-utils：包括 DNS 查询工具。

BIND：服务器端软件。

Redhat-config-BIND：域名服务器的 GUI 配置工具。

Caching-nameserver：包含高速缓存服务器的配置文件。

下面以 RPM 包的安装方法为例介绍 BIND 的安装过程。如果用户已经安装可跳过下面过程。

```
//查看是否安装了 BIND
#rpm -qa|grep bind
//插入光盘，进入安装目录安装
#rpm -ivh utils-9.3..3-7.e15.i386.rpm
#rpm -ivh BIND-9.3.3-7.e15.i386.rpm
#rpm-ivh caching-nameserver-9.3.3-7.e15.i386.rpm
//安装所有需要的包
```

安装后，查看安装结果如图 11-1 所示。

```
root@LINUX:/media/RHEL-5 i386 Disc 3/Server
文件(F) 编辑(E) 查看(V) 终端(T) 标签(B) 帮助(H)
[root@LINUX Server]# rpm -qa |grep bind
bind-utils-9.3.3-7.el5
bind-devel-9.3.3-7.el5
kdebindings-3.5.4-1.fc6
bind-libbind-devel-9.3.3-7.el5
ypbind-1.19-7.el5
bind-libs-9.3.3-7.el5
bind-9.3.3-7.el5
[root@LINUX Server]#
```

图 11-1 BIND 软件包的安装信息

11.2.2 启动域名服务器

安装完成后就可以启动，Red Hat Linux 默认 BIND 以独立方式启动，所以需要输入如下命令。

```
//立即启动
#service named start
//查看 BIND 是否启动
#pstree |grep named
```

如图 11-2 所示，表明 BIND 已经启动。

```
[root@LINUX Server]# service named start
启动 named:                                          [确定]
[root@LINUX Server]# pstree |grep named
     |-named---3*[{named}]
[root@LINUX Server]# 
```

图 11-2 named 服务状态

如果希望 BIND 在下次启动计算机时，启动使用命令 ntsysv，选中 named 即可，另外 BIND 启动后还可以使用 rndc 命令查看域名服务器的运行状态，如图 11-3 所示。

```
[root@LINUX Server]# rndc status
number of zones: 6
debug level: 0
xfers running: 0
xfers deferred: 0
soa queries in progress: 0
query logging is OFF
recursive clients: 0/1000
tcp clients: 0/100
server is up and running
[root@LINUX Server]# 
```

图 11-3 域名服务器的运行状态

11.3 域名服务器的配置语法

在进行域名服务器配置时，需要修改 BIND 的主配置文件/etc/named.conf，默认情况下该文件是不存在的，用户可以按照格式自行创建。此外，在安装 DNS 服务时都会安装一个范本文件，该文件的路径是/usr/share/doc/BIND-9.3.3/sample/etc/named.conf，在具体的 DNS 服务器配置中，可以将该文件复制为/etc/named.conf，然后根据需要进行编辑，这样配置工作比较容易完成。

11.3.1 文件簇

Linux 上的域名服务器是由 named 守护进程来执行的，该进程从主配置文件/etc/named.conf 中获取有关的信息，并将主机名映射为 IP 地址的各种相关其他文件。

配置 named 时需要使用一组文件，表 11-1 列出了 named 的配置文件簇。

表 11-1 named 的配置文件簇

	文 件 名	说 明
主配置文件	/etc/named.conf	设置一般的 named 参数，指向该服务器使用的域数据库的信息
根域名服务器指向文件	var/named/chroot/var/named/named.ca	存放根域服务器的 IP 地址，用于高速缓存服务器的初始配置
localhost 区文件(默认存在)	/var/named/chroot/var/named/named.zone	用于将名称 localhost 转换为本地回送 IP 地址(127.0.0.1)
	/var/named/chroot/var/named/named.local	用于将本地 IP 地址(127.0.0.1)转换为名称 localhost

11.3.2 主配置文件

BIND 的主配置文件是/etc/named.conf，该文件只包括 BIND 的基本配置，并不包含任何 DNS 区域数据。主配置文件格式有一定规则。

(1) 配置文件中语句必须以分号结尾。

(2) 需要用花括号将容器指令(如 options)中的配置语句包含起来。

(3) 注释符号可以使用 C 语言中的符号对“/*”和“*/”、C++语言的“//”和 Shell 脚本的“#”。

1. named.conf 的配置语句

表 11-2 列出了一些 named.conf 可用的配置语句。

表 11-2 主配置文件 named.conf 的配置语句

配置语句	说 明
acl	定义 IP 地址访问控制清单
controls	定义 rndc 命令使用的控制通道
include	将其他文件包含到本配置文件中
key	定义授权的安全密钥
logging	定义日志的记录范围
options	定义全局配置选项
server	定义远程服务器的特征
trusted-keys	为服务器定义 DNSSEC 加密密钥
zone	定义一个区

以下对经常使用的全局配置语句和区声明语句做进一步的说明。

2. 全局配置语句 option

named.conf 文件的全局配置语句的格式如下。

```
Option(
    配置子句;
    配置子句;
);
```

表 11-3 列出了一些常用的全局配置子句。

表 11-3 全局配置子句

子 句	说 明
recursion	是否使用递归式 DNS 服务器，默认为 yes
transfer-format one-answer|many-answer	是否允许在一条消息中放入多条应答消息
directory"path"	定义服务器区配置文件的工作目录，默认为/var/named
forwarders{IPaddr}	定义转发器

在以上 option 的配置中，directory 设定指出了 named 的数据资源文件存放在/var/named 目录下。也就是说，named 进程会在这个目录里查找相关文件，获得 DNS 数据，然后，在后面设置数据库文件时，可以直接放在这个目录里，不需要再使用绝对路径。

3. 区声明

区(zone)声明是配置文件中最重要的部分。zone 语句的格式如下。

```
Zone  "zone-name" IN(
    Type 子句;
    File  子句;
    其他字句;
);
```

在表 11-4 中列出了常用的区声明子句。一条区声明需要说明域名、服务器的类型和域信息源。

表 11-4　主配置文件 named.conf 常用的区声明子句

子　句	说　明
type　master|hint|slave	说明一个取得类型。 master：说明一个区为主域名服务器； hint：说明一个区为启动时初始化高速缓存的域名服务器； slava：说明一个区为辅助域名服务器
file　"filename"	说明一个区的域信息源数据库信息文件名

以上区文件中 zone“.”这部分设置定义了 DNS 系统中的根区域“.”，其类型为 hint。本地 DNS 无法解析到的非本地区域的内容，都会根据 named.ca 设定到 root 区域负责查询。

接下来定义了 4 个区的数据文件，包括以下几种。

(1) 根据服务器地址信息进行解析。

(2) 本地主机回路地址的反向解析。

(3) lintec.edu.cn。

(4) 本地区域主机的 IP 地址反向解析类型均为 master，即主服务器类型。Allow-update 配置项禁止动态更新域名信息记录。

Controls 文件最后的“include "/etc/rndc.key"; ”是 BIND 9.x 版本的新功能，其定义 rndc 命令使用的控制通道。

11.3.3　区域文件

区文件定义了一个区的域名信息，通常也称域名数据文件。每个区文件都是有若干个资源记录(Resource Records，RR)和区文件指令组成的。

每个区文件都由 SOA RR 开始，同时包括 NS RR，对于正向解析文件还包括 ARR、MX、RR、CHIME、RR 等；而对于反向解析文件还包括 PTR RR。

资源记录具有基本的格式，标准资源记录的基本格式如下：

```
name        ttl       IN       type        rdata
```

各个字段之间有空格或制表符分隔。以下是这些字段的含义。

name：表示资源记录引用的域对象名，可以是一台独立的主机，也可以是整个域，其取值及说明见表 11-5。

表 11-5　name 字段说明

取　值	说　明
.	根域
@	默认域，可以在文件中使用$ORIGIN domain 来说明默认域
标准域名	或是以“.”结束的域名，或是一个相对的域名
空	该记录适用于最后一个带有名称的域对象

ttl(time to live)：寿命字段，它是以秒为单位定义该资源记录中的信息存放在高速缓存中的时间长度。通常该字段值为空，表示采用 SOA 中的最小 ttl 值。

IN：将该记录标识为一个 Internet DNS 资源记录。

type：标识这是哪一类资源记录，其类型及功能说明见表 11-6。

表 11-6　type 字段说明

记录类型	功能说明
A(Address)	用于主机名转换为 IP 地址，任何一个主机都只能有一个 A 记录
CNAME	定义主机的别名，主机的规范名在 A 记录中给出
HINFO(Canonical NAME)	描述主机的信息
MX(Mail eXchanger)	邮件的交换记录。告诉邮件进程把邮件发送到另一个系统。此系统的系统值知道如何将邮件传送到它的目的地
NS(Name Server)	标识一个域的域名服务器
PTR(domain name PoinTeR)	将地址转换为主机名
SOA(Start Of Authority)	SOA 记录表示一个授权区的开始。SOA 记录后的所有信息是控制这个域的。每个配置文件都必须包含一个 SOA 记录，以标识服务器所管理的起始位置。配置文件的第一个记录必须是 SOA 记录

rdata：指定与这个资源记录有关的数据，数据字段的内容取决于类型字段，相关说明见表 11-7。

表 11-7　rdata 字段说明

记录类型	数　据	说　明
A	IP address	IP 地址
CNAME	Canonical-name	别名

续表

<table>
<tr><th>记录类型</th><th colspan="2">数　据</th><th>说　明</th></tr>
<tr><td rowspan="2">HINFO</td><td colspan="2">Hardware</td><td>机器硬件名</td></tr>
<tr><td colspan="2">Os-type</td><td>操作系统名</td></tr>
<tr><td rowspan="2">MX</td><td colspan="2">Preference-value</td><td>优先级别数字(数字越小级别越高)</td></tr>
<tr><td colspan="2">Mailer-exchanger</td><td>邮件服务器的名称</td></tr>
<tr><td>NS</td><td colspan="2">Name-server</td><td>域名服务器的名称</td></tr>
<tr><td>PTR</td><td colspan="2">Real-name</td><td>主机的真实名称</td></tr>
<tr><td rowspan="7">SOA</td><td colspan="2">hostname</td><td>存放本资料的主机名</td></tr>
<tr><td colspan="2">Contact</td><td>管理域的管理员的邮件地址，因此“@”在文件中有特殊的含义，所以邮件地址 123@weha.com 写为 123.weha.com</td></tr>
<tr><td rowspan="5">时间数据字段</td><td>serial</td><td>本地信息文件的版本号(文件修改后将其值加 1)</td></tr>
<tr><td>Refresh</td><td>辅助域名服务器多长时间更新数据库</td></tr>
<tr><td>Retry</td><td>若辅助域名更新数据库失败，多长时间再更新</td></tr>
<tr><td>Expire</td><td>若域名服务器无法从主服务器上更新数据，原有数据何时失效</td></tr>
<tr><td>Minimum</td><td>若资源记录栏未设定 ttl，则以这里提供的时间为准</td></tr>
</table>

注：在资源记录中所有的全域名必须以“.”结束。

11.3.4　BIND 的默认配置

1. 查看 BIND 的默认配置

配置写完之后执行下面的命令，查看 BIND 的默认配置。

```
#vi /etc/named.conf
//
// named.conf for Red Hat caching-nameserver
//

options {
    directory "/var/named";
    dump-file "/var/named/data/cache_dump.db";
    statistics-file "/var/named/data/named_stats.txt";
    /*
    * If there is a firewall between you and nameservers you want
    * to talk to, you might need to uncomment the query-source
    * directive below.  Previous versions of BIND always asked
    * questions using port 53, but BIND 8.1 uses an unprivileged
     * port by default.
```

```
    */
    // query-source address * port 53;
};

//
// a caching only nameserver config
//
controls {
    inet 127.0.0.1 allow { localhost; } keys { rndckey; };
};

zone "." IN {
    type hint;
    file "named.ca";
};

zone "localdomain" IN {
    type master;
    file "localdomain.zone";
    allow-update { none; };
};

zone "localhost" IN {
    type master;
    file "localhost.zone";
    allow-update { none; };
};

zone "0.0.127.in-addr.arpa" IN {
    type master;
    file "named.local";
    allow-update { none; };
};

zone
"0.0.0.0.0.0.0.0.0.0.0.0.0.0.0.0.0.0.0.0.0.0.0.0.0.0.0.0.0.0.0.0.ip6.arpa"
IN {
    type master;
    file "named.ip6.local";
    allow-update { none; };
};

zone "255.in-addr.arpa" IN {
    type master;
    file "named.broadcast";
```

```
    allow-update { none; };
};

zone "0.in-addr.arpa" IN {
    type master;
    file "named.zero";
    allow-update { none; };
};
include "/etc/rndc.key";
```

2. 查看根域指向的区文件 named.ca

执行下面的命令可以查看根域指向的区文件 named.ca 的内容。

```
#vi /var/named/named.ca

//named.ca 内容
.                     3600000  IN  NS   A.ROOT-SERVERS.NET.
A.ROOT-SERVERS.NET.      3600000     A    198.41.0.4
;
; formerly NS1.ISI.EDU
;
.                     3600000     NS   B.ROOT-SERVERS.NET.
B.ROOT-SERVERS.NET.      3600000     A    192.228.79.201
;
; formerly C.PSI.NET
;
.                     3600000     NS   C.ROOT-SERVERS.NET.
C.ROOT-SERVERS.NET.      3600000     A    192.33.4.12
;
; formerly TERP.UMD.EDU
;
.                     3600000     NS   D.ROOT-SERVERS.NET.
D.ROOT-SERVERS.NET.      3600000     A    128.8.10.90
;
; formerly NS.NASA.GOV
;
.                     3600000     NS   E.ROOT-SERVERS.NET.
E.ROOT-SERVERS.NET.      3600000     A    192.203.230.10
;
; formerly NS.ISC.ORG
;
.                     3600000     NS   F.ROOT-SERVERS.NET.
F.ROOT-SERVERS.NET.      3600000     A    192.5.5.241
;
; formerly NS.NIC.DDN.MIL
```

```
;
.                       3600000      NS    G.ROOT-SERVERS.NET.
G.ROOT-SERVERS.NET.      3600000      A     192.112.36.4
;
; formerly AOS.ARL.ARMY.MIL
;
.                       3600000      NS    H.ROOT-SERVERS.NET.
H.ROOT-SERVERS.NET.      3600000      A     128.63.2.53
;
; formerly NIC.NORDU.NET
;
.                       3600000      NS    I.ROOT-SERVERS.NET.
I.ROOT-SERVERS.NET.      3600000      A     192.36.148.17
;
; operated by VeriSign, Inc.
;
.                       3600000      NS    J.ROOT-SERVERS.NET.
J.ROOT-SERVERS.NET.      3600000      A     192.58.128.30
;
; operated by RIPE NCC
;
.                       3600000      NS    K.ROOT-SERVERS.NET.
K.ROOT-SERVERS.NET.      3600000      A     193.0.14.129
;
; operated by ICANN
;
.                       3600000      NS   L.ROOT-SERVERS.NET.
L.ROOT-SERVERS.NET.      3600000      A     198.32.64.12
;
; operated by WIDE
;
.                       3600000      NS    M.ROOT-SERVERS.NET.
M.ROOT-SERVERS.NET.      3600000      A     202.12.27.33
; End of File
```

(1) 该文件提供了 13 个根域服务器的指向，用于递归查询。

(2) 该文件无须手工修改。

(3) 应定期到 ftp.rs.internic.net 域名下载/domain/named.boot 文件对本文件进行更新。

3. 查看本地域文件

执行下面的命令可以查看本地域文件。

```
//查看本地正向解析文件
#cat /var/named/chroot/var/namedlocalhost.zone
$TTL    86400
```

```
@       IN SOA      @       root (
        42      ; serial (d. adams)
        3H      ; refresh
        15M     ; retry
        1W      ; expiry
        1D )    ; minimum
    IN NS       @
IN A        127.0.0.1

//查看本地反向解析文件
#cat /var/named/named.local
$TTL    86400
@       IN      SOA     localhost. root.localhost.  (
        1997022700 ; Serial
        28800       ; Refresh
        14400       ; Retry
        3600000     ; Expire
        86400 )     ; Minimum
IN      NS      localhost.
1       IN      PTR     localhost.
```

11.4　域名服务器的配置

上面介绍了 BIND 主配置文件及相关配置文件的内容，下面将通过对这些文件的修改、配置来完成一个具体的域名服务器。

11.4.1　配置主域名服务器

在本节中将配置 text.cc 域名。

1. 在主配置文件中添加区声明

执行如下命令可以在主配置文件中添加区声明。

```
//编辑主配置文件
#vi /etc/named.conf
//添加 test.cc 的区声明
//查看结果如下
//添加正向解析
zone "test.cc" IN {
    type master;                //(指定 master 类型，即主域名服务器类型)
    file "test.com.zone";
    allow-update { none; };
};
//添加反向解析
zone "0.168.192.in-addr.arpa" IN {
```

```
    type master;                //(指定 master 类型，即主域名服务器类型)
    file "192.168.0.local";
    allow-update { none; };
};
```

2. 创建正向解析的数据库文件

执行如下命令可以创建正向解析的数据库文件。

```
//在/var/named/chroot/var/named 文件夹下新建文件 test.cc.zone
#vi /var/named/chroot/var/named/test.cc.zone
//添加如下内容
//定义 TTL
$TTL    86400
//设置起始授权记录
@            IN     SOA      show.test.cc.       root.show.test.cc. (
                                    42              ; serial (d. adams)
                                    3H              ; refresh
                                    15M             ; retry
                                    1W              ; expiry
                                    1D )            ; minimum
//设置域名服务记录
        IN      NS            show.test.cc.
//设置邮件交换记录
        IN      MX      5      mail.test.cc.
//设置地址记录
show    IN      A              192.168.0.29
mail    IN      A              192.168.0.29
//设置别名记录
www     IN      CNAME          show.test.cc
```

3. 创建反向解析的数据库文件

执行如下命令可以创建反向解析的数据库文件。

```
//在 var/named/chroot/var/named 文件夹下新建文件 192.168.0.local
#vi /var/named/chroot/var/named/192.168.0.local
//添加如下内容
//定义默认的 TTL
~$TTL    86400
//设置起始授权记录
@       IN      SOA     show.test.cc. root.show.test.cc.  (
                                 1997022700 ; Serial
                                 28800      ; Refresh
                                 14400      ; Retry
                                 3600000    ; Expire
                                 86400 )    ; Minimum
```

```
//设置域名记录
        IN      NS      show.test.cc.
//设置反向地址指针记录
29       IN      PTR     show.test.cc.
29      In      PTR     mail.test.cc.
~
```

4. 重启 DNS 服务

执行如下命令可以重启 DNS 服务。

```
#service named restart
#
```

11.4.2　测试 DNS

安装了 BIND-utils 包之后就可以使用它提供的 3 个 NDS 测试工具测试 DNS，它们分别是 host、dig、nslookup。其中 host、dig 是命令行工具，而 nslookup 既可以使用命令行运行，也可以使用交互式运行。

在使用测试工具前，首先修改客户端配置文件/etc/resolv.conf。添加如下行，使其指向刚刚配置的 DNS 服务器。

```
nameserver 192.168.0.29
```

使用 host 命令测试 DNS 服务器

下面举例说明 host 命令的使用。

```
//查看 DNS 客户配置
# cat /etc/resolv.conf
search huayang.com  test.cc
nameserver 192.168.0.29
nameserver 192.168.0.2
nameserver 202.106.0.20
//查看主域名服务器的 IP 地址
# ifconfig eth0 |grep inet
 inet addr:192.168.0.29  Bcast:192.255.255.255  Mask:255.0.0.0
 inet6 addr: fe80::20c:29ff:fe71:9f3/64 Scope:Link
//正向查询主机地址
# host show.test.cc
show.test.cc has address 192.168.0.29
//反向查询主机地址
# host 192.168.0.29
29.0.168.192.in-addr.arpa domain name pointer mail.test.cc.
29.0.168.192.in-addr.arpa domain name pointer show.test.cc.
//查询不同类型的资源记录配置
```

```
# host -t NS test.cc
test.cc name server show.test.cc.
# host -t SOA test.cc
test.cc SOA show.test.cc. root.show.test.cc. 42 10800 900 604800 86400
#host -t MX test.cc
test.cc mail is handled by 5 mail.test.cc.
//查看整个域的信息
# host -l test.cc. 192.168.0.29
Using domain server:
Name: 192.168.0.29
Address: 192.168.0.29#53
Aliases:

test.cc name server show.test.cc.
Pmail.test.cc has address 192.168.0.29
show.test.cc has address 192.168.0.29
//列出与一个主机名相关的资源记录的详细信息
# host -a show.test.cc
Trying "show.test.cc"
;; ->>HEADER<<- opcode: QUERY, status: NOERROR, id: 50958
;; flags: qr aa rd ra; QUERY: 1, ANSWER: 1, AUTHORITY: 1, ADDITIONAL: 0

;; QUESTION SECTION:
;show.test.cc.                IN      ANY

;; ANSWER SECTION:
show.test.cc.         86400   IN      A       192.168.0.29

;; AUTHORITY SECTION:
test.cc.              86400   IN      NS      show.test.cc.

Received 60 bytes from 192.168.0.29#53 in 32 ms

//运行 nslookup
# nslookup
//正向查询主机地址
> show.test.cc
Server:         192.168.0.29
Address:        192.168.0.29#53

Name:   show.test.cc
Address: 192.168.0.29
//查询 test.cc 域中的别名记录配置
> www.test.cc
Server:         192.168.0.29
```

```
Address:        192.168.0.29#53

www.test.cc     canonical name = show.test.cc.
Name:   show.test.cc
Address: 192.168.0.29
//反向查询主机地址
> 192.168.0.29
Server:         192.168.0.29
Address:        192.168.0.29#53

29.0.168.192.in-addr.arpa       name = show.test.cc.
29.0.168.192.in-addr.arpa       name = mail.test.cc.
//显示当前设置的所有数值
> set all
Default server: 192.168.0.29
Address: 192.168.0.29#53
Default server: 192.168.0.2
Address: 192.168.0.2#53
Default server: 202.106.0.20
Address: 202.106.0.20#53

Set options:
  novc                  nodebug         nod2
  search                recurse
  timeout = 0           retry = 2       port = 53
  querytype = A         class = IN
  srchlist = huayang.com/test.cc
//查询 test.cc 域的 NS 资源记录
> set type=NS
> test.cc
Server:         192.168.0.29
Address:        192.168.0.29#53

test.cc nameserver = show.test.cc.
//查询 test.cc 域的 SOA 资源记录配置
> set type=SOA
> test.cc
Server:         192.168.0.29
Address:        192.168.0.29#53

test.cc
origin = show.test.cc
mail addr = root.show.test.cc
   serial = 42
   refresh = 10800
```

```
  retry = 900
  expire = 604800
  minimum = 86400
//查询 test.cc 域的 MX 资源记录配置
> set type=MX
> test.cc
Server:        192.168.0.29
Address:       192.168.0.29#53

test.cc mail exchanger = 5 mail.test.cc.
//查询 test.cc 域的所有配置
> set type=any
> test.cc
Server:        192.168.0.29
Address:       192.168.0.29#53

test.cc
    origin = show.test.cc
    mail addr = root.show.test.cc
    serial = 42
    refresh = 10800
    retry = 900
    expire = 604800
 minimum = 86400
test.cc nameserver = show.test.cc.
test.cc mail exchanger = 5 mail.test.cc.
> exit
[root@localhost named]#
```

11.4.3 配置简单的负载均衡

利用 DNS 轮询可以实现简单的负载均衡，这是通过对单个域名设置多个 IP 地址实现的。例如，服务器对 show.test.cc 配置 3 个 IP 地址，分别是 192.168.0.29、192.168.0.210、192.168.0.220。当客户首次对 show.test.cc 进行查询时，返回地址 192.168.0.210，第二次返回地址 192.168.0.220，第三次返回地址是 192.168.0.29，第四次又回到了 192.168.0.210，从而实现简单的负载均衡。

为了配置 DNS 负载均衡，执行如下的操作步骤。

```
//修改正向区文件
#vi /var/named/chroot/var/named/test.cc.zone
//添加如下两行
Show     IN     A      192.168.0.220
Show     IN     A      192.168.0.210
//修改反向区文件
#vi /var/named/chroot/var/named/192.168.0.local
```

```
//添加如下两行
220       IN     PTR     show.test.cc.
210       IN     PTR     show.test.cc.
//对配置进行检测
# host show.test.cc
show.test.cc has address 192.168.0.210
show.test.cc has address 192.168.0.220
show.test.cc has address 192.168.0.29

# host show.test.cc
show.test.cc has address 192.168.0.220
show.test.cc has address 192.168.0.29
show.test.cc has address 192.168.0.210

# host show.test.cc
show.test.cc has address 192.168.0.29
show.test.cc has address 192.168.0.210
show.test.cc has address 192.168.0.220

# host show.test.cc
show.test.cc has address 192.168.0.210
show.test.cc has address 192.168.0.220
show.test.cc has address 192.168.0.29
```

11.4.4　辅助域名服务器

配置辅助域名服务器相对简单，在要配置辅助域名服务器的 Linux 计算机上只需要对主配置文件进行配置，无须配置区域数据库文件，数据库文件将从主域名服务器上自动获得。

注意： 不能在同一台机器上同时配置同一个域的主域名服务器和辅助域名服务器。以下操作在另一台机器上进行。

配置辅助域名服务器，可以执行如下操作。

```
//修改主配置文件
#vi /etc/named.conf
//添加正向区域声明
zone "test.cc" IN {
    type slave;
    file "test.cc.zone";
    masters { 192.168.0.29; };
};
//添加反向区域声明
zone "0.168.192.in-addr.arpa" IN {
    type slave;
```

```
    file "192.168.0.local";
    masters { 192.168.0.29; };
};

//重新启动服务器
#service named restart
//修改客户端配置文件
#vi /etc/resolv,conf
//添加如下内容
nameserver 192.168.0.29
//查看 DNS 客户端配置
# cat /etc/resolv.conf
; generated by /sbin/dhclient-script
search huayang.com
nameserver 192.168.0.29
nameserver 192.168.0.2
nameserver 202.106.0.20
//查看辅助域名服务器的 IP 地址
# ifconfig eth0|grep inet
        inet addr:192.168.0.19  Bcast:192.255.255.255  Mask:255.0.0.0
        inet6 addr: fe80::20c:29ff:fedb:b53e/64 Scope:Link
#

//测试并显示域配置信息
# host -a test.cc
Trying "test.cc"
;; ->>HEADER<<- opcode: QUERY, status: NOERROR, id: 56201
;; flags: qr aa rd ra; QUERY: 1, ANSWER: 3, AUTHORITY: 0, ADDITIONAL: 4

;; QUESTION SECTION:
;test.cc.                    IN    ANY

;; ANSWER SECTION:
test.cc.              86400   IN     SOA    show.test.cc.
root.show.test.cc. 42 10800 900 604800 86400
test.cc.              86400   IN     NS     show.test.cc.
test.cc.              86400   IN     MX     5 mail.test.cc.

;; ADDITIONAL SECTION:
show.test.cc.         86400   IN     A    192.168.0.29
show.test.cc.         86400   IN     A     192.168.0.210
show.test.cc.         86400   IN     A     192.168.0.220
mail.test.cc.         86400   IN     A     192.168.0.29

Received 170 bytes from 192.168.0.29#53 in 295 ms
```

```
[root@localhost named]#
```

11.4.5　构建分离解析的 DNS 服务器

其实分离解析服务器是另一种 DNS 主服务器。我们所说的分离解析主要是指根据不同的客户端提供不同的 DNS 解析记录。例如，当 DNS 一方面对 Internet 用户，另一方面对内网用户，将内网用户的 DNS 请求(如 www.test.com 或 mail.test.com)直接发送到内网的网站服务器或是邮件服务器，可大大减轻网关的地址转换负担。

下面通过实战模式图学习分离解析的 DNS 服务器的配置，如图 11-4 所示。

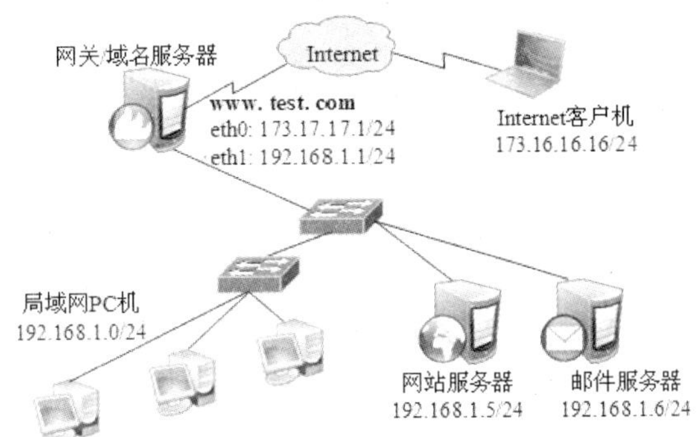

图 11-4　实战模式图

图 11-4 所示基本的网络环境如下。

- DNS 服务器架设在网关服务器中，IP 地址是 173.17.17.1。
- 所负责 DNS 的域为 test.con，在 Internet 中的公共域名是 www.test.com 和 mail.test.com，二者均解析为网关的公网 IP 地址 172.17.17.1。
- 公司的网站、邮件服务器在内网，两台服务器的 IP 地址分别为 192.168.1.5 和 192.168.1.6。
- 局域网网段 192.168.1.0/24 内网所有主机将 DNS 服务器的地址设置为 192.168.1.1，当内网用户访问地址 www.test.com 和 mail.test.com 时，分别解析为内部的服务器 IP 地址 192.168.1.5 和 192.168.1.6。

1. 建立主配置文件 named.conf

在 named.conf 文件中主要使用 view 配置语句和 match-clents 配置选项。根据不同的客户端地址，将对 test.com 域的查询对应到不同的地址数据库文件，从而由不同的数据库文件提供不同的解析结果。建立 named.conf 文件，添加 test.com 区域的分离解析设置，具体如下。

```
# vi /var/named/chroot/etc/named.conf
```

内容如下。

```
options {
    directory "/var/named";
};
view "LAN" {                                    //设置面向内网用户的视图
    match-clients { 192.168.1.0/24; };  //匹配条件为来自内网的客户端地址
    zone "test.com" IN {
      type master;
      file "test.com.lan";                       //内网用户使用的地址数据库文件
    };

};
view "WAN" {                                //设置面向外网用户的视图
    match-clients { any; };             //匹配条件为任意地址
    zone "test.com" IN {
      type master;
      file "test.com.wan";              //外网用户使用的地址数据库文件
    };
};
```

注意将包含 match-clients { any; } 的 view 配置放在最后，否则会造成错误。

2. 分别建立内、外网的区域数据库文件

根据 named.conf 中的 zone 设置为 test.com 区域，分别建立面向内网和外网客户端的地址数据库文件，具体如下。

用 vi 命令编辑 test.com 域的面向内网客户端的地址数据库文件。

```
# vi /var/named/chroot/var/named/test.com.lan
```

内容如下。

```
$TTL 86400
@ IN    SOA    @   root ( 2011011201 1H 15M 10H 1D )

            IN      NS      ns.test.com.
            IN      MX 5 mail.test.com.
www     IN      A       192.168.1.5
ns      IN      A       192.168.1.1
mail    IN      A       192.168.1.6
```

用 vi 命令编辑 test.com 域的面向外网客户端的地址数据库。

```
# vi /var/named/chroot/var/named/test.com.wan
```

内容如下。

```
$TTL 86400
@ IN    SOA    @   root ( 2011011201 1H 15M 10H 1D )
      IN     NS      ns.test.com.
```

```
        IN      MX 5 mail.test.com.
www     IN      A       173.17.17.1
ns      IN      A       173.17.17.1
mail    IN      A       173.17.17.1
```

3. 重新启动 DNS 服务器

重新启动 DNS 服务器，内容如下。

```
#service  named  restart
#
```

4. 验证分离服务器

分别在内网用户和外网用户进行验证，内容如下。

```
# nslookup www.test.com
```

结果如下。

```
Server:             173.17.17.1
Address:            173.17.17.1#53
Name:       www.test.com
Address:        173.17.17.1

# nslookup www.test.com
Server:             192.168.1.100
Address:            192.168.1.100#53
Name:       www.test.com
Address:        192.168.1.5
```

11.5　BIND 9.3.4 配置

BIND 在 9.3.0 以后的版本中没有了 named.conf 配置文件，新版本中除了一些必要的 BIND 的安装文件外，还要安装一个缓存文件 caching-nameserver-9.3.4-6.P1.el5.i386.rpm，在所有的 BIND 软件包安装完成后，在/etc/目录下会出现两个 DNS 配置文件，named.caching-nameserver.conf 和 named.rfc1912.zones 文件。

11.5.1　BIND 9.3.4 的配置文件

BIND 9.3.4 的配置文件包括 named.caching-nameserver.conf(缓存域名服务器主配置文件)和 named.rfc1912.zones。

1. named.caching-nameserver.conf

缓存域名服务器是对任何域都不提供权威解析的域名服务器。其独自简单地完成查询，并记住这些查询以备后续使用。要建立这样的服务器，只需像平时一样配置一个域名服务器，而不需配置域。

配置文件内容如下。

```
// named.caching-nameserver.conf
//
// Provided by Red Hat caching-nameserver package to configure the
// ISC BIND named(8) DNS server as a caching only nameserver
// (as a localhost DNS resolver only).
//
// See /usr/share/doc/BIND*/sample/ for example named configuration
files
//
// DO NOT EDIT THIS FILE - use system-config-BIND or an editor
// to create named.conf - edits to this file will be lost on
// caching-nameserver package upgrade
//
options {                                        //服务器的全局配置选项及一些默认设置
    listen-on port 53 { 127.0.0.1; };           //监听端口
    listen-on-v6 port 53 { ::1; };              //对 ip6 支持
    directory      "/var/named";                //区域文件存储目录
    dump-file      "/var/named/data/cache_dump.db";  //设置域名缓存文件
                                                     //的保存位置和文件名
    statistics-file "/var/named/data/named_stats.txt";
    memstatistics-file "/var/named/data/named_mem_stats.txt";
    query-source    port 53;
    query-source-v6 port 53;
    allow-query     { localhost; };  //指定允许进行查询的主机，要所有的计算机都可
                                     //以查询(改成 all)
};
logging {                                   //指定服务器日志记录的内容和日志信息来源
    channel default_debug {
        file "data/named.run";
        severity dynamic;
    };
};
view localhost_resolver {
    match-clients      { localhost; }; }         //查询者的源地址，any 表示
localhost_resolver 视图对任何主机开放
    match-destinations { localhost; };          //查询者的目标地址
    recursion yes;                              //设置进行递归查询
    include "/etc/named.rfc1912.zones";         //没有直接在此文件中设置根区域，而
//是通过加载/etc/named.rfc1912.zones 文件，此文件主要定义了根区域、localdomain
//区域、localhost 区域及反向解析区域
};
```

2. named.rfc1912.zones

该文件和上一节介绍的 named.conf 文件配置一样，它的主要作用是配置 DNS 的正向解析和反向的区域文件。

11.5.2　配置过程

下面就 BIND 9.3.4 的安装配置过程做详细介绍。

1. 安装 BIND 9.3.4

使用 Linux 光盘中 RPM 包进行安装，也可以使用 Yum 安装或编译安装的方法。主要安装以下 RPM 软件包：BIND-9.3.4-6.P1.el5.i386.rpm、BIND-chroot-9.3.4-6.P1.el5.i386.rpm、BIND-devel-9.3.4-6.P1.el5.i386.rpm、caching-nameserver-9.3.4-6.P1.el5.i386.rpm。

2. 配置

安装完成后，在/etc/下可以找到 named.caching-nameserver.conf 和 named.rfc1912.zones 文件，对这两个文件分别进行编辑配置。下面是配置完成后的 named.caching-nameserver.conf 文件的内容。

```
options {
    listen-on port 53 { any; };
    listen-on-v6 port 53 { ::1; };
    directory       "/var/named";
    dump-file       "/var/named/data/cache_dump.db";
    statistics-file "/var/named/data/named_stats.txt";
    memstatistics-file "/var/named/data/named_mem_stats.txt";
    query-source    port 53;
    query-source-v6 port 53;
    allow-query     { any; };
};
logging {
    channel default_debug {
        file "data/named.run";
        severity dynamic;
    };
};
view localhost_resolver {
    match-clients      { any; };
    match-destinations { any; };
    recursion yes;
    include "/etc/named.rfc1912.zones";
};
```

named.rfc1912.zones 文件的配置和上面的 named.conf 配置一样，下面是配置完成后的

named.rfc1912.zones 文件内容。

```
zone "test.com" IN {
    type master;
    file "test.com.zone";
    allow-update { none; };
};

zone "100.168.192.in-addr.arpa" IN {
       type master;
       file "192.168.100.local";
       allow-update { none; };
};
```

配置正向和反向解析的文件，具体配置过程同上一节。配置后文件内容如图 11-5 和图 11-6 所示。

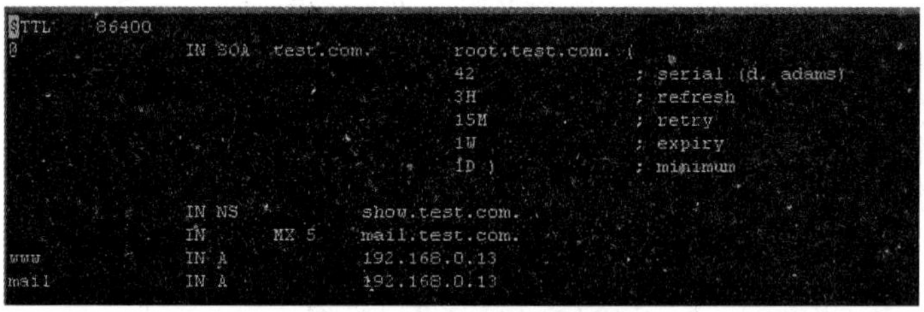

```
$TTL    86400
@               IN SOA  test.com.       root.test.com. (
                                        42              ; serial (d. adams)
                                        3H              ; refresh
                                        15M             ; retry
                                        1W              ; expiry
                                        1D )            ; minimum

                IN NS           show.test.com.
                IN      MX 5    mail.test.com.
www             IN A            192.168.0.13
mail            IN A            192.168.0.13
```

图 11-5　正向解析文件

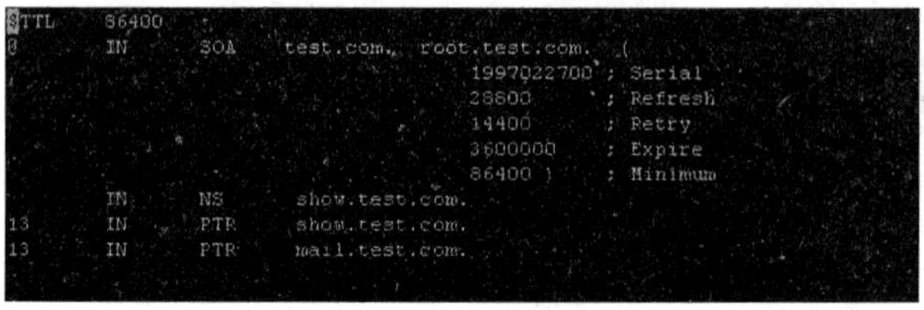

```
$TTL    86400
@       IN      SOA     test.com.  root.test.com.  (
                                   1997022700 ; Serial
                                   28800      ; Refresh
                                   14400      ; Retry
                                   3600000    ; Expire
                                   86400 )    ; Minimum
        IN      NS      show.test.com.
13      IN      PTR     show.test.com.
13      IN      PTR     mail.test.com.
```

图 11-6　反向解析文件

3. 启动 DNS 服务

启动 DNS 服务，具体内容如下。

```
#service named start
```

4. 修改客户机的网络配置，使得客户机通过 DNS 服务器 192.168.0.13 进行域名解析

```
//修改 resolv.conf 文件
   #vi resolv.conf
```

内容如下。

```
search test.com
nameserver 192.168.0.13
```

本 章 习 题

一、填空题

1. DNS 的英文全称是________，中文名称是________。
2. 一个 DNS 服务器具备________，________和________。
3. DNS 的查询模式分为________、________。
4. FQDN 的全称是什么________，中文名称________。
5. DNS 服务器的主配置文件________。
6. BIND 9.3.0 级以上版本没有 namd.conf 主配置文件，那么它的主配置文件名称是________。

二、问答题

1. DNS 具有哪些特征？
2. DNS 是由哪几部分组成的？
3. 简单描述 DNS 递归查询和叠代查询的过程。
4. 叙述主 DNS 服务器和辅助 DNS 服务器的作用。
5. 说出几个测试 DNS 服务器的命令。
6. 分离解析的 DNS 服务器的作用是什么？
7. 公司有一个 DNS 服务器，IP 地址是 212.23.9.12；一个 Web 服务器，IP 地址是 212.23.13.33；一个 FTP 服务器，IP 地址是 212.23.55.2；一个邮件服务器，IP 地址是 212.23.43.22。公司的二级域名是 show.com。对外提供以上所有服务器，请在 DNS 中配置写出主配置文件的内容及区域文件的内容，以及正向、反向数据文件的内容。

三、上机实训

公司注册了 DNS 域“show.com”，并准备基于 Linux 系统搭建两台 DNS 服务器，分别作为主、从域名服务器。首先需要在网关服务器上构建主域名服务(如图 11-7 所示)，同时面向 Internet 和内部网络提供“show.com”域内主机的名称解析服务。

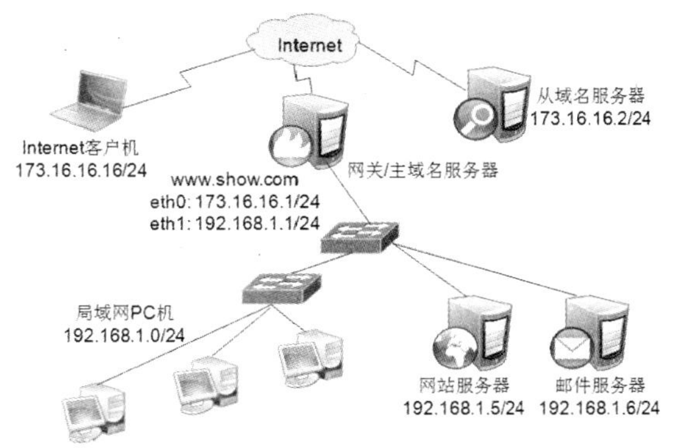

图 11-7　主域名服务

需求描述

(1) 公司对外(Internet)的域名解析记录：www.show.com→173.16.16.1 (网关的公网接口地址)；mail.show.com→173.16.16.1 (网关的公网接口地址)。

(2) 公司对内(局域网)的域名解析记录：www.show.com→192.168.1.5 (网站服务器私有地址)；mail.show.com→192.168.1.6 (邮件服务器私有地址)。

(3) 泛域名解析记录："show.com"域内的其他主机名→173.16.16.1。

实现思路

(1) 先配置好各主机的 IP 地址、主机名等网络环境：虚拟机 1 为主域名服务器，包括两块虚拟网卡(VMnet1、VMnet4)；虚拟机 2 为测试客户机，包括一块虚拟网卡(VMnet4)；Windows XP 宿主机作为案例中的内网 PC 测试机。

(2) 确认安装 BIND、BIND-chroot 等相关软件包。

(3) 建立 named.conf 主配置文件。

(4) 分别建立面向内网、外网客户端的地址数据库文件。

(5) 启动 named 服务后，验证 DNS 解析是否正常。

注意事项

要确保 named.conf 文件的属主用户是 named，并且 named 用户对 named.conf 配置文件有读取权限。

第 12 章 Web 服务器配置

学习目的与要求：

随着 Internet 上 Web 服务的发展，几乎各个公司、院校、社会机构等都在建立或计划建立自己的网站。Web 服务是实现信息发布、资料查询、数据处理、视频点播等诸多应用的基本平台，所以架设配置 Web 服务器是 Internet 和 Intranet 必不可少的工作。

本章介绍 Linux 下如何使用功能强大的 apache 服务器软件来架设 Web 服务器，读者通过本章的学习应掌握如下知识点。

- 掌握 apache 服务器各个配置文件的位置。
- 了解 apache 服务器的主配置文件的内容。
- 根据不同的需求熟练配置 apache 服务器。
- 会使用 ssl 加密 web 服务器。
- 掌握架设 LAMPweb 服务器的技术能力。

12.1 Web 服务器

Internet 上最热门的服务之一就是全球信息网 WWW(World Wide Web)服务，Web 已经成为很多人在网上查找、浏览信息的主要手段，是一种交互式图形界面的 Internet 服务，具有强大的信息连接功能，使得成千上万的用户通过简单的图形界面就可以访问各个大学、组织、公司等机构及个人的最新信息和各种服务。

12.1.1 Web 服务器简介

鉴于 Web 服务在 Internet 领域应用的广泛性，商界很快看到了其商业的价值。许多公司建立的主页，利用 Web 在网上发布消息，并将它作为各种服务的界面，如客户服务、特定产品和服务的详细说明、宣传广告及日渐增长的产品销售和服务，商业用途促进了 Web 的发展。

Web 服务具有以下特点。

- Web 是图形化的界面，便于操作。
- Web 与平台无关，可以安装到任何操作系统上。
- Web 是分布式的，一组 Web 服务器为用户提供服务。
- Web 是动态的，前台的界面与后台数据库结合。
- Web 是交互的。

Web 系统是 C/S 模式的即客户机/服务器模式。常用的 Web 服务器是 Linux 下的 Apache 和微软的 IIS 等，常用的客户端程序是浏览器，如 IE、Netscape、Mozilla 等。我们可以在浏览器的地址栏中输入统一资源定位地址(URL)来访问 Web 页面。Web 最基本的概念是超文本(Hypertext)，它使得文本不再是传统的书页形式，而是可以在阅读过程中从一个页面跳转到另一个页面位置。用来书写 Web 页面的语言称为超文本标记语言，即 HTML。Web 服务遵从 HTTP 协议，默认的 TCP/IP 端口是 80。客户机与服务器的通信过程为 Web 客户(浏览器)根据用户输入的 URL 连到相应的远程 Web 服务器上，从指定的服务器获得指定的 Web 文档，断开与 Web 服务器的连接，如图 12-1 所示。

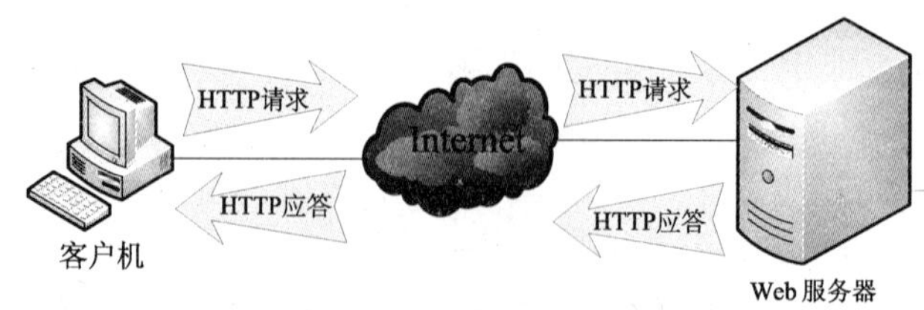

图 12-1　Web 与客户的通信过程

也就是说，平时我们在浏览某个网站的时候是每读取一个网页建立一次连接，读完后马上断开，当需要另一个页面时重新连接，周而复始。

12.1.2　Apache 简介

1995 年，美国国家计算机安全协会(NCSA)开发创建了 NCSZ 全球网络服务器软件，其最大的特点是 HTTP 程序，比当时的 CERN(欧洲原子核研究中心，它是世界上最早的 Web 服务器)更容易配置和创建，同时由于当时其他服务器软件的缺乏，它很快流行起来，但是后来该服务器的核心开发人员几乎不再用 NCSA，一些使用者自己创建了一个组织来管理编写补丁，于是 Apache Group 应运而生，他们把该服务器软件称为 Apatche，Apatche 源于 A Patchy Server 的读音，意思是充满补丁的服务器。如今 Apatche 已经慢慢地成为 Internet 上流行的 Web 服务器软件，所有服务器软件中 Apatche 占据绝对优势(据权威部门统计，2005 年 Apatche 市场占有率为 70%，远远领先于排名第二的 IIS)。Apatche 具有以下特点。

(1) 支持最新的 HTTP 协议。

(2) 支持 PHP、CGI、Java Servlets 和 FastCGI。

(3) 支持安全 Socket 层。

(4) 集成了 Perl 脚本编程语言。

(5) 支持 SSI 和虚拟主机。

(6) 实现了动态共享对象，允许在运行时动态装载功能模块。

(7) 具有稳定的工作性能。

(8) 具有安全、有效和易于扩展的特征。

(9) 支持多种操作系统 UNIX、Linux、Windows。

12.2　安装和启动 Apache

开放源代码的 Apache 服务器起初由 Illinois 大学 Urbana-Champaign 的国家高级计算程序中心开发，后来被开放源代码团体的成员不断地发展和加强。它逐渐在功能和速度上开始超越其他 Web 服务器。Apache 服务器拥有稳定可信的美誉，因此从 1995 年 1 月以来，一直是 Internet 上最流行的 Web 服务器。下面介绍 Linux 操作系统中安装配置 Apache 服务器的方法。

12.2.1　安装 Apache

1. 从 RPM 安装 Apache

Red Hat 光盘中带有 Apache 的 RPM 包，有两个文件：httpd-2.0.52-25.i386.rpm 和 httpd-manual-2.0.52-25.i386.rpm。

下面就以 RPM 安装为例介绍 Apache 的安装，如果用户已经安装了可以跳过此步骤。

```
//查看是否安装了 Apache
rpm -qa |grep httpd
//插入光盘进入安装目录
cd /media/cdrecorder/RedHat/RPMS
//安装所需要的 RPM 包
rpm -ivh httpd-2.0.52-25.i386.rpm
rpm -ivh httpd-manual-2.0.52-25.i386.rpm
//弹出光盘
cd; eject
```

2. 启动 Apache

安装完成后，下一步就是启动了，Apache 默认为独立启动方式启动，所以需要执行如下步骤。

```
//启动 Apache
[root@localhost RPMS]# service httpd start
启动 httpd:                                              [  确定  ]
//检查 Apache 是否被启动
[root@localhost RPMS]# pstree |grep httpd
     ├─httpd───8*[httpd]
//测试语法的正确性
[root@localhost RPMS]# apachectl configtest
syntax OK
//查看运行状态
[root@localhost RPMS]# service httpd status
httpd (pid 4475 4474 4473 4472 4471 4470 4469 4468 4465) 正在运行...
[root@localhost RPMS]#
```

3. 图形化方式启动 httpd

httpd 还有一种更方便的启动方法，就是图形方式，选择“桌面”|“应用程序”|“系统设置”|“服务器设置”命令，选中 httpd 复选框，如图 12-2 所示。

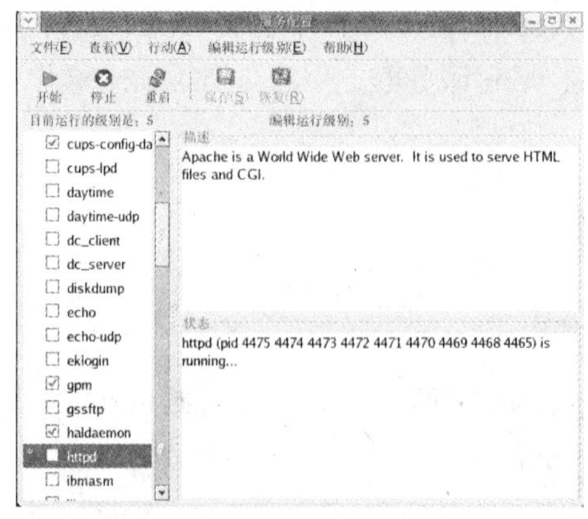

图 12-2 “服务配置”窗口

在该窗口中找到 httpd 选项，从而用户可以对 httpd 执行开始、停止、重启操作，也可以选中 httpd 前面的复选框，使系统在每次启动时自动运行 httpd。

(1) 如果希望每次启动计算机 Apache 就自动启动，也可以使用命令 ntsysv 选择 httpd。

(2) 在检测语法错误时还可使用 httpd -t。

(3) 在 IE 地址栏中输入服务器的 IP 地址，如果能看到 “Test Page” 测试页(该网页文件默认的路径为/var/www/html/index.html)，如图 12-3 所示，就表明 Apache Server 已经启动。

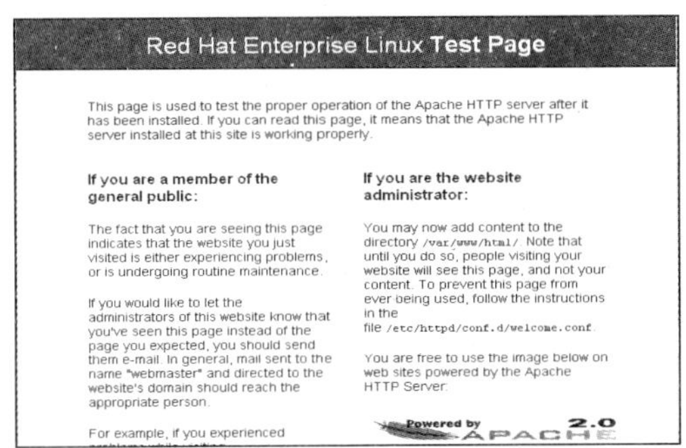

图 12-3　Apache Server 启动成功

12.2.2　服务器文件目录

如果已经安装了 Apache，那么在 Linux 下的 Web 服务器就会在目录/var/www 设置 Web 站点，同时也为管理站点设置了几个目录。表 12-1 列出了 Web 服务器的目录和配置文件。

表 12-1　Apache 服务器的目录和配置文件

项　目		描　述
Web 站点目录	/var/www/icons	这个目录提供 Apache 预设的一些小提示，大部分是图片和图标
	/var/www/error	如果因为主机设置错误，或是浏览器端要求的资料错误，在浏览器上出现的错误信息，就以这个目录的预设信息为主
	/var/www/html	Web 站点的 Web 文件(首页所在的目录)
	/var/www/cgi-bin	CFI 程序文件
	/var/www/manual	服务器手册
	/var/www/usage	webalizer 程序文件
配置文件	.htaccess	基于目录的配置文件，.htesess 文件包含访问控制指令
	/etc/httpd/conf	Apache Web 服务器配置文件目录
	/etc/httpd/conf/httpd.conf	Apache Web 服务器的主配置文件
启动脚本	/etc/rc.d/init.d/httpd	Web 服务器守护进程的启动脚本
	/etc/rc.d/rc3.d/S85httpd	将运行级 3 目录(/etc/rc3.d)连接到目录/etc/rc.d/init.d 中的启动脚本
应用文件	/usr/sbin	Apache Web 服务器程序文件和实用程序的位置
	/usr/doc	Apache Web 服务器文档
	/var/log/http	日志文件位置

如果要获得最新的 Apache Server 软件包，可到 http://httpd.apache.org 下载最新的版本。安装新版的 Apache Server 时，其默认的安装路径与 Red Hat 的自带版本的安装默认路径不同，一般安装在/usr/local/apache 目录下，再行安装时要注意安装好后可以使用如下命令来查看 Apache 的一些安装信息。

```
[root@localhost ~]# httpd -C
httpd: option requires an argument -- C
Usage: httpd [-D name] [-d directory] [-f file]
             [-C "directive"] [-c "directive"]
             [-k start|restart|graceful|stop]
             [-v] [-V] [-h] [-l] [-L] [-t] [-S]
Options://(以下列出了 apachectl(查看 Apache 安装信息的命令)的一些参数)
  -D name            : define a name for use in <IfDefine name> directives
  -d directory       : specify an alternate initial ServerRoot
  -f file            : specify an alternate ServerConfigFile
  -C "directive"     : process directive before reading config files
  -c "directive"     : process directive after reading config files
  -e level           : show startup errors of level (see LogLevel)
  -E file            : log startup errors to file
  -v                 : show version number
  -V                 : show compile settings
  -h                 : list available command line options (this page)
  -l                 : list compiled in modules
  -L                 : list available configuration directives
  -t -D DUMP_VHOSTS  : show parsed settings (currently only vhost settings)
  -S                 : a synonym for -t -D DUMP_VHOSTS
  -t                 : run syntax check for config files
 [root@localhost ~]# httpd -t           //(表明 Apache 语法正确)
Syntax OK
[root@localhost ~]# httpd -V            //(查看 Apache 编译配置参数)
Server version: Apache/2.0.52
Server built:   May 24 2006 11:45:10
Server's Module Magic Number: 20020903:9
Architecture:   32-bit
Server compiled with....
 -D APACHE_MPM_DIR="server/mpm/prefork"
 -D APR_HAS_SENDFILE
 -D APR_HAS_MMAP
 -D APR_HAVE_IPV6 (IPv4-mapped addresses enabled)
 -D APR_USE_SYSVSEM_SERIALIZE
 -D APR_USE_PTHREAD_SERIALIZE
 -D SINGLE_LISTEN_UNSERIALIZED_ACCEPT
 -D APR_HAS_OTHER_CHILD
 -D AP_HAVE_RELIABLE_PIPED_LOGS
 -D HTTPD_ROOT="/etc/httpd"
```

```
 -D SUEXEC_BIN="/usr/sbin/suexec"
 -D DEFAULT_PIDLOG="logs/httpd.pid"
 -D DEFAULT_SCOREBOARD="logs/apache_runtime_status"
 -D DEFAULT_LOCKFILE="logs/accept.lock"
 -D DEFAULT_ERRORLOG="logs/error_log"
 -D AP_TYPES_CONFIG_FILE="conf/mime.types"
 -D SERVER_CONFIG_FILE="conf/httpd.conf"
[root@localhost ~]# httpd -l
Compiled in modules:                    //是 Apache 编译模块
  core.c
  prefork.c
  http_core.c
  mod_so.c
[root@localhost ~]#
```

12.3　httpd.conf 文件详解及相关配置

由查看的编译参数可知，httpd 的配置文件是/etc/httpd/conf/httpd.conf，执行如下操作步骤可以查看 Apache 的默认配置。

```
//查看配置文件
[root@localhost ~]# grep -v "#" /etc/httpd/conf/httpd.conf
//当服务器响应主机头(header)信息时显示 Apache 的版本和操作系统名称
ServerTokens OS
//设置服务器的根目录
ServerRoot "/etc/httpd"
//设置运行 Apache 时使用 PidFile 的路径
PidFile run/httpd.pid
//如果 120 秒没有收到或送出任何数据，就切断该连接
Timeout 120
//不使用保持连接的功能，即客户一次请求连接只能响应一个文件，建议把此参数设置为 On，
//即允许使用保持连接的功能
KeepAlive Off
//使用保持连接功能时，设置客户一次请求连接能响应文件的最大上限
MaxKeepAliveRequests 100
//在使用保持连接功能时，两个相邻连接的时间间隔超过 15 秒，就切断连接
KeepAliveTimeout 15
//设置使用 prefork MPM 运行方式的参数，此运行方式是 Red Hat 的默认方式
<IfModule prefork.c>
//设置服务器启动时运行的进程数
StartServers       8
//Apache 在运行时会根据负载的轻重自动调整空闲子进程的数目，若存在低于 5 个空闲子进程，
//就创建一个新的子进程准备为客户提供服务
MinSpareServers    5
//若多于 20(默认值)，就表示空闲的太多了，将减少到 20
```

```
MaxSpareServers   20
//同时连接的数量太多时，会降低系统的访问性能，因此可设置此数值来限制同时连接的数量
ServerLimit     256
MaxClients      256
//当浏览器连接网页后，限制每个子进程在终止前所有能提供的请求数量
MaxRequestsPerChild  4000
</IfModule>
//设置使用 worker MPM 运行方式
<IfModule worker.c>
StartServers         2
MaxClients         150
MinSpareThreads     25
MaxSpareThreads     75
ThreadsPerChild     25
MaxRequestsPerChild  0
</IfModule>
//设置服务器监听端口
Listen 80
//动态加载模块(DSO
LoadModule access_module modules/mod_access.so
LoadModule auth_module modules/mod_auth.so
LoadModule auth_anon_module modules/mod_auth_anon.so
LoadModule auth_dbm_module modules/mod_auth_dbm.so
LoadModule auth_digest_module modules/mod_auth_digest.so
LoadModule ldap_module modules/mod_ldap.so
LoadModule auth_ldap_module modules/mod_auth_ldap.so
…
//将/etc/httpd/conf.d 目录下的所有以 conf 结尾的配置文件包含进来
Include conf.d/*.conf
//设置运行 Apache 服务器的用户和组
User apache
Group apache
//设置 Apache 服务器管理员的 E-mail 地址
ServerAdmin root@localhost
//若打开此项，将使用 www.test.cc prot 80 作为主机名
UseCanonicalName Off
//设置根文档路径
DocumentRoot "/var/www/html"
//设置 Apache 服务器根的访问权限
<Directory />
//允许链接跟随，访问不再本目录下的文件
Options FollowSymLinks
//禁止读取.htaccess 配置文件的内容
   AllowOverride None
</Directory>
//设置根文档目录的访问权限
<Directory "/var/www/html">
```

```
// Indexes：当在目录中找不到 DirectoryIndex 列表中指定的文件，就生成当前目录的文件
//列表
// FollowSymLinks:允许符号链接跟随，访问不在本目录下的文件
   Options Indexes FollowSymLinks
//禁止读取.htaccess 配置文件的内容
   AllowOverride None
//指定先执行 allow(允许)访问规则，在执行 deny(拒绝)访问规则
Order allow,deny
//设置 allow 访问规则，允许所有连接
   Allow from all
</Directory>
//不允许没用户的服务器配置
<IfModule mod_userdir.c>
   UserDir disable



</IfModule>
//当访问服务器时，依次查找页面 index.html、index.html.var
DirectoryIndex index.html index.html.var
//指定保护目录配置文件的名称
AccessFileName .htaccess
//拒绝访问以.ht 开头的文件，即保证.htaccess 不被访问
<Files ~ "^\.ht">
   Order allow,deny
   Deny from all
</Files>
//指定负责处理 MIME 对应格式的配置文件的存放位置
TypesConfig /etc/mime.types
//指定默认的 MIME 文件类型为纯文本或 HTML 文件
DefaultType text/plain
//当 mod_mime_magic.c 模块被加载时，指定 magic 信息码配置文件的存在位置
<IfModule mod_mime_magic.c>
   MIMEMagicFile conf/magic
</IfModule>
//只记录连接 Apache 服务器的 IP 地址，而不记录主机名
HostnameLookups Off
//指定错误日志存放位置
ErrorLog logs/error_log
//定义记录的错误信息的详细等级为 warn 级别
LogLevel warn
//定义 4 种记录日志的格式
LogFormat "%h %l %u %t \"%r\" %>s %b \"%{Referer}i\" \"%{User-Agent}i\""
combined
LogFormat "%h %l %u %t \"%r\" %>s %b" common
LogFormat "%{Referer}i -> %U" referer
LogFormat "%{User-agent}i" agent
```

```
//指定访问日志的记录格式为combined(混合型)，并指定访问日志的存放位置
CustomLog logs/access_log combined
//设置Apache自己产生的页面中使用Apache服务器版本的签名
ServerSignature On
//设置内容协商目录的访问别名
Alias /icons/ "/var/www/icons/"
//设置/var/www/icons目录的访问权限
<Directory "/var/www/icons">
// MultiViews 使用内容协商功能决定被发送的网页的性质
    Options Indexes MultiViews
    AllowOverride None
    Order allow,deny
    Allow from all
</Directory>
//指定DAV加锁数据库文件的存放位置
<IfModule mod_dav_fs.c>
    DAVLockDB /var/lib/dav/lockdb
</IfModule>
//设置CGI目录的访问别名
ScriptAlias /cgi-bin/ "/var/www/cgi-bin/"
//设置CGI目录的访问权限
<Directory "/var/www/cgi-bin">
    AllowOverride None
    Options None
    Order allow,deny
    Allow from all
</Directory>
// FancyIndexing:对每种类型的文件前加上一个小图标以示区别
// VersionSort:对同一个软件的多个版本进行排序
// NameWidth=*:文件名子段自动适应当前目录下的最长文件名
IndexOptions FancyIndexing VersionSort NameWidth=*
//当使用IndexOptions FancyIndexing之后，配置下面的参数
//用于告知服务器在遇到不同的文件类型或扩展名时采用MIME编码格式
//辨别文件类型并显示相应的图标
AddIconByEncoding (CMP,/icons/compressed.gif) x-compress x-gzip

AddIconByType (TXT,/icons/text.gif) text/*
AddIconByType (IMG,/icons/image2.gif) image/*
AddIconByType (SND,/icons/sound2.gif) audio/*
AddIconByType (VID,/icons/movie.gif) video/*
//当使用IndexOptions FancyIndexing之后，配置下面的参数
//用于告知服务器在遇到不同的文件类型或扩展名时采用所指定的格式
//辨别文件类型并显示相应的图标
AddIcon /icons/binary.gif .bin .exe
AddIcon /icons/binhex.gif .hqx
AddIcon /icons/tar.gif .tar
AddIcon /icons/world2.gif .wrl .wrl.gz .vrml .vrm .iv
```

```
AddIcon /icons/compressed.gif .Z .z .tgz .gz .zip
…
AddIcon /icons/blank.gif ^^BLANKICON^^
//当使用 IndexOptions FancyIndexing 之后，且无法识别文件类型时，显示此处定义的图标
DefaultIcon /icons/unknown.gif

//当服务器自动列出目录列表时，在所生成的页面之后显示 README.html 的内容
ReadmeName README.html
//当服务器自动列出目录列表时，在所生成的页面之前显示 HEADER.html 内容
HeaderName HEADER.html


AddLanguage ca .ca
AddLanguage cs .cz .cs
//设置网页内容的语言种类(浏览器要启动内容协商为中文网页，此项无实际意义)
AddLanguage da .dk
AddLanguage de .de
AddLanguage el .el
AddLanguage en .en
AddLanguage eo .eo
AddLanguage es .es
AddLanguage et .et
AddLanguage fr .fr
AddLanguage he .he
AddLanguage hr .hr
AddLanguage it .it
AddLanguage ja .ja
AddLanguage ko .ko
AddLanguage ltz .ltz
AddLanguage nl .nl
AddLanguage nn .nn
AddLanguage no .no
AddLanguage pl .po
AddLanguage pt .pt
AddLanguage pt-BR .pt-br
AddLanguage ru .ru
AddLanguage sv .sv
AddLanguage zh-CN .zh-cn
AddLanguage zh-TW .zh-tw
//启动内容协商时，是指语言的先后顺序
LanguagePriority en ca cs da de el eo es et fr he hr it ja ko ltz nl nn
no pl pt pt-BR ru sv zh-CN zh-TW

ForceLanguagePriority Prefer Fallback

AddDefaultCharset UTF-8
//设置各种字符集
```

```
AddCharset ISO-8859-1  .iso8859-1  .latin1
AddCharset ISO-8859-2  .iso8859-2  .latin2 .cen
AddCharset ISO-8859-3  .iso8859-3  .latin3
AddCharset ISO-8859-4  .iso8859-4  .latin4
AddCharset ISO-8859-5  .iso8859-5  .latin5 .cyr .iso-ru
AddCharset ISO-8859-6  .iso8859-6  .latin6 .arb
AddCharset ISO-8859-7  .iso8859-7  .latin7 .grk
AddCharset ISO-8859-8  .iso8859-8  .latin8 .heb
AddCharset ISO-8859-9  .iso8859-9  .latin9 .trk
AddCharset ISO-2022-JP .iso2022-jp .jis
AddCharset ISO-2022-KR .iso2022-kr .kis
AddCharset ISO-2022-CN .iso2022-cn .cis
AddCharset Big5       .Big5      .big5
AddCharset WINDOWS-1251 .cp-1251   .win-1251
AddCharset CP866       .cp866
AddCharset KOI8-r      .koi8-r .koi8-ru
AddCharset KOI8-ru     .koi8-uk .ua
AddCharset ISO-10646-UCS-2 .ucs2
AddCharset ISO-10646-UCS-4 .ucs4
AddCharset UTF-8       .utf8

AddCharset GB2312      .gb2312 .gb
AddCharset utf-7       .utf7
AddCharset utf-8       .utf8
AddCharset big5       .big5 .b5
AddCharset EUC-TW      .euc-tw
AddCharset EUC-JP      .euc-jp
AddCharset EUC-KR      .euc-kr
AddCharset shift_jis   .sjis


//设置在线浏览用户可以实时解压缩.Z、.gz、.tar类型文件，并非所有浏览器都支持
AddType application/x-compress .Z
AddType application/x-gzip .gz .tgz


//设置Apache对某些扩展名的处理方式
AddHandler imap-file map

AddHandler type-map var

AddType text/html .shtml
//使用过滤器执行SSI
AddOutputFilter INCLUDES .shtml
//设置错误页面目录的别名
Alias /error/ "/var/www/error/"
//设置/var/www/error目录的访问权限
```

```
<IfModule mod_negotiation.c>
<IfModule mod_include.c>
    <Directory "/var/www/error">
        AllowOverride None
        Options IncludesNoExec
        AddOutputFilter Includes html
        AddHandler type-map var
        Order allow,deny
        Allow from all
        LanguagePriority en es de fr
        ForceLanguagePriority Prefer Fallback
    </Directory>


</IfModule>
</IfModule>
//设置区浏览器匹配
BrowserMatch "Mozilla/2" nokeepalive
BrowserMatch "MSIE 4\.0b2;" nokeepalive downgrade-1.0 force-response-1.0
BrowserMatch "RealPlayer 4\.0" force-response-1.0
BrowserMatch "Java/1\.0" force-response-1.0
BrowserMatch "JDK/1\.0" force-response-1.0

BrowserMatch "Microsoft Data Access Internet Publishing Provider"
redirect-carefully
BrowserMatch "^WebDrive" redirect-carefully
BrowserMatch "^WebDAVFS/1.[012]" redirect-carefully
BrowserMatch "^gnome-vfs" redirect-carefully
```

下面将 Apache 的默认配置信息汇总如下。

配置文件：/etc/httpd/conf/httpd.conf。

服务器的根目录：/etc/httpd。

根文档目录：/var/www/html。

访问日志文件：/var/log/httpd/access_log。

错误日志：/var/log/httpd/error_log。

运行 Apache 的用户：apache。

运行 Apache 的组：apache。

端口：80。

模块存放路径：/usr/lib/httpd/modules。

Prefork MPM：运行方式的参数：StartServer 8、MinSpareServer 5、MaxSpareServer 20、MaxClients 256、MaxRequestsPerChild 4000。

12.4 配置 Apache

配置 Apache 服务器的运行参数，是通过编辑 Apache 的主配置文件 httpd.conf 来实现的。该文件的位置随着安装方式的不同而不同。如果采用 RPM 安装方式安装，该文件存放在/etc/httpd/conf 目录下；如果使用其他安装方式安装，建议使用 find 命令对主配置文件进行查找，一般存放在 Apache 安装目录的 conf 子目录下。该主配置文件为文本文件，可以使用包括 vi 在内的任一文本编辑工具对其进行编辑修改。

12.4.1 基本配置

默认配置为用户提供了一个良好的模板，基本的配置几乎不需要进行修改，但用户应该考虑修改或添加如下基本配置指令。

(1) KeepAlive：将 KeepAlive 的值设置为 On，以便提高访问性能。

(2) MasClients：根据服务容量修改此值。

(3) ServerAdmin：将 ServerAdmin 的值设为 Apache 服务器管理员的 E-mail 地址。

(4) ServerName：首先删除 ServerName 前的注释符号“#”，然后设置服务器的 FQDN。

(5) DirectoryIndex：在此指令后添加其他的默认主页文件名。例如，可以添加 index.htm 等。

(6) IndexOptions：可以在此指令后添加 FoldersFirst，表示让目录列在前面(类似于资源管理器)。

12.4.2 分割配置任务

Apache 服务器的配置信息除了存放在主配置文件 httpd.conf 外，还存放于 Include 指令指定的相关配置文件和.htaccess 文件中。

1. 使用 Include 指令

可以使用 Include 指令将主配置文件进行分割。例如，可以将所有与虚拟主机配置相关的配置单独保存为一个配置文件，然后在主配置文件中将其包含进来。

2. htaccess 文件

可以使用.htaccess 文件改变主配置文件中的配置，但是它只能设置对目录的访问控制，这个目录就是.htaccess 文件存放的目录。与使用 Include 指令不同，.htaccess 文件中的配置可以覆盖主配置文件中的配置，而使用 Include 指令只是将自配置文件简单地包含进主配置文件中。

(1) 有如下两种情况需要使用.htaccess 文件。

- 在多个用户之间分割配置。
- 在不重启服务器的情况下改变服务器配置。

注意： 在可能的情况下尽可能避免使用.htaccess 文件，因为使用.htaccess 文件会降低服务器的运行性能。

(2) 要使用.htaccess 文件，必须经过两个配置步骤：首先在主配置文件中启用并控制对.htaccess 文件的使用，然后在需要覆盖主配置文件的目录下生成.htaccess 文件。

3. 启用并控制使用.htaccess 文件

(1) 设置文件名，必须保证在主配置文件中包含如下配置语句。

```
AccessFileNmae.htaccess
<File~"^\.htaccess">
    Order allow,heny
    Deny form all
</Files>
```

(2) 在.htaccess 文件中可以使用指令组，需要在主配置文件中使用 AllowOverride 指令。表 12-2 列出了可以在 AllowOverride 指令所使用的指令组。

表 12-2　AllowOverride 指令所使用的指令

指 令 组	可用指令	说　明
AuthConfig	AuthDBMGroupFile、AuthBDMUserFile、AuthGroupFileAuthName、AuthType、AuthUserFile、Require	进行认证、授权以及安全的相关指令
FileInfo	DefaultType、ErrorDocument、ForceType、LanguagePriority、Sethandler、SetInputFilter、OutputFile	控制文件处理方式的相关指令
Indexes	AddDescription、AddIcon、AddIconByEncoding、AddIconByType、DefaultIcon、DirectoryIndex、FancyIndexing、headerName、Indexignore、IndexOptions、ReadmeName	控制目录列表方式的相关指令
Limit	Allow、Deny、Order	进行目录访问控制的相关指令
Options	Options.XBitHack	启用不能再只配置文件中使用的各种选项
All	全部指令组	可以使用以上所有指令
None	禁止使用所有指令	禁止处理.htaccess 文件

4. 生成.htaccess 文件

当在主配置文件中配置了对.htaccess 文件的启用和控制之后，接下来就可以在需要覆盖主配置文件的目录下生成.htaccess 文件。.htaccess 文件中可以使用的配置指令，取决于主配置文件中 AllowOverride 指令的设置。

5. 使用.htaccess 文件举例

下面举一个简单的例子说明.htaccess 文件的使用。

```
//首先在文档根目录下生成一个 test 目录，并创建测试文件
Cd /var/www/html
```

```
Mkdir test
Cd test
Touch test
//修改配置前，在客户端用浏览器查看的结果如图 12-4 所示
//修改主配置文件
Vi /etc/httpd/conf/httpd.conf
//添加如下配置语句
<Directory "/var/www/html/test">
    AllowOverride Options
</Directory >
//重新启动 httpd
service httpd restart
//在/var/www/html/test 目录下生成.htaccess 文件
vi /var/www/html/test.htaccess
//添加如下配置语句
options -Indexes
//在客户端浏览器查看结果如图 12-5 所示
//通过查看配置结果，可以证明.htaccess 已经生效，即对 test 目录的访问不生成文件列表
```

图 12-4　配置.htaccess 之前查看结果

图 12-5　配置.htaccess 之后查看结果

在上面的例子中是先启动了 httpd，然后再生成.htaccess 文件。也就是说对.htaccess 文件的修改不用重启服务器。

12.4.3　访问控制

Apache 的 server-info 和 server-staus 可在客户端的 IE 浏览器上查看 Apache 的服务器配置信息和 Apache 的访问信息，但是这两个功能只有管理员才能访问，那就需要设置访问控制，控制其他用户访问。

1. 访问控制

Apache 使用下面的 3 个指令配置访问控制。

Order：用于指定执行允许访问规则和执行拒绝访问规则的先后顺序。

Deny：定义拒绝访问列表。

Allow：定义允许访问列表。

(1) Order 指令有两种形式。

Order Allow，Deny：在执行拒绝访问规则之前先执行允许访问规则，默认情况下将会拒绝所有没有明确被允许的客户。

Order Deny，Allow：在执行允许访问规则之前先执行拒绝访问规则，默认情况下将会允许所有没有明确被拒绝的客户。

注意： 在书写 Allow、Deny 和 Deny、Allow 时，中间不能添加空格。

(2) Deny 和 Allow。Deny 和 Allow 指令的后面需要跟访问列表，访问列表可以使用如下几种形式。

Allow：表示所有客户。

域名：表示域内的所有客户，如 huanyang.net。

IP 地址：可以指定完整的 IP 地址和部分 IP 地址。

网络/子网掩码：如 192.168.0.0/255.255.255.0。

CIDR 规范：如 192.168.0.0/24。

2. 访问控制举例

```
//修改配置文件
vi /etc/httpd/conf/httpd.conf
//将下面行的#去掉
<Location /server-info>
//由 mod_info 模块生成服务器配置信息
SetHandler server-info
//先执行拒绝指令再执行允许指令
Order deny,allow
//拒绝所有客户访问，只允许 192.168.0.11 访问
Deny from all
Allow from 192.168.0.11
</Location>
```

虽然上面的例子访问控制实在 Location 容器中设置的(如图 12-6 所示)，但是这种方法也适用于其他容器，如 Directory 容器和 File 容器(如图 12-7 所示)。

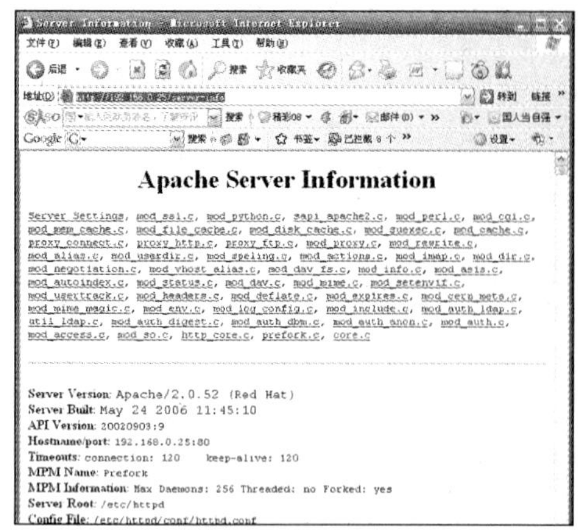

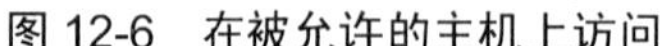
图 12-6　在被允许的主机上访问

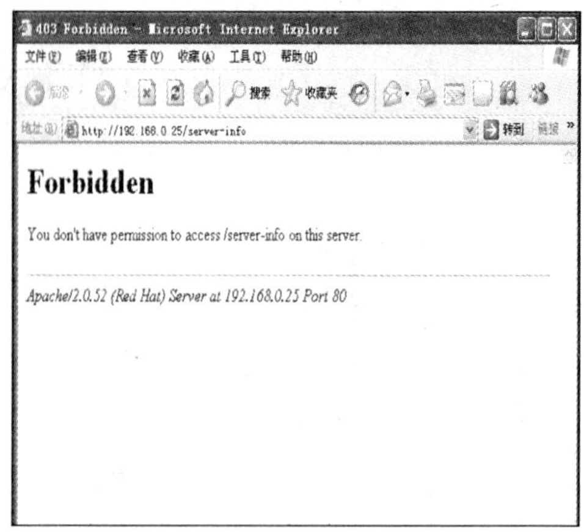

图 12-7　在其他主机上访问

12.4.4　用户认证设置

Web 服务器也能够在用户或每个组基础上，通过不同层次的验证来控制对 Web 站点上的特殊目录进行访问，可以将访问限制到特殊用户并需要密码，或者扩展到允许用户组进行访问，也可以为用户组分配密码或建立一个匿名用户来访问。像 FTP 一样，用户认证的好处是起到一个屏障的作用，控制着所有登录并检查访问用户的合法性，其目的是仅让合法的用户以合法的权限访问网络资源。

如果要把这些验证指令应用到某一个特定的目录上，可以把这些指令放置在一个 Directory 块或者是.htaccess 文档中，也可以使用指令 require 来决定什么样的用户可以访问这个目录，或者列出特殊用户或组。指令 AuthName 给用户指定授权范围，以及标识由该验证过程访问的特殊资源的名称。指令 AuthType 可以用来指定验证类型，如基本信息或者摘要。指令 require 也需要 AuthType、AuthName 及指定的组和用户验证文件的位置。

下面举例来说明验证用户。

(1) 编辑主配置文件/etc/httpd/conf/httpd.conf。

(2) 添加如下行。

```
 <Directory "/var/www/html/test">
     //不使用.htaccess
      AllowOverride None
     //指定使用基本的认证方式
      AuthType Basic
     //名称
      AuthName test
     //指定认证口令文件存放的位置
    AuthUserFile /var/www/passwd/test
     //授权给认证口令文件中的所有用户
require valid-user
</Directory>
```

(3) 创建认证口令文件，并添加两个用户。

```
mkdir /var/www/passwd
cd /var/www/passwd
[root@localhost passwd]# htpasswd -c test dai
new password:
re-type new password:
adding password for user dai
[root@localhost passwd]# htpasswd -c test tom
new password:
re-type new password:
adding password for user tom
```

(4) 重新启动 httpd。

```
service httpd restart
//客户端使用浏览器查看，结果如图 12-8 和图 12-9 所示
```

图 12-8　用户认证 Web 访问

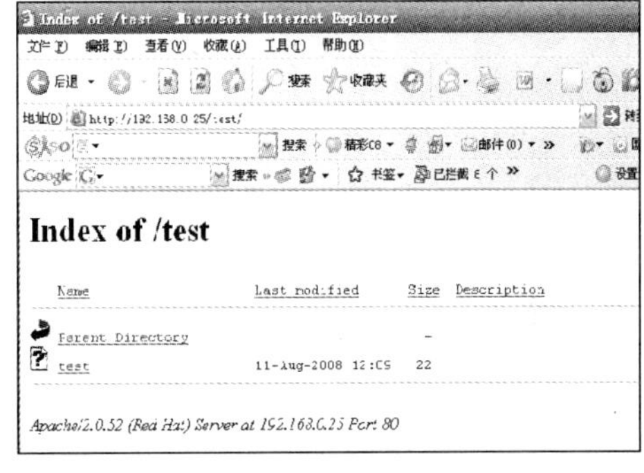

图 12-9　通过用户认证后的显示

12.4.5　WebDAV

1. WebDAV 简介

DAV 是分布式授权和版本控制的缩写，而 WebDAV 是基于 Web 的分布式授权和版本控制。传统情况下使用 FTP 和 NFS 对于站点内容进行上传或更新，但是有许多人认为 FTP 和 NFS 是不安全的协议，尽量不要再运行 Web 服务器的计算机上运行 FTP 和 NFS 服务器，然而不运行这两种服务器，用户就无法对自己的站点内容进行维护。WebDAV 提供了一种新的基于 HTTP 协议的解决方案，WebDAV 的官方网站是 http://www.webdav.org。

当对 Apacher 配置了 WebDAV 支持后，用户就可以在支持 WebDAV 的客户端上对站点内容进行上传和维护。

2. 配置 WebDAV

在 Apache 中默认包含了支持 WebDAV 的模块 mod_dav，配置过程如下。

```
//修改配置文件
vi /etc/httpd/conf/httpd.conf
//添加如下行
<Directory "/var/www/html">
        Options Indexes FollowSymLinks
        AllowOverride None
        //启动 WebDAV
        Dav On
        //配置认证指令
        AuthType Basic
        AuthName "Admin"
        AuthUserFile /var/www/passwd/test
Require user dai
//配置条件授权，即非浏览的 HTTP 请求方式
<LimitExcept>
     require group admin
</LimitExcept>
</Directory>
//重启 httpd
service httpd restart
//将服务器根文档目录的属性设置为 apache
chown -R apache.apache /var/www/html
```

注意： 必须将 WebDAV 所有管理的目录属性设置为 apache，以便 apache 用户运行的 Apache 子进程能对目录内容进行更新。

客户端配置过程(以 Windows XP 为例)如下。

(1) 双击“网上邻居”图标添加网上邻居，如图 12-10 所示。

(2) 输入网上邻居的 HTTP 协议的 URL 路径或是 FQDN 之后单击“下一步”按钮，如图 12-11 所示。

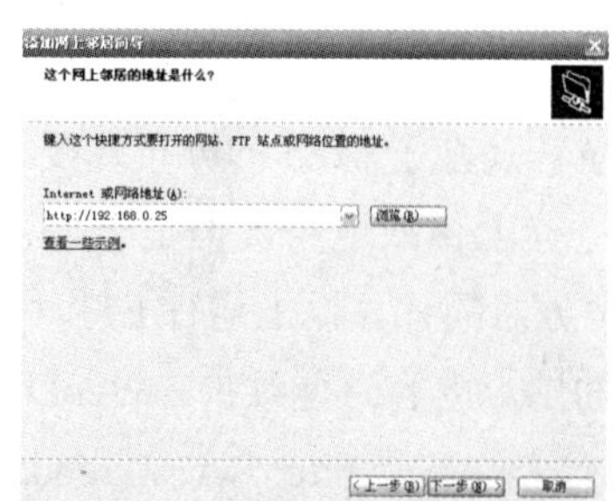

图 12-10　WebDAV 客户端配置过程 1

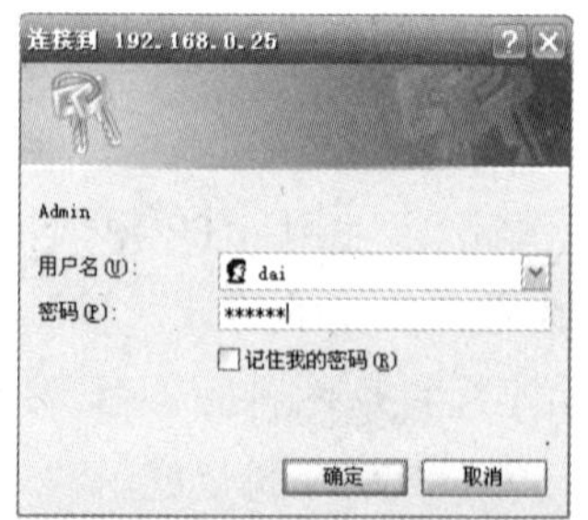

图 12-11　WebDAV 客户端配置过程 2

(3) 输入密码后单击“确定”按钮进入如图 12-12 所示的界面，更改完网上邻居名称

后就可以打开如图 12-13 所示的窗口，到此 WebDAV 配置完成。

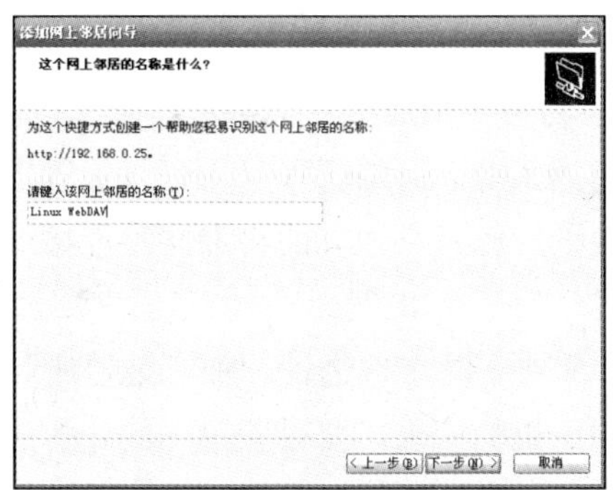

图 12-12　WebDAV 客户端配置过程 3

图 12-13　WebDAV 客户端配置过程 4

(4) 配置完成后双击即可使用，如图 12-14 所示。

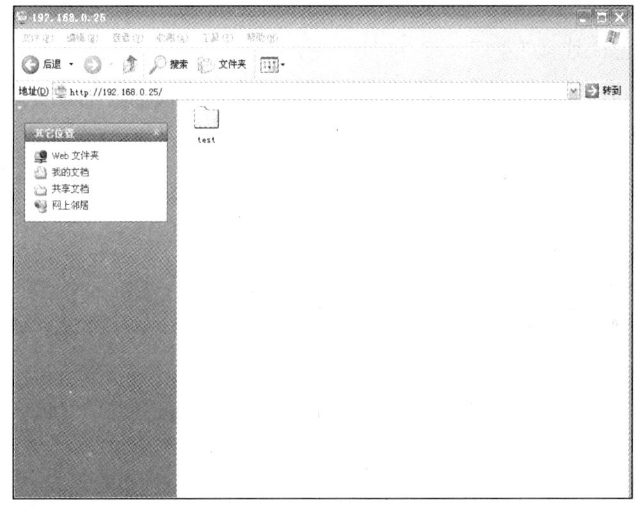

图 12-14　WebDAV 客户端配置过程 5

12.5　虚拟主机的配置

虚拟主机支持由一个 Apache 的服务器设置多个 Web 站点，这样一个服务器可以作为多个服务器使用，在外部的用户看来每一个服务器都是独立的。利用虚拟主机技术可以把一台真正的主机分成多个“虚拟”的主机，从而实现多用户对硬件资源、网络资源的共享，大幅度降低用户建设网站的成本。

Apache 支持基于 IP 地址和基于名称的虚拟主机。基于 IP 地址的虚拟主机使用有效的并且已经注册的 IP 地址，而基于名称的虚拟主机使用完整的域名地址，这些域名地址是由来自请求浏览器的 Host 标题提供的，服务器可以单独在域名的基础上使用正确的虚拟主机。

12.5.1　基于 IP 地址的虚拟主机配置

在使用 IP 地址虚拟主机的方案中，服务器必须为每一个虚拟主机指定一个 IP 地址和端口号，用户所使用的 IP 地址可以用来把请求发送到系统，网络管理员也可以设置用户的机器支持多个 IP 地址，用户的机器对于每个 IP 地址应该具有独立的物理网络连接或配置一种特殊的连接，可以同时监听多个 IP 地址，这样任何一个 IP 地址均可以访问系统。

用户配置 Apache 使它为每个虚拟主机运行一个独立的守护进程，独立地监听每一个 IP 地址，用户也可以运行单一进程来监听所有虚拟主机的请求。要设置单一的守护进程来管理所有的虚拟主机，可以使用 VirtualHost 指令；如果要为一台主机设立不同的域名，则需要使用 Listen 和 BindAddress 指令。

每个虚拟主机必须设置 VirtualHost 指令块，可以放置访问主机的指令。用户可以使用 ServerAdmin、ServerName、DocumentRoot 和 TransferLog 指令为这个主机制定特定值，也可以使用 VirtualHost 块中的 ServerType、BindAddess、Startservers、MaxSpareServer、MinSpareServer、MaxReguestsPerc hild、Listen、PidFile、TypesConfig、ServerRoot 和 NameVirtualHost 之外的任何命令。

基于 IP 地址的虚拟主机配置方法有两种：一种是 IP 地址相同，但是端口号不同；另一种是端口号相同(即默认端口号)，但是 IP 地址不同。基于 IP 的虚拟主机配置方法很简单，通过修改 httpd.conf 文件中的相关配置即可。下面具体介绍这几种虚拟主机配置方法。(还有一种是现在使用最广泛的，就是一个 IP 地址对应多个域名。)

1. IP 地址相同但是端口号不同的虚拟主机配置

如果用户只有一个 IP 地址，但是要架设多个站点，则推荐使用这种方法，配置步骤如下。

(1) 在/etc/httpd 文件夹中，建立文件夹 vhost，用来存放虚拟主机的配置文件。

```
cd  /etc/httpd
mkdir vhost
```

(2) 在/var/www 文件夹中，建立 vhost1 和 vhost2 文件夹，用来存放虚拟主机的网页。

```
mkdir -p /var/www/vhost1
mkdir -p /var/www/vhost2
```

(3) 修改主配置文件/etc/httpd/conf/httpd.conf，在配置文件中添加如下语句，其作用是指向虚拟主机的配置子文件，因为虚拟主机的配置子文件单独存放在一个文件夹中。当然也可以直接在主配置文件中进行虚拟主机的配置。

```
<Directory />
    Options FollowSymLinks
    AllowOverride None
</Directory>
# Note that from this point forward you must specifically allow
```

```
# particular features to be enabled - so if something's not working as
# you might expect, make sure that you have specifically enabled it
# below
# This should be changed to whatever you set DocumentRoot to
<Directory "/var/www/html">
#   Possible values for the Options directive are "None", "All",
# or any combination of:
#   Indexes Includes FollowSymLinks SymLinksifOwnerMatch ExecCGI
#MultiViews
#
# Note that "MultiViews" must be named *explicitly* --- "Options All"
# doesn't give it to you
# The Options directive is both complicated and important.  Please see
# http://httpd.apache.org/docs-2.0/mod/core.html#options for more information
    Options Indexes FollowSymLinks
# AllowOverride controls what directives may be placed in .htaccess
# files
# It can be "All", "None", or any combination of the keywords:
#   Options FileInfo AuthConfig Limit
    AllowOverride None
# Controls who can get stuff from this server
    Order allow,deny
    Allow from all
</Directory>
     include /etc/httpd/vhost/*.conf    ——添加该语句
```

(4) 建立文件/etc/httpd/vhost/vhost.conf，并添加内容如下。

```
#Virtual hsot Default Virtual Host

Listen 6000
Listen 7000

<VirtualHost 192.168.0.25:6000>
ServerSignature email
DocumentRoot /var/www/vhost1
ServerName show.test.cc
DirectoryIndex  index.php index.html index.html index.shtml


LogLevel  warn
HostNameLookups off
</VirtualHost>

<VirtualHost 192.168.0.25:7000>
ServerSignature email
```

```
DocumentRoot /var/www/vhost2
ServerName show.text.cc
DirectoryIndex   index.php index.html index.html index.shtml


LogLevel   warn
HostNameLookups off
</VirtualHost>
```

(5) 至此配置基本完，成重启 httpd 服务即可，客户端访问结果如图 12-15 和图 12-16 所示。

图 12-15　IP 相同端口不同访问 Web 服务 1

图 12-16　IP 相同端口不同访问 Web 服务 2

2. 端口号相同但是 IP 地址不同的虚拟主机配置

如果某个公司有多个独立的 IP 地址可供使用，那么用不同的 IP 地址来配置虚拟主机是最佳的选择。这里介绍一下具体的配置过程。

(1) 在/var/www 文件夹中建立文件夹 ipvhost3 和 ipvhost4 用来存放虚拟主机的配置文件。

```
    mkdir -p /var/www/ipvhost3
    mkdir -p /var/www/ipvhost4
```

(2) 上个例子中，在/etc/httpd 中建立的文件夹是 vhost，在其中建立文件 ipvhost.conf，并写入如下内容。

```
vi /etc/httpd/vhost/ipvhost.conf
#Virtual hosts
#Virtual host Default Virtual Host

<VirtualHost 192.168.0.25:80>
ServerSignature email
DocumentRoot /var/www/ipvhost3
DirectoryIndex index.php index.html intex.htm index.shtml
LogLevel warn
HostNameLookups off
```

```
</VirtualHost>

<VirtualHost 192.168.0.220:80>
ServerSignature email
DocumentRoot /var/www/ipvhost4
DirectoryIndex index.php index.html intex.htm index.shtml
LogLevel warn
HostNameLookups off
</VirtualHost>
```

(3) 重启 httpd 服务器即可使用，客户端访问结果如图 12-17 和图 12-18 所示。

图 12-17　端号相同 IP 不同访问 Web1

图 12-18　端号相同 IP 不同访问 Web2

12.5.2　基于域名的虚拟主机配置

提供虚拟主机服务的机器上只要设置一个 IP 地址，理论上就可以给无数个虚拟域名提供服务，这种配置占用资源少且管理方便。目前大部分的服务器租赁商都使用这种方式提供虚拟主机服务，配置方法如下。

(1) 在/var/www 文件夹中建立文件夹 vname1 和 vname2，用来存放虚拟主机的配置文件。

```
mkdir -p /var/www/vname1
mkdir -p /var/www/vname2
```

(2) 上个例子中，在/etc/httpd 中建立的文件夹是 vhost，在其中建立文件 vname.conf 并写入如下内容。

```
vi /etc/httpd/vhost/ipvhost.conf
#Virtual hosts
#Virtual host Default Virtual Host

<VirtualHost 192.168.100.2:80>
ServerSignature email
DocumentRoot /var/www/vname1
DirectoryIndex index.php index.html intex.htm index.shtml
```

```
LogLevel warn
HostNameLookups off
</VirtualHost>

<VirtualHost 192.168.100.2:80>
ServerSignature email
DocumentRoot /var/www/vname2
DirectoryIndex index.php index.html intex.htm index.shtml
LogLevel warn
HostNameLookups off
</VirtualHost>
```

(3) 配置完成后重新启动 httpd 服务，提示错误但是能启动，如图 12-19 所示。

(4) 提示是没有指定 NameVirtualHost 主机地址，修改 vname.conf 文件，添加一行 NameVirtualHost 192.168.100.2，如图 12-20 所示。

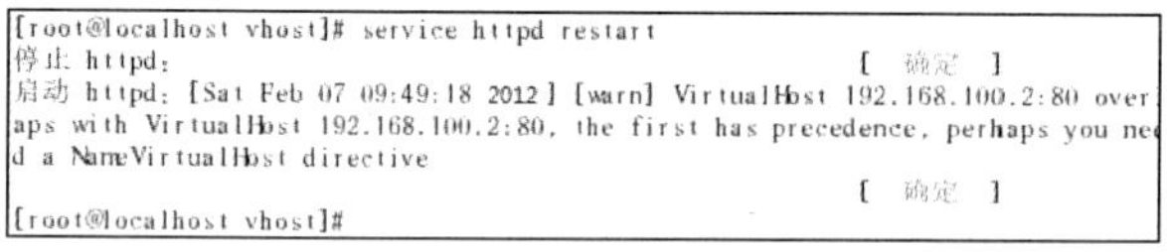

图 12-19 重启 Apache 服务

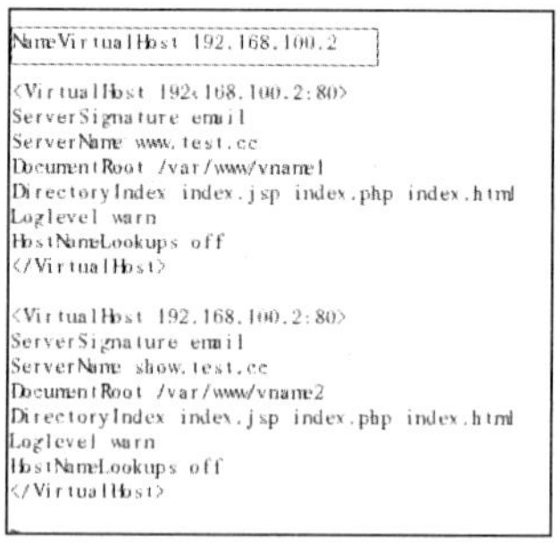

图 12-20 添加 NameVirtualHost

(5) 再次启动服务，没有出现错误，在客户端访问，如图 12-21 和图 12-22 所示。

图 12-21 基于域名虚拟服务访问 1

图 12-22 基于域名虚拟服务访问 2

注意：Apache 配置完成后网页有可能乱码，修改 http.conf 将设置文件中的 AddDefaultCharset ISO-8859-1 改为 AddDefaultCharset off，然后重启 Apache 服务器。

12.6　LAMP 配置

LAMP 的意思是 Linux、Apache、MySQL 和 PHP 协同组合搭建的一个动态网站，各个软件本身都是独立的服务器程序，把它们放到一起使用，就拥有了一个更高的兼容性能的 Web 应用平台。本节介绍 LAMP 平台的搭建方法。

12.6.1　LAMP 简介

随着开源潮流的蓬勃发展，开放源代码的 LAMP 已经与 J2 EE 和.NET 商业软件形成三足鼎立之势，并且该软件开发的项目在软件方面的投资成本较低，因此受到整个 IT 界的关注。从网站的流量上来说，70%以上的访问流量是 LAMP 提供的，LAMP 是强大的网站解决方案。

越来越多的供应商、用户和企业投资者日益认识到，经过 LAMP 单个组件的开源软件组成的平台用来构建及运行各种商业应用和协作构建各种网络应用程序变为一种可能和实践，变得更加具有竞争力，更加吸引客户。LAMP 无论是性能、质量还是价格都将成为企业、政府信息化所必须考虑的平台。

12.6.2 配置过程

1. 卸载 Apache 软件

配置 LAMP 建议在网上下载新的源代码包进行安装，首先卸载原来 RPM 安装的 Apache。

2. 编译安装 Apache 软件

(1) 在 Apache 官方网站下载最新的 Apache 软件包进行安装。TAR 的安装首先要编译软件包。

```
./configure --prefix=/usr/local/apache -enable-modules=most
```

各参数的含义如下。

--prefix：指定 Apache 的安装目录。

--enable-modules=most：加载大部分 Apache 的模块，对于初学者，这个选项将会大大减轻负担。

(2) 进行编译安装。

```
make
make install
```

(3) 如果安装完成系统没有报错，使用/usr/local/apache/bin 中的 apachectl 命令启动 Apache 服务器，在浏览器中输入服务器 IP 地址即可访问 Apache 服务，如图 12-23 所示。

图 12-23　访问 Apache 服务

(4) 启动 Apache 服务，代码如下。

```
#cd /usr/local/apache/bin
#apachectl start
```

3. 安装 MySQL

MySQL 是一个小型关系型数据库管理系统，开发者为瑞典 MySQL AB 公司，其在 2008 年 1 月 16 号被 Sun 公司收购。目前，MySQL 被广泛地应用在 Internet 上的中小型网站中。由于其体积小、速度快、总体拥有成本低，尤其是开放源码这一特点，许多中小型网站为了降低网站总体拥有成本而选择了 MySQL 作为网站数据库。MySQL 的官方网站的网址是 www.mysql.com。

(1) 下载 MySQL 安装包，解压进入安装目录。

```
./configure --prefix=/usr/local/mysql            //指定安装目录
make
make install
```

(2) MySQL 安装完成后首先建立用户的一个组名称 mysql，把/usr/local/mysql 目录的用户改成 MySQL。

```
[root@new-host-6 mysql-5.1.36]# chown mysql /usr/local/mysql
[root@new-host-6 mysql-5.1.36]# chgrp mysql /usr/local/mysql/
```

(3) 初始化数据库，如图 12-24 所示。

```
/usr/local/mysql/bin/mysql_install_db --user=mysql
```

(4) 启动并登录 MySQL 数据库，如图 12-25 所示。图中 cp share/mysql/mysql.server /etc/init.d/mysqld 将 SQL 随机启动，使用 bin 目录中的 mysqladmin 命令为 root 用户设置密码命令，代码如下。

```
#./mysqladmin -u root password mypassword
```

```
[root@new-host-6 mysql-5.1.36]# /usr/local/mysql/bin/mysql_install_db --user=mysql
WARNING: The host 'new-host-6' could not be looked up with resolveip.
This probably means that your libc libraries are not 100 % compatible
with this binary MySQL version. The MySQL daemon, mysqld, should work
normally with the exception that host name resolving will not work.
This means that you should use IP addresses instead of hostnames
when specifying MySQL privileges !
Installing MySQL system tables...
OK
Filling help tables...
OK

To start mysqld at boot time you have to copy
support-files/mysql.server to the right place for your system

PLEASE REMEMBER TO SET A PASSWORD FOR THE MySQL root USER !
To do so, start the server, then issue the following commands:

/usr/local/mysql/bin/mysqladmin -u root password 'new-password'
/usr/local/mysql/bin/mysqladmin -u root -h new-host-6 password 'new-password'

Alternatively you can run:
/usr/local/mysql/bin/mysql_secure_installation

which will also give you the option of removing the test
databases and anonymous user created by default.  This is
strongly recommended for production servers.

See the manual for more instructions.

You can start the MySQL daemon with:
cd /usr/local/mysql ; /usr/local/mysql/bin/mysqld_safe &

You can test the MySQL daemon with mysql-test-run.pl
cd /usr/local/mysql/mysql-test ; perl mysql-test-run.pl

Please report any problems with the /usr/local/mysql/bin/mysqlbug script!

The latest information about MySQL is available at http://www.mysql.com/
Support MySQL by buying support/licenses from http://shop.mysql.com/

[root@new-host-6 mysql-5.1.36]#
```

图 12-24　安装 MySQL

```
[root@new-host-6 mysql]# cp share/mysql/mysql.server /etc/init.d/mysqld
[root@new-host-6 mysql]# service mysqld start
Starting MySQL.                                            [确定]
[root@new-host-6 mysql]# cd ..
[root@new-host-6 local]# cd ..
[root@new-host-6 usr]# cd local/mysql/bin/
[root@new-host-6 bin]# ./mysql -u root
Welcome to the MySQL monitor.  Commands end with ; or \g.
Your MySQL connection id is 1
Server version: 5.1.36 Source distribution

Type 'help;' or '\h' for help. Type '\c' to clear the current input statement.

mysql>
```

图 12-25　登录 MySQL 数据库

(5) 使用 root 用户和密码登录 MySQL 数据库，如图 12-26 所示，可以看到 MySQL 数据库可以工作了。

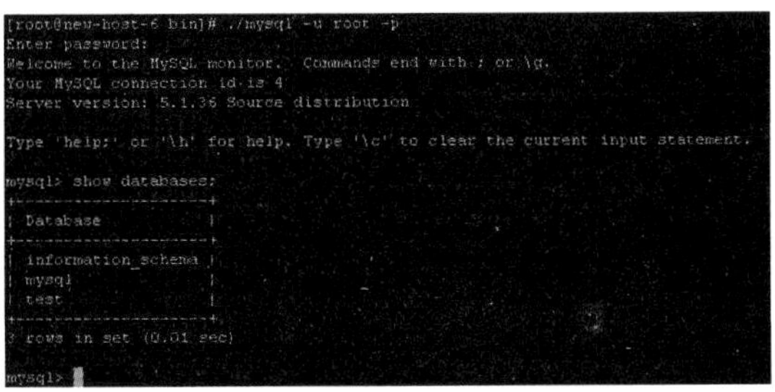

```
[root@new-host-6 bin]# ./mysql -u root -p
Enter password:
Welcome to the MySQL monitor.  Commands end with ; or \g.
Your MySQL connection id is 4
Server version: 5.1.36 Source distribution

Type 'help;' or '\h' for help. Type '\c' to clear the current input statement.

mysql> show databases;
+--------------------+
| Database           |
+--------------------+
| information_schema |
| mysql              |
| test               |
+--------------------+
3 rows in set (0.01 sec)

mysql>
```

图 12-26　查看 MySQL 中的数据库

4. 安装 PHP

PHP 是一种动态网站编写语言，也是 Apache 上的最佳动态开发语言 PHP。PHP 整合了 C、Perl、Shell 的语言特点，并且专门针对 Web 领域进行语言设计，所以非常适合动态语言的编写。

用户可以到 PHP 的网站下载安装包，解压进入安装目录。

```
[root@new-host-6php-5.3.0]#./configure --prefix=/usr/local/php5 --with-
apxs2=/usr/local/apache/bin/apxs   --with-mysql=/usr/local/mysql/ --
with-config-file-path=/usr/local/php5

--prefix=/usr/local/php5                        //指定安装目录
--with-apxs2=/usr/local/apache/bin/apxs         //指定 apxs 位置
--with-mysql=/usr/local/mysql/                  //指定 mysql 目录
--with-config-file-path=/usr/local/php5         //指定配置文件目录
```

注意：apxs 是 Apache 提供的一个用于编译安装扩展模块的工具。它的全称是 Apache Extension Tool。apxs 的功能是使用 mod_so 中的 loadModule 命令，在运行时加载指定的模块到 Apache，因此使用 apxs 的前提就是编译时打开 so 模块。

apxs 2 指的是 Apache 版本 2，apxs 指的是 Apache 版本 1，在此安装的是 Apache 2.2.12，命令如下。

```
make
make install
```

PHP 安装完成后还要对 Apache 进行配置。httpd.conf 中对 PHP 的配置如下。

```
LoadModule php5_module modules/libphp5.so
AddType application/x-httpd-php .php
DirectoryIndex index.html index.html.var index.php
```

到这里 PHP 已配置完成。下面写一个主页复制到 Apache 主目录中。

```
<?php
    Phpinfo();
?>
```

保存为 index.php 放到 htdocs 目录中，然后在 IE 地址栏中输入 http://192.168.0.40，如图 12-27 所示。可以看到 PHP 和 Apache 可以协同工作，接下来再安装一个论坛系统。

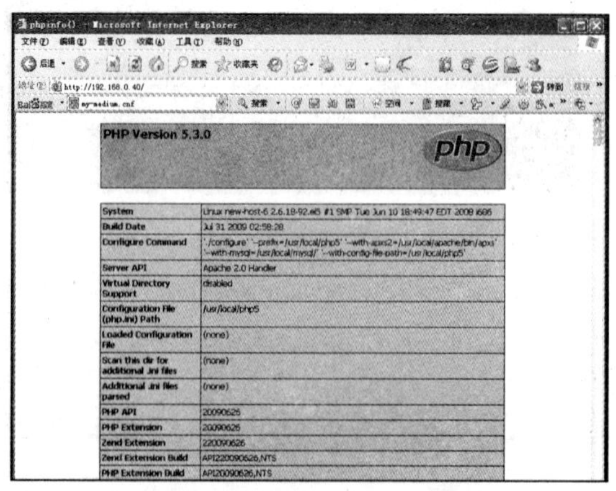

图 12-27　PHP 测试页面

5. 安装 phpBB

到 PHP 网站下载 phpBB 3 的论坛系统，解压后直接复制到 Apache 主目录下即可使用。

```
[root@new-host-6 dai]# cp -a phpBB3 /usr/local/apache/htdocs/
```

下载一个中文补丁复制到 phpBB 3 中的 language/目录下。

访问 http://192.168.0.40/phpBB3/install/index.php，如图 12-28 所示。这时论坛已经可以启动了，后台使用的是 MySQL 数据库。至此，LAMP 介绍完成。

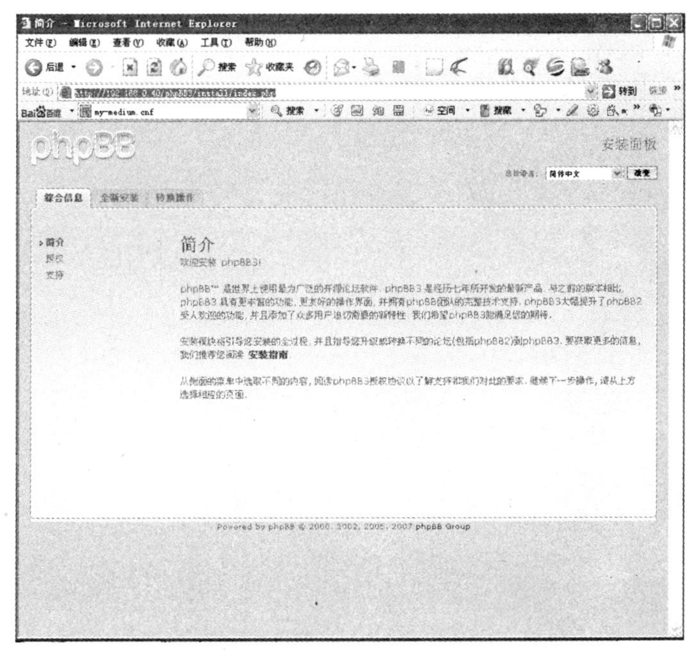

图 12-28　phpBB

12.7　Apache 的日志管理和统计分析

对于公司来说，除了要保证网站的稳定正常运行以外，一个重要的问题就是网站访问量和分析报表，这对于了解和监控网站的运行状态，提高各个网站的服务能力和服务水平是必不可少的。通过对 Web 服务器的日志文件进行分析和统计，能够有效地掌握系统运行情况及网站内容的被访问情况，加强对整个网站及其内容的维护域管理。本节介绍 Apache 的日志管理和统计分析方面的技术。

12.7.1　日志管理

管理 Web 网站需要监视其速度、Web 内容传送、服务器每天的吞吐量和 Web 网站的外来访问，了解网站各个页面的访问情况，这些都是通过对日志进行统计得到的，所以日志管理对于 Apache 服务的运行是非常重要的。

1. Web 的重要性

管理 Web 网站不只是监视 Web 的速度和 Web 的内容传送，关注服务器每天的吞吐量，还要了解对这些 Web 网站的外来访问，了解网站各个页面的访问情况，根据各页面的点击率来改善网页的内容和质量，提高内容的可读性，跟踪包含有商业交易的步骤及管理 Web 网站后台数据等。从某种程度上讲，“日志就是金钱”。因为如果通过日志分析出一个网站具有高流量，则广告商就会愿意为此支付费用。

2. 日志的种类

Apache 的标准中规定了 4 类日志，即错误日志、访问日志、传输日志、Cookie 日志。其中，传输日志和 Cookie 日志被 Apache 2.0 认为已经过时。所以本节仅仅讨论错误日志和访问日志。错误日志和访问日志被 Apache 2.0 默认设置。

3. 日志相关配置指令

Apache 中有如下 4 条与日志相关的配置指令，见表 12-3。

表 12-3 Apache 中日志相关的配置指令

指　令	格　式	说　明
ErrorLog	ErrorLog 错误日志文件名	指定错误日志存放路径
LogLevel	LogLevel 错误日志记录等级	指定错误日志的记录等级
LogFormat	LogFormat 记录格式说明串格式昵称	为一个日志记录格式命名
CustomLog	CustomLog 访问日志文件名格式昵称	指定访问日志存放路径和记录格式，指定访问日志由指定的程序生成，并指定日志记录格式

表中的前两条指令用于配置错误日志，后两条用于配置访问日志。

12.7.2 配置错误日志

1. Apache 默认的错误日志配置

Apache 默认的错误日志配置如下。

```
ErrorLog logs/error_log
LogLevel varn
```

2. 日志记录等级

下面着重介绍日志的记录等级，见表 12-4。

表 12-4　错误日志记录等级

紧急程度	等　级	说　明
1	emerg	出现紧急情况使得该系统不可用，如系统宕机
2	alert	需要立即引起注意的情况
3	crit	危险情况的报告
4	error	除了 emerg、alert、crit 的其他错误
5	warn	警告信息
6	notice	需要引起注意的情况，但是不如 error、warn 重要
7	info	值得报告的一般消息
8	debug	由运行于 debug 模式的程序所产生的消息

如果指定了等级 warn，那么就记录紧急程度为 1～5 所有的错误信息。

3. 错误日志文件举例

下面是一个错误日志文件的截取。

```
[Tue Aug 12 09:55:14 2008] [error] [client 192.168.0.113] Directory
index forbidden by rule: /var/www/html/
[Tue Aug 12 09:55:18 2008] [error] [client 192.168.0.113] Directory
index forbidden by rule: /var/www/html/
[Tue Aug 12 09:56:50 2008] [notice] caught SIGTERM, shutting down
```

从文件内容可以看出，每一行记录了一个错误。格式为：日期和时间 错误等级 错误消息。

12.7.3　日志统计工具

1. Webalizer 简介

目前有许多日志分析软件，本节将介绍 Webalizer 的使用。Webalizer 是一个高效、免费的 Web 服务器日志分析程序。其分析结果是 HTML 文件格式，从而可以方便地通过 Web 服务器进行浏览。Internet 上的很多站点都使用 Webalizer 进行 Web 服务器日志的分析。

Webalizer 具有以下特点。

- 由于 Webalizer 是使用 C 语言的程序，所以具有很高的运行效率。在主频为 200MHz 的机器上，Webalizer 每秒可以分析 10000 条记录，所以分析一个 40MB 大小的日志文件只需要 15 秒。
- Webalizer 支持标准的普通日志文件格式，除此之外也支持几种组合日志格式，从而可以统计客户的情况及客户操作系统的类型。并且现在 Webalizer 已经可以支持 wu-ftpd xferlog 日志格式及 Squid 日志文件格式。
- Webalizer 支持命令行配置及配置文件。
- Webalizer 支持多种语言，也可以自己进行本地化工作。

- Webalizer 支持多平台，如 Unix、Linux、NT、OS/2 等。

2. 安装 Webalizer

安装 Webalizer 比较简单，首先查看本地是否已经安装了 Webalizer，如果没有，则从网络下载 Webalizer-2.01_10-25.i386.rpm 文件后使用 rpm 命令进行安装。

```
//查看是否安装了 Webalizer
rpm -qa |grep Webalizer
//插入 Linux 光盘安装 Webalizer
rpm -ivh Webalizer-2.01_10-25.i386.rpm
//查看 Webalizer
[root@localhost vhost]# rpm -qa |grep webalizer
webalizer-2.01_10-25
//查看安装文件
[root@localhost vhost]# rpm -ql webalizer
//Webalizer 会由 crond 每天运行一次
/etc/cron.daily/00webalizer
/etc/httpd/conf.d/webalizer.conf
/etc/webalizer.conf
/etc/webalizer.conf.sample
/usr/bin/webalizer
/usr/bin/webazolver
/usr/share/doc/webalizer-2.01_10
/usr/share/doc/webalizer-2.01_10/README
/usr/share/man/man1/webalizer.1.gz
/var/lib/webalizer
//生成 HTML 文件存放的路径
/var/www/usage
/var/www/usage/msfree.png
/var/www/usage/webalizer.png
```

3. 配置 Webalizer

配置 Webalizer 分为两个步骤。

(1) 对 Webalizer 配置文件/etc/Webalizer.conf 进行配置。

(2) 配置 Webalizer 的认证和授权。

Webalizer 安装完毕后，默认配置就可以工作了，无须进行配置。如果用户要了解配置参数，可以使用 man 命令手册。修改/etc/httpd/conf/httpd.conf，添加如下内容。

```
Alias /usage /var/www/usage
<Location /usage>
Order deny,allow
Deny from all
Allow from 192.168.0.11    //这里为了安全，只把浏览权赋予了 192.168.0.11 这台主机，
                           //当然也可以使用用户验证来限制用户的访问
</Location>
```

重新启动 httpd 服务器，在客户端进行测试结果，如图 12-29 所示。

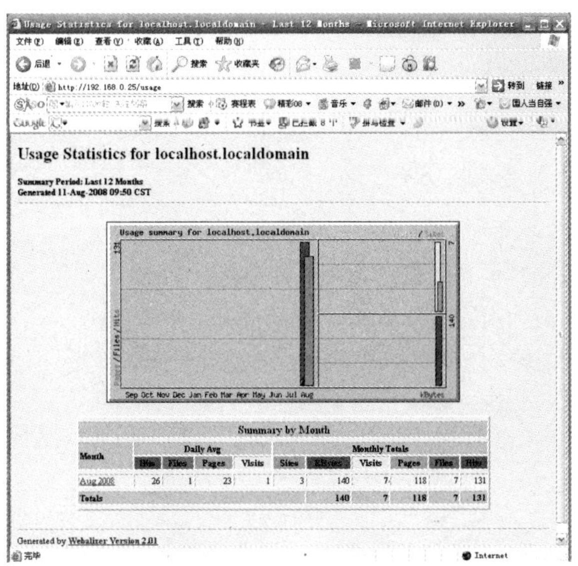

图 12-29 Webalizer 界面

该界面只是 Webalizer 生成的访问统计分析报表的第一个页面内容，二级页面还包含了每个月的平均访问量表格和条形图统计分析情况。单击每个月份按钮，可以得到这个月每天的详细统计信息。

本 章 习 题

一、填空题

1. Web 系统是________模式的，即客户机/服务器模式。

2. 常用的 Web 服务器是 Linux 下的________和微软的________等；常用的客户端程序是浏览器，如 IE、Netscape、Mozilla 等。

3. RPM 安装的 Apache 服务器页面所在的目录是________。

4. RPM 安装的 Apache 主配置文件的路径是________。

5. RPM 安装的 Apache 访问日志文件的位置是________，错误日志文件的位置是________。

6. 用户认证的好处是起到一个________的作用，控制着所有登录并检查访问用户的合法性，其目的是仅让________以合法的权限访问网络资源。

7. HTTPS 的中文意思是________，监听的端口号是________。

8. LAMP 的全称是________。

9. 对于所有公司或来说，除了要保证网站的稳定、正常运行以外，另一个重要的问题就是网站访问量和分析报表________，这对于了解和监控网站的运行状态，提高各个网站的________是必不可少的。

10. Webalizer 每秒可以分析________条记录，所以分析一个 40MB 大小的日志文件只需要________秒。

二、问答题

1. Web 服务器具有哪些特点？
2. Apache 服务器具有哪些特点？
3. 编译安装 Apache 时，制定安装目录的参数是什么？
4. .htaccess 文件的作用是什么？
5. Apache 的 3 个访问控制指令是什么？
6. 什么是 Apache 的虚拟主机？
7. Apache 有 4 类日志，分别是什么？

三、上机实训

某公司因业务范围日益扩大，仅仅依靠静态网站内容已经无法满足进一步的产品宣传和推广、销售等需要。最近该公司订购了一套使用 PHP 语言开发的电子商务系统，要求部署到网站服务器中。现需要对已经安装有 httpd 服务的网站服务器进行改造，增加 MySQL 数据库及 PHP 环境，配置并验证 LAMP 各组件能够协同工作。

需求描述

(1) 编译安装 MySQL、PHP，与 Apache 协同工作。
(2) 编译 PHP 的过程中，添加“--enable-socket”、“--enable-mbstring”支持。
(3) 为 MySQL 数据库的 root 用户设置密码。
(4) 编写 PHP 测试网页，验证 LAMP 是否能够协同工作。
(5) 在服务器中部署 Web 应用系统。
(6) 配置论坛系统。

实现思路

(1) 先安装好 httpd、MySQL，最后安装 PHP。
(2) PHP 测试网页文件 test.php 的内容如下。

```
<?php
phpinfo( );
?>
```

第 13 章 邮件服务器配置

学习目的与要求：

了解电子邮件的发展历史，掌握邮件服务器的安装步骤和基本配置方法，掌握邮件服务器的 SMTP 认证机制的启用方法。本章给读者介绍 Linux 下的邮件服务器的搭建，通过对本章的学习，读者应做到以下几点。

- 熟悉电子邮件的格式。
- 熟悉电子邮件系统的组成部分、电子邮件传输代理和电子邮件用户代理。
- 熟悉 SMTP 协议和 POP IMAP 协议。
- 了解 SMTP 的通信过程。
- 熟练配置 sendmail 服务器和 Postfix 服务器。
- 熟练配置 Extmail。

13.1　电子邮件简介

电子邮件(E-mail)是 Internet 上最基本的网络通信方式。进入互联网的用户不需要任何纸张就可以方便地使用电子邮件来写、寄、读和转发信件，与远程的用户进行交流，其优点就是不管对方在何处，只要能上互联网就可以进行交流，而且不受时间的限制。通过电子邮件还可以传输文件、阅读电子杂志，进行学术讨论，举行电子会议。它是目前互联网使用较普及、较方便的通信工具。

13.2　电子邮件系统介绍

电子邮件使用的协议是标准的 TCP/IP 协议，它规定了电子邮件的格式和在不同的邮局间交换电子邮件的协议。

每个电子邮件都分为两个部分：电子邮件头和电子邮件内容。TCP/IP 对电子邮件头的格式做了明确的规定，而电子邮件内容的格式可让用户自定义，电子邮件头中最重要的两个部分就是发送者和接收者的电子邮件地址。电子邮件的格式如下：用户名@域名。例如，test@sina.com.cn，test 是用户名，sina.com.cn 是域名。

13.2.1　电子邮件的组成部分

电子邮件发送和接收系统就像自家的邮箱，发送者和接收者通过它从计算机中发送和接收电子邮件。它是一个运行在计算机的客户端程序，最常用的有 Microsoft Outlook Express、Foxmail 等，用户可以根据自己的喜好来选择不同的程序，从根本上说，它们的功能都是发送和接收邮件。

电子邮局具有传统的邮局功能，它在发送者和接收者之间起着桥梁的作用，是运行在电子邮局服务器上的一个服务器端程序。下面介绍基于 Linux 和 Unix 操作系统的电子邮件服务器端程序 sendmail 的基本配置和使用方法。

Internet 电子邮件系统包括两个部分，邮件用户代理(Mail User Agent，MUA)和邮件传输代理(Mail Transport Agent，MTA)。MUA 是用户用来阅读和撰写电子邮件的程序，MTA 是电子邮件的传输程序。MTA 负责发送电子邮件，其收到要发送的电子邮件之后首先查看，“@”后面的域名是否存在于域名服务器的 DNS 中，DNS 是因特网的名称解析数据库，其中含有一些称为 MX(邮件交换者)的记录。这些记录会表明哪些主机会为这个域名发送电子邮件，在发送电子邮件的主机上也运行着 MTA，并且可以和用户的 MTA 对话，对话完毕后，这两个 MTA 将会传送和接收电子邮件，然后断开。一旦远处的 MTA 得到了这个电子邮件，它就会把电子邮件发送给接收者的 MUA，MUA 再把电子邮件发送给接收者。

1) MTA

通俗地讲，MTA 是用来接收和发送电子邮件的服务器端。当用户从 MUA 发送一份电子邮件时，该电子邮件被发送到 MTA，然后 MTA 把这份电子邮件发送给一系列的 MTA，直到把它发送到目的地为止。

2) MUA

通俗地讲，MUA 是电子邮件的客户端。它的种类繁多，大都符合 POP 和 IMAP 协议，这些包括微软系列，Linux 下也有第三方的，如 Foxmail 等。

13.2.2 电子邮件的相关协议

电子邮件的相关协议有 3 个，分别是 SMTP 协议(Simple Mail Transfer Protocol，简单邮件传输协议)、POP 协议(Post Office Protocol，邮局协议)和 IMAP 协议(Internet Mail Access Protocol，因特网邮件访问协议)。接下来逐一介绍。

1. SMTP 协议

SMTP 协议是最早出现的，也是普遍使用的最基本的 Internet 邮件协议。SMTP 协议支持的功能比较简单，并且在安全方面有缺陷，通过它传送的电子邮件是以普通文本方式传送的，在网络上传输时有可能被人中途截取并复制，电子邮件在传输的过程中可能会丢失，也可能被人冒名顶替、伪造电子邮件。为了克服上述缺点，出现了 ESMTP(扩展的 SMTP 协议)。

在整个电子邮件系统中，有两种情况需要使用 SMTP。

(1) 发送电子邮件的 MUA 和 MTA 建立连接并发送电子邮件。

(2) MTA 之间也使用 SMTP 进行电子邮件的转发。

无论从 MUA 到 MTA，还是 MTA 之间，它们都是遵循基本的请求到响应过程。发送 MTA 与域名服务器(DNS)联系，以查找在电子邮件接收者地址中所指明的域名，然后 DNS 可能会返回该域名的 IP 地址，接着发送者的 MTA 就与 IP 地址所对应的主机建立一个电子邮件的连接。DNS 可能返回一系列的电子邮件交换记录，该记录中包含了转发到接收者的中介 MTA 的各个 IP 地址，这样发送者的 MTA 就试图与电子邮件转发记录中列出的第一个 IP 地址所对应的主机建立一个电子邮件连接。

在 SMTP 中，客户机与服务器之间的通信是由可读文本构成的，这给调试带来了很大的方便，SMTP 使用 TCP 的 25 端口在发送的电子邮件数据流中既包含了邮件内容，同时也包含了 SMTP 协议指令，表 13-1 列出了基本的 SMTP 指令。

表 13-1 基本 SMTP 的命令表

命 令	功 能
HELO	打开 SMTP 会话并标识源主机
MAILE FROM	指明发件人电子邮件地址
RCPT	指明收件人电子邮件地址

续表

命　令	功　能
DATA	表示电子邮件内容的开始(以单行的英文句号“.”标识结束)
RSER	废弃一个电子邮件消息
VRFY	验证电子邮件地址的有效性
EXPN	确认电子邮件发送清单并返回清单的成员
HELP	显示所有的命令和命令说明
NOOP	让目的主机返回 OK 响应
QUIT	请求中断连接

SMTP 的通信过程如下。

(1) 客户端通过 3 次握手与服务器(TCP 25 端口)建立一个 TCP 连接，然后等待服务器发送 220READY FOR MAIL。

(2) 客户端在收到 220 报文后，发送 HELO 命令。

(3) 服务器以 250 please to meet you 响应，表明一切正常。

(4) 客户端以 MAIL 命令开始电子邮件的交互，在 MAIL 命令中，有一个“FROM：”字段，用于在出错时通知发信人。

(5) 服务器收到 MAIL 命令后，发送 250OK 作为响应，表示一切正常。

(6) MAIL 命令成功后，客户端就可以将收信人的地址告诉服务器，这是用一连串的 RCPT 命令实现的。

(7) 服务器接收到每个 RCPT 命令后，发送 250OK 作为响应，表示正确接收；或者发送 550No such user here 作为相应，表示此处没有这个用户。

(8) 客户端的 RCPT 命令得到正确的响应后，就可以用 DATA 命令发送数据。

(9) 服务器接收到 DATA 命令后，发送 354 Start mail input；end with “.” on a line by itself 给予响应。

(10) 客户此时可以输入信件内容，并以“.”作为结束。

(11) 服务器发送 250OK，表示信息发送成功。

(12) 客户端请求断开连接。

(13) 服务器断开连接。

当用户在客户机上使用 MUA 发送电子邮件时，MUA 会使用 SMTP 与 MTA 进行沟通，用户不必记忆 SMTP 命令。

2. POP 协议

POP 协议是一种允许用户从邮件服务器上接收电子邮件的协议，它有两个版本 POP 2 和 POP 3，都具有简单的电子邮件存储转发功能，POP 2 和 POP 3 本质上类似，首先通过 POP 3 客户端程序登录到 POP 3 服务器上，然后邮件服务器将为该用户存储的电子邮件传送给 POP 3 客户端程序，当使用 POP 3 在线工作方式接收电子邮件时，用户在所用的计算机与邮件服务器保持连接的状态下读取电子邮件，POP 服务器使用 110 端口，表 13-2 列出了 POP 3 的命令表。

表 13-2　POP 3 命令表

命　令	功　能
USERS username	用户登录名
PASS password	登录口令
STAT	查询还未读取的消息/字节
ERTR msg	检索编号为 msg 的消息
DELE msg	删除编号为 msg 的消息
LAST	查询上次访问的电子邮件数量
LIST msg	查询 msg 或所有消息的大小
RSET	删除所有的电子邮件，将电子邮件编号置 1
TOP msg n	打印 msg 电子邮件的头和前 n 行
NOOP	向远程服务器请求 OK 相应
APOP mailbox string	标识一个电子邮箱，并提供 MD5 认证字符串。可以作为 USERS/PASS 命令的替代命令
UIDL msg	查询指定电子邮件的唯一标识，或者列出所有电子邮件的标识
QUIT	结束 POP 3 会话

3. IMAP 协议

IMAP 协议允许远程服务器为用户保存电子邮件，用户可以随时登录到服务器查看电子邮件。与 POP 服务器不同的是，IMAP 服务器会保留用户的电子邮件消息，并将用户的电子邮件保存在一个集中的地方，这样用户可以在网络上的任何主机登录到服务器来阅读电子邮件。这个交互式的连接比 POP 协议需要更长的时间连接，适用于使用保持连接的局域网用户。表 13-3 列出了 IMAP 的命令表。

表 13-3　IMAP 的命令表

命　令	功　能
CAPABILTY	列出服务器支持的功能
NOOP	字面上理解是“没有操作”，但有时用于查询新消息和信息状态更新
LOGOUT	关闭连接
AUTHENTICATE	请求可选的授权方式
LOGIN	打开连接，以明文方式输入用户名、口令进行登录
SELECT	打开一个电子邮箱
EXAMINE	以只读方式打开电子邮箱
CREATE	创建一个新电子邮箱
DELETE	删除一个新电子邮箱
RENAME	重命名电子邮箱

续表

命　令	功　能
SUBSCRIBE	将电子邮箱添加到活动电子邮箱程序清单中
UNSUBSCRIBE	从活动电子邮箱程序清单中删除一个电子邮箱
LIST	从所有有效的电子邮箱中显示被请求的电子邮箱
LSUB	从所有活动的电子邮箱中显示被请求的邮箱
STATUS	查询电子邮箱状态
APPEND	向指定的电子邮箱中增加消息
CHECK	为当前电子邮箱增加一个检查点
CLOSE	关闭电子邮箱，并删除所有有删除标记的消息
EXPUNGE	删除当前电子邮箱中所有有删除标记的消息
SEARCH	显示符号搜索条件的信息
FETCH	从电子邮箱中取邮件
STORE	修改电子邮箱中的邮件
COPY	将指定的电子邮件复制到指定电子邮箱的末尾
UID	按照消息标识符搜索或提取电子邮件

4. IMAP 与 POP 3 的区别

很多人对 POP 3 非常熟悉，POP 3 提供了快捷的邮件下载服务，用户可以利用 POP 3 把电子邮箱中的电子邮件下载到本地计算机上进行离线阅读。一旦下载到本地计算机上，就可以选择把电子邮件从服务器上删除，然后断开与 Internet 的连接，在任何时候阅读已经下载的电子邮件。

IMAP 同样提供了方便的邮件下载服务，让用户能进行离线阅读，但是 IMAP 能完成的远远不止如此，首先 IMAP 提供了摘要浏览功能，可以让用户先阅读，然后决定是否下载该邮件，如果根据摘要信息可以确定某些邮件对用户毫无用处，用户可以直接在服务器上删除。

IMAP 和 POP 3 不同的地方是在支持离线阅读上，鼓励用户把电子邮件存储在服务器上。

支持 IMAP 的客户端不多，有微软的 OE 和 Netscape。Netscape 功能多，而 OE 比较简单快捷。Foxmail 以前的版本不支持 IMAP，但是 Foxmail 6 以上版本支持该协议。

13.2.3　电子邮件系统的规划

在规划电子邮件环境时，要注意以下几个方面。

1) 邮件服务器的集中

在多机的网络环境中应注意电子邮件环境的统一配置，同一网络内的邮件服务器不宜过多，那样会增加管理负荷。

2) 共享信件缓冲池的资源竞争问题

在小规模的网络中，为了实现电子邮件的共享环境，管理员一般利用 NFS(网络文件系统)将每台 Linux 工作站的信件缓冲池(/var/spool/mail)挂接到电子邮件服务器上，这时需要注意的是信件系统是一种典型的分布式处理环境，对于共享文件特别是文件自锁问题处理得不够完善，有时会丢失信件，甚至会损坏整个硬盘。

3) 统一电子邮件代码

在传统的 UUCP(Unix 间文件复制协议)中继网络上，各个主要电子邮件中继站一般采用 7 位代码方式，因此如果要通过广域网传递多字节信件，必须进行适当的代码转换。近年来，随着广域网技术的发展和 sendmail(V8)等 MTA 的改进，在点对点(Point to Point)上，TCP/IP 线路上已经可以实现直接“8 位通”的电子邮件传递。

4) 更新 sendmail 版本

sendmail 作为自由软件，一直在不断进行着版本更新以排除安全问题。众所周知，利用 sendmail 所存在的漏洞进行网络非法入侵的“黑客”活动仍然很猖獗，为了保护系统避免遭到攻击，建议网络管理者尽可能采用 sendmail 最新版。

5) 确定自己的邮件地址列表

各入网单位必须采用 Internet 指定的正式域名，然后根据自己所在的域来确定电子邮件地址名称。

6) 确定线路类型

电子邮件系统的虚拟通信线路大致有以下 4 种。

- 网内直接配信：本地电子邮件传送方式，即本地计算机用户向本地其他用户传送信件。
- UUCP 线路配信：经由 UUCP 线路向其他计算机用户传递信件。
- SMTP 配信：利用 SMTP 协议经由 TCP/IP 线路向其他计算机用户传递信件。
- 域名服务器下的 SMTP 配信：发送信件时用域名服务器来检查收方服务器的地址，利用域名服务器所提示的 MX(邮件交换)记录来确定收信方的邮件地址，然后通过 SMTP 协议向其他计算机用户传递信件。

13.3　sendmail 的安装和启动

sendmail 作为一种免费的邮件服务器软件，已被广泛地应用于各种服务器中。它在稳定性、可移植性及确保没有漏洞等方面具有一定的特色。下面讲解 sendmail 安装和启动的方法。

13.3.1　sendmail 的安装

在 Linux 系统中，如果在安装系统时选择安装了 sendmail 软件包，可以使用下面的方法进行，如果没有安装放入 Linux 光盘，使用 rpm 命令进行安装。

```
[root@localhost ~]# rpm -qa |grep sendmail
```

```
sendmail-8.13.1-3.RHEL4.5                    //表明已经安装 sendmail 软件包
sendmail-cf-8.13.1-3.RHEL4.5
```

此外，sendmail 默认以 daemon(电子邮件收发的后台程序)的方式在后台执行，负责处理所有电子邮件，也可以执行 ps -x 命令来查看执行中的程序。

```
[root@localhost ~]# ps -aux |grep sendmail
Warning: bad syntax, perhaps a bogus '-'? See /usr/share/doc/procps-3.2.3/FAQ
root      4376  0.0  0.6 10444 2148 ?       Ss   08:39   0:01 sendmail: accepti ng connections
smmsp     4384  0.0  0.4  7936 1620 ?       Ss   08:39   0:00 sendmail: Queue r unner@01:00:00 for /var/spool/clientmqueue
root      5417  0.0  0.1  4924  648 pts/1   R+   12:18   0:00 grep sendmail
```

另外，还可以使用如下方法。

```
[root@localhost ~]# /etc/init.d/sendmail status
sendmail (pid 4384 4376) 正在运行...
```

13.3.2 sendmail 的启动

如果 sendmail 还没有启动，可以执行 setup 命令，进入“服务”界面，选择 sendmail 选项进行启动，如图 13-1 所示。

也可以在终端中输入命令启动服务器，代码如下。

```
[root@localhost ~]# service sendmail restart
关闭 sendmail:                                  [  确定  ]
关闭 sm-client:                                 [  确定  ]
启动 sendmail:                                  [  确定  ]
启动 sm-client:                                 [  确定  ]
```

当然也可以图形化方式启动，选择“所有程序”|“系统设置”|“服务器设置”|“打开服务”选项，在服务配置中选择 sendmail 选项，使系统启动时自动运行 sendmail，如图 13-2 所示。

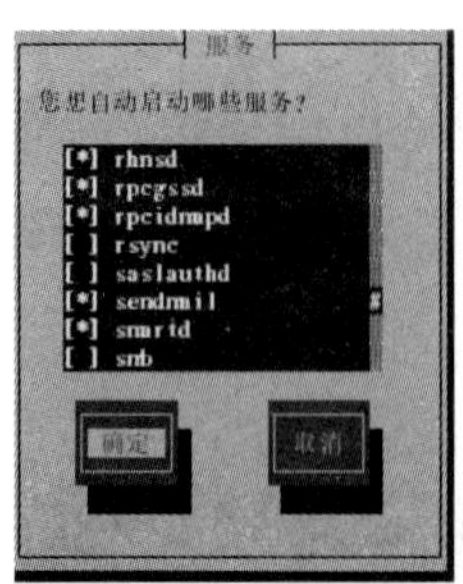

图 13-1　setup 命令设置邮件服务器开机启动

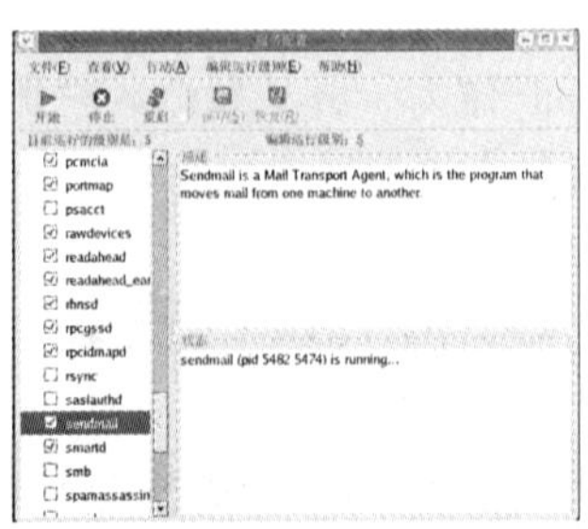

图 13-2　在开始菜单中选择

13.4 邮件服务器的配置

sendmail 的主配置文件中/etc/mail 下的 sendmail.cf 是在初始安装时 sendmail.mc 创建的，它允许 sendmail 根据一些选项如 OSTYPE 和 MAILER 来推断自己的初始配置。sendmail 使用的配置文件见表 13-4。

表 13-4 sendmail 的配置文件

文 件 名	功 能
/etc/mail/access	sendmail 访问数据库文件
/etc/aliases	电子邮箱别名
/etc/mail/local-host-names	sendmail 接收电子邮件主机列表
/etc/mail/submit.cf、/etc/mail/submit.mc	sendmail 辅助配置文件
/etc/mail/mailertable	电子邮件分发列表
/etc/mail/sendmail.cf、/etc/mail/sendmail.mc	sendmail 主配置文件
/etc/mail/virtusertable	虚拟用户和域列表

下面对一些重要的配置文件(如/etc/mail/sendmail.cf 和 submit.mc 等)进行介绍。

13.4.1 sendmail.cf 文件详解

sendmail.cf 是 sendmail 的配置文件，它决定了 sendmail 的属性，定义了邮件服务器为哪个域工作。其中的内容为特定宏，大多数人对它的产生有恐惧心理，因为文件中的宏代码太多，sendmail.cf 通常由一个以 mc 结尾的文件 sendmail.mc 编译产生，用户可以自己修改其中的一些设置，用文本编辑器打开 sendmail.mc，如下所示。

```
divert(-1)dnl
dnl #
dnl # This is the sendmail macro config file for m4. If you make changes
to
dnl # /etc/mail/sendmail.mc, you will need to regenerate the
dnl # /etc/mail/sendmail.cf file by confirming that the sendmail-cf
package is
dnl # installed and then performing a
dnl #
dnl #    make -C /etc/mail
dnl #
include('/usr/share/sendmail-cf/m4/cf.m4')dnl  //包含/usr/share/sendmail-
                                               //cf/m4/cf.m4 文件
VERSIONID('setup for Red Hat Linux')dnl        //本信息
```

```
OSTYPE('linux')dnl
dnl #
dnl # default logging level is 9, you might want to set it higher to
dnl # debug the configuration
dnl #
dnl define('confLOG_LEVEL', '9')dnl
dnl #
dnl # Uncomment and edit the following line if your outgoing mail needs
to
dnl # be sent out through an external mail server:
dnl #
dnl define('SMART_HOST', 'smtp.your.provider')//定义 SMTP 主机
dnl #
define('confDEF_USER_ID',"8:12")dnl          //定义用户 ID 为 8，组 ID 为 12
dnl define('confAUTO_REBUILD')dnl
define('confTO_CONNECT', '1m')dnl            //定义最大的连接时间为 1 分钟
define('confTRY_NULL_MX_LIST',true)dnl       //定义 MX 记录的指向
define('confDONT_PROBE_INTERFACES',true)dnl//定义 sendmail 的有效网络接口
define('PROCMAIL_MAILER_PATH', '/usr/bin/procmail')dnl
define('ALIAS_FILE', '/etc/aliases')dnl      //定义电子邮件别名文件存放的路径
define('STATUS_FILE', '/var/log/mail/statistics')dnl
define('UUCP_MAILER_MAX', '2000000')dnl      //设置基于 UUCP 协议的 mailer 处理
                                             //信息的最大限制为 2MB
define('confUSERDB_SPEC', '/etc/mail/userdb.db')dnl//设置用户数据库文件路径
define('confPRIVACY_FLAGS',
'authwarnings,novrfy,noexpn,restrictqrun')dnl  //设置某些电子邮件命令的标志
define('confAUTH_OPTIONS', 'A')dnl               //如果授权成功，将 AUTH 参数加
                                                 //到电子邮件的消息头上
dnl #
dnl # The following allows relaying if the user authenticates, and disallows
dnl # plaintext authentication (PLAIN/LOGIN) on non-TLS links
dnl #
dnl  define('confAUTH_OPTIONS', 'A p')dnl
dnl #
dnl # PLAIN is the preferred plaintext authentication method and used by
dnl # Mozilla Mail and Evolution, though Outlook Express and other MUAs do
dnl # use LOGIN. Other mechanisms should be used if the connection is not
dnl # guaranteed secure.
dnl # Please remember that saslauthd needs to be running for AUTH.
dnl #
dnl # TRUST_AUTH_MECH('EXTERNAL DIGEST-MD5 CRAM-MD5 LOGIN PLAIN')dnl
dnl #  define('confAUTH_MECHANISMS', 'EXTERNAL GSSAPI DIGEST-MD5 CRAM-MD5
LOGIN PLAIN')dnl
```

```
dnl #
dnl # Rudimentary information on creating certificates for sendmail TLS:
dnl #     cd /usr/share/ssl/certs; make sendmail.pem
dnl # Complete usage:
dnl #     make -C /usr/share/ssl/certs usage
dnl #
dnl define('confCACERT_PATH', '/usr/share/ssl/certs')
dnl define('confCACERT', '/usr/share/ssl/certs/ca-bundle.crt')
dnl define('confSERVER_CERT', '/usr/share/ssl/certs/sendmail.pem')
dnl define('confSERVER_KEY', '/usr/share/ssl/certs/sendmail.pem')
dnl #
dnl # This allows sendmail to use a keyfile that is shared with OpenLDAP's
dnl # slapd, which requires the file to be readble by group ldap
dnl #
dnl define('confDONT_BLAME_SENDMAIL', 'groupreadablekeyfile')dnl
dnl #
dnl define('confTO_QUEUEWARN', '4h')dnl
dnl define('confTO_QUEUERETURN', '5d')dnl
dnl define('confQUEUE_LA', '12')dnl
dnl define('confREFUSE_LA', '18')dnl
define('confTO_IDENT', '0')dnl  //定义 IDENT 查询响应的等待时间为 0
dnl FEATURE(delay_checks)dnl
FEATURE('no_default_msa', 'dnl')dnl
FEATURE('smrsh', '/usr/sbin/smrsh')dnl
FEATURE('mailertable', 'hash -o /etc/mail/mailertable.db')dnl//定义电子邮
件发送数据的存放位置
FEATURE('virtusertable', 'hash -o /etc/mail/virtusertable.db')dnl//定义虚
拟电子邮件的存放位置
FEATURE(redirect)dnl    //表示支持 redirect 虚拟域
FEATURE(always_add_domain)dnl
FEATURE(use_cw_file)dn  //装载/etc/mail/local-host-domain 文件中定义的主机名
FEATURE(use_ct_file)dnl//添加可信任用户
dnl #
dnl # The following limits the number of processes sendmail can fork to accept
dnl # incoming messages or process its message queues to 12.) sendmail refuses
dnl # to accept connections once it has reached its quota of child processes.
dnl #
dnl define('confMAX_DAEMON_CHILDREN', 12)dnl
dnl #
dnl # Limits the number of new connections per second. This caps the overhead
dnl # incurred due to forking new sendmail processes. May be useful against
dnl # DoS attacks or barrages of spam. (As mentioned below, a per-IP address
dnl # limit would be useful but is not available as an option at this writing.)
```

```
dnl #
dnl define('confCONNECTION_RATE_THROTTLE', 3)dnl
dnl #
dnl # The -t option will retry delivery if e.g. the user runs over his quota.
dnl #
FEATURE(local_procmail, '', 'procmail -t -Y -a $h -d $u')dnl
//使procmail作为本地邮件的发送者
FEATURE('access_db', 'hash -T<TMPF> -o /etc/mail/access.db')dnl
FEATURE('blacklist_recipients')dnl  //根据访问数据库的值来过滤外来电子邮件
EXPOSED_USER('root')dnl  //杜绝伪装发送者地址中出现root用户
dnl #
dnl # The following causes sendmail to only listen on the IPv4 loopback address
dnl # 127.0.0.1 and not on any other network devices. Remove the loopback
dnl # address restriction to accept email from the internet or intranet.
dnl #
DAEMON_OPTIONS('Port=smtp,Addr=127.0.0.1, Name=MTA')dnl
//指定sendmail作为MTA运行时的参数
dnl #
dnl # The following causes sendmail to additionally listen to port 587 for
dnl # mail from MUAs that authenticate. Roaming users who can't reach their
dnl # preferred sendmail daemon due to port 25 being blocked or redirected find
dnl # this useful.
dnl #
dnl #DAEMON_OPTIONS('Port=submission, Name=MSA, M=Ea')dnl
dnl #
dnl # The following causes sendmail to additionally listen to port 465, but
dnl # starting immediately in TLS mode upon connecting. Port 25 or 587 followed
dnl # by STARTTLS is preferred, but roaming clients using Outlook Express can't
dnl # do STARTTLS on ports other than 25. Mozilla Mail can ONLY use STARTTLS
dnl # and doesn't support the deprecated smtps; Evolution <1.1.1 uses smtps
dnl # when SSL is enabled-- STARTTLS support is available in version 1.1.1.
dnl #
dnl # For this to work your OpenSSL certificates must be configured.
dnl #
 DAEMON_OPTIONS('Port=smtps, Name=TLSMTA, M=s')dnl
dnl #
dnl # The following causes sendmail to additionally listen on the IPv6 loopback
dnl # device. Remove the loopback address restriction listen to the network.
dnl #
dnl DAEMON_OPTIONS('port=smtp,Addr=::1, Name=MTA-v6, Family=inet6')dnl
dnl #
dnl # enable both ipv6 and ipv4 in sendmail:
dnl #
```

```
dnl DAEMON_OPTIONS('Name=MTA-v4, Family=inet, Name=MTA-v6, Family=inet6')
dnl #
dnl # We strongly recommend not accepting unresolvable domains if you
want to
dnl # protect yourself from spam. However, the laptop and users on computers
dnl # that do not have 24x7 DNS do need this.
dnl #
FEATURE('accept_unresolvable_domains')dnl  //设置可以接收但不能由 DNS 解析的主
                                           //机发送的邮件
dnl #
dnl FEATURE('relay_based_on_MX')dnl
dnl #
dnl # Also accept email sent to "localhost.localdomain" as local email.
dnl #
LOCAL_DOMAIN('localhost.localdomain')dnl   //设置本地域
dnl #
dnl # The following example makes mail from this host and any additional
dnl # specified domains appear to be sent from mydomain.com
dnl #
dnl MASQUERADE_AS('mydomain.com')dnl
dnl #
dnl # masquerade not just the headers, but the envelope as well
dnl #
dnl FEATURE(masquerade_envelope)dnl
dnl #
dnl # masquerade not just @mydomainalias.com, but @*.mydomainalias.com as well
dnl #
dnl FEATURE(masquerade_entire_domain)dnl
dnl #
dnl MASQUERADE_DOMAIN(localhost)dnl
dnl MASQUERADE_DOMAIN(localhost.localdomain)dnl
dnl MASQUERADE_DOMAIN(mydomainalias.com)dnl
dnl MASQUERADE_DOMAIN(mydomain.lan)dnl
MAILER(smtp)dnl           //指定 sendmail 的所有发送者
MAILER(procmail)dnl       //指定使用 procmail 作为本地邮件发送者
```

然后编译 sendmail.mc，以生成需要的 sendmail.cf 文件，代码如下。

```
#m4 /etc/mail/sendmail.mc > /etc/mail/sendmail.cf
```

生成 sendmail.cf 以后可以对其进行编译，在文件中查找 NS(目录服务)，在其中加入邮件服务器名和域名，这样可以保证以 uasername@domain.com 或 username@mail.domain.com 发信时用户都可以收到。

sendmail 8.9.x 以后的版本在默认情况下都不对未验证的计算机进行转发(Relay)，所以如果要为本机以外的其他计算机进行邮件转发，应该在相应的配置文件中明确告诉 sendmail 要对哪几个主机进行转发。如果不考虑验证对任何主机都进行转发的话，可以在 sendmail.mc 文件中加入 FEATURE(promiscuous_relay)。

如果用户的计算机是在公网上的话，建议不要这样做，因为这样任何人都可以使用该计算机进行邮件转发，特别是一些有恶意的人或一些垃圾软件制造者，会利用用户的邮件服务器的转发功能乱发大量的垃圾邮件。

sendmail 的主配置文件 sendmail.cf 控制着 sendmail 的所有行为，包括重写邮件地址到打印拒绝远程邮件服务器信息等。这个配置文件是很复杂的，对于标准的邮件服务器来说是很少改动的，当文件被修改时必须重新启动 sendmail。

13.4.2 /etc/mail/submit.cf 文件详解

/etc/mail/submit.cf 文件也是配置邮件服务器的重要文件，这里简单介绍它的相关设置，使用文件编辑器打开该文件，如下所示。

```
divert(-1)
#
# Copyright (c) 2001-2003 Sendmail, Inc. and its suppliers.
#       All rights reserved.
#
# By using this file, you agree to the terms and conditions set
# forth in the LICENSE file which can be found at the top level of
# the sendmail distribution.
#
#
#
#  This is the prototype file for a set-group-ID sm-msp sendmail that
#  acts as a initial mail submission program.
#
divert(0)dnl
include('/usr/share/sendmail-cf/m4/cf.m4')
VERSIONID('linux setup for Red Hat Linux')dnl
//定义配置版本
define('confCF_VERSION', 'Submit')dnl
//经过 proto.m4 的检查后，将_OSTYPE_的值置空
define('__OSTYPE__','')dnl dirty hack to keep proto.m4 from complaining
define('_USE_DECNET_SYNTAX_', '1')dnl support DECnet
//定义系统时区
define('confTIME_ZONE', 'USE_TZ')dnl
//定义禁止 initgroups 程序
define('confDONT_INIT_GROUPS', 'True')dnl
//定义 PID 文件位置
```

```
define('confPID_FILE', '/var/run/sm-client.pid')dnl
dnl define('confDIRECT_SUBMISSION_MODIFIERS','C')
//加载信任用户名单
FEATURE('use_ct_file')dnl
dnl
dnl If you use IPv6 only, change [127.0.0.1] to [IPv6:::1]
//设置 msp 的 IP 地址
FEATURE('msp', '[127.0.0.1]')dnl
```

配置好后用 M4 工具生成 submit.cf 文件。

一般来说配置邮件服务器时，可以不用修改 sendmail 默认的主要配置文件(如 senmail.cf 和 submit.cf)，只要修改 sendmail 相应的数据库文件(如/etc/mail/access、/etc/mail/local-host-names 和/etc/aliases 等)即可。

13.4.3　访问控制设置

配置文件/etc/mail/access，访问数据库定义了哪些主机或 IP 地址来访问本地服务器，以及它们是哪种类型的访问，主机可能会列出 OK、REJECT、ERLAY 或简单的通过 sendmial 的出错程序检测一个给定的电子邮件错误。主机默认列出 OK，允许传送邮件到主机(只要电子邮件的最后目的地是本机)；如果列出 REJECT，表示将拒绝所有的电子邮件连接；带有 ERLAY 选项的主机将被允许通过这个邮件服务器，将邮件发送到任何地方。

默认情况下，sendmail 关闭了 RELAY 功能，不会为邮件服务器 RELAY 信息，这样可以防止一些有恶意的人利用邮件服务器做转发使用。如果用户要为别的服务器 RELAY 邮件，可以在 access 文件中加入要为其转发的计算机，用文本编辑器打开/etc/mail/access 文件。

```
# Check the /usr/share/doc/sendmail/README.cf file for a description
# of the format of this file. (search for access_db in that file)
# The /usr/share/doc/sendmail/README.cf is part of the sendmail-doc
# package.
#
# by default we allow relaying from localhost...
localhost.localdomain          RELAY
localhost                      RELAY
192.168.0                      RELAY
127.0.0.1                      RELAY
@126.com                       RELAY
@sina.com.cn                   RELAY
```

经过上面的配置可以看出，允许本机使用域名和 IP 地址转发电子邮件；允许转发 192.168.0 网段的电子邮件；允许发送到 126 和新浪的电子邮件。

文件/etc/mail/access 决定了哪些计算机、哪个域可以使用邮件服务器转发电子邮件，在邮件客户端配置时可以使用邮件服务器的主机名，也可以直接使用邮件服务器的 IP 地址，配置好/etc/mail/access 后，需要执行如下命令编译配置文件。

```
cd /etc/mail
makemap hash access.db < access
```

13.4.4 /etc/mail/local-host-names 文件详解

/etc/mail/local-host-names 文件的内容是本地主机名和域名列表，sendmail 从文件中读取信息，决定收到的电子邮件是本地电子邮件还是远程电子邮件，然后决定是本地投递还是转发。如图 13-3 所示为 local-host-names 的文件内容。

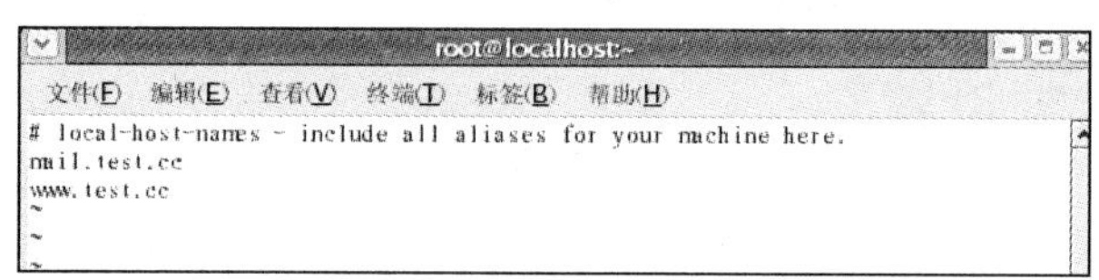

图 13-3 邮件的接收源

sendmail 在收到电子邮件时会和该文件对比，如果该邮件与文件中的主机名或域名不一致，它将会拒绝接收方发来的电子邮件，在修改文件后必须重新启动 sendmail 方可生效。

注意要使域名在公网上有效，并且以后主机名和域名会不断增加，希望该主机名可以用来收发电子邮件，这时要修改 local-host-names，但不要将所有的域名和主机名全部添加进去。因为目前 Internet 上垃圾邮件实在太多，它们又会主动搜索一些主机名，然后四处发送垃圾邮件。例如，你的主机有四个主机名并且全部写到 local-host-names 中，那样很有可能一封广告收到 4 次，所以有的时候还是不将全部主机名写到文件中。

13.4.5 为账号设置别名

sendmail 有一个很好用的功能，就是可以为每个账号设置别名(Alias)。例如，某个用户的账号为 abc123456，电子邮件地址为 abc123456@mail.test.cc。这个名称过长，可以为它取一个别名 abc，这样不管是寄信给 abc23456@mail.test.cc，还是给 abc@mail.test.cc，该用户都可以收到该信件。

别名也适用于一个用户在不同的电子邮件主机上都有账号，而且账号名称是不同的。例如，某个用户在一台主机上的电子邮件地址是 abchi@mail.test.cc，而在另一台主机上的地址是 abc@163.com，别人很可能记混这两个地址。为了避免这个麻烦，就可以为用户设置别名，别名的设置通过修改/etc/aliases 文件实现，默认内容如图 13-4 所示。

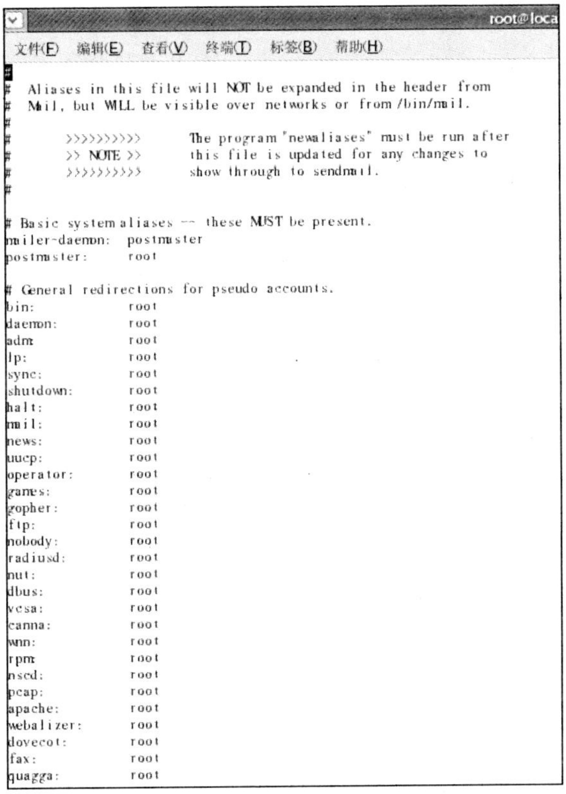

```
文件(F)  编辑(E)  查看(V)  终端(T)  标签(B)  帮助(H)
#
#  Aliases in this file will NOT be expanded in the header from
#  Mail, but WILL be visible over networks or from /bin/mail.
#
#       >>>>>>>>>>        The program "newaliases" must be run after
#       >> NOTE >>        this file is updated for any changes to
#       >>>>>>>>>>        show through to sendmail.
#
#

# Basic system aliases -- these MUST be present.
mailer-daemon:  postmaster
postmaster:     root

# General redirections for pseudo accounts.
bin:            root
daemon:         root
adm:            root
lp:             root
sync:           root
shutdown:       root
halt:           root
mail:           root
news:           root
uucp:           root
operator:       root
games:          root
gopher:         root
ftp:            root
nobody:         root
radiusd:        root
nut:            root
dbus:           root
vcsa:           root
canna:          root
wnn:            root
rpm:            root
nscd:           root
pcap:           root
apache:         root
webalizer:      root
dovecot:        root
fax:            root
quagga:         root
```

图 13-4　利用 aliases 配置文件

此文件默认所有系统账号的别名都是 root，也就是说不管别人是寄信给 ftp@mail.test.cc、rpm@mail.test.cc，还是 webalizer@mail.test.cc，结果都是由 root 来收信。

1) 为用户建立别名

以 root 登录服务器可以在/etc/aliases 文件中加入一些别名，如下所示。

webmaster: root：将发送给 webmaste 的文件寄给 root。

abc: abc123456：设置 abc123456 的别名是 abc。

注：第一栏是别名，第二栏是正式姓名。

2) 为用户建立多个别名

```
admin:  tom
manager: tom
webcort: tom
```

不管寄给 admin、manager，还是 webcort 的信件，都由 tom 接收。

3) 为一个别名设置多个用户

```
admin: root, tom
```

凡是寄给 admin 的信会同时寄给 root、tom 用户。

4) 让别名生效

创建 aliases 文件之后，要使它生效必须执行 newaliases 命令，此命令会自动读取 aliases 文件。

5) 邮件存放的位置与邮件结构设置

sendmail 所架设的邮件服务器，会将每个用户的邮件存放在/var/spool/mail 目录中，而且每个用户都有一个与账号相同的文件来存储电子邮件，如图 13-5 所示。

```
[root@localhost mail]# cd /var/spool/mail
[root@localhost mail]# ls
abc123456  dai  root  tom
[root@localhost mail]# ls -al
总用量 32
drwxrwxr-x   2 root      mail  4096  8月 15 13:42 .
drwxr-xr-x  20 root      root  4096  8月 13 14:53 ..
-rw-rw----   1 abc123456 mail     0  8月 15 13:39 abc123456
-rw-rw----   1 dai       mail     0  8月 15 13:42 dai
-rw-------   1 root      root 13414  8月 13 15:16 root
-rw-rw----   1 tom       mail     0  8月 15 13:42 tom
```

图 13-5　显示详细信息

管理员可以直接使用 vi 命令来查看各个电子邮件的内容，因此管理员的职业道德是相当重要的。

6) 处理未寄出的电子邮件

有时候可能会因为网络问题或者其他的问题造成电子邮件无法发出，用户可以使用命令 mailq 查看，代码如下。

```
[root@localhost mail]# mailq
/var/spool/mqueue is empty //如果出现这种结果，则表示能发送的信件已经发送出去，
                           //不能发送的信件也已经退回发信人
            Total requests: 0
//如果出现下面的消息，则表示有些信件尚未发送
[root@localhost mail]# mailq
            /var/spool/mqueue (1 request)
-----Q-ID----- --Size-- -----Q-Time----- ------------Sender/Recipient---
--------m7F5tk4u005694     759 Fri Aug 15 13:55 <dai@mail.test.cc>
             (Deferred: Connection refused by mail.netegg.net.)
                        <123@ddoa.com>
            Total requests: 1
[root@localhost mail]# mailq
            /var/spool/mqueue (2 requests)
-----Q-ID----- --Size-- -----Q-Time----- ------------Sender/Recipient---
--------m7F5tk4u005694     759 Fri Aug 15 13:55 <dai@mail.test.cc>
             (Deferred: Connection refused by mail.netegg.net.)
                              <123@ddoa.com>
m7F5uBX8005707     759 Fri Aug 15 13:56 <dai@mail.test.cc>
             (Deferred: Connection refused by mail.test.com.)
                              <test.@mail.test.com>
            Total requests: 2
```

当有两封信件停留在邮件队列等待寄出时，如果一直都寄不出去，服务器则会通知发信人，无法寄出的信件都会存储在/var/spool/mqueue 目录中；在邮件服务器中收发电子邮件操作时，都会被记录在/var/log/maillog 文件中，并可用文本编辑器打开查看。

13.5 建立 POP 邮件服务器

在以前的 Linux 版本中，如果用户需要安装 POP 服务器，首先要检查/usr/bin 下是否有 IPOP3D 或 IMAP 文件，如果没有，就表示在安装 Linux 时没有添加 POP 或 IMAP 服务器，需要自行安装。由于 POP 和 IMAP 软件包是绑定在一起的，因此只要安装 IMAP 包即可，安装完成后可以在/usr/bin 目录下找到 imapd、ipop3d、ipop2d 这 3 个文件。

13.5.1 启动邮件服务

修改 POP 与 IMAP 配置文件，在 Linux 中需要由 xinted 程序启动 POP 和 IMAP 服务，编辑配置文件/etc/xinetd.d/imap、/etc/xinetd.d/ipop3 和/etc/xinetd.d/pop2。只要把配置文件做如下改动即可。

将以上 3 个文件中的 disable=yes 修改成 disable=no 即可，然后再执行以下命令，要求重新启动 xinetd.d 程序后，刚才的修改才能生效。

```
/etc/rc.d/init.d/xinetd reload
```

经过这几个步骤之后，POP 或 IMAP 服务器就已经在后台启动并开始提供远程收发电子邮件的服务了。

13.5.2 dovecot 简介及配置

在 Red Hat 企业版 4 以后的版本中取消了 imapd、ipop3d、ipop2d 这 3 个文件，用 dovecot.conf 文件代替，即使用 dovecot 服务器代替了 POP 或 IMAP 服务器。dovecot 服务器的配置文件位于/etc/dovecot.conf。

dovecot 是一个基于安全的邮件投递代理，它支持主流电子邮箱的形式，即 mbox 或者 maildir。安装电子邮件投递代理很简单，但它只支持本地用户的认证。安装 dovecot 只需要如下几个安装包，即 dovecot-common、dovecot-imapd 和 dovecot-pop3d。

设置 dovecot.conf 文件如下。

```
## Dovecot 1.0 configuration file

# Default values are shown after each value, it's not required to
uncomment
# any of the lines. Exception to this are paths, they're just examples
# with real defaults being based on configure options. The paths listed
here
```

```
# are for configure --prefix=/usr --sysconfdir=/etc --localstatedir=/var
# --with-ssldir=/usr/share/ssl

# Base directory where to store runtime data.
   //该目录保存 dovecot 启动的 PID 号和运行时间
#base_dir = /var/run/dovecot/

# Protocols we want to be serving:
#  imap imaps pop3 pop3s
//使用的协议(IMAPS 和 POP3S 比普通的 IMAP 和 POP3 更加安全，因为它们在连接时使用了加密
//套接字协议层来加密)
protocols = imap imaps pop3 pop3s

# IP or host address where to listen in for connections. It's not
currently
# possible to specify multiple addresses. "*" listens in all IPv4
interfaces.
# "[::]" listens in all IPv6 interfaces, but may also listen in all IPv4
# interfaces depending on the operating system. You can specify ports
with
# "host:port".
//监听 IPv6 地址
imap_listen = [::]
pop3_listen = [::]

# IP or host address where to listen in for SSL connections. Defaults
# to above non-SSL equilevants if not specified.
//ssl 机制的 imaps 和 pop3s
#imaps_listen =
#pop3s_listen =

# Disable SSL/TLS support.
//是否禁用 ssl
#ssl_disable = no

# PEM encoded X.509 SSL/TLS certificate and private key. They're opened
before
# dropping root privileges, so keep the key file unreadable by anyone
but
# root. Included doc/mkcert.sh can be used to easily generate self-
signed
# certificate, just make sure to update the domains in dovecot-
openssl.cnf
//证书即密钥的存放位置
#ssl_cert_file = /usr/share/ssl/certs/dovecot.pem
#ssl_key_file = /usr/share/ssl/private/dovecot.pem
```

```
# SSL parameter file. Master process generates this file for login
processes.
# It contains Diffie Hellman and RSA parameters.
//ssl 参数文件位置(该文件会在每次启动服务时自动生成)
#ssl_parameters_file = /var/run/dovecot/ssl-parameters.dat

# How often to regenerate the SSL parameters file. Generation is quite
CPU
# intensive operation. The value is in hours, 0 disables regeneration
# entirely.
//ssl 参数文件生存周期
#ssl_parameters_regenerate = 24

# Disable LOGIN command and all other plaintext authentications unless
# SSL/TLS is used (LOGINDISABLED capability). Note that 127.*.*.* and
# IPv6 ::1 addresses are considered secure, this setting has no effect
if you connect from those addresses.
//使用 plaintext 验证
#disable_plaintext_auth = yes

# Use this logfile instead of syslog(). /dev/stderr can be used if you
want to
# use stderr for logging (ONLY /dev/stderr - otherwise it is closed).
#log_path =

# For informational messages, use this logfile instead of the default
//设置信息日志存放路径
#info_log_path =

# Prefix for each line written to log file. % codes are in strftime(3)
# format.
#log_timestamp = "%b %d %H:%M:%S "

##
## Login processes
##

# Directory where authentication process places authentication UNIX
sockets
# which login needs to be able to connect to. The sockets are created
when
# running as root, so you don't have to worry about permissions. Note
that
# everything in this directory is deleted when Dovecot is started.
login_dir = /var/run/dovecot-login
# chroot login process to the login_dir. Only reason not to do this is
if you
# wish to run the whole Dovecot without roots.
#login_chroot = yes
```

以上是 dovecot.conf 文件的部分内容，要配置 dovecot 使用 POP3 接收电子邮件，只需改动一个地方就可以，即将#protocols = imap imap3 更改为 protocols = imap imap3 pop3 pop3s 即可。使用 service dovecot start 启动 dovecot 服务器即可接收电子邮件。

注意： 在安装 dovecot 时，有时提示没有 libmysqlclient.so.15 库文件错误，详细过程如下。

```
[root@localhost CentOS]# rpm -ivh dovecot-1.0.7-2.el5.i386.rpm
warning: dovecot-1.0.7-2.el5.i386.rpm: Header V3 DSA signature: NOKEY,
key ID e8562897
error: Failed dependencies:
    libmysqlclient.so.15 is needed by dovecot-1.0.7-2.el5.i386
    libmysqlclient.so.15(libmysqlclient_15) is needed by dovecot-1.0.7-
2.el5.i386
[root@localhost CentOS]#
```

造成这种问题的原因是没有安装 perl-DBI-1.52-1.fc6.i386.rpm 和 mysql-5.0.45-7.el5.i386.rpm 两个软件包。注意，如有 Linux 能够直接上网，可以使用 Yum 安装，方法是#yum -y install mysql。一般缺少这种库文件大多是在安装系统时开发工具没有安装完整所致。

13.6 配置 sendmail 服务器实例

sendmail 软件安装成功后，还需要根据具体要求进行一系列的配置。下面以一个 sendmial 服务器配置实例介绍配置的方法步骤。

1. 配置 sendmail.cf 文件

修改 vi /etc/mail/sendmail.cf 的内容，将 264 行的 SMTP 守护进程的监听地址改为本地的 IP 地址即可，如图 13-6 所示。

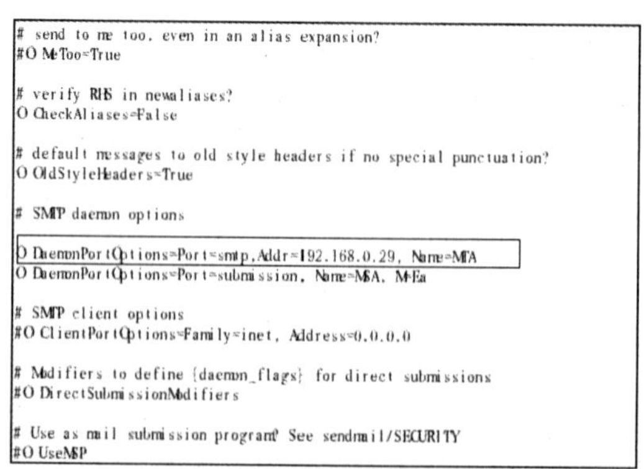

```
# send to me too, even in an alias expansion?
#O MeToo=True

# verify RHS in newaliases?
O CheckAliases=False

# default messages to old style headers if no special punctuation?
O OldStyleHeaders=True

# SMTP daemon options

O DaemonPortOptions=Port=smtp,Addr=192.168.0.29, Name=MTA
O DaemonPortOptions=Port=submission, Name=MSA, M=Ea

# SMTP client options
#O ClientPortOptions=Family=inet, Address=0.0.0.0

# Modifiers to define {daemon_flags} for direct submissions
#O DirectSubmissionModifiers

# Use as mail submission program? See sendmail/SECURITY
#O UseMSP
```

图 13-6 vi 修改邮件服务器的配置文件

2. 配置 access 文件

编辑/etc/mail/access 文件，添加允许转发的域名或 IP 地址，如图 13-7 所示。

```
文件(F) 编辑(E) 查看(V) 终端(T) 标签(B) 帮助(H)
# Check the /usr/share/doc/sendmail/README.cf file for a description
# of the format of this file. (search for access_db in that file)
# The /usr/share/doc/sendmail/README.cf is part of the sendmail-doc
# package.
#
# by default we allow relaying from localhost...
localhost.localdomain           RELAY
localhost                       RELAY
127.0.0.1                       RELAY
192.168.0                       RELAY
@126.com                        RELAY
~
~
~
```

图 13-7　access 文件内容

设置好 access 文件后使用如下命令导入 access.db。

```
Makemap hash /etc/mail/access.db < /etc/mail/access
```

3. 查看 DNS 服务器配置

查看/etc/named.conf 文件，如图 13-8 所示。

```
root@localhost:/usr/lib/sasl
文件(F) 编辑(E) 查看(V) 终端(T) 标签(B) 帮助(H)
        allow-update { none; };
};

zone "0.in-addr.arpa" IN {
        type master;
        file "named.zero";
        allow-update { none; };
};


zone "test.cc" IN {
        type master;
        file "test.cc.zone";
        allow-update { none; };
};

zone "0.168.192.in-addr.arpa" IN {
        type master;
        file "192.168.0.local";
        allow-update { none; };
};

include "/etc/rndc.key";
```

图 13-8　配置 DNS 服务器

查看/var/named/chroot/var/named/test.cc.zone 文件和 192.168.0.local 文件，如图 13-9 和图 13-10 所示。

```
root@localhost:/usr/lib/sasl
文件(F) 编辑(E) 查看(V) 终端(T) 标签(B) 帮助(H)
$TTL    86400
@       IN      SOA     show.test.cc.   root.show.test.cc.  (
                                        1997022700 ; Serial
                                        28800      ; Refresh
                                        14400      ; Retry
                                        3600000    ; Expire
                                        86400 )    ; Minimum
        IN      NS      show.test.cc.
29      IN      PTR     show.test.cc.
29      IN      PTR     mail.test.cc.
210     IN      PTR     show.test.cc.
220     IN      PTR     show.test.cc.
~
~
~
~
~
~
~
~
"/var/named/chroot/var/named/192.168.0.local" 12L, 490C
```

图 13-9　配置 DNS 反向解析文件

```
文件(F) 编辑(E) 查看(V) 终端(T) 标签(B) 帮助(H)
$TTL    86400
@       IN      SOA     show.test.cc.   root.show.test.cc. (
                                        42              ; serial (d. adams)
                                        3H              ; refresh
                                        15M             ; retry
                                        1W              ; expiry
                                        1D )            ; minimum
        IN      NS      show.test.cc.
        IN      MX      5       mail.test.cc.
show    IN      A       192.168.0.29
mail    IN      A       192.168.0.29
www     IN      CNAME   show.test.cc.

show    IN      A       192.168.0.210
show    IN      A       192.168.0.220
~
~
~
~
~
~
~
"/var/named/chroot/var/named/test.cc.zone" 15L, 326C
```

图 13-10　配置 DNS 正向解析文件

4. 重新启动 sendmail 服务器

使用命令 Service sendmail restart 重新启动服务器。

配置到这一步时可以发送邮件了，也就是说 SMTP 服务器已经配置好了，如图 13-11 和图 13-12 所示。发送一封测试邮件，使用 smtp 命令发送。

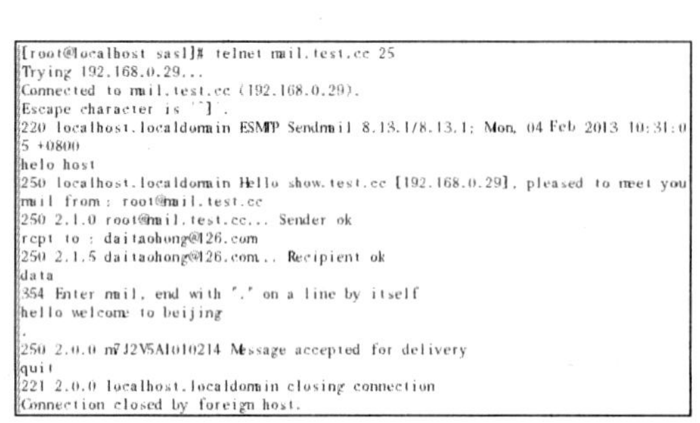

```
[root@localhost sasl]# telnet mail.test.cc 25
Trying 192.168.0.29...
Connected to mail.test.cc (192.168.0.29).
Escape character is '^]'.
220 localhost.localdomain ESMTP Sendmail 8.13.1/8.13.1; Mon, 04 Feb 2013 10:31:0
5 +0800
helo host
250 localhost.localdomain Hello show.test.cc [192.168.0.29], pleased to meet you
mail from : root@mail.test.cc
250 2.1.0 root@mail.test.cc... Sender ok
rcpt to : daitaohong@126.com
250 2.1.5 daitaohong@126.com... Recipient ok
data
354 Enter mail, end with "." on a line by itself
hello welcome to beijing
.
250 2.0.0 m7J2V5A1010214 Message accepted for delivery
quit
221 2.0.0 localhost.localdomain closing connection
Connection closed by foreign host.
```

图 13-11　向 daihongtao@126.com 发送了一封邮件

图 13-12　在 126 上查收邮件

5. 配置 sendmail 认证发送

在此将使用 sendmail 和 cyrus-sasl 软件模块来实现 SMTP 认证。通过对 sendmail 配置文件的修改，使 sendmail 支持 SMTP 认证发送并在客户端的邮件工具中配置认证发信。

(1) 首先查看是否安装了 sasl 库，如图 13-13 所示。

```
[root@localhost named]# rpm -qa |grep 'cyrus'
cyrus-sasl-md5-2.1.19-5.EL4
cyrus-sasl-ntlm-2.1.19-5.EL4
cyrus-sasl-2.1.19-5.EL4
cyrus-sasl-plain-2.1.19-5.EL4
cyrus-sasl-gssapi-2.1.19-5.EL4
cyrus-sasl-sql-2.1.19-5.EL4
[root@localhost named]#
```

图 13-13　查看是否安装了 sasl 库

(2) 使用 vi 命令编辑/etc/mail/sendmail.mc 文件。

(3) 找到该项去掉前面的注释即可，如图 13-14(a)和图 13-14(b)所示，IP 地址为本地主机的 IP 地址。

```
DAEMON_OPTIONS(`Port=smtp,Addr=192.168.0.19, Name=MTA')dnl
dnl #
dnl # The following causes sendmail to additionally listen to port 587 for
dnl # mail from MUAs that authenticate. Roaming users who can't reach their
dnl # preferred sendmail daemon due to port 25 being blocked or redirected find
dnl # this useful.
dnl #
DAEMON_OPTIONS(`Port=submission, Name=MSA, M=Ea')dnl
```

(a)

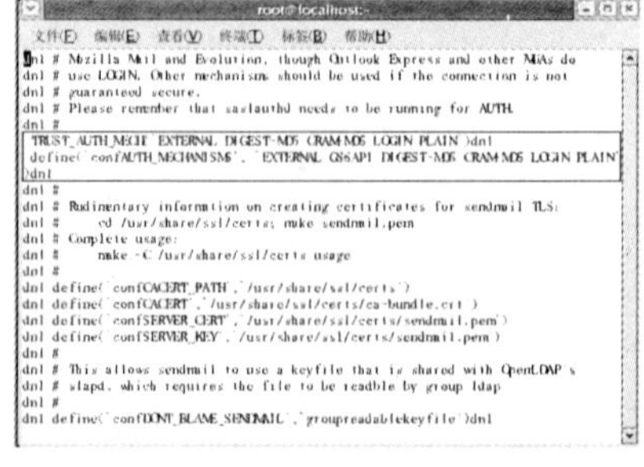

```
dnl # Mozilla Mail and Evolution, though Outlook Express and other MUAs do
dnl # use LOGIN. Other mechanisms should be used if the connection is not
dnl # guaranteed secure.
dnl # Please remember that saslauthd needs to be running for AUTH.
dnl #
TRUST_AUTH_MECH(`EXTERNAL DIGEST-MD5 CRAM-MD5 LOGIN PLAIN')dnl
define(`confAUTH_MECHANISMS', `EXTERNAL GSSAPI DIGEST-MD5 CRAM-MD5 LOGIN PLAIN'
)dnl
dnl #
dnl # Rudimentary information on creating certificates for sendmail TLS:
dnl #     cd /usr/share/ssl/certs; make sendmail.pem
dnl # Complete usage:
dnl #     make -C /usr/share/ssl/certs usage
dnl #
dnl define(`confCACERT_PATH', `/usr/share/ssl/certs')
dnl define(`confCACERT', `/usr/share/ssl/certs/ca-bundle.crt')
dnl define(`confSERVER_CERT', `/usr/share/ssl/certs/sendmail.pem')
dnl define(`confSERVER_KEY', `/usr/share/ssl/certs/sendmail.pem')
dnl #
dnl # This allows sendmail to use a keyfile that is shared with OpenLDAP's
dnl # slapd, which requires the file to be readble by group ldap
dnl #
dnl define(`confDONT_BLAME_SENDMAIL', `groupreadablekeyfile')dnl
```

(b)

图 13-14　sendmail.mc 文件

(4) 修改完成后保存退出，使用 M4 工具将 sendmail.mc 导入 sendmail.cf 中：

```
M4 /etc/mail/sendmail.mc> /etc/mail/sendmail.cf
```

(5) 配置完成后，重新启动 sendmial 服务器，注意在启动 sendmail 时可能会提示错误，如图 13-15 所示。

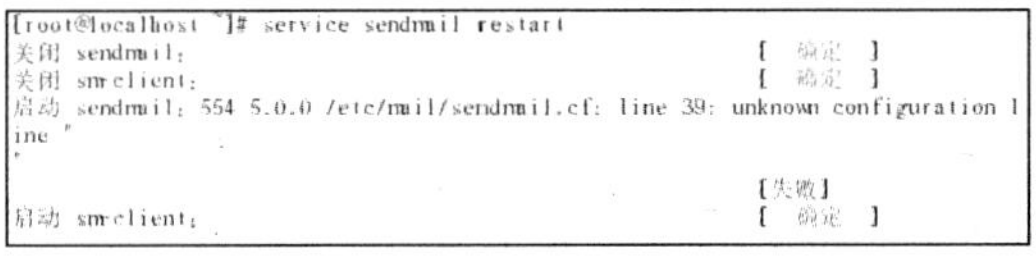

```
[root@localhost ~]# service sendmail restart
关闭 sendmail:                                          [  确定  ]
关闭 sm-client:                                         [  确定  ]
启动 sendmail: 554 5.0.0 /etc/mail/sendmail.cf: line 39: unknown configuration l
ine "
"
                                                        [失败]
启动 sm-client:                                         [  确定  ]
```

图 13-15　启动 sendmail 服务器

出现上面的错误并不是配置的问题，只需将进度 sendmail.cf 文件删除 39 行即可，第 39 行是一个空行，按 Backspace 键删除即可。

此时配置认证还没完成，还需要启动一个服务器 saslauthd 服务(service saslauthd start)。该服务如果没有启动的话，客户端发送邮件总是提示输入用户名密码，如图 13-16 所示。

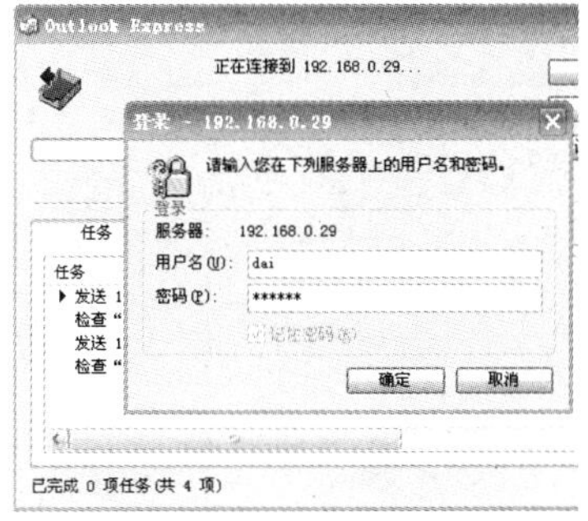

图 13-16　客户端认证

6. 客户配置

下面以 Microsoft 的 OE 为例进行讲解。

(1) 打开 OE，选择“工具”|“账户中的电子邮件”命令，如图 13-17 所示。

(2) 添加账户，单击添加中的电子邮件，并输入一个显示名，如图 13-18 所示。

图 13-17　添加用户

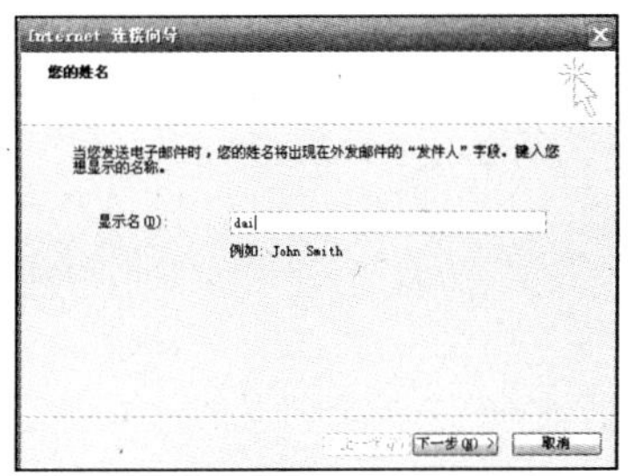

图 13-18　用户名

(3) 单击“下一步”按钮，输入电子邮件地址，如图 13-19 所示。

(4) 单击“下一步”按钮，输入 POP 和 SMTP 服务器的 IP 地址。如果域名在公网有效，可输入域名，如图 13-20 所示。

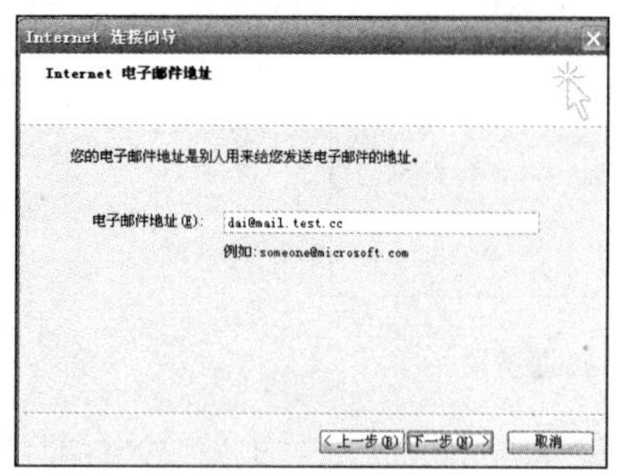

图 13-19　邮件地址

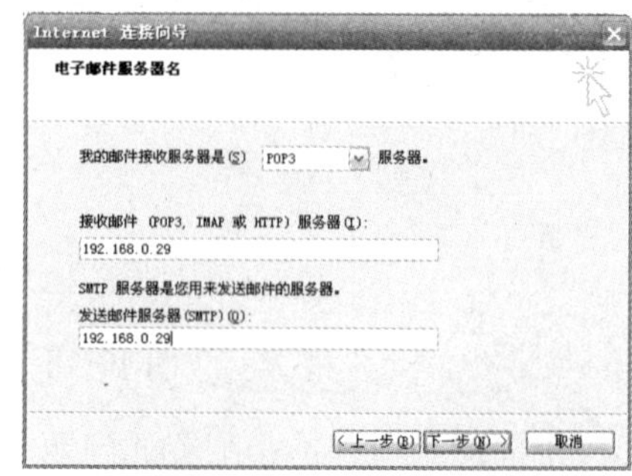

图 13-20　POP 和 SMTP 服务器的 IP 地址

(5) 单击“下一步”按钮，输入账户名密码，即 sendmail 服务器上的账户名密码，如图 13-21 所示。

(6) 单击“完成”按钮，完成客户端设置，如图 13-22 所示。

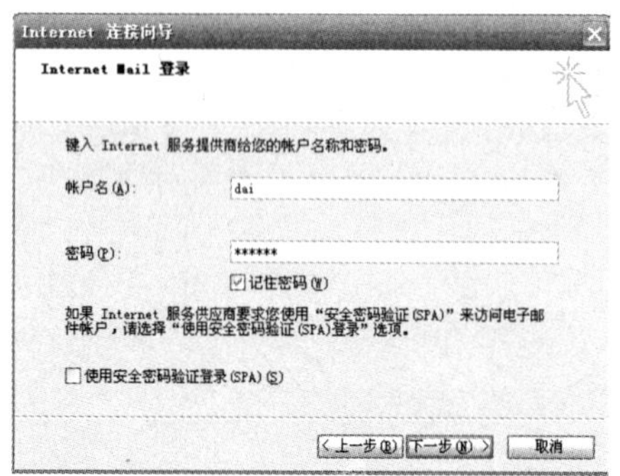

图 13-21　输入 sendmail 服务器上的账户名密码

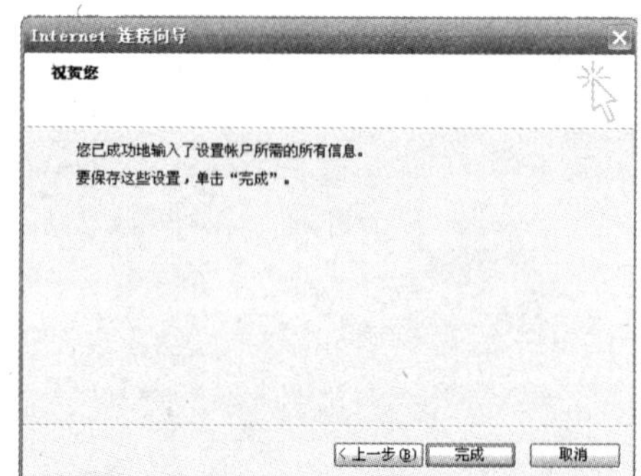

图 13-22　完成

(7) 到此还没有真正地完成，还要设置 SMTP 认证，如图 13-23 所示。

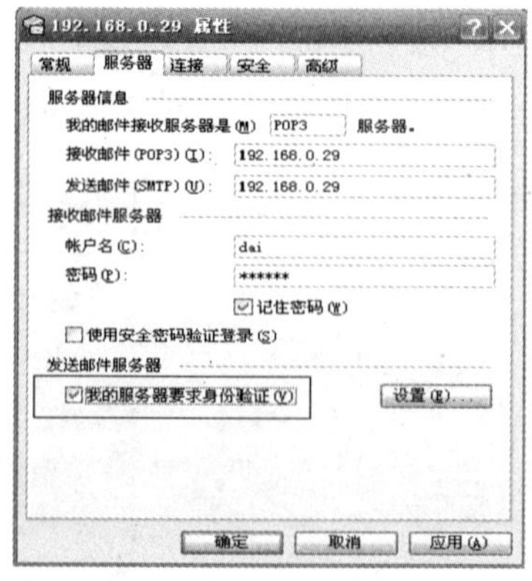

图 13-23　设置 SMTP 认证

(8) 现在可以使用客户端收发地址邮件了，此处在邮件服务器上设置了两个账户 dai 和 tom。现在做一个试验，用 dai 账户给 tom 发送一封电子邮件，如图 13-24 和图 13-25 所示。

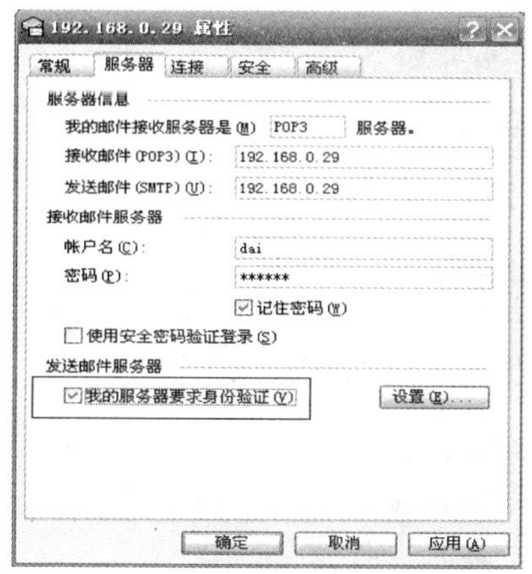

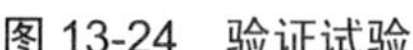
图 13-24　验证试验

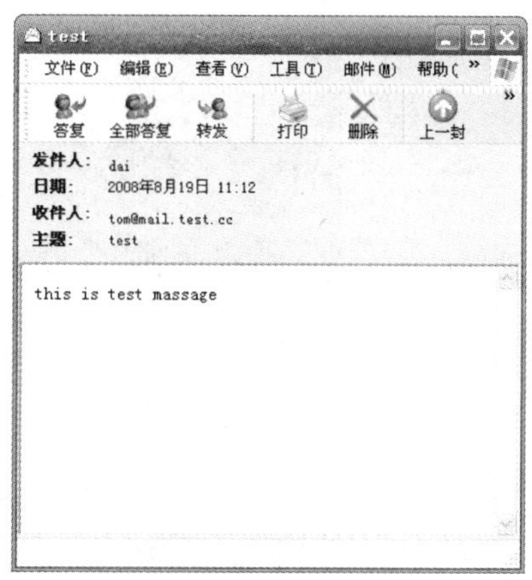

图 13-25　试验成功

13.7　openwebmail

openwebmail 的前身是 NeoMail。openwebmail 大多数程序是由 Perl 语言编写的，具有良好的使用界面、支持多语言、支持虚拟主机、支持邮件过滤等特点。下面介绍 openwebmail。

13.7.1　openwebmail 简介

openwebmail 只是一个客户端程序，因此运行 openwebmail 的系统上还要安装 Apache 和 sendmail 服务器程序，由于 openwebmail 多数程序是由 Perl 语言所编写，所以系统上还必须要安装 Perl 和与 Perl 相关的软件包。

为了方便直接使用 Yum 工具来安装，从而省去软件包的依赖问题，在其网站内提供了一个关于使用 Yum 工具安装 openwebmail 的帮助文档，地址是：

为了方便直接使用 Yum 工具来安装，从而省去软件包的依赖问题，在其网站内提供了一个安装 openwebmail 的帮助文档，地址是：http://openwebmail.acatysmoof.com/download/doc/readme.txt。先要下载一个名为 openwebmail.repo 的文档，地址为：http://openwebmail.org/openwebmail /download/redhat/rpm/release/openwebmail.repo，将该文件放入/etc/yum.repos.d 目录中，然后使用 Yum 工具安装，如图 13-26 所示。

注意在使用 Yum 安装 openwebmail 时也会提示一个软件包的依赖问题，如图 13-27 所示，提示需要安装一个软件 perl-Text-Iconv，在 openwebmail 的官方网站(http://openwebmail.org/openwebmail/download/redhat/rpm/packages/rhel5/perl-Text-Iconv/)可以下载到该软件。

```
================================================================================
 Package              Arch        Version              Repository        Size
================================================================================
Updating:
 perl                 i386        4:5.8.8-27.el5       base              12 M
Installing for dependencies:
 openwebmail          i386        2.53-3               openwebmail       2.4 M
 openwebmail-data     i386        2.53-3               openwebmail       7.3 M
 perl-Compress-Zlib   i386        1.42-1.fc6           base              52 k
 perl-suidperl        i386        4:5.8.8-27.el5       base              60 k

Transaction Summary
================================================================================
Install      4 Package(s)
Update       1 Package(s)
Remove       0 Package(s)

Total download size: 21 M
Downloading Packages:
(1/5): openwebmail-2.53-3 100% |=========================| 2.4 MB    01:19
(2/5): perl-suidperl-5.8. 100% |=========================|  60 kB    00:02
(3/5): openwebmail-data-2 100% |=========================| 7.3 MB    03:59
(4/5): perl-5.8.8-27.el5.  94% |=======================  |  11 MB    00:37 ETA
```

图 13-26　Yum 安装 openwebmail

```
Setting up Install Process
Parsing package install arguments
Resolving Dependencies
--> Running transaction check
---> Package openwebmail.i386 0:2.53-3 set to be updated
--> Processing Dependency: perl-Text-Iconv for package: openwebmail
--> Processing Dependency: perl-suidperl for package: openwebmail
--> Processing Dependency: openwebmail-data = 2.53-3 for package: openwebmail
--> Processing Dependency: perl-Compress-Zlib for package: openwebmail
--> Running transaction check
---> Package perl-Compress-Zlib.i386 0:1.42-1.fc6 set to be updated
---> Package openwebmail-data.i386 0:2.53-3 set to be updated
---> Package perl-suidperl.i386 4:5.8.8-27.el5 set to be updated
--> Processing Dependency: perl = 4:5.8.8-27.el5 for package: perl-suidperl
---> Package openwebmail.i386 0:2.53-3 set to be updated
--> Processing Dependency: perl-Text-Iconv for package: openwebmail
--> Running transaction check
---> Package perl.i386 4:5.8.8-27.el5 set to be updated
---> Package openwebmail.i386 0:2.53-3 set to be updated
--> Processing Dependency: perl-Text-Iconv for package: openwebmail
--> Finished Dependency Resolution
Error: Missing Dependency: perl-Text-Iconv is needed by package openwebmail
[root@ms ~]#
```

图 13-27　Yum 的依赖性

13.7.2　openwebmail 的配置

使用 Yum 安装，也会安装 openwebmail 相关的软件包。openwebmail 的安装目录是/var/www/cgi-bin/openwebmail。

1. 添加 SMTP 服务器的 IP 地址

进入/var/www/cgi-bin/openwebmail/etc 目录，修改 openwebmail.conf 文件，如图 13-28 所示。添加 SMTP 服务器地址，因为 openwebmail 默认的 SMTP 地址是 127.0.0.1，如果不修改，在初始化的时候会出现错误。

```
# make sure to update version, releasedate, revision
# in cgi-bin/openwebmail/etc/defaults/openwebmail.conf
domainnames                     auto
auth_module                     auth_unix.pl
mailspooldir                    /var/spool/mail
ow_cgidir                       /var/www/cgi-bin/openwebmail
ow_cgiurl                       /cgi-bin/openwebmail
ow_htmldir                      /var/www/data/openwebmail
ow_htmlurl                      /data/openwebmail
logfile                         /var/log/openwebmail.log
smtpserver      192.168.0.48
# To SysAdmin,
# Please install ClamAV RPM package from http://clamav.net/ in order to
"openwebmail.conf" 227L, 8516C
```

图 13-28　添加 SMTP 的 IP 地址

2. 初始化 openwebmail 脚本

```
cd /var/www/cgi-bin/openwebmail
./openwebmail-tool.pl  --init
```

初始化 openwebmail，输入 Y 按 Enter 键，如图 13-29 所示。

```
Welcome to the OpenWebMail!

This program is going to send a short message back to the developer,
so we could have the idea that who is installing and how many sites are
using this software, the content to be sent is:

OS: Linux 2.6.18-92.el5 i686
Perl: 5.008008
WebMail: OpenWebMail 2.53 20080123

Send the site report?(Y/n) _
```

图 13-29　是否打开服务器

3. 修改 Apache 配置文件

邮件服务器的说明文档如图 13-30 所示。

```
DocumentRoot "/var/www/htdocs"
        ScriptAlias /webmail "/var/www/cgi-bin/openwebmail/openwebmail.pl"
        <Directory "/var/www/cgi-bin/openwebmail">
        order deny,allow
        allow from all
        </Directory>
        Alias /data "/var/www/data"
        <Directory "/var/www/data">
        order deny,allow
        allow from allow
        </Directory>
```

图 13-30　说明文档

所框内容为手动添加，主要是指定脚本所在的目录，并且为该目录赋予允许访问的权限。

ScriptAlias 指令使 Apache 允许执行一个特定目录中的 CGI 程序。当客户端请求此特定目录中的资源时，Apache 假定其中所有的文件都是 CGI 程序并试图运行它。

ScriptAlias 与 Alias 指令非常相似，都是定义了映射到一个特定目录的 URL 前缀，两者一般都用于指定位于 DocumentRoot 以外的目录，其不同之处是 ScriptAlias 又多了一层含义，即 URL 前缀后面的任何文件都被视为 CGI 程序。所以，上述例子会指示 Apache：任何以/cgi-bin/开头的资源都将映射到/usr/local/apache2/cgi-bin/目录中，且视之为 CGI 程序。

修改完成后，重新启动 Apache 客户端在浏览器上测试，如图 13-31 所示。

输入用户名密码进行登录后，如图 13-32 所示。

图 13-31　测试 openwebmail

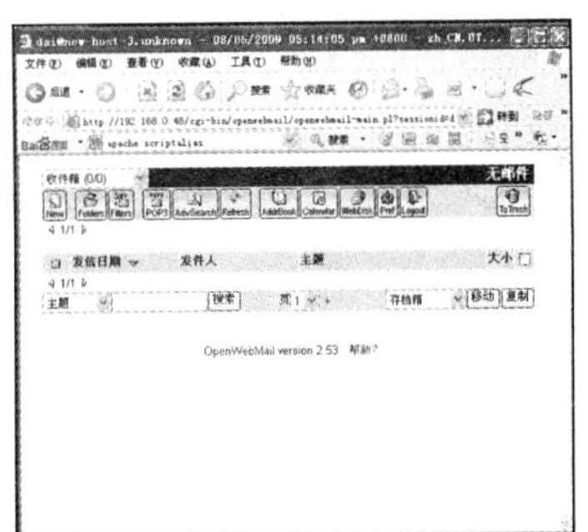

图 13-32　成功

openwebmail 的界面和通常使用的 163 和 yahoo、sina 的差不多。这里就不再赘述，openwebmail 的使用方法我们可以在 openwebmail 登录界面单击下方的“帮助”进行查看。

13.8 Postfix 邮件服务器

Postfix 邮件服务器是 1996 年由 IBM 资助的一个自由软件项目，目的就是取代传统的 sendmail 服务器，成为 Internet 上最高效的邮件服务器。现在 Postfix 已经逐步取代了 sendmail 邮件服务器成为使用最为广泛的邮件传输代理软件。Postfix 采用了模块化的设计思路、速度高、效率快，并采用了分离式的配置文件，配置灵活、扩展功能高，也相当安全。下面介绍 Postfix 邮件服务器。

13.8.1 Postfix 邮件服务器简介

Postfix 启动时首先启动一个主进程 master 进程，由 master 进程负责邮件的转发工作，并且根据需要还会启动其他进程协同工作。Postfix 可以使用本地用户作为邮件用户，也可以使用虚拟用户，虚拟用户保存在数据库中，最常见的就是 MySQL 数据库。本地用户和虚拟用户的认证在后面的章节中会详细讲解。

13.8.2 安装 Postfix 邮件服务器

Linux 安装光盘中已经自带了 Postfix 的安装程序 RPM 包格式，但是自带的 RPM 包格式的安装程序不支持 MySQL 的虚拟用户，所以使用编译安装的方法给大家介绍，在安装之前还需要做一些准备活动，需要添加 posfix 用户和组(postfix、postdrop)。

```
groupadd -g 1200 postdrop
groupadd -g 1000 postfix
useradd -u 1000 -M -g postfix -G postdrop -s /sbin/nologin postfix
```

上述命令中指明了一个 postdrop 组 ID 号 1200 和 postfix 组 ID 号 1000，添加了一个 postfix 用户 ID 号 1000，所属的组为 postfix，附加组为 postdrop，不创建宿主目录并且禁止登录系统。

创建完用户和组后即可安装 Postfix，在它的官方网站下载一个新的源代码包 postfix-2.8-20101126.tar.gz，将其解压缩，在解压出来的目录没有 configure 预配置文件，因为 Postfix 并不支持 configure 配置，它的所有配置都是通过 make 来实现的。

1. 使用 make 预配置参数

使用 make 预配置参数，代码如下。

```
[root@localhost postfix-2.8-20101126]# make makefiles \
> 'CCARGS=-DHAS_MYSQL -I/usr/local/mysql/include/mysql \
```

```
> -DUSE_SASL_AUTH \
> -DUSE_CYRUS_SASL -I/usr/include/sasl' \
> 'AUXLIBS=-L/usr/local/mysql/lib/mysql -lmysqlclient  -lz  -lm  \
> -L/usr/lib/sasl2  -lsasl2 '
```

CCARGS 参数：为 C 语言编译器提供额外的参数，“-I”选项指定 mysql 及 cyrus-sasl 头文件所在的位置。

AUXLIBS 参数：指出位于标准位置之外的额外/辅助的函数库，“-L”为 mysql 和 cyrus-sasl 函数库所在的位置。

2. 编译并且安装

```
[root@localhost postfix-2.8-20101126]# make
[root@localhost postfix-2.8-20101126]# make install
```

在执行 make install 后有一些提示需要进行设置，安装参数选择默认选项即可，下面简要介绍。

```
install_root: [/]                                    //指定系统的根目录
tempdir: [/home/dai/postfix-2.8-20101126]            //指定临时的文件目录
onfig_directory: [/etc/postfix]                      //主配置文件所在目录
command_directory: [/usr/sbin]                       // 设置 postfix 命令所在的目录
daemon_directory: [/usr/libexec/postfix]             //postfix 守护程序目录
data_directory: [/var/lib/postfix]                   //数据文件位置
html_directory: [no]                                 //是否安装 HTML 文档
mail_owner: [postfix]                                //postfix 用户
mailq_path: [/usr/bin/mailq]                         //mailq 命令
manpage_directory: [/usr/local/man]                  //帮助文档
newaliases_path: [/usr/bin/newaliases]               //newaliases 命令
queue_directory: [/var/spool/postfix]                //邮件队列
readme_directory: [no]                               //readme 文档默认没有安装
sendmail_path: [/usr/sbin/sendmail]                  //sendmail 命令
setgid_group: [postdrop]                             //postfix 组
```

以上可以直接按 Enter 键选择默认选项，各个项设置完成后 Postfix 安装完成。

下面查看系统中是否启动了 sendmail 服务器，如果启用了 sendmail，将其关闭并且设置成开机不自动启动。

```
service sendmail stop
chkconfig --level 2345 sendmail  off
```

设置好后即可直接启动 Postfix 服务，如图 13-33 所示。

```
[root@localhost postfix-2.8-20101126]# postfix start
```

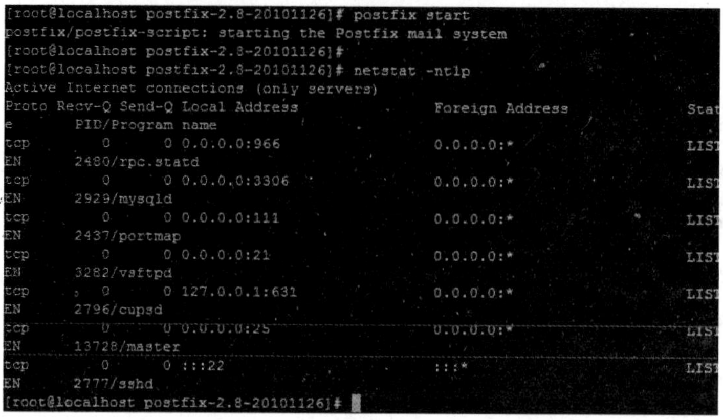

```
[root@localhost postfix-2.8-20101126]# postfix start
postfix/postfix-script: starting the Postfix mail system
[root@localhost postfix-2.8-20101126]#
[root@localhost postfix-2.8-20101126]# netstat -ntlp
Active Internet connections (only servers)
Proto Recv-Q Send-Q Local Address               Foreign Address             Stat
e       PID/Program name
tcp        0      0 0.0.0.0:966                 0.0.0.0:*                   LIST
EN      2480/rpc.statd
tcp        0      0 0.0.0.0:3306                0.0.0.0:*                   LIST
EN      2929/mysqld
tcp        0      0 0.0.0.0:111                 0.0.0.0:*                   LIST
EN      2437/portmap
tcp        0      0 0.0.0.0:21                  0.0.0.0:*                   LIST
EN      3282/vsftpd
tcp        0      0 127.0.0.1:631               0.0.0.0:*                   LIST
EN      2796/cupsd
tcp        0      0 0.0.0.0:25                  0.0.0.0:*                   LIST
EN      13728/master
tcp        0      0 :::22                       :::*                        LIST
EN      2777/sshd
[root@localhost postfix-2.8-20101126]#
```

图 13-33　启动 Postfix 服务

13.8.3　构建简单的 Postfix 邮件系统

上面已经启动了 Postfix 邮件服务器，但是如果要使用它发送邮件，还要简单地对其进行配置。在主配置文件中添加几条语句，这里先给读者介绍一个命令 postconf，这个命令用于编辑和显示主配置文件 main.cf，笔者使用 postconf 简化主配置文件的内容，只保留与默认配置不同的参数以提高易读性。

```
[root@localhost ~]# cd /etc/postfix/    //进入主目录
[root@localhost postfix]# postconf -n >  main2.cf
                                        //-n 非默认配置，并且保留为 main2.cf
[root@localhost postfix]# mv main.cf main.cf.bak
                                        //将默认的主配置文件更名备份
[root@localhost postfix]# mv main2.cf main.cf
                                        //将 main2.cf 更名为主配置文件 main.cf
```

在简单的配置完成后，修改 main.cf 文件添加配置行，调整 Postfix 的运行参数如下。

```
inet_interfaces = 192.168.1.200, 127.0.0.1
                                        //设置监听的 IP 地址，可以使用 all 所有
myhostname = mail.test.com              //Postfix 使用的主机名
mydomain = test.com                     //Postfix 使用的邮件域
myorigin = $mydomain                    //在向外发送邮件时候发件人的邮件域名
mydestination = $mydomain, $myhostname  //设置可以接收哪些地址的邮件
home_mailbox = Maildir/                 //邮件存储的位置和格式
```

在 Postfix 中支持如下两种常见的邮件存储格式。

Mailbox：这种存储格式是一个用户的所有邮件，都会存储在一个文件中，通常这个文件的位置在/var/spool/mail 中以用户名命名的一个文件中。这种存储方式比较古老，查询的效率比较低。

Maildir：这种存储格式是以每个邮件为一个文件，这种存储方式的查询速度和效率都比较高，现在大多数邮件服务器都是用这种存储格式。

配置完上面的文件后，重启 Postfix 邮件服务器即可发送邮件，建立两个用户，用于发送邮件测试。

```
[root@localhost home]# useradd zhangsan
[root@localhost home]# useradd lisi
[root@localhost home]# telnet localhost 25
Trying 127.0.0.1...
Connected to localhost.localdomain (127.0.0.1).
Escape character is '^]'.
220 mail.test.com ESMTP Postfix
helo localhost
250 mail.test.com
mail from: zhangsan@test.com
250 2.1.0 Ok
rcpt to: lisi@test.com
250 2.1.5 Ok
data
354 End data with <CR><LF>.<CR><LF>
hello !!!!
.
250 2.0.0 Ok: queued as 59FF188299
```

上面是在命令行中发送邮件，和 sendmail 一样，这里不再赘述，我们看到“250”后就证明邮件已经发送出去了。

13.8.4 基于本地认证的 Postfix 配置

下面介绍基于本地认证的 Postfix 配置。

Postfix：提供邮件发送服务(SMTP)。

Dovecot：提供邮件收取服务(POP 3)。

Outlook Express：用于收发信的客户端工具。

如图 13-34 所示为搭建一个给予本地用户认证的邮件服务器。通过上面的介绍，已经知道一个完整的电子邮件系统要有发送邮件的服务和接收邮件的服务。Dovecot 就是用来接收邮件的服务，虽然 Linux 安装光盘中自带了 Dovecot 的安装包，但是 RPM 安装的方式不支持 MySQL，所以为了对虚拟用户的认证，使用编译安装的方法让 Dovecot 支持 MySQL 认证方式。

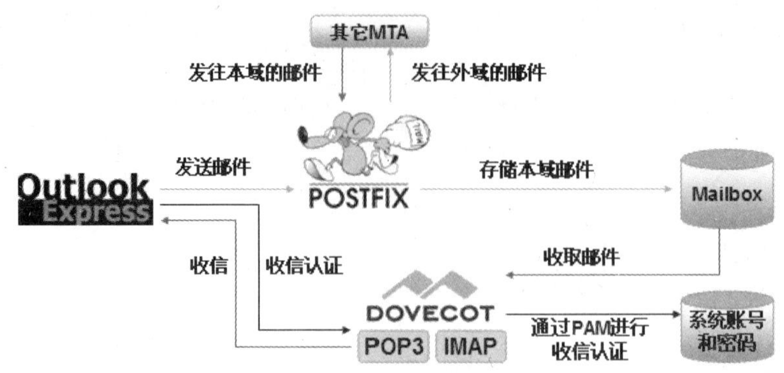

图 13-34　基于本地认证的 Postfix 配置示意图

1. 安装 Dovecot 软件包

首先从官方网站上下载最新的软件包进行安装。

```
[root@l ocalhost dai]# useradd -M -s /sbin/nologin dovecot
                                                  //建立一个 Dovecot 用户
[root@localhost dai]# tar -zxvf dovecot-1.2.16.tar.gz
[root@localhost dai]# cd dovecot-1.2.16
[root@localhost dovecot-1.2.16]# ./configure --sysconfdir=/etc --with-
mysql                                                //预配置支持 MySQL
[root@localhost dovecot-1.2.16]# make && make install  //编译并且安装
```

2. 配置 Dovecot 服务

安装 Dovecot 后会在 etc 目录下自动建立一个主配置文件的模板，把它稍加更改就可以使用，如下所示。

```
[root@localhost etc]# cp dovecot-example.conf /etc/dovecot.conf
[root@localhost etc]# vi /etc/dovecot.conf
protocols = imap pop3            //更改支持 IMAP 和 POP3 协议
#ssl = yes                        //大家注意，这里需要禁用 SSL 协议，需要把前面的
//“#”去掉，然后将 yes 改为 no，在一些低的版本中默认没有禁用 ssl_disable = no，可以
//看到，这里把 no 改成 yes 就禁用了
disable_plaintext_auth = no      //运行明文密码传输去掉前面的“#”，把 yes 改为 no
mail_location = maildir:~/Maildir      //设置存储格式和位置，去掉前面的“#”
```

编译安装 Dovecot 默认没有 PAM 文件，如果没有 Dovecot 是无法启动的，这时需要手动建立一个 PAM 文件[root@localhost etc]# vi /etc/pam.d/dovecot，添加如下内容。

```
auth        required        pam_nologin.so
auth        include         system-auth
account     include         system-auth
session     include         system-auth
```

3. 启动 Dovecot 服务

Dovecot 的启动程序位于/usr/local/sbin 目录中，使用-c 选项指定其配置文件所在的位置，如图 13-35 所示。

```
root@localhost etc]# /usr/local/sbin/dovecot -c /etc/dovecot.conf
root@localhost etc]# netstat -ntulp |grep dovecot
cp        0      0 0.0.0.0:110                 0.0.0.0:*                   LIST
EN       15614/dovecot
cp        0      0 0.0.0.0:143                 0.0.0.0:*                   LIST
EN       15614/dovecot
root@localhost etc]#
```

图 13-35　查看服务的状态

4. 配置认证

从图 13-35 可以看出，Dovecot 已经启动，这时候就可使用 Outlook 配置发送和接收邮件了，但是现在的邮件服务器是无条件的，任何人都可以发送邮件，很容易产生大量的垃圾邮件，并且会给服务器带来不必要的负担，因此需要对发送邮件的用户进行认证。

在 Postfix 中，可以使用 Cyrus-SASL 简单认证安全层，来实现基本的 SMTP 认证功能，直接安装 Linux 光盘自带的 RPM 包即可，首先查看其是否已经安装。

```
[root@localhost mnt]# rpm -qa |grep cyrus-sasl
cyrus-sasl-devel-2.1.22-4
cyrus-sasl-lib-2.1.22-4
cyrus-sasl-2.1.22-4
cyrus-sasl-plain-2.1.22-4
```

Postfix 的认证通过调用 Cyrus-SASL 中的函数库，使用的是 Cyrus-SASL 后台的一个程序 saslauthd 来认证用户和密码的，如图 13-36 所示。

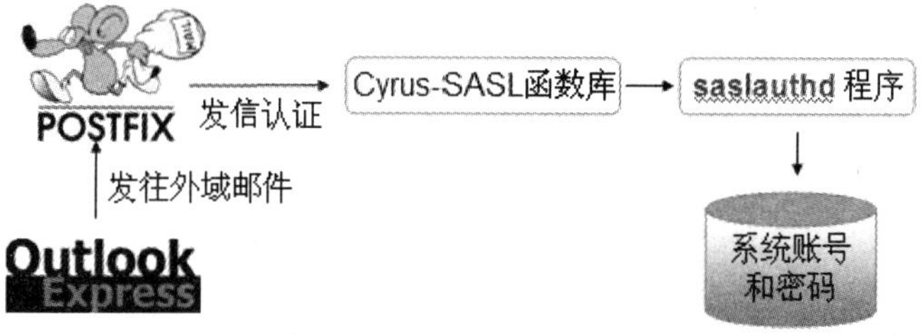

图 13-36　Postfix 中 Cyrus-SASL 简单认证安全层

Postfix 使用该认证机制，还要对 Postfix 的主配置文件 main.cf 进行调整，首先需要配置 Cyrus-SASL 的函数库并且启动 saslauthd 服务。建立 SMTP 使用的配置文件/usr/lib/sasl2/smtpd.conf 指定认证方式为 saslauthd，可以参考/usr/lib/sasl2/Sendmail.conf 文件，其代码如下。

```
[root@localhostsasl2]#cp/usr/lib/sasl2/Sendmail.conf
/usr/lib/sasl2/smtpd.conf
 [root@localhost sasl2]# vi /usr/lib/sasl2/smtpd.conf
```

```
pwcheck_method:saslauthd
[root@localhost sasl2]# service saslauthd start
启动 saslauthd:                                        [确定]
[root@localhost sasl2]# chkconfig --level 2345 saslauthd on
```

修改 Postfix 主配置文件 main.cf，添加 SMTP 认证相关的参数，并且重新加载，代码如下。

```
[root@localhost sasl2]# vi /etc/postfix/main.cf
smtpd_sasl_auth_enable = yes
smtpd_sasl_security_options = noanonymous
mynetworks = 127.0.0.1
smtpd_recipient_restrictions =
  permit_mynetworks,
  permit_sasl_authenticated,
  reject_unauth_destination
```

各参数的含义如下。

smtpd_sasl_auth_enable = yes：启用 SMTP 认证。

smtpd_sasl_security_options = noanonymous：禁止匿名登录。

mynetworks：控制可以通过本服务器外发邮件的网络地址或 IP 地址，设为 127.0.0.1 是为了确保 Webmail 系统可正常发送邮件。

smtpd_recipient_restrictions：设置收件人地址过滤规则，其匹配策略是“从上至下逐条检测，有匹配即停止”。具体参数含义如下。

permit_mynetworks：允许 IP 为 mynetworks 的客户使用本邮件系统寄出邮件。

permit_sasl_authenticated：允许通过 SMTP 认证的用户向外发送邮件。

reject_unauth_destination：当收件人地址不包括在 Postfix 的授权网络内时，将拒绝发送该邮件。Postfix 的授权网络包括由以下配置参数指定的域及其子域：mydestination、inet_interfaces、virtual_alias_maps、virtual_mailbox_maps、relay_domian。

配置完成后重启 Postfix 服务器。Outlook 配置在 sendmail 部分已经讲过，选中“我的服务器要求身份验证”即可，这样就禁止了一些非法用户使用服务器发送邮件。

13.8.5 基于 MySQL 认证的 Postfix 配置

前面介绍了 Postfix 基于本地用户的认证，接下来介绍 Postfix 的一个高级应用，即基于 MySQL 的认证，也称基于虚拟用户的认证。就是认证用户不是本地用户，而是存在于 MySQL 数据库中的。最后还要介绍一种更好用的 Webmail 界面管理工具 Extmail 及后台管理平台 Extman，让邮件服务器更接近于 163、sina、sohu 等界面。

当邮件用户的数量到达几千甚至上万个的时候，邮件系统不论从安全、管理和维护上都会受到很大的挑战，如果还是用本地的用户认证将会存在不安全的隐患，所有为了提高邮件系统的性能、效率和安全性，选择使用虚拟邮件系统，把所有数据保存到 MySQL 数

据库中，所有的虚拟用户映射为一个本地用户 Postfix 即可。下面就围绕图 13-37 这个总体架构介绍虚拟用户的认证过程。

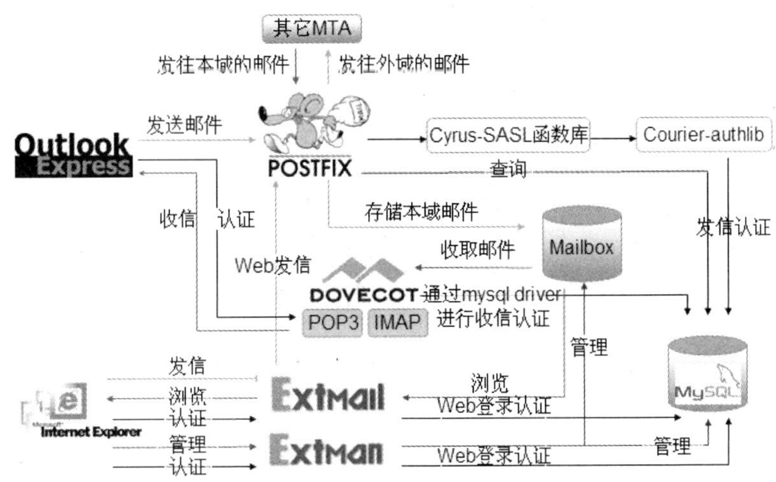

图 13-37　基于虚拟用户的邮件架构

1. 建立虚拟用户的数据库

在 MySQL 数据库中建立初始化的数据库、表，用户保存虚拟的邮件域、虚拟用户的相关信息(不保存邮件的内容)。可以使用 Extman 中自带的 MySQL 脚本直接导入，使配置过程简单化，也可根据 MySQL 手动建立。

启动 MySQL 程序，下载 extman-0.2.5.tar.gz 软件包，导入其中的 SQL 脚本文件，即 extmail.sql、init.sql，代码如下。

```
[root@localhost posftix] # tar zxvf extman-0.2.5.tar.gz
[root@localhost posftix] # cd extman-0.2.5/docs
[root@localhost docs]# mysql -u root -p < extmail.sql
[root@localhost docs]# mysql -u root -p < init.sql
```

导入的 extmail.sql 脚本会创建一 Extmail 的数据库及该库的一些表，并且创建一个 extmail@localhost、密码为 extmail 和 webman@localhost、密码为 extman 的数据库用户，init.sql 脚本会创建一个 extmail.org 的虚拟邮件域，创建一个数据库用户 root@extmail.org，初始密码为 extmail*123*，创建一个数据库用户 postmaster@extmail.org，初始密码为 extmail。

2. 修改 Postfix 的参数

使用虚拟邮件域、域名、用户和密码等信息都会保存在 MySQL 数据库中，当 Postfix 接收到一封邮件，首先检查该邮件是否发往本地域，如果不是，则转发。如果是，Postfix 就会检查 MySQL 数据库，确认收件人是否存在、密码是否正确等。

为了使 Postfix 支持虚拟用户，需要在 main.cf 配置文件中指定，如果要查询 MySQL

数据库，使用 postconf -m 命令可以查看 Postfix 是否支持 MySQL 数据库，如图 13-38 所示。

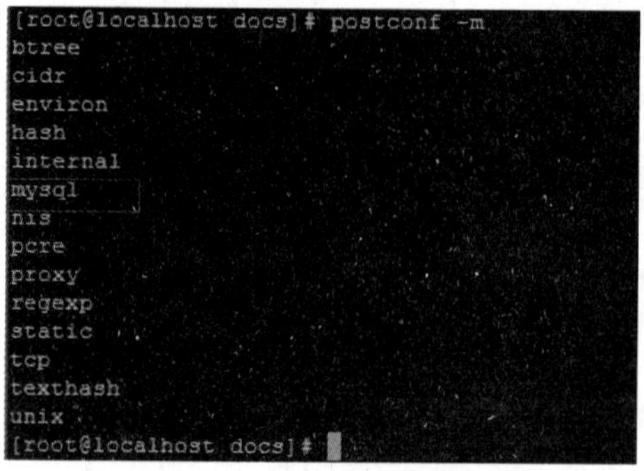

```
[root@localhost docs]# postconf -m
btree
cidr
environ
hash
internal
mysql
nis
pcre
proxy
regexp
static
tcp
texthash
unix
[root@localhost docs]#
```

图 13-38　查看 Postfix 是否支持 MySQL 数据库

图中显示 Postfix 支持 MySQL 数据库，如果使用命令没有看到 MySQL 字样，就需要重新安装 Postfix 支持 MySQL 数据库。

修改 main.cf 配置文件，使 Postfix 服务器支持读取保存在 MySQL 数据库中的虚拟用户，注意 SMTP 原有配置注释 mydestination 配置行，并且将刚才解压出来的 extman-0.2.5 目录中的 docs 目录中的以 mysql_virtual 开头的文件复制到/etc/postfix 目录中，具体代码如下。

```
[root@localhost docs]# cp mysql_virtual_* /etc/postfix/
[root@localhost docs]# vi /etc/postfix/main.cf
#mydestination = $mydomain, $myhostname
virtual_mailbox_base = /mailbox
virtual_alias_maps = mysql:/etc/postfix/mysql_virtual_alias_maps.cf
virtual_mailbox_maps = mysql:/etc/postfix/mysql_virtual_mailbox_maps.cf
virtual_mailbox_domains =
mysql:/etc/postfix/mysql_virtual_domains_maps.cf
virtual_uid_maps = static:1000
virtual_gid_maps = static:1000
```

部分参数的含义如下。

virtual_mailbox_base：虚拟用户邮箱存储位置。

virtual_alias_maps：虚拟别名列表。

virtual_mailbox_domains (作用类似于 mydestination)：虚拟用户所在的虚拟的域。

virtual_mailbox_maps：虚拟邮箱查询表位置。

virtual_uid_maps = static:1000：虚拟邮件用户映射到本地的 UID 号。

virtual_gid_maps = static:1000：虚拟邮件用户映射到本地的 GID 号。

3. 设置虚拟用户的 SMTP 发信认证

由于虚拟邮件账户的相关信息存储在 MySQL 数据库中，仅仅使用 Cyrus-SASL 已经

无法完成 SMTP 发信认证，使用 courier-authlib 软件的目的是因为 saslauthd 程序不支持数据库认证，而 courier-authlib 支持多种数据库认证。

(1) 编译安装 courier-authlib 软件的代码如下。

```
[root@localhost posftix]# tar -jxvf courier-authlib-0.62.4.tar.bz2
[root@localhost posftix]# cd courier-authlib-0.62.4
[root@localhost courier-authlib-0.60.2]# ./configure \
> --prefix=/usr/local/courier-authlib \
> --without-stdheaderdir  --with-authmysql \
> --with-mysql-libs=/usr/local/mysql/lib/mysql \
> --with-mysql-includes=/usr/local/mysql/include/mysql
[root@localhost courier-authlib-0.60.2] make  &&  make install
[root@localhost courier-authlib-0.60.2] make install-configure
```

系统中不能安装有任何 MySQL 的 RPM 程序，否则编译可能会失败，或安装后的 courier-authlib 不具备 MySQL 认证功能，编译安装之前确认 MySQL 的 RPM 包已经卸载，否则会出现错误。

上述代码中部分参数的含义如下。

- --without-stdheaderdir：将头文件安装到一个不是默认的头文件搜索路径的目录中。
- --with-authmysql：配置支持 MySQL 数据库查询。
- --with-mysql-libs=/usr/local/mysql/lib/mysql：MySQL 的库文件路径。
- --with-mysql-includes=/usr/local/mysql/include/mysql：MySQL 的头文件路径。

执行 make install-configure 命令后将生成默认配置文件 authmysqlrc 和 authdaemonrc。

authmysqlrc：数据库配置，设置连接地址、查询方式等。

authdaemonrc：主配置，设置使用的认证方式。

(2) 修改 courier-authlib 配置文件，代码如下。

```
[root@localhost courier-authlib-0.62.4]# vi /etc/ld.so.conf
/usr/local/courier-authlib/lib/courier-authlib
                              //将 courier-authlib 的库文件添加到搜索路径中
[root@localhost courier-authlib-0.62.4]  ldconfig
[root@localhost courier-authlib-0.62.4]# cd /usr/local/courier-
authlib/etc/authlib/
[root@localhost authlib]# cp authdaemonrc authdaemonrc.bak
                              //备份两个配置文件
[root@localhost authlib]# cp authmysqlrc authmysqlrc.bak
[root@localhost authlib]# vi authdaemonrc
                              //修改 authdaemonrc 文件，只保留 MySQL 认证方式
authmodulelist="authmysql"
authmodulelistorig="authmysql"
[root@localhost authlib]#chmod -R 755 /usr/local/courier-
authlib/var/spool/authdaemon/
//将 authdaemon 目录的权限设置成 755，否则 Postfix 可能无法正确获取用户名和密码信息
```

```
[root@localhost authlib]# vi authmysqlrc
                    //修改 authmysqlrc 文件用于描述如何向 MySQL 查询，修改如下内容
MYSQL_SERVER  localhost                 //MySQL 数据库服务器位置
MYSQL_USERNAME  extmail                 //数据库管理员账户
MYSQL_PASSWORD   extmail                //数据库管理员账户密码
MYSQL_SOCKET   /tmp/mysql.sock          // mysql.sock 文件位置
MYSQL_DATABASE   extmail                //虚拟用户数据库
MYSQL_USER_TABLE   mailbox              //从 mailbox 表获得邮件账户的信息
MYSQL_CRYPT_PWFIELD  password           //从 pssword 字段获得账户密码
MYSQL_UID_FIELD  uidnumber              //从 uidnumber 字段获得映射的本地用户 UID
MYSQL_GID_FIELD  gidnumber              //从 gidnumber 字段获得映射的本地组 GID
MYSQL_LOGIN_FIELD  username             //从 username 字段获得账户名称(带@后缀)
MYSQL_HOME_FIELD  concat('/mailbox/',homedir) //合并用户的宿主目录完整路径
MYSQL_NAME_FIELD  name                  //name 字段获得账户名称(不带@后缀)
MYSQL_MAILDIR_FIELD  concat('/mailbox/',maildir)//合并用户的完整邮件存储路径
[root@localhost authlib]# cp /home/dai/posftix/courier-authlib-
0.62.4/courier-authlib.sysvinit /etc/init.d/courier-authlib//复制启动脚本
[root@localhost authlib]# chmod 755 /etc/init.d/courier-authlib
[root@localhost authlib]# chkconfig --level 35 courier-authlib on
//设置开机自动启动
[root@localhost authlib]# service courier-authlib start
//启动 courier-authlib 服务器
```

修改 smtpd.conf 文件，将认证方式改为 authdaemond(即 courier-authlib)并指定 socket 文件的位置即可，代码如下。

```
[root@localhost authlib]# vi /usr/lib/sasl2/smtpd.conf
pwcheck_method: authdaemond
authdaemond_path: /usr/local/courier-authlib/var/spool/authdaemon/socket
```

4. 设置 Dovecot 的配置

根据 main.cf 文件中 virtual_mailbox_base 的参数配置，虚拟用户的邮件存储在/mailbox 目录中，因此 Dovecot 配置文件中也要做出相应的调整。另外还要添加 passdb sql 字段和 userdb sql 字段来建立 MySQL 数据库查询文件，以启动数据库查询功能。

```
[root@localhost ~]# vi /etc/dovecot.conf
mail_location = maildir:/mailbox/%d/%n/Maildir
…
auth default {
   mechanisms = plain
   passdb sql {
      args = /etc/dovecot-mysql.conf
   }
   userdb sql {
       args = /etc/dovecot-mysql.conf
```

```
    }
}
//邮箱存储位置中，%d 表示用户的域名，$n 表示用户名查找 auth default 配置端，添加
//“passdb sql”和“userdb sql”项，指向独立的数据查询文件。注意： passdb sql 和
//userdb sql 配置段 应在 passdb pam、userdb passwd 配置之前，否则虚拟用户进行 POP3
//收信认证时 maillog 日志会有错误记录，虽然并不会导致认证失败，但可能会影响认证速度
[root@localhost authlib]# vi /etc/dovecot-mysql.conf
                                                  // 建立数据查询文件
driver = mysql
connect = host=localhost dbname=extmail user=extmail password=extmail
default_pass_scheme = CRYPT
                                                  //MySQL 数据库中存储的密码串的加密算法
password_query = SELECT username AS user,password AS password FROM
mailbox WHERE username = '%u'          // 用于查询用户密码的 SQL 语句
user_query = SELECT maildir, uidnumber AS uid, gidnumber AS gid FROM
mailbox WHERE username = '%u          // 用户身份查询的 SQL 语句
[root@localhost authlib]# killall -9 dovecot
                                                  //关闭 Dovecot 服务
[root@localhost authlib]# /usr/local/sbin/dovecot -c /etc/dovecot.conf
                                                  // 启动 Dovecot 服务
[root@localhost authlib]# mkdir -p
/mailbox/extmail.org/postmaster/Maildir
                                        //建立虚拟用户 postmaster@extmail.org 的邮箱目录
[root@localhost Maildir]# chown -R postfix:postfix /mailbox
                                                  //调整权限把邮箱的宿主和宿组赋予 postfix
```

5. 测试虚拟邮件用户实现的结果

上述步骤完成后，可以分别进行测试，来验证 Postfix 邮件系统是否已经支持虚拟用户，首先测试 authlib 服务，能看到 Authentication succeeded 的测试结果及虚拟用户的信息，代码如下。

```
[root@localhost postmaster]# [root@localhost postmaster]#
/usr/local/courier-authlib/sbin/authtest -s login postmaster@extmail.org
extmail

     Authenticated: postmaster@extmail.org  (uid 1000, gid 1000)
-bash: [root@localhost: command not found
    Home Directory: /mailbox/extmail.org/postmaster
           Maildir: (none)
             Quota: (none)

Cleartext Password: extmail
           Options: (none)
[root@localhost postmaster]#
```

测试对虚拟用户的 SMTP 发信认证，出现“235 2.0.0 Authentication successful”信息，表示成功，代码如下。

```
//首先获得虚拟用户 postmaster@extmail.org 以及密码的 base64 编码字符串
root@mail ~]# printf  "postmaster@extmail.org"   |  openssl  base64
cG9zdG1hc3RlckBleHRtYWlsLm9yZw==
[root@mail ~]# printf  "extmail"  |  openssl  base64
ZXh0bWFpbA==
//执行 telnet 命令，使用获得的字符串进行测试
[root@localhost postmaster]# telnet localhost 25
Trying 127.0.0.1...
Connected to localhost.localdomain (127.0.0.1).
Escape character is '^]'.
220 mail.test.com ESMTP Postfix
auth login
334 VXNlcm5hbWU6
cG9zdG1hc3RlckBleHRtYWlsLm9yZw==
334 UGFzc3dvcmQ6
ZXh0bWFpbA==
235 2.7.0 Authentication successful
quit
221 2.0.0 Bye
```

13.8.6 Extmail 邮件使用及 Extman 管理平台

Extmail 是国内的开源组织使用 Perl 语言开发的一个强大的 Webmail 平台，主要包括 Extmail 和 Extman 两个部分。Extmail 是用户从浏览器中发送接收邮件的 Web 操作界面，而 Extman 是管理邮件系统的一个 Web 界面。对应国内的用户，不论从功能、易用性还是中文等方面，Extmail 都是一个不错的选择，Extmail 的官方网站是 http://www.extmail.org，可以在其官方网站下载最新的安装包。下面以 extmail-1.0.5.tar.jz 和 extman-0.2.5.tar.gz 为例分别介绍两个程序套件的部署。

1. 部署 Extmail 邮件使用界面

安装及运行 Extmail 套件还需要用到 3 个 Perl 支持的软件包，即 Unix-Syslog-1.1.tar.gz、DBI-1.607.tar.gz 和 DBD-mysql.tar.gz。这 3 个软件包可以从 http://search.cpan.org 中搜索获得。按照先后的顺序安装 3 个软件包。

(1) 安装 Unix-Syslog 包的代码如下。

```
[root@localhost posftix]# tar -zxvf Unix-Syslog-1.1.tar.gz
[root@localhost posftix]# cd Unix-Syslog-1.1
[root@localhost Unix-Syslog-1.1]# perl Makefile.PL
[root@localhost Unix-Syslog-1.1]# make && make install
```

(2) 安装 DBI 包的代码如下。

```
[root@localhost posftix]# tar -zxvf DBI-1.607.tar.gz
[root@localhost DBI-1.607]# perl Makefile.PL
[root@localhost DBI-1.607]# make && make install
```

(3) 安装 DBD-mysql 有些复杂，要指定 MySQL 的库文件和头文件位置(根据自己的 MySQL 安装的位置决定)，安装 DBD-mysql 包的代码如下。

```
[root@localhost posftix]# tar -zxvf DBD-mysql-4.011.tar.gz
[root@localhost posftix]# cd DBD-mysql-4.011
[root@localhost DBD-mysql-4.011]# perl Makefile.PL \
       --libs="-L/usr/local/mysql/lib/mysql -lmysqlclient -lz" \
       --cflags=-I/usr/local/mysql/include/mysql \
       --mysql_config=/usr/local/mysql/bin/mysql_config
       --testhost=127.0.0.1
[root@localhost DBD-mysql-4.011]# make && make install
```

(4) 安装并配置 Extmail 套件，代码如下。

```
[root@localhost posftix]# tar -zxvf extmail-1.0.5.tar.gz
[root@localhost posftix]# mv extmail-1.0.5.tar.gz
/usr/local/apache/htdocs/extmail
[root@localhost posftix]# cd /usr/local/apache/htdocs/
[root@localhost htdocs]# cd extmail/
[root@localhost extmail] chown -R postfix:postfix cgi //调整 cgi 目录的权限
[root@localhost extmail]# cp webmail.cf.default webmail.cf
[root@localhost extmail]# vi webmail.cf              //修改 Extmail 主配置文件如下
SYS_CONFIG = /usr/local/apache/htdocs/extmail/ //程序根目录
SYS_LANGDIR = /usr/local/apache/htdocs/extmail/lang    //语言包文件目录
SYS_TEMPLDIR = /usr/local/apache/htdocs/extmail/html   //系统模板目录
SYS_MAILDIR_BASE = /mailbox                             //邮件存储目录
SYS_MYSQL_USER = extmail                       //访问 MySQL 数据库的用户名
SYS_MYSQL_PASS = extmail                       //访问 MySQL 数据库用户的密码
SYS_MYSQL_DB = extmail                         //使用的数据库名称
SYS_MYSQL_HOST = localhost                     //MySQL 服务器的地址
SYS_MYSQL_SOCKET = /tmp/mysql.sock             //MySQL 套接字文件的位置
```

(5) 调整 Apache 的主配置文件，添加一个虚拟主机。

```
[root@localhost apache]# cd conf/
[root@localhost conf]# vi httpd.conf
NameVirtualHost 192.168.1.200
<VirtualHost 192.168.1.200>
    ServerName mail.test.com
    DocumentRoot  /usr/local/apache/htdocs/extmail/html/
    ScriptAlias /extmail/cgi/  /usr/local/apache/htdocs/extmail/cgi/
    Alias /extmail  /usr/local/apache/htdocs/extmail/html/
```

```
    SuexecUserGroup postfix postfix
</VirtualHost>
```

(6) 登录 extmail 邮件系统。在浏览器中输入 http://mail.test.com 或 IP 地址，即可看到 Extmail 程序套件的 Web 页面。在前面导入 extmail.sql 的脚，本其内包含了一个 postmaster 的用户，密码是 extmail，并且有一个虚拟的域 extmail.org 并使用 extmail.org 来登录，如图 13-39 和图 13-40 所示。

图 13-39　登录 Extmail 邮件系统

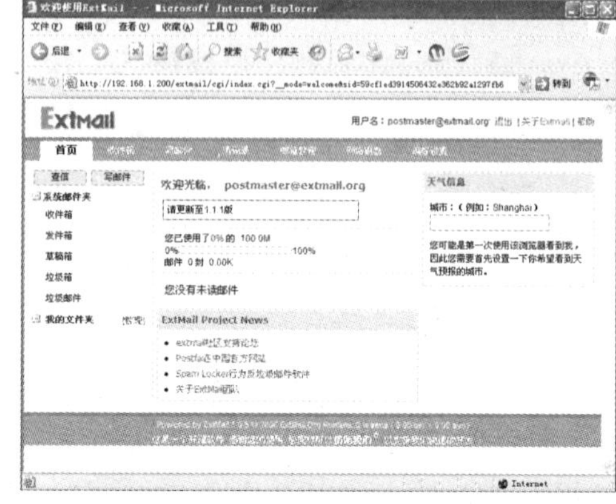

图 13-40　主界面

2. 部署 Extman Web 管理界面

部署好 Extmail 程序套件后，电子邮件用户可以通过 Web 界面登录和使用，但是在默认的情况下只有一个虚拟域，无法满足实际的要求。本节进一步安装 Extman 套件，通过 Web 界面来管理 Postfix 的邮件系统，如添加用户、添加虚拟域等。

在部署之前还要安装 Extman 需要的一些 Perl 软件包，即 GD、File-Tail 及 rrdool 绘图引擎工具包。

(1) 安装 GD 软件包，代码如下。

```
[root@localhost posftix]# tar -zxvf GD-2.41.tar.gz
[root@localhost posftix]# cd GD-2.41
[root@localhost GD-2.41]# perl Makefile.PL
[root@localhost GD-2.41]# make && make install
```

(2) 安装 File-Tail 软件包，代码如下。

```
[root@localhost posftix]# tar -zxvf File-Tail-0.99.3.tar.gz
[root@localhost posftix]# cd File-Tail-0.99.3
[root@localhost File-Tail-0.99.3]# perl Makefile.PL
[root@localhost File-Tail-0.99.3]# make && make install
```

(3) 安装 rrdtool 绘图引擎工具包，代码如下。

```
[root@localhost posftix]# rpm -ivh perl-rrdtool-1.2.23-1.el5.rf.i386.rpm
```

```
rrdtool-1.2.23-1.el5.rf.i386.rpm
warning: perl-rrdtool-1.2.23-1.el5.rf.i386.rpm: Header V3 DSA signature:
NOKEY, key ID 6b8d79e6
Preparing...                ###########################################
[100%]
   1:rrdtool                ###########################################
[ 50%]
   2:perl-rrdtool           ###########################################
[100%]
[root@localhost posftix]#
```

(4) 安装并配置 Extman 软件包，代码如下。

```
[root@localhost posftix]# tar -zxvf extman-0.2.5.tar.gz
[root@localhost posftix]# mv extman-0.2.5/
/usr/local/apache/htdocs/extman
[root@localhost posftix]# cd /usr/local/apache/htdocs/extman
[root@localhost extman]# chown -R postfix:postfix cgi
[root@localhost extman]# mkdir /tmp/extman      //创建临时的会话目录
[root@localhost extman]# chown -R postfix:postfix /tmp/extman/
                                                //设置临时会话目录权限
[root@localhost extman]# vi webman.cf           //修改主配置文件如下
SYS_CONFIG = /usr/local/apache/htdocs/extman/
SYS_LANGDIR = /usr/local/apache/htdocs/extman/lang
SYS_TEMPLDIR = /usr/local/apache/htdocs/extman/html
SYS_MAILDIR_BASE = /mailbox
SYS_MYSQL_USER = webman
SYS_MYSQL_PASS = webman
SYS_MYSQL_DB = extmail
SYS_MYSQL_HOST = localhost
SYS_MYSQL_SOCKET = /tmp/mysql.sock
SYS_CAPTCHA_LEN = 2
```

大家注意最后一行默认是 SYS_CAPTCHA_LEN = 6，校验码的位数在此改成 2，因为校验码输入大小写区分位数多的话，容易输入错误。还有一个参数 SYS_CAPTCHA_ON = 0，这个参数的配置含义是，如果是 1，登录界面有校验码，如果是 0，登录界面没有校验码。

(5) 调整 Apache 的主配置文件，在刚才设置的虚拟主机中添加相应的 Extman 的目录别名设置，重启 Apache 服务器，代码如下。

```
NameVirtualHost 192.168.1.200
<VirtualHost 192.168.1.200>
   ServerName mail.test.com
   DocumentRoot  /usr/local/apache/htdocs/extmail/html/
   ScriptAlias /extmail/cgi/  /usr/local/apache/htdocs/extmail/cgi/
   Alias /extmail  /usr/local/apache/htdocs/extmail/html/
   ScriptAlias /extman/cgi/ /usr/local/apache/htdocs/extman/cgi/
```

```
    Alias /extman /usr/local/apache/htdocs/extman/html/
    SuexecUserGroup postfix postfix
</VirtualHost>
#service httpd restart
```

(6) 在浏览器中输入 http://mail.test.com 或 IP 地址，可以看到 Extman 套件的 Web 页面。可以使用默认的管理员 root@extmail.org、密码 extmail*123*登录并添加用户和虚拟域，如图 13-41 和图 13-42 所示。

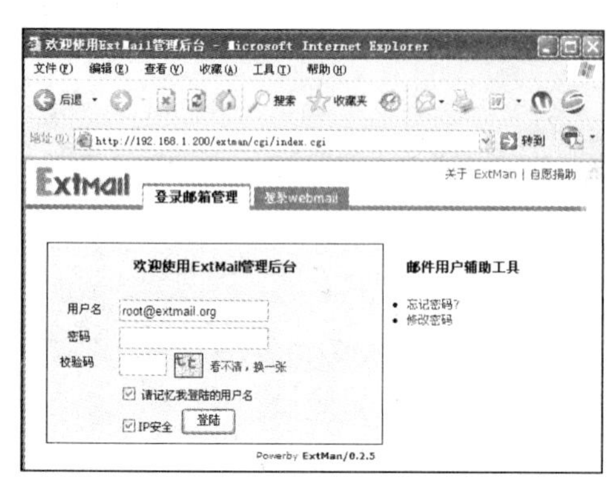

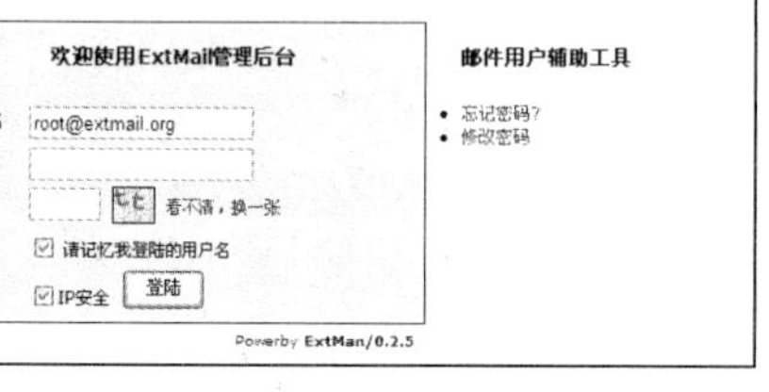

图 13-41　Extman 的登录界面

图 13-42　进入 Extman 管理界面

Web 邮件系统已经搭建完成，其很接近平时使用的 163 或 sina 邮箱。大家可以按照上面的配置方法配置完成后，在 Extman 管理界面上添加两个用户发送邮件进行尝试。

本 章 习 题

一、填空题

1. 电子邮件的命名格式是________，它由两部分组成，分别是________、________。
2. Internet 电子邮件系统包括两个部分，分别是________、________。
3. 电子邮件的相关协议有 3 个，分别是________、________、________。
4. sendmail 邮件服务器的主配置文件是________、________。
5. sendmail 邮件服务器设置访问控制的文件是________。
6. 查看未寄出邮件的命令是________。
7. Postfix 可以使用________作为邮件，用户也可以使用________，________保存在数据库中，最常见的就是 MySQL 数据库。
8. 在 Postfix 中支持两种常见的邮件存储格式分别是________、________。
9. Dovecot 是用来________邮件的服务器。
10. 在 Postfix 中可以使用________简单认证安全层来实现基本的 SMTP 认证功能。

二、问答题

1. 什么是邮件传输代理和邮件用户代理?
2. 简要说明什么是 SMTP、POP 和 IMAP。
3. IMAP 和 POP 协议的区别是什么?
4. 电子邮件系统的规划一般遵循什么原则?
5. 用 sendmail.mc 生成 sendmail.cf 文件的命令是什么?
6. Dovecot 软件的作用是什么? 主配置文件是哪个? 如果只让邮件服务器支持 POP 协议，需修改 Dovecot 主配置文件的哪个地方?
7. 启动 Dovecot 服务需要一个参数 C，它的作用是什么?
8. 在 Postfix 中给予 MySQL 认证有什么好处?

三、上机实训

随着公司经营业务的不断发展，员工数量逐渐增多，同时根据产品的开发需要，公司决定使用 Postfix 电子邮件系统，以便支持更多用户、提高用户检索和管理效率。

需求描述

(1) 使用 MySQL 数据库存储虚拟邮件用户的账号信息。

(2) 配置使用 Extmail 套件: Extmail 为普通用户提供 Web 邮件使用界面; Extman 为管理员提供管理邮件域及用户的 Web 界面。

(3) 添加虚拟邮件域 show.com、test.com，并分别添加两个虚拟邮件用户 user1@show.com 和 user2@test.com。

(4) 用户 user1 和 user2 能够互相发送、收取邮件。

(5) 通过图形化的形式查看邮件日志信息。

实现思路

(1) 配置 Postfix 邮件系统支持虚拟用户。

(2) 安装配置 Extmail 和 Extman 程序套件。

(3) 使用 Extman 管理界面: 添加虚拟邮件域 show.com 和 test.com; 添加虚拟邮件用户 user1@benet.com 和 user2@accp.com。

(4) 使用 Extmail 邮件用户界面: 分别以用户 user1、user2 登录，互相发送邮件进行测试。

(5) 成功发送邮件后，通过 Extman 管理平台查看图形日志信息。

第 14 章 Linux 防火墙及 NAT

学习目的与要求：

本章为读者介绍 Linux 下的防火墙原理及如何搭建防火墙，设置 iptables 架设 NAT 服务器，实现内部网用户访问 Internet。通过对本章的学习，读者应该做到以下几点。

- 熟悉防火墙的 3 种类型。
- 熟悉包过滤防火墙的工作原理。
- 熟悉 iptables 防火墙表、链、规则的关系。
- 熟练使用 iptables 中 filter 表搭建防火墙。
- 熟练使用 iptables 中的 net 表配置地址转换。
- 熟练使用 squid 配置代理服务器。

14.1 防火墙概述

所谓防火墙指的是一个由软件和硬件设备组合而成在内部网和外部网之间、专用网与公共网之间的界面上构造的保护屏障，是一种获取安全性方法的形象说法。它是一种计算机硬件和软件的结合，使 Internet 与 Intranet 之间建立起一个安全网关(Security Gateway)，从而保护内部网免受非法用户的侵入。

14.1.1 防火墙的类型

防火墙有多种形式，可以以软件形式运行在普通计算机上，也可以以固件形式设计在路由中。总体来说其分为 3 种：包过滤防火墙、应用级网关和状态检测防火墙。

(1) 包过滤防火墙：在互联网这样的 TCP/IP 网络上，所有往来的信息都被分割成一定长度的信息包，包中包含了发送者的 IP 地址信息和接收者的 IP 地址信息。当这些信息被送到互联网后，路由器会读取接收者的 IP 地址，选择一条合适的物理路径发送出去，信息可能经不同的线路抵达目的地，当所有的包抵达目的地会重新组装还原。包过滤防火墙会检查所有通过信息的 IP 地址，并按照系统管理员所给定的过滤规则进行过滤。

(2) 应用级网关：应用级网关也就是常说的代理服务器。它适用于特定的互联网服务，如 HTTP、FTP 等。代理服务器运行在内部网和外网之间，对于内部用户而言，它是一个服务器，而对于外网来说，它是一个客户机。当内网的一个用户将一个访问外部网络的请求发给代理服务器，代理服务器检查请求是否符合规则，若用户的请求符合允许的规则，代理服务器会像一个客户那样去访问该网站，取回所需要的信息再转发给内网用户。

代理服务器有一个高速缓存，存储用户经常访问的网站内容，当另一个用户访问同样一个网站时，代理服务器会在自己的缓存中把信息传递，这个用户大大节省了时间，同时也提高了速度。代理服务器像一堵墙一样挡在内部用户和外界之间，从外部只能看到代理服务器，而无法获知内部资源，更有效地保护了内网用户。

(3) 状态检测防火墙：这种防火墙具有非常好的安全特性，它使用了在网关上执行网络安全策略的软件模块，称为检测引擎。检测引擎在不影响网络正常运行的前提下，采用抽取相关数据的方法对网络通信的各层实施监测，抽取状态信息并动态地保护起来作为以后执行安全策略的参考。与前两种防火墙不同的是，在用户访问请求到达网关之前，状态监视器会抽取相关数据进行分析，结合网络配置和安全规定做出接纳、拒绝、身份认证、报警或给该通信加密等处理动作。一旦某个用户的访问违反了规则，就会遭到拒绝并报告有关状态及工作日志记录。

14.1.2 包过滤防护墙的概念

包过滤防火墙是用一个软件查看所流经的数据包的包头(Header)，由此决定整个包的

命运。它可能会决定丢弃(Drop)这个包，可能会接收(Accept)这个包(让这个包通过)，也可能执行其他更复杂的动作。

在 Linux 系统下，包过滤功能是内建于核心的(作为一个核心模块直接内建)。另外还有一些可以运用于数据包之上的技巧，不过最常用的依然是查看包头以决定包的命运。

包过滤防火墙将对每一个接收到的数据包做出允许或拒绝的决定。具体地讲，它针对每一个数据报的报头，按照包过滤规则进行判定，与规则相匹配的包依据路由信息继续转发，否则就丢弃。包过滤是在 IP 层实现的，包过滤根据数据包的源 IP 地址、目的 IP 地址、协议类型(TCP 包、UDP 包、ICMP 包)源端口、目的端口等报头信息及数据包传输方向等信息来判断是否允许数据包通过。

包过滤也包括与服务相关的过滤，这是指基于特定的服务进行包过滤。由于绝大多数服务的监听都驻留在特定 TCP/UDP 端口，因此为阻断所有进入特定服务的链接，防火墙只需将所有包含特定 TCP/UDP 目的端口的包丢弃即可。

包过滤是一种内置于 Linux 内核在路由功能之上的防火墙类型，其防火墙工作在网络层。

14.1.3　包过滤防火墙的工作原理

1. 过滤路由器

使用过滤器过滤数据包，用在内部主机和外部主机之间。过滤系统是一台路由器或一台主机，过滤系统根据过滤规则来决定是否让数据包通过，用于过滤数据包的路由器被称为过滤路由器，如图 14-1 所示。

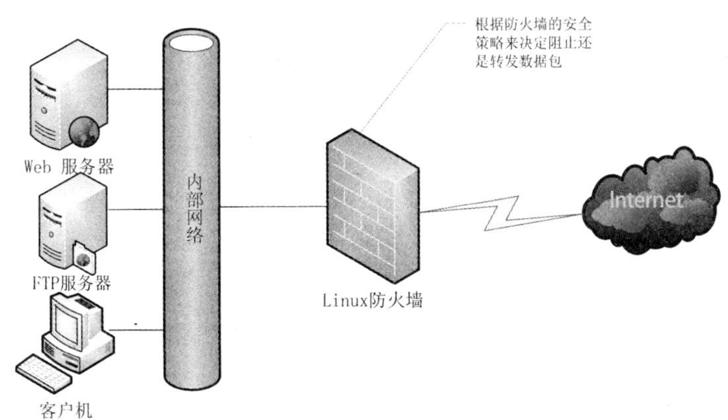

图 14-1　过滤路由器示意图

数据包过滤是通过对数据包的 IP 头和 TCP 头或 UDP 头的检查来实现的，主要信息如下。

- IP 源地址。
- IP 目标地址。
- 协议(TCP 包、UDP 包和 ICMP 包)。
- TCP 或 UDP 包的源端口。

- TCP 或 UDP 包的目标端口。
- ICMP 消息类型。
- TCP 包头中的 ACK 位。
- 数据包到达的端口。
- 数据包出去的端口。

在 TCP/IP 中存在着一些标准的服务端口号，如 HTTP 的端口号为 80。通过屏蔽特定的端口可以禁止特定的服务，包过滤系统可以阻塞内部主机和外部主机或另外一个网络之间的连接，如可以阻塞一些被视为是有敌意的或不可信的主机或网络连接到内部网络中。

2. 过滤的实现

数据包过滤一般使用过滤路由器来实现。这种路由器与普通的路由器有所不同，普通的路由器只检查数据包的目标地址，并选择一个达到目的地址的最佳路径。它处理数据包是以目标地址为基础的，存在着两种可能性。若路由器可以找到一个路径到达目标地址，则发送出去；若路由器不知道如何发送数据包，则通知数据包的发送者“数据包不可达”。

过滤路由器会更加仔细地检查数据包，除了决定是否有到达目标地址的路径外，还要决定是否应该发送数据包，“应该与否”是由路器的过滤策略决定并强行执行的。

路由器的过滤策略如下。

- 拒绝来自某主机或某网段的所有连接。
- 允许来自某主机或某网段的所有连接。
- 拒绝来自某主机或某网段的指定端口的连接。
- 允许来自某主机或某网段的指定端口的连接。
- 拒绝本地主机或本地网络与其他主机或其他网络的所有连接。
- 允许本地主机或本地网络与其他主机或其他网络的所有连接。
- 拒绝本地主机或本地网络与其他主机或其他网络的指定端口的连接。
- 允许本地主机或本地网络与其他主机或其他网络的指定端口的连接。

3. 包过滤器操作的基本过程

图 14-2 所示为包过滤的操作流程图。

下面做简单叙述。

(1) 包过滤规则必须被包过滤设备端口存储起来。

(2) 当包到达端口时，对包报头进行语法分析，大多数包过滤设备只检查 IP、TCP 或 UDP 报头中的字段。

(3) 包过滤规则以特殊的方式存储，应用于包规则的顺序与包过滤器规则存储顺序必须相同。

(4) 若一条规则阻止包传输或接收，则此包便不被允许。

(5) 若一条规则允许包传输或接收，则此包便可以被继续处理。

(6) 若包不满足任何一条规则，则此包便被阻塞。

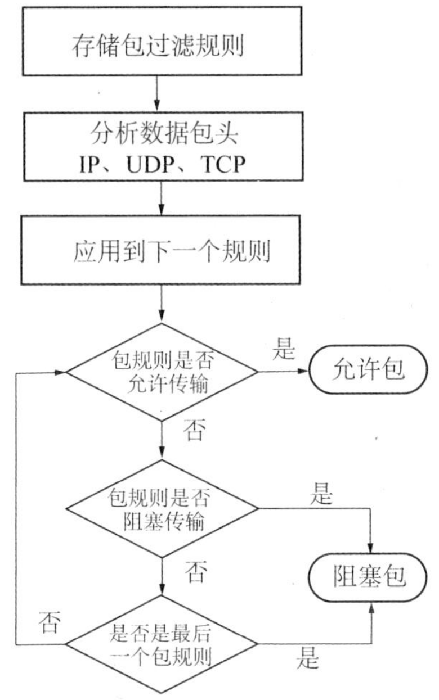

图 14-2　包过滤的操作流程图

4. 包过滤技术的优缺点

(1) 包过滤技术的优点如下。

- 对于一个小型的、不太复杂的站点，包过滤比较容易实现。
- 因为过滤路由器工作在 IP 层和 TCP 层，所以处理包的速度比代理服务器快。
- 过滤路由器为用户提供了一种透明的服务，用户不需要改变客户端的任何应用程序，也不需要用户学习任何新的东西，因为过滤路由器工作在 IP 层和 TCP 层，而 IP 层和 TCP 层与应用层毫不相关，所以过滤路由器有时也被称为“包过滤网关”或“透明网关”。之所以被称为网关，是因为包过滤路由器和传统路由器不同，它涉及传输层。
- 过滤路由器在价格上一般比代理服务器低。

(2) 包过滤技术的缺点如下。

- 一些包过滤网关不支持有效的用户认证。
- 规则表很快会变得很大，而且复杂规则很难测试。随着表的增大和复杂性的增加，规则结构出现漏洞的可能性也会增加。
- 这种防火墙最大的缺陷是依赖一个单一的部件保护系统。如果这个部件出现了问题，会使得网络大门敞开，而用户可能还不知道。
- 在一般情况下，如果外部用户被允许访问内部主机，则它就可以访问内部网上的任何主机。
- 包过滤防火墙只能阻止一种类型的 IP 欺骗，即外部主机伪装内部主机的 IP，对于外部主机伪装外部主机的 IP 欺骗却不能阻止，而且它不能防止 DNS 欺骗。

虽然包过滤防火墙有如上所述的缺点，但是在管理良好的小规模网络上，它能够正常发挥其作用。一般情况下，人们不单独使用包过滤网关，而是将它和其他设备(如堡垒主机等)联合使用。

包过滤的工作是通过查看数据包的源地址、目的地址或端口来实现的，一般来说，它不保持前后连接，信息过滤决定是根据当前数据包的内容来做的。管理员可以做一个可接收机和服务的列表，以及一个不可接收机和服务的列表。在主机和网络一级利用数据包过滤，很容易实现允许或禁止访问。

由此不难看出这个层次的防火墙的优点和弱点，由于防火墙只是工作在 OSI 的第三层(网络层)和第四层(传输层)，因此包过滤的防火墙的一个非常明显的优势就是速度，这是因为防火墙只是去检查数据报的报头，而对数据报所携带的内容没有任何形势的检查，因此速度非常快。与此同时，这种防火墙的缺点也是显而易见的，比较关键的几点如下所述。

(1) 由于无法对数据报的内容进行核查，一次无法过滤或审核数据报的内容。

体现这一问题的一个很简单的例子就是：对某个端口的开放意味着相应端口对应的服务所能够提供的全部功能都被开放，即使通过防火墙的数据报有攻击性，也无法进行控制和阻断。例如，在一个简单的 Web 服务器上，包过滤的防火墙无法对数据报内容进行核查。因此未打相应补丁的提供 Web 服务的系统，即使在防火墙的屏蔽之后，也会被攻击，被轻易获取超级用户的权限。

(2) 由于此种类型的防火墙工作在较低层次，防火墙本身所能接触到的信息较少，所以它无法提供描述细致事件的日志系统。

此类防火墙生成的日志常常只是包括数据报捕获的时间、网络层的 IP 地址、传输层的端口等非常原始的信息。至于这个数据报内容是什么，防火墙不会理会，而这对安全管理员而言恰恰是很关键的。因为即使一个非常优秀的系统管理员，一旦陷入大量的通过或屏蔽的原始数据包信息中，往往也难以理清头绪，这在发生安全事件时给管理员的安全审计带来很大的困难。

(3) 所有可能用到的端口(尤其是大于 1024 的端口)都必须开放，对外界暴露，从而极大地增加了被攻击的可能性。

通常对于网络上所有服务所需要的数据包进出防火墙的端口都要仔细考虑，否则会产生意想不到的情况。然而众所周知当被防火墙保护的设备与外界通信时，绝大多数应用要求发出请求的系统本身提供一个端口，用来接收外界返回的数据包，而且这个端口一般在 1024～65536 之间，并不确定，如果不开放这些端口，通信将无法完成，这样就需要开放 1024 以上的全部端口，允许这些端口的数据包进出，而这就带来非常大的安全隐患。例如，用户网中有一台 Unix 服务器，对内部用户开放了 RPC 服务，而这个服务是用在高端口的，那么这台服务器非常容易遭到基于 RPC 应用的攻击。

(4) 如果网络结构比较复杂，那么对管理员而言，配置访问控制规则将非常困难。

当网络发展到一定规模时，在路由器上配置访问控制规则将会非常烦琐，在一个规则甚至一个地址处出现错误，都有可能导致整个访问控制列表无法正常使用。

14.1.4 netfilter/iptables 防火墙架构

Linux 从内核 1.1 开始就具有包过滤功能了。随着 Linux 内核版本的不断升级，Linux 的包过滤经历了 3 个阶段，即 Ipfwadm 包过滤规则、Ipchains 包过滤规则和 Iptables 包过滤规则。

Linux 因其健壮性、可靠性、灵活性及几乎无限范围的可定制性而在 IT 界变得非常受欢迎。Linux 具有许多内置的能力，使开发人员可以根据自己的需要定制其工具、行为和外观，而无须昂贵的第三方工具。如果 Linux 系统连接到因特网或 LAN、服务器或连接 LAN 和因特网的代理服务器，所要用到的一种内置能力就是针对网络上 Linux 系统的防火墙配置。

netfilter 是一种内核中用于扩展各种网络服务的结构化底层构架，其设计思想是生成一个模块结构，使之能够比较容易的扩展，新的特性加入内核中并不需要重新启动内核，这样可以简单地构造一个内核模块来实现网络新特性的扩展，为底层的网络特性扩展带来极大的便利，使更多从事网络底层研发的人员能够集中精力实现新的网络特性。

事实上，可以将 netfilter 视为网络协议堆栈中可以让其他模块操作网络数据包的一系列“钩子”，在数据包通过协议堆栈的某些特定的点上，netfilter 框架允许一个模块转发或丢弃数据包、通过某种方式改变数据包、在用户空间(非内核模式)对包进行排队，当然也可以根本不去干涉它。

1. netfilter/iptables 系统的含义

在高于 Linux 2.4 的内核中，netfilter 是新的用来实现防火墙的过滤器。iptables 是用来指定 netfilter 规则的用户工具。

iptables 只是一个管理内核包过滤的工具，它为用户配置防火墙规则提供了方便。

iptables 可以加入、插入或删除核心包过滤表(链)中的规则。实际上真正来执行这些规则的是 netfilter 及其相关模块(如 iptables 模块和 nat 模块等)。因此，要使用 netfilter/iptables 系统，必须首先有 2.4 版本内核或更高内核的相关支持，同时必须安装 iptables 软件包。现在一般的 Linux 操作系统中是默认安装的。

2. netfilter/iptables 系统的优点

netfilter/iptables 的最大优点是它可以配置有状态的防火墙，这是 ipfwadm 和 ipchains 等以前的工具都无法提供的一种重要功能。有状态的防火墙能够指定并记住为发送或接收信息包所建立的连接的状态，防火墙可以从信息包的连接跟踪状态获得该信息。在决定新的信息包过滤时，防火墙所使用的这些状态信息可以增加其效率和速度。有 4 种有效状态，分别为 ESTABLISHED、INVALID、NEW 和 RELATED。

- 状态 ESTABLISHED 指出该信息包属于已建立的连接，该连接一直用于发送和接收信息包，并且完全有效。

- 状态 INVALID 指出该信息包与任何已知的流或连接都不相关联，它可能包含错误的数据或头。
- 状态 NEW 意味着该项信息包已经或将启动新的连接，或者它与尚未用于发送和接收信息包的连接相关联。
- 状态 RELATED 表示该信息包正在启动新连接，以及它与已建立的连接相关联。

netfilter/iptables 的另一个重要优点是，它使用户可以完全控制防火墙配置和信息包过滤。用户可以定制自己的规则来满足特定需求，从而只允许用户想要的网络流量进入系统。

此外，netfilter/iptables 是免费的，这对于那些想要节省费用的人来说十分理想，它可以代替昂贵的防火墙解决方案。

总之，在 2.4.x 及以上的内核中具有 netfilter/iptables 系统这种内置的 IP 信息包过滤工具，它使配置防火墙和信息包过滤变得便宜且方便。netfilter/iptables 系统使其用户可以完全控制防火墙配置和信息包过滤。它允许为防火墙建立可定制化的规则来控制信息包过滤，还允许配置有状态的防火墙。

3. netfilter/iptables 的内核空间和用户空间

虽然 netfilter/iptables IP 信息包过滤系统被称为单个实体，但它实际上由两个组件 netfilter 和 iptables 组成。

(1) 内核空间。netfilter 组件也称为内核空间(Kernel Space)，是内核的一部分，由一些“表”(Table)组成，每个表由若干“链”组成，而每条链中可以有一条或数条规则(Rule)。

(2) 用户空间。iptables 组件是一种工具，也称为用户空间(User Space)，它使插入、修改和除去信息包过滤表中的规则变得容易。可以这样理解，netfilter 包含表，表包含链，链包含规则。

4. netfilter/iptables 过滤系统的工作过程

netfilter/iptables IP 信息包过滤系统是一种功能强大的工具，可用于添加、编辑和除去规则，这些规则是在做包过滤决定时所遵循的依据。这些规则存储在专用的信息包过滤表中，而这些表集成在 Linux 内核中。在信息包过滤表中，规则被分组存在链(Chain)中。

(1) 用户使用 iptables 命令在用户空间设置过滤规则。通过使用用户空间可以构建用户自己的定制过滤规则，这些规则存储在内核空间的信息包过滤表中。这些规则具有目标，它们告诉内核对来自某些源、前往某些目的地或具有某些协议类型的信息包做些什么，如果某个信息包与规则匹配，那么使用目标 ACCEPT 允许该信息包通过。还可以使用目标 DROP 或 REJECT 来阻塞并杀死信息包。

根据规则所处理的信息包的类型，可以将规则分组在链中。

- 处理入站信息包的规则被添加到 INPUT 链中。
- 处理出站信息包的规则被添加到 OUTPUT 链中。
- 处理正在转发的信息包的规则被添加到 FORWARD 链中。

这 3 个链是系统默认表(filter)中内置的 3 个默认主链。每个链都有一个策略，它定义默

认目标，也就是要执行的默认操作，当信息包与链中的任何规则都不匹配时，执行此操作。

(2) 内核空间接管过滤工作，当规则建立并将链放在 filter 表之后，就可以开始进行真正的信息包过滤工作了，这时内核空间从用户空间接管工作。

包过滤工作要经过如下步骤。

① 路由：当信息包到达防火墙时，内核先检查信息包的头信息，尤其是信息包的目的地。我们将这个过程称为路由。

② 根据情况将数据包送往包过滤表(filter)的不同的链。

- 如果信息包源自外界并且数据包的目的地址是本机，而且防火墙是打开的，那么内核将它传递到内核空间信息包过滤表的 INPUT 链。
- 如果信息包源自系统本机，并且此信息包要前往另一个系统，那么信息包被传递到 OUTPUT 链。
- 信息包源自广域网前往局域网或相反方向的信息包被传递到 FORWARD 链。

③ 规则检查：将信息包的头信息与它所传递到的链中的每条规则进行比较，看它是否与某条规则完全匹配。

- 如果信息包与某条规则匹配，那么内核就对该信息包执行由该项规则的目标指定的操作。
    - 如果目标为 ACCEPT，则允许该信息包通过，并将该包发给相应的本地进程处理。
    - 如果目标为 DROP 或 REJECT，则不允许该信息包通过，并将该包阻塞并杀死。
- 如果信息包与这条规则不匹配，那么它将与链中的下一条规则进行比较。
- 最后，如果信息包与链中的任何规则都不匹配，那么内核将参考该链的策略来决定如何处理该信息包。理想的策略应该告诉内核 DROP 该信息包。

14.2　使用 iptables 实现包过滤防火墙

Linux 提供了一个非常优秀的防火墙工具——netfilter/iptables。它完全免费、功能强大、使用灵活，可以对流入和流出的信息进行细化控制，且可以在一台低配置机器上很好地运行。下面介绍使用 iptables 实现包过滤防火墙。

14.2.1　iptables 的语法规则

典型的防火墙设置有两个网卡：一个流入，一个流出。iptables 读取流入和流出数据包的报头，将它们与规则集(Ruleset)相比较，将可接收的数据包从一个网卡转发至另一个网卡，对被拒绝的数据包，可以丢弃或按照所定义的方式来处理。

通过向防火墙提供有关对来自某个源地址、到某个目的地或具有特定协议类型的信息包要做出的指令，按规则控制信息包的过滤。通过使用 iptables 系统提供的特殊命令，

iptables 建立这些规则，并将其添加到内核空间特定信息包过滤表内的链中。添加、去除、编辑规则命令的一般语法如下。

```
iptables [-t table] command [match] [target]
```

1. 表(table)

[-t table]选项允许使用标准表之外的任何表。表是包含仅处理特定类型信息包的规则和链的信息包过滤表。它有 3 个可用的表选项：filter、nat 和 mangle。该选项不是必需的，如果未指定，则 filter 作为默认表。各表实现的功能如表 14-1 所示。

表 14-1　3 种表实现的功能

表　名	实现功能
filter	用于一般的信息包过滤，包含 INPUT、OUTPUT 和 FORWARD 链
nat	用于要转发的信息包，包含 PREROUTING、OUTPUT 和 PSTROUTING 链
mangle	包含一些规则来标记用于高级路由的信息包，包含 PREROUTING 和 OUTPUT 链。如果信息包及其头内进行了任何更改，则使用该表，本文不讨论该表

2. 命令(command)

command 部分是 iptables 命令最重要的部分，也是具有强制性的部分。它告诉 iptables 命令要做什么，如插入规则、将规则添加到链的末尾或删除规则。以下是最常用的一些命令。

(1) -A 或 --append ：该命令是加入一条或多条规则到链的尾部。

例如：

```
p[root@localhost ~]# iptables -A OUTPUT -d 192.168.0.0/24 -j DROP
```

上述命令的意思为将一条规则追加到 OUTPUT 链中，从 OUTPUT 链出去的包凡是访问 192.168.0.0/24 网络的全部拒绝。

(2) -D 或--delete：通过使用“-D”指定要匹配的规则或者指定规则在链中的位置编号，该命令从链中删除该规则。下面的示例显示了这两种方法。

例如：

```
[root@localhost ~]# iptables  -D  OUTPUT -d 192.168.0.0/24 -j DROP
[root@localhost ~]# iptables  -D  OUTPUT 1
```

第一条命令从 OUTPUT 链中删除规则，指定 DROP 到达 192.168.0.0 网络的信息包，第二条命令删除 OUTPUT 链中的第一个规则。

(3) -R 或--replace：表示替换某一个链中的一个规则。

例如：

```
[root@localhost ~]# iptables -R OUTPUT 1 -d 192.168.0.0/24 -j ACCEPT
```

该命令的意思为将 OUTPUT 链中的第一个规则替换成匹配的目的地址是 192.168.0.0/24 的数据包通过。

(4) -P 或--policy：指定链的默认规则，即 DROP 或 ACCEPT 允许或拒绝。

例如：

```
[root@localhost ~]# iptables -P INPUT DROP
```

该命令的意思为把 INPUT 链，默认规则指定为 DROP，将所有通过 INPUT 链的数据包丢弃。

(5) -N 或--new-chain：创建一个新的用户自定义链，名称不能和已有链的名称冲突。

例如：

```
[root@localhost ~]# iptables -N allow-chain
```

创建一个名称为 allow-chain 的用户链。

(6) -X 或--delete-chain：删除用户自定义链，保证链中的规则不再使用时才能删除，如果不指定自定义链的名称，则表示删除所有用户自定义链。

例如：

```
[root@localhost ~]# iptables -X allow-chain
```

该命令的意思为删除用户自定义链 allow-chain。

(7) -F 或--flush：清楚链中的所有规则如果不指定链名称，则表示清楚所有链的规则。

例如：

```
[root@localhost ~]# iptables -F INPUT
```

该命令的意思为清楚 INPUT 链中的所有规则。

(8) -I 或--insert：在选定的链中向给定规则号的前面出入一条规则，如规则号是 2，那么插入的规则变成 2，原有规则向下推 1。如图 14-3 和图 14-4 所示。

```
[root@localhost ~]# iptables -L --line-number
Chain INPUT (policy DROP)
num  target     prot opt source               destination

Chain FORWARD (policy ACCEPT)
num  target     prot opt source               destination

Chain OUTPUT (policy ACCEPT)
num  target     prot opt source               destination
1    ACCEPT     all  --  anywhere             192.168.0.0/24
2    ACCEPT     tcp  --  anywhere             anywhere            tcp spt:ssh
3    ACCEPT     tcp  --  anywhere             anywhere            tcp spt:http
4    ACCEPT     tcp  --  anywhere             anywhere            tcp spt:ftp
[root@localhost ~]#
```

图 14-3　出入前的规则

图 14-3 在使用插入命令之前查看 iptables 规则(加上一个参数--line-number 显示规则号)，使用如下命令。

```
[root@localhost ~]# iptables -I OUTPUT 2 -p udp --dport 53 -j ACCEPT
```

该命令的意思为在规则 2 的前面插入一个规则，允许目的端口为 53(DNS 端口)的数据包通过，如图 14-4 所示。

```
[root@localhost ~]# iptables -I OUTPUT 2 -p udp --dport 53 -j ACCEPT
[root@localhost ~]# iptables -L --line-number
Chain INPUT (policy DROP)
num  target     prot opt source               destination

Chain FORWARD (policy ACCEPT)
num  target     prot opt source               destination

Chain OUTPUT (policy ACCEPT)
num  target     prot opt source               destination
1    ACCEPT     all  --  anywhere             192.168.0.0/24
2    ACCEPT     udp  --  anywhere             anywhere            udp dpt:domain
3    ACCEPT     tcp  --  anywhere             anywhere            tcp spt:ssh
4    ACCEPT     tcp  --  anywhere             anywhere            tcp spt:http
5    ACCEPT     tcp  --  anywhere             anywhere            tcp spt:ftp
```

图 14-4　出入规则之后

(9) -C 或--check：检查给定的包是否与指定链中的规则相匹配。

(10) -Z 或--zero：将指定链中所有规则的包字节计数器清零。封包计数器用来计算封包出现次数，是过滤阻断式攻击不可或缺的工具，如图 14-5 所示。

```
[root@localhost ~]# iptables -L -v
Chain INPUT (policy DROP 181 packets, 27628 bytes)
 pkts bytes target     prot opt in     out     source               destination

Chain FORWARD (policy ACCEPT 0 packets, 0 bytes)
 pkts bytes target     prot opt in     out     source               destination

Chain OUTPUT (policy ACCEPT 19 packets, 1717 bytes)
 pkts bytes target     prot opt in     out     source               destination
   14  1037 ACCEPT     all  --  any    any     anywhere             192.168.0.0/24
   11   785 ACCEPT     udp  --  any    any     anywhere             anywhere            udp dpt:domai

    0     0 ACCEPT     tcp  --  any    any     anywhere             anywhere            tcp spt:ssh
    0     0 ACCEPT     tcp  --  any    any     anywhere             anywhere            tcp spt:http
    0     0 ACCEPT     tcp  --  any    any     anywhere             anywhere            tcp spt:ftp
[root@localhost ~]# iptables -Z
[root@localhost ~]# iptables -L -v
Chain INPUT (policy DROP 0 packets, 0 bytes)
 pkts bytes target     prot opt in     out     source               destination

Chain FORWARD (policy ACCEPT 0 packets, 0 bytes)
 pkts bytes target     prot opt in     out     source               destination

Chain OUTPUT (policy ACCEPT 0 packets, 0 bytes)
 pkts bytes target     prot opt in     out     source               destination
    0     0 ACCEPT     all  --  any    any     anywhere             192.168.0.0/24
    0     0 ACCEPT     udp  --  any    any     anywhere             anywhere            udp dpt:domain
    0     0 ACCEPT     tcp  --  any    any     anywhere             anywhere            tcp spt:ssh
    0     0 ACCEPT     tcp  --  any    any     anywhere             anywhere            tcp spt:http
    0     0 ACCEPT     tcp  --  any    any     anywhere             anywhere            tcp spt:ftp
[root@localhost ~]#
```

图 14-5　出入规则之前

(11) -E：根据用户给出的名字对指定链进行重命名，这仅仅是修饰，对整个表的结构没有影响。

例如：

```
iptables -E old-chain-name new-chain-name
```

“-E 旧的链名 新的链名”指用新的链名取代旧的链名。

(12) -h help：帮助。给出当前命令语法非常简短的说明。

3. 规则匹配(match)

iptables 命令中的 match 为可选部分，即如果不加上匹配规则是对整个链，或全部 ACCEPT 或全部 DROP，如 iptables -A INPUT -j DROP。如果添加上规则匹配可以匹配协

议、源地址、目的地址、源端口号、目的端口号及网卡接口等。下面一一进行介绍。

(1) -p 或--protocol：匹配协议，可以使 udp、tcp、icmp 中的某一个，或是 all 全部协议。如协议名前面加“！”是逻辑“非”及除该协议的所有协议。

例如：

```
[root@localhost ~]# iptables -A INPUT -p tcp -j ACCEPT
[root@localhost ~]# iptables -A INPUT -p ! udp -j ACCEPT
```

第一条命令允许 tcp 协议通过 INPUT 链。

第二条命令是允许除 udp 协议的所有协议通过 INPUT 链。

(2) -s 或--source：用于匹配源地址(可以是一个 IP 地址，也可以是一个网段)的数据包是否通过或丢弃，也可以使用“！”。

例如：

```
[root@localhost ~]# iptables -A INPUT -s 192.168.0.0/24 -j DROP
[root@localhost ~]# iptables -A INPUT -s ! 192.168.0.0/24 -j ACCEPT
```

以上两个命令基本相同，第一条拒绝来自网络 192.168.0.0/24 网络的数据包通过 INPUT 链，第二条除 192.168.0.0/24 网络的数据包以外的数据包可以同过 INPUT 链。

(3) --sport：匹配源端口号或端口范围。匹配端口时一定要加上协议，也可以使用“！”。

例如：

```
[root@localhost ~]# iptables -A INPUT -p tcp --sport 80  -j ACCEPT
[root@localhost ~]# iptables -A INPUT -p udp --sport ! 137  -j ACCEPT
```

第一条命令允许走 80 端口的数据包通过 INPUT 链，第二条命令除走 137 端口的数据包以外的数据包的可以通过。

(4) -d 或--destination：根据信息包 IP 的目的地址允许或拒绝数据包。可以是一个 IP 地址或一个网络地址，也可以使用“！”匹配。

例如：

```
[root@localhost ~]# iptables -A OUTPUT -d  192.168.0.11 -j DROP
[root@localhost ~]# iptables -A OUTPUT -d ! 192.168.0.11 -j DROP
```

第一条命令禁止目的地址是 192.168.0.11 的数据包通过 OUTPUT 链，第二条命令除 192.168.0.11 的数据包以外的所有数据包可以通过 OUTPUT 链。

(5) --dport：匹配目的端口号或端口范围。

例如：

```
[root@localhost ~]# iptables -A INPUT -p tcp --dport 80 -j DROP
[root@localhost ~]# iptables -A INPUT -p tcp --dport ! 80 -j DROP
```

第一条命令在 INPUT 链上所有目的端口号 80 的数据包全部丢弃，第二条命令在

INPUT 链上除目的端口号是 80 的所有数据包全部丢弃。

(6) -i [!] interface name [+]：匹配单独的接口或某种类型的接口设置过滤规则。此参数忽略时，默认所有接口可以使“!”来匹配。参数 interface name 是接口名，如 etho、eth1 ppp0 等。“+”表示匹配所有此类型接口。该选项只对于 INPUT、FORWARD、PREROUTING 链是合法的。

(7) -o [!] interface name [+]：指定匹配规则的对外网络接口，该选项只有对 OUTPUT、FORWARD、POSTROUTING 链是合法的。

(8) -f, --fragment。此规则指定 fragmented packets 的第二个和以后的分块。因为这样的分块没有源和目标端口信息(或 ICMP 类型)，所以它不匹配一些指定它的规则。

可以在它前面使用“!”，来指定一个不适用于第二个及其后续的片段包的规则。

可以这样理解，在 TCP/IP 通信中每一个网络接口都有一个最大传输单元(MTU)，这个参数的作用是指定通过网络接口数据包的尺寸，如果通过的数据包尺寸大于 MTU，那么系统会将数据包划分若干个小的数据块，待传输完毕后再将这些小的数据块重组。这些小的数据块称为 IP 碎片。

在包过滤的时候会出现这样一个问题，在 IP 碎片通过的时候只有头一个碎片含有完整的包头信息，后续的碎片只有部分包头信息。

例如：

```
[root@localhost conf]# iptables -A FORWARD -p tcp -s 192.168.1.0/24 -d
192.168.2.1 --dport 80 -j ACCEPT
```

这时的 FORWARD 的默认策略为 DROP 时，系统会让第一个 IP 碎片通过，而丢掉其余的碎片，因为第一个含有完整的包头信息，可以满足规则条件，其余的碎片不满者规则条件被丢弃，因而无法通过。可以使用-f 选项来指定其余的碎片。上面的例子可以改成如下命令。

```
[root@localhost conf]# iptables -A FORWARD -p tcp -f -s 192.168.1.0/24 -
d 192.168.2.1 --dport 80 -j ACCEPT
```

现在出现很多对 IP 碎片的攻击，因此允许 IP 碎片通过是有安全隐患的，对于这一点可采用 iptables 的匹配扩展来进行限制。

(9) -m multiport --source-port：说明用来比对不连续的多个源端口号，一次最多可以比对 15 个，可以使用“!”运算子进行反向比对。

例如：

```
iptables -A INPUT -p tcp -m multiport --source-port 22,53,80,110
```

(10) -m multiport --destination-port：用来比对不连续的多个目的端口，一次最多可以比对 15 个，可以使用“!”运算子进行反向比对。

例如：

```
iptables -A INPUT -p tcp -m multiport --destination-port 22,53,80,110
```

(11) --tcp-flags：根据 TCP 包的标志位进行过滤，该选项后接两个参数。第一个参数为要检查的标记位，可以是 SYN(同步)、ACK(应答)、FIN(结束)、RST(重设)、URG(紧急)和 PSH(强迫推送)的组合，可以用 ALL 指定所有标记位；第二个参数是标记位的值为 1 的标志。

例如：

```
[root@localhost conf]# iptables -A FORWARD -p tcp --tcp-flags
SYN,FIN,ACK SYN
```

说明：SYN,FIN,ACK 的标志都要检查，但是只有设置了 SYN 的才能匹配。

例如：

```
[root@localhost conf]# iptables -A FORWARD -p tcp -tcp-flags ALL SYN，ACK
```

说明：ALL(SYN，ACK，FIN，RST，URG，PSH)的标记都要检查，但是只有设置 AYN 和 ACK 才能匹配。

(12) -y -syn：仅仅匹配设置了 SYN 位，清除了 ACK、FIN 位的 TCP 包。这些包被用来请求初始化的 TCP 连接，阻止从接口来的这样的包将会阻止外来的 TCP 连接请求。但输出的 TCP 连接请求将不受影响。这个参数仅仅当协议类型设置为 TCP 时才能使用。此参数前可以使用“!”标志匹配所有的非请求连接的包。

例如：

```
iptables -p tcp -syn
```

说明：用来比对是否为要求联机的 TCP 封包，与 iptables -p tcp --tcp-flags SYN, FIN, ACK SYN 的作用完全相同。

(13) -m limit -limit：指定单位时间内允许通过的数据包数。单位时间可以是/second、/minute、/hour、/day 或使用第一个字母。

例如：

```
[root@localhost conf]#iptables -A INPUT -m limit -limit 300/minute
```

说明：现在每分钟允许通过 300 个数据包。

(14) --limit-burst：指定触发事件的阈值默认值是 5，用来比对瞬间大量数据包的数量。

例如：

```
[root@localhost conf]#i iptables -A INPUT -m limit --limit-burst 15
```

说明：上面的例子用来比对一次同时涌入的封装包是否超过 15 个，超过的直接丢弃。

(15) -m state --state：基于状态匹配的扩展(连接跟踪)。

例如：

```
iptables -A INPUT -m state --state RELATED,ESTABLISHED
```

说明：在 INPUT 链上添加一条规则匹配已经建立的连接或由已建立的连接所建立的新的连接，匹配所有的 TCP 回应包。

-state 用来指定联机状态。联机状态共有 4 种：INVALID、ESTABLISHED、NEW 和 RELATED。

- INVALID：该包不匹配任何连接，通常这些包会被 DROP。
- ESTABLISHED：表示该封装包属于某个已经建立的联机。
- NEW：表示该封装将包想要起始一个联机(重设联机或将联机重导向)。
- RELATED：表示该封装包属于某个已经建立的联机所建立的新联机。例如，FTP-DATA 联机必定是源自某个 FTP 联机。

4. 目标(target)

防火墙的规则指定所检查包的特征和目标。如果包不匹配，将送往该链中下一条规则检查；如果匹配，那么下一条规则由目标值确定。该目标值可以是用户定义的链名或某个专用值，如 ACCEPT[通过]、DROP[删除]、QUEUE[排队]、RETURN[返回]或 REJECT[拒绝]。

(1) ACCEPT：当数据包与有 ACCEPT 的规则完全匹配的时候，它将会被接收允许通过，并停止匹配，哪怕在别的链中有可能被丢弃。该数据包被指定为-j ACCEPT。

(2) DROP：当数据包与有 DROP 的规则完全匹配的时候，会堵塞该信息直接被丢弃掉。

(3) REJECT：与 DROP 相同，但是不同于 DROP 的是会在客户机和服务器上留下套接字，另外会将错误的消息发送回数据包的发送方。

(4) RETURN：在规则中设置的 RETURN 目标使与该规则匹配的信息停止遍历(所谓遍历是指沿着某条搜索路线，依次对树中每个节点均做一次且仅做一次访问)包含该规则的链。如果是如 INPUT 之类的主链，则使用该链的默认策略处理信息包，它被指定为-jump ERTURN。

例如：

```
iptables -A OUTPUT -d 192.168.0.11 -jump ERTURN
```

还有许多用于建立高级规则的其他目标，如 LOG、REDIRECT、MARK、MIRROR、MASQUERADE。

(5) REDIRECT：跳转，将一个目标地址或目标端口跳转到另一个地址或端口号，只用于 nat 表中的 PREROUTING 和 OUTPUT 链上。

(6) LOG：写入日志。

5. 保存规则

我们已经学习了向链中添加或删除规则，但是要记住，配置完 iptables 后必须保存，否则重新启动计算机后规则会丢失。

(1) 使用 iptables-save 命令来保存。

例如：

```
sbin/iptables-save > /etc/sysconfig/iptables
```

其中，/etc/sysconfig/iptables/iptables 是 iptables 守护进程调用的默认规则集文件。

现在信息包过滤表中的所有规则都被保存在文件 iptables 中，重启系统后使用命令 iptables-restore 将规则集从该脚本文件恢复到信息包过滤表中。

例如：

```
/bin/iptables-restore < /etc/sysconfig/iptables
```

(2) 使用 service iptables save 命令来保存。如果希望每次系统重新启动自动恢复该规则集，使用 save 保存。

14.2.2　iptables 使用举例

(1) 通常每次配置 iptables 之前都要清除以前的规则，重新开始配置，以免原有的规则和新建立的规则冲突，使用如下命令。

[root@localhost conf]# iptables –F　　　　//清除 ilter 表中所有链的所有规则。
[root@localhost conf]# iptables –X　　　　//清除 ilter 表中用户自定义的链。
[root@localhost conf]# iptables –Z　　　　//把所有链中的规则计数器清零。

(2) 设置链的默认策略，一般配置链的默认策略有两种。

① 首先禁止所有包，然后再根据具体要求允许特定的包通过，即“没有明确的所有包全部禁止通过”。这种方法最安全，现在大部分 Linux 管理员都用这种方式。

```
[root@localhost conf]# iptables -P INPUT DROP
[root@localhost conf]# iptables -P OUTPUT DROP
[root@localhost conf]# iptables -P FORWARD DROP
```

② 首先允许所有包通过，然后禁用有危险的包及“没有明确禁止的全部允许”，这种方法对用户比较方便、灵活，但是不安全，建议不要使用这种方式配置防火墙。

```
[root@localhost conf]# iptables -P FORWARD ACCEPT
[root@localhost conf]# iptables -P INPUT   ACCEPT
[root@localhost conf]# iptables -P OUTPUT  ACCEPT
```

(3) 列出表中所有的规则，默认是 filter 表，如果查看其他表，加一个-t 参数。

例如：

[root@localhost conf]# iptables –L　　　　　　　　//查看 filter 表中所有链的规则

[root@localhost conf]# iptables -t nat –L　　　　　//查看 nat 表中所有链的规则

[root@localhost conf]# iptables -L --line-number //查看 filter 表中所有链的规则并添加序号，如图 14-6 所示。

```
[root@localhost conf]# iptables -L --line-number
Chain INPUT (policy ACCEPT)
num  target     prot opt source               destination
1    ACCEPT     all  --  anywhere             0.0.0.80
2    ACCEPT     all  --  anywhere             0.0.0.25
3    ACCEPT     all  --  anywhere             0.0.0.110
4    ACCEPT     all  --  anywhere             0.0.0.22
5    ACCEPT     all  --  anywhere             0.0.0.21

Chain FORWARD (policy ACCEPT)
num  target     prot opt source               destination

Chain OUTPUT (policy ACCEPT)
num  target     prot opt source               destination
[root@localhost conf]#
```

图 14-6　查看允许链

(4) 向链中添加规则，打开网络接口，代码如下。

```
[root@localhost conf]# iptables -A INPUT -i lo -j ACCEPT
[root@localhost conf]# iptables -A OUTPUT -o lo -j ACCEPT
[root@localhost conf]# iptables -A INPUT -i eth1 -j ACCEPT
[root@localhost conf]# iptables -A OUTPUT -o eth1 -j ACCEPT
[root@localhost conf]# iptables -A FORWARD -o eth1 -j ACCEPT
[root@localhost conf]# iptables -A FORWARD -i eth1 -j ACCEPT
```

lo 是回环接口，一般打开回环接口不会对网络产生安全影响，不打开可能会影响本机速度一般建议打开。

(5) 用户自定义链。下面是一个用户自定义链的举例。

```
[root@localhost conf]# iptables -N drop-ping //建立一个用户自定义链 drop-ping
[root@localhost conf]# iptables -A drop-ping  -p icmp -j DROP
                                        //添加一条堵塞 icmp 包的规则
[root@localhost conf]# iptables -A INPUT -s 0/0 -d 0/0 -j drop-ping
                            //经过 INPUT 链的数据包由用户自定义链 drop-ping 处理
```

14.3　iptables 防火墙举例

如图 14-7 所示，建立一个包过滤防火墙。在内网和外网之间设置了一个防火墙。防火墙的 eth1 地址(接内网)是 192.168.100.2，eth0 地址(接外网)是 192.168.0.13，内网有一台服务器，IP 地址是 192.168.100.1，对外提供服务，分别为 Web 服务、FTP 服务、邮件服务。

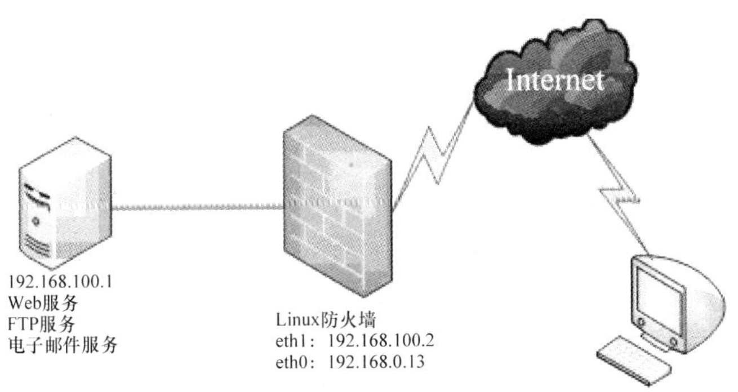

图 14-7　防火墙

(1) 打开内核转发功能，命令如下。

```
[root@localhost ~]# echo 1 > /proc/sys/net/ipv4/ip_forward
```

(2) 首先刷新规则禁止转发所有数据包，然后再一步步设置允许的数据包通过。用户的服务器在远程一般管理使用 ssh，因此在禁止之前先允许 ssh 服务，否则远程会连接不上，配置如下。

```
[root@localhost ~]# iptables -F
[root@localhost ~]# iptables -A INPUT -p tcp -d 192.168.0.13 --dport 22
-j ACCEPT
[root@localhost ~]# iptables -A OUTPUT -p tcp -s 192.168.0.13 --sport 22
-j ACCEPT
[root@localhost ~]# iptables -P INPUT DROP
[root@localhost ~]# iptables -P OUTPUT DROP
[root@localhost ~]# iptables -P FORWARD DROP
```

在实际的配置过程中，上面的配置应该加匹配检查，防止没有请求的数据包自动发送出去，修改 OUTPUT 和 INPUT 链上的规则，如图 14-8 所示。

```
[root@localhost ~]# iptables -A OUTPUT -p tcp -s 192.168.0.13 --sport 22
-m state --state ESTABLISHED -j ACCEPT
[root@localhost ~]# iptables -A INPUT -p tcp -d 192.168.0.13 --dport 22
-j ACCEPT
```

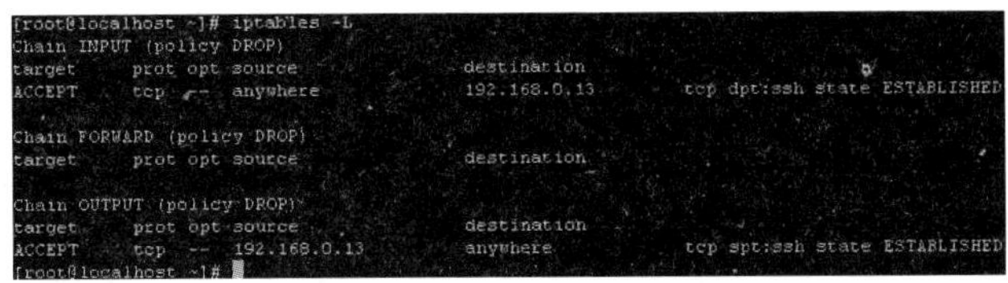

```
[root@localhost ~]# iptables -L
Chain INPUT (policy DROP)
target     prot opt source               destination
ACCEPT     tcp  --  anywhere             192.168.0.13        tcp dpt:ssh state ESTABLISHED

Chain FORWARD (policy DROP)
target     prot opt source               destination

Chain OUTPUT (policy DROP)
target     prot opt source               destination
ACCEPT     tcp  --  192.168.0.13         anywhere            tcp spt:ssh state ESTABLISHED
[root@localhost ~]#
```

图 14-8　允许 22 端口接入

(3) 允许访问内网的 web 服务器。

① 添加 NAT，代码如下。

```
[root@localhost ~]# iptables -t nat -A POSTROUTING -s 192.168.0.0/24 -j
```

```
SNAT --to-source 192.168.100.2
```

将来自 192.168.0.0/24 网段的信息使用 192.168.100.2 转发及改变数据包的源地址，此处只做介绍，第 15 章将进行详细讲解。

② filter 表上做数据包过滤同样使用状态匹配以匹配源地址(代码如下)，防止用户请求自动发送数据包，如图 14-9 和图 14-10 所示。

```
[root@localhost ~]# iptables  -A FORWARD -p tcp -d 192.168.100.1 --dport
80 -j ACCEPT
[root@localhost ~]# iptables -A FORWARD -p tcp -s 192.168.100.1 --sport
80 -m state --state ESTABLISHED -j ACCEPT
```

```
[root@localhost ~]# iptables -L
Chain INPUT (policy DROP)
target     prot opt source               destination
ACCEPT     tcp  --  anywhere             192.168.0.13        tcp dpt:ssh state ESTABLISHED

Chain FORWARD (policy DROP)
target     prot opt source               destination
ACCEPT     tcp  --  192.168.100.1        anywhere            tcp spt:http state ESTABLISHED
ACCEPT     tcp  --  anywhere             192.168.100.1       tcp dpt:http

Chain OUTPUT (policy DROP)
target     prot opt source               destination
ACCEPT     tcp  --  192.168.0.13         anywhere            tcp spt:ssh state ESTABLISHED
[root@localhost ~]#
```

图 14-9　允许 80 端口接入

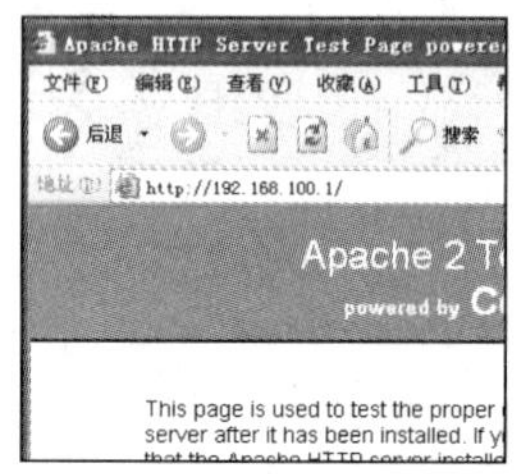

图 14-10　通过设置可以访问 Web 服务器

(4) 设置允许 DNS 服务器设置批评检查，设置如下。

```
[root@localhost ~]# iptables -A FORWARD -p udp -d 192.168.100.1 --dport
53 -j ACCEPT
[root@localhost ~]# iptables -A FORWARD -p udp -s 192.168.100.1 --sport
53 -m state --state ESTABLISHED -j ACCEPT
```

设置完成即可通过域名访问 Web 服务器，如图 14-11 所示。

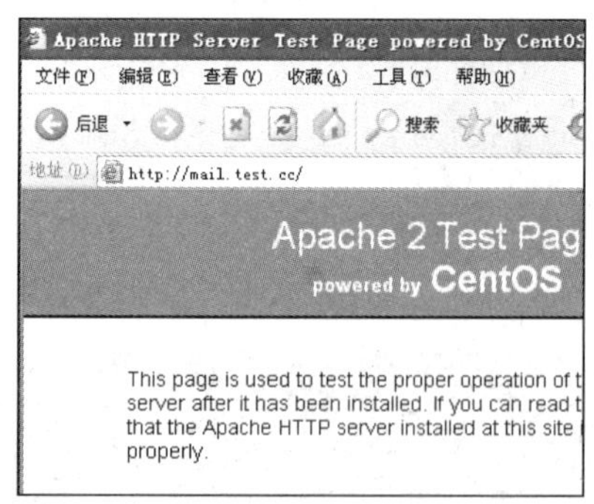

图 14-11　通过域名访问 Web 服务器

(5) 开放本地回环地址，代码如下。在本地服务器上有很多个端口都守护在 127.0.0.1 这个地址上，如果是本机访问本机的回环设备也会被拒绝，这种服务如果不打开，会影响本机的速度，打开也不会有安全上的危险，所以建议打开。

```
[root@localhost ~]# iptables -A INPUT -s 127.0.0.1 -d 127.0.0.1 -j ACCEPT
```

```
[root@localhost ~]# iptables -A OUTPUT -s 127.0.0.1 -d 127.0.0.1 -j ACCEPT
```

(6) 允许使用内部邮件服务器。允许访问内部的邮件服务器需要开两个端口 25 和 110，代码如下。

```
[root@localhost ~]# iptables -A FORWARD -p tcp -d 192.168.100.1 --dport
25 -j ACCEPT
[root@localhost ~]# iptables -A FORWARD -p tcp -d 192.168.100.1 --dport
110 -j ACCEPT
[root@localhost ~]# iptables -A FORWARD -p tcp -s 192.168.100.1 --sport
110 -j ACCEPT
[root@localhost ~]# iptables -A FORWARD -p tcp -s 192.168.100.1 --sport
25 -j ACCEPT
```

(7) icmp 包过滤。icmp 包通常用于网络测试，但是一些“黑客”利用它进行攻击，我们要允许 icmp 包通过，但是也要限制它，允许每秒通过 1 个包，该限制触发条件为 10 个包，代码如下。

```
[root@localhost ~]# iptables -A FORWARD -p icmp -m limit --limit 1/s --
limit-burst 10 -j ACCEPT
```

(8) 处理 IP 碎片，接收所有碎片，但是对单位时间可以通过的 IP 碎片数量进行限制，防止 IP 碎片攻击。每秒允许通过 100 个碎片，触发条件为 100 个碎片，代码如下。

```
[root@localhost ~]# iptables -A FORWARD  -f -m limit --limit 100/s --
limit-burst 100 -j ACCEPT
```

(9) 允许客户机访问 Samba 服务器并进行状态匹配，代码如下。

```
[root@localhost ~]# iptables -A FORWARD -p tcp -d 192.168.100.1 --dport
139 -j ACCEPT
[root@localhost ~]# iptables -A FORWARD -p tcp -s 192.168.100.1 --sport
139 -m state --state ESTABLISHED -j ACCEPT
```

通过上面的配置我们基本建立了一个完整的防火墙。该防火墙对外开放了几个有限的端口，并且对 IP 碎片攻击和 ping 攻击进行了有效的防御，如图 14-12 所示。

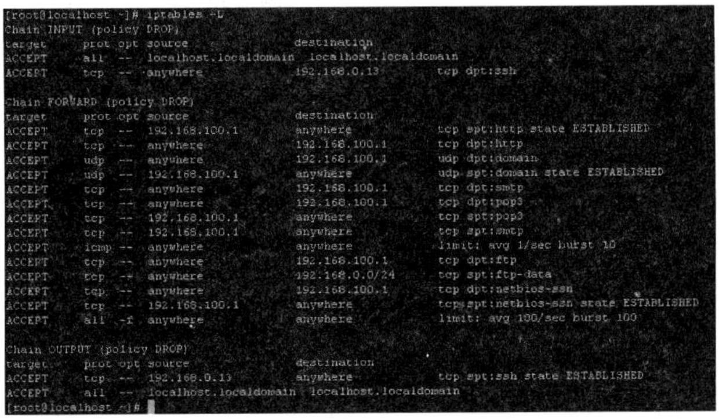

```
[root@localhost ~]# iptables -L
Chain INPUT (policy DROP)
target     prot opt source               destination
ACCEPT     all  --  localhost.localdomain  localhost.localdomain
ACCEPT     tcp  --  anywhere             192.168.0.13        tcp dpt:ssh

Chain FORWARD (policy DROP)
target     prot opt source               destination
ACCEPT     tcp  --  192.168.100.1        anywhere            tcp spt:http state ESTABLISHED
ACCEPT     tcp  --  anywhere             192.168.100.1       tcp dpt:http
ACCEPT     udp  --  anywhere             192.168.100.1       udp dpt:domain
ACCEPT     udp  --  192.168.100.1        anywhere            udp spt:domain state ESTABLISHED
ACCEPT     tcp  --  anywhere             192.168.100.1       tcp dpt:smtp
ACCEPT     tcp  --  anywhere             192.168.100.1       tcp dpt:pop3
ACCEPT     tcp  --  192.168.100.1        anywhere            tcp spt:pop3
ACCEPT     tcp  --  192.168.100.1        anywhere            tcp spt:smtp
ACCEPT     icmp --  anywhere             anywhere            limit: avg 1/sec burst 10
ACCEPT     tcp  --  anywhere             192.168.100.1       tcp dpt:ftp
ACCEPT     tcp  --  anywhere             192.168.0.0/24      tcp spt:ftp-data
ACCEPT     tcp  --  anywhere             192.168.100.1       tcp dpt:netbios-ssn
ACCEPT     tcp  --  192.168.100.1        anywhere            tcp spt:netbios-ssn state ESTABLISHED
ACCEPT     all  -f  anywhere             anywhere            limit: avg 100/sec burst 100

Chain OUTPUT (policy DROP)
target     prot opt source               destination
ACCEPT     tcp  --  192.168.0.13         anywhere            tcp spt:ssh state ESTABLISHED
ACCEPT     all  --  localhost.localdomain  localhost.localdomain
[root@localhost ~]#
```

图 14-12 防火墙配置

14.4 NAT

随着接入 Internet 的计算机数量的不断猛增，IP 地址资源也就越加显得捉襟见肘。事实上除了中国教育和科研计算机网(CERNET)外，一般用户几乎申请不到整段的 C 类 IP 地址。在其他 ISP 那里，即使是拥有几百台计算机的大型局域网用户，当他们申请 IP 地址时，所分配的也不过只有几个或十几个 IP 地址。显然这样少的 IP 地址根本无法满足网络用户的需求，于是也就产生了 NAT 技术。下面介绍 NAT。

14.4.1 NAT 简介

NAT 是通过将专用网络地址(如 Intranet)转换为公用地址(如 Internet)，从而对外隐藏了内部管理的 IP 地址。这样通过在内部使用非注册的 IP 地址，并将它们转换为一小部分外部注册的 IP 地址，从而减少了 IP 地址注册的费用，并节省了目前越来越缺乏的地址空间(即 IPv4)。同时这也隐藏了内部网络结构，从而降低了内部网络受到攻击的风险。

14.4.2 NAT 分类

NAT 可以分为两种不同的类型：源 NAT(SNAT)和目标 NAT(DNAT)。源 NAT 是指修改一个包的源地址，即改变连接的来源地址。目标 NAT 是指修改一个数据包的目的 IP 地址，即改变连接的目的地。

NAT 有 3 种，即静态转换、动态转换和端口多路复用。

(1) 静态转换：是指将内部网络的私有 IP 地址转换为公有 IP 地址，IP 地址对是一对一的，是一成不变的，某个私有 IP 地址只转换为某个公有 IP 地址，借助于静态转换可以实现外部网络对内部网络中某些特定设备(如服务器)的访问。

(2) 动态转换：是指将内部网络的私有 IP 地址转换为公用 IP 地址时，IP 地址是不确定的，是随机的，所有被授权访问上 Internet 的私有 IP 地址可随机转换为任何指定的合法 IP 地址。也就是说，只要指定哪些内部地址可以进行转换，以及用哪些合法地址作为外部地址时，就可以进行动态转换。动态转换可以使用多个合法外部地址集。当 ISP 提供的合法 IP 地址略少于网络内部的计算机数量时，可以采用动态转换的方式。

(3) 端口多路复用：是指改变外出数据包的源端口并进行端口转换，即端口地址转换(Port Address Translation，PAT)。采用端口多路复用方式，内部网络的所有主机均可共享一个合法外部 IP 地址实现对 Internet 的访问，从而可以最大限度地节约 IP 地址资源。同时，又可隐藏网络内部的所有主机，有效避免来自 Internet 的攻击。因此，目前网络中应用最多的就是端口多路复用方式。

14.4.3 NAT 语法规则

如果使用 NAT 表，要在 iptables 命令中明确指明“-t nat”，因为 iptables 命令默认的

表是 filter 表，在 NAT 操作时，操作的命令和匹配规则与前述内容一样，在此不再赘述。

1. 基本命令

如前所述，在使用 iptables 的 NAT 时，要使用“-t”来指明所使用的是 NAT 表。

例如：

-A：加入一条或多条规则到链的尾部。

-I ：在选定的链中向给定规则号的前面出入一条规则。

-D：删除一条规则。

-R：替换一条规则。

2. 指定源地址和目的地址

通过--source / --src / -s 来指定源地址。

通过--destination / --dst /d 来指定目的地址。

3. 指定 IP 地址

使用完整域名，如 www.sohu.com。

使用 IP 地址，如 192.168.0.1。

使用网络地址指定一个网络，如“192.168.0.0/255.255.255.0”或“192.168.0.0/24”。这里的“24”表明了子网掩码的有效位数，这是 Unix 或 Linux 中通常使用的表示方法。默认子网掩码数为“32”。

4. 指明网络接口

可以使用--in-interface/ -i 或--out-interface/ -o 来指定网络接口。

对于 PREROUTING 链，使用-i 指定进来的网络接口。

对于 POSTROUTING 和 OUTPUT 链，使用-o 指定出去的网络接口。

5. 指定协议及端口

可以使用--protocol/ -p 选项来指定协议，如 UDP 和 TCP 协议，还可以使用--source-port/--sport 和--destination-port/--dport 来指定目的端口。

6. 目标动作

(1) 对于 POSTROUTING 链，可以使用下面的目标动作。

-j SNAT --to-source / --to IP1 -IP2:post1-post2。--to-source 或--to 选项用于指定其中一个或一个 IP 地址范围和一个或一段可选的端口号。

其中：IP1-IP2 是一个地址范围，post1-post2 是一个端口范围，如果指定了 IP 地址范围，那么机器会选择当前使用最少的 IP 地址。这就实现了最简单的负载均衡。如果制定了端口范围，则进行端口映射。此目标动作执行完毕，将数据包直接从网络接口送出去。下面举几个 SNAT 目标的例子。

下面是在 POSTROUTING 链添加一条规则，把数据包的源地址改成 1.1.1.1。

```
[root@localhost ~]# iptables -t nat -A POSTROUTING -o eth0 -j SNAT --to
1.1.1.1
```

下面是在 POSTROUTING 链添加一条规则把数据包的源地址改成 1.1.1.1、2.2.2.2 或者 3.3.3.3。

```
[root@localhost ~]# iptables -t nat -A POSTROUTING -o eth0 -j SNAT --to
1.1.1.1-3.3.3.3
```

下面是在 POSTROUTING 链添加一条规则把数据包的源地址改成 1.1.1.1，远端口号改成 1～100 中一个没有使用的端口号。

```
[root@localhost ~]# iptables -t nat -A POSTROUTING -o eth0 -j SNAT --to
1.1.1.1: 1-100
```

(2) -j MASQUERADE：MASQUERADE 目标用于实现 Linux 世界非常出名的 IP 伪装，该目标实际是 SNAT 的特殊应用。

MASQUERADE 只能被用于动态分配 IP 地址的情况。例如，ADSL 拨号上网，其无须为 IP 伪装明确指定源地址，因为它会使用包送出的那个接口地址作为源地址。

如果动态分配 IP 地址的线路被关闭，那么服务器在响应掉线前发送的数据包就会发生问题。而对于使用 SNAT 的具有静态 IP 的情况就不会出现这种问题。

下面是一个使用 MASQUERADE 目标实现 IP 伪装的例子，此例伪装所有由 ppp0 发送出去的数据包。

```
[root@localhost ~]# iptables -t nat -A POSTROUTING -o ppp0 -j SNAT
MASQUERADE
```

上面只是提及 IP 伪装会使用包送出去的那个接口地址作为源地址，并未提及端口问题，而且 MASQUERADE 目标也没有指定端口的参数。下面我们进一步研究。

网络连接是有一对套接字(IP 地址和端口号)唯一确定的。考虑这样的情况，如果内网中有两个主机使用了相同的端口号访问外网的同一个 Web 服务器，在不使用 IP 伪装时，这两个访问连接可以区分，但是使用 IP 伪装后，内网的两个主机地址会改写成 ppp0 的 IP 地址。对于如何区分两个连接这个问题，netfilter/iptables 系统会自动进行端口号映射，会使用两个不同的连接端口号，从而可以唯一确定两个连接。当内部源地址和端口号映射发生时，端口号分为 3 个级别：512 以下的端口、512～1023 之间的端口、1024 以上的端口。内部端口映射绝不会被映射到(除此之外的)其他类型。

(3) 对于 PREROUTING 链，可以使用下面的目标动作。

```
-j DNAT -to-destination/ --to IP1-IP2:post1-post2
```

其中各个参数的用法与 SNAT 一样。需要说明的是，尽管可以从语法上指定端口或端口范围，但是在 DNAT 目标中并不常用，尤其是端口范围。

下面是一个使用 DNAT 的例子。

```
# iptables -t nat -A PREROUTING -p tcp -d 10.2.0.10 -dport 80 -j DNAT -
to-destination 192.168.0.1
```

上面的命令用于 NAT 表的 PREROUTINT 链，在改链上添加一条规则将数据包的目的地址改为 192.168.0.1，使用上面的命令可以使外部网络用户访问隐藏在内部网络中的服务器。

(4) -j REDIRECT -to-port port-number。REDIRECT 目标相当于对进入接口进行 DNAT 的一种简单方便的形式。该目标将数据包重定向到 IP 地址，为进入系统时的网络接口 IP 地址，目地端口改写为指定的目地端口(port-number)。进行完目标动作后，将不再比对其他规则，直接跳到 POSTROUTING 链。这一功能用于透明代理。下面是使用 REDIRECT 目标的一个例子。

```
#iptables -t nat -A PREROUTING -i eth1 -p tcp  -s 192.168.0.0/24 -dport
80 -j REDIRECT -to-port 3128
```

上面的命令将发送到进入 80 端口的 Web 请求重定向到 squid 代理。当然还要 squid 配置为透明代理。有关 squid 的配置将在 14.5 节进行介绍。

14.4.4 NAT 应用举例

本例将实现 192.168.0.223 对 192.168.0.13 的访问，并实现访问 192.168.100 网段的 NAT 配置，如图 14-13 所示。

首先把 NAT 表所有链设置为 DROP，代码如下。

```
[root@localhost ~]# iptables -t nat -P POSTROUTING DROP
[root@localhost ~]# iptables -t nat -P PREROUTING DROP
[root@localhost ~]# iptables -t nat -P OUTPUT DROP
```

在 POSTOUTING 链上添加一条规则，凡是源地址是 192.168.0.0/24 的数据包做源地址转换，转换成 192.168.100.2。转换完成后，如图 14-14 所示。

```
[root@localhost ~]# iptables -t nat -A POSTROUTING -s 192.168.0.0/24 -j
SNAT --to-source 192.168.100.2
```

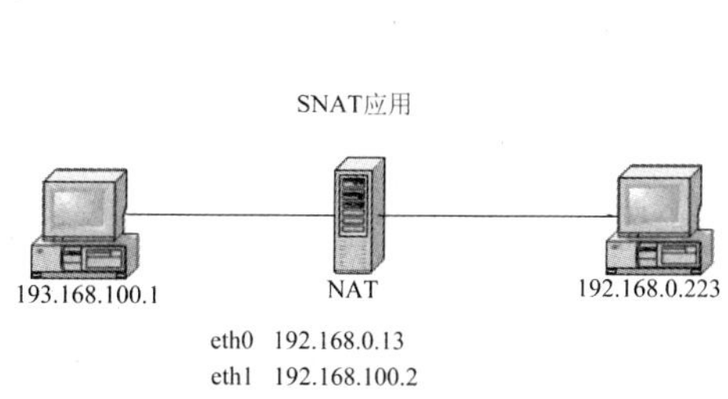

图 14-13 拒绝 NAT 表的输出

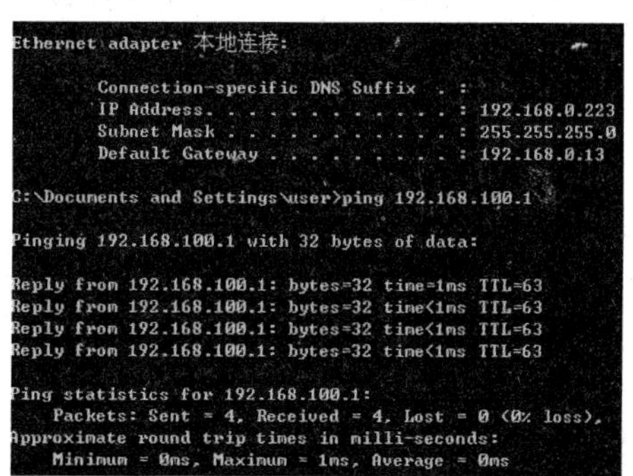

图 14-14 添加规则后的 ping 命令结果

192.168.100.1 是一台 Web 服务器，iptables 做 DNAT 访问，192.168.0.13 的 HTTP 数据包转发到 192.168.100.1 服务器上，有效地隐藏了内部服务器，如图 14-15 所示。

```
[root@localhost ~]# iptables -t nat -A PREROUTING -d 192.168.0.13 -p tcp
-dport 80 -j DNAT --to-destination 192.168.100.1进行转换
```

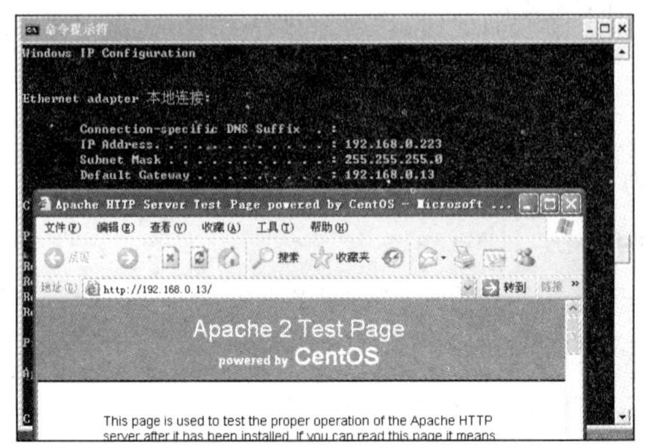

图 14-15　允许 192.168.0.13 访问

14.5　Squid

一般来说，代理服务器可以通过缓存来增加访问速度，提供 Intranet 访问 Internet 的方法和手段。Squid 是一种在 Linux 系统下使用的优秀的代理服务器软件，具有设置简单、权限管理灵活、性能和效率较高的特点，应用较为广泛。

14.5.1　Squid 简介

Squid 不仅可用在 Linux 系统上，还可以用在 AIX、Digital Unix、FreeBSD、HP-UX、IRIX、NetBSD、NEXTSTEP、SCO 和 Solaris 等系统上。Squid 与 Linux 下其他代理软件(如 Apache、Socks、TIS FWTK 和 delegate)相比，下载、安装简单，配置简单、灵活，支持缓存和多种协议，用 ipchains+Squid 的解决方案，就可以获得通过缓存高性能的同时无缝地访问 Internet。Squid 是一种缓存 Internet 数据的软件，它接收用户的下载申请，并自动处理所下载的数据。也就是说，当一个用户下载一个主页时，它向 Squid 发出一个申请，让 Squid 替它下载，然后 Squid 连接所申请网站并请求该主页，接着把该主页传给用户的同时保留一个备份，当别的用户申请同样的页面时，Squid 把保存的备份立即传给用户，使用户觉得速度相当快。

对于 Web 用户来说，Squid 是一个高性能的代理缓存服务器，可以加快内部网浏览 Internet 的速度，提高客户机的访问命中率。Squid 不仅支持 HTTP 协议，还支持 FTP、Gopher、SSL 和 WAIS 等协议。和一般的代理缓存软件不同，Squid 用一个单独的、非模块化的、I/O 驱动的进程来处理所有的客户端请求。

Squid 将数据元缓存在内存中，同时也缓存 DNS 查寻的结果，除此之外它还支持非模块化的 DNS 查询，对失败的请求进行消极缓存。Squid 支持 SSL，支持访问控制。由于使用了 ICP，Squid 能够实现重叠的代理阵列，从而最大限度地节约了带宽。

Squid 由一个主要的服务程序 Squid、一个 DNS 查询程序 dnsserver、几个重写请求、执行认证的程序及几个管理工具组成。当 Squid 启动以后，它可以派生出指定数目的 dnsserver 进程，而每一个 dnsserver 进程都可以执行单独的 DNS 查询，这样就大大减少了服务器等待 DNS 查询的时间。

Squid 的另一个优越性在于它使用访问控制清单(ACL)和访问权限清单(ARL)。访问控制清单和访问权限清单通过阻止特定的网络连接来减少潜在的 Internet 非法连接，可以使用这些清单来确保内部网的主机无法访问有威胁的或不适宜的站点。

14.5.2 Squid 的配置文件

1. Squid 中各个文件的作用及说明

表 14-2 列出了 Squid 包中的重要文件及其说明。

表 14-2 Squid 包中的文件及其说明

类 别	文 件	说 明
配置相关文件	/etc/squid/squid.conf	Squid 的主配置文件
	/etc/squid/errors	报告错误使用的语言
	/etc/squid/mib.txt	这是 Squid 的 SNMP 管理信息基础(MIB)文件。Squid 自身不使用该文件，然而，SNMP 客户端软件，如 snmpget 和多路由走向图(MRTG)需要该文件，用以理解来自 Squid 的 SNMP 对象可用
	/etc/squid/mime.conf	告诉 Squid 对从 FTP 和 Gopher 服务器获取的数据使用何种 MIME 类型。该文件是一个关联文件名扩展到 MIME 类型的表。正常情况下，用户不必编辑该文件。然而，用户可能需要增加特殊文件类型的接口，它们在用户的组织内使用
	/etc/squid/msntauth.conf	MSNT 认证配置文件(验证器)
应用程序和库	/usr/sbin/squid	Squid 主程序
	/usr/sbin/squidclient	统计显示摘要表的客户程序
	/usr/lib/squid/cachemgr.cgi	查看 Squid 实时运行情况的 CGI 脚本
	/usr/lib/squid/*_auth	Squid 的各种认证库文件
文档	/usr/share/doc/squid-2.5.STABLE6	Squid 的文档根目录
错误提示	/usr/shar/squid/errors	报告错误的各种语言文件的根目录

续表

类　别	文　件	说　明
缓存目录	/var/spool/squid	缓存目录的根
日志相关	/etc/logrotate.d/squid	Squid 的日志滚动配置文件
	/var/log/squid/access.log	Squid 的访问日志文件
	/var/log/squid/store.log	Squid 缓存对象状态的日志文件
	/var/log/squid/cache.log	Squid 缓存状态的日志文件

其中，Squid 的主配置文件 squid.conf 包含了大量的配置说明，有 3000 多行。下面介绍 squid.conf 文件的结构，见表 14-3。

表 14-3　Squid 配置文件说明

各个配置段落	说　明
NETWORK OPTIONS	有关网络的选项
OPTIONS WHICH AFFECT THE NEIGHBOR SELECTION ALGORITHM	作用于邻居选择算法
OPTIONS WHICH AFFECT THE CACHE SIZE	定义 cache 大小的选项
LOGFILE PATHNAMES AND CACHE DIRECTORIES	定义日志文件的路径及 cache 的目录
OPTIONS FOR EXTERNAL SUPPORT PROGRAMS	外部支持程序选项
OPTIONS FOR TUNING THE CACHE	调整 cache 选项
TIMEOUTS	定义超时选项
ACCESS CONTROLS	访问控制选项
ADMINISTRATIVE PARAMETERS	管理参数
OPTIONS FOR THE CACHE REGISTRATION SERVICE	cache 注册服务选项
HTTPD-ACCELERATOR OPTIONS	httpd 加速选项
MISCELLANEOUS	杂项
DELAY POOL PARAMETERS	延时池选项

2. squid.conf 配置文件介绍

squid.conf 文件对 squid 服务器有特别重要的作用，它对需要配置的各个项都做了非常详细的讲解，可以说是一个用户手册，配置中遇到的各个问题都可以参照该文件解决。

squid.conf 配置文件每一项前面的“#”表示注释，由于该文件太大，约有 80 页，所以这里对一些重要的选项进行介绍，如下所示。

```
NETWORK OPTIONS
…
# Squid normally listens to port 3128
http_port 3128                    //客户端浏览器连接到代理服务器的端口号，默认是
```

```
3128，可以自定义，如 8080，或可以把 IP 地址和端口号一起写，如 192.168.0.1: 3128

…
#Default:
# cache_mem 8 MB //要额外提供多少内存给 Squid 使用，这里的额外是指 Squid 会将最常用
//的一些缓存放到这块内存中

#  TAG: cache_swap_low  (percent, 0-100)
#  TAG: cache_swap_high (percent, 0-100)
//说明：Squid 使用大量的交换空间来存储对象。过了一定的时间以后，该交换空间就会用完，
//所以还必须定期按照某种指标来降低。Squid 使用所谓的“最近最少使用算法”(LRU)来做这一
//工作。当已使用的交换空间达到 cache_swap_high 时，Squid 就根据 LRU 所计算得到的结果
//清除。这种清除工作一直进行，直到已用空间达到 cache_swap_low。这两个值用百分比表
//示，如果所使用的交换空间很大的话，建议减少这两个值的差距，因为这时一个百分点就可能是
//几百兆字节的空间，这势必影响 Squid 的性能
# cache_swap_low 90 //最低缓存百分比
# cache_swap_high 95  //最高缓存百分比，就是这个 cache_mem 8 MB 使用的百分比
#说明：大于该值的对象将不被存储。如果想要提高访问速度，就请降低该值；如果想最大限度地节
约带宽，降低成本，请增加该值。单位为 KB，默认值为 4096KB
#Default:
# maximum_object_size 4096 KB
#Default:
# minimum_object_size 0 KB //小于此尺寸的对象将不缓存
#Default:
# maximum_object_size_in_memory 8 KB //在内存中单个文件最大缓存大小，超过这个大小，
                                     //将不缓存到内存中
#Default:
# ipcache_size 1024 //IP 地址高速缓存的大小
# ipcache_low 90     //最小允许 ipcache 使用 swap 90%
# ipcache_high 95    //最大允许 ipcache 使用 swap 95%
#Default:
# fqdncache_size 1024 —FQDN 高速缓存的大小
#Default:
# cache_replacement_policy lru  //此标记用于当缓存新对象时，使用缓存策略来清除缓
//存中的特定对象。这里使用 lru 表示，它只替换长时间没有被访问过的对象。其他策略请参看配
//置文档中的介绍
#Default:
# memory_replacement_policy lru  //此用法同上，区别在于替换内存对象
#Default:
# cache_dir ufs /var/spool/squid 100 16 256  //设定缓存的位置、大小，第一个数
//字 100 是指目录的总大小为 100MB，第二个数字 16 是指第一级目录为 16 个，第三个数字 256
//是指第二级目录为 256 个。如果网站访问量大，并且内容很多的话，可以考虑将默认的 100MB
//增大，否则会报错
access_log /var/log/squid/access.log squid  //指定客户请求记录日志的完整路径
#Default:
```

```
# cache_log /var/log/squid/cache.log    //指定 squid 一般信息日志的完整路径(包括
                                        //文件的名称及所在的目录)
#Default:
# cache_store_log /var/log/squid/store.log  //指定对象存储记录日志的完整路径
//(包括文件的名称及所在的目录)。该记录表明哪些对象被写到交换空间，哪些对象被从交换空间清除

#  TAG: cache_swap_log
//该选项指明每个交换空间的“swap.log”日志的完整路径(包括文件的名称及所在的目录)。
//该日志文件包含了存储在交换空间里的对象的元数据(metadata)。通常，系统将该文件自动保
//存在第一个“cache_dir”说定义的顶级目录里，也可以指定其他的路径。如果定义了多个
“cache_dir”，则相应的日志文件可能如下所示
#       cache_swap_log.00
#       cache_swap_log.01
#       cache_swap_log.02
//后面的数字扩展名与指定的多个“cache_dir”一一对应。
//需要注意的是，最好不要删除这类日志文件，否则 squid 将不能正常工作。
#Default:
# emulate_httpd_log off  //使 squid 仿照 Web 服务器的格式创建访问记录。如果希望
                         //Web 访问记录分析程序，就需要设置这个参数
#Default:
# log_ip_on_direct on  //记录客户端主机的 IP 地址
#Default:
# mime_table /etc/squid/mime.conf   //squid 所用 mime 的文件路径，mime 的中文名
称为“多用途互联网邮件扩展”。它是当前广泛应用的一种电子邮件技术规范
#Default:
# pid_filename /var/run/squid.pid   //squid 进程 ID 的文件
#Default:
# log_fqdn off       //记录全 DNS 域名解析
  说明：控制在 access.log 中对用户地址的记录方式。打开该选项时，squid 记录客户的完整
域名，取消该选项时，squid 记录客户的 IP 地址。注意，如果打开该选项会增加系统的负担，因
为 squid 还要进行客户 IP 的 DNS 查询
#Default:
# client_netmask 255.255.255.255 //客户端的子网掩码
#Default:
# ftp_user Squid@  //这里可以使用匿名登录 FTP 服务器
#Default:
# ftp_list_width 32  //FTP 文件列表长度，超过长度则截断文件名
#Default:
# ftp_passive on  //允许主动连接 FTP 服务器
#Default:
# ftp_sanitycheck on  //最新补丁使 squid 只接收外出/进入来自同一 IP 地址的 FTP 数据
//和控制通道。这个功能可以通过设置 ftp_sanitycheck 选项关闭，不过强烈建议管理员保留
//这个默认设置为"on"
#Default:
# ftp_telnet_protocol on  //允许 telnet 到 ftp 服务器
```

```
#Default:
# cache_dns_program /usr/lib/squid/dnsserver  //指定 DNS 查询程序的完整路径
                                              //(包括文件的名称及所在的目录)
#Default:
# dns_children 5—
说明：设置 DNS 查询程序的进程数。对于大型的登录服务器系统，建议该值至少为 10。最大值可
以是 32，默认设置为 5 个。注意，如果任意降低该值，可能会使系统性能急剧降低，因为 squid 主
进程要等待域名查询的结果。没有必要减少该值，因为 DNS 查询进程并不会消耗太多的系统资源。

#Default:
# dns_retransmit_interval 5 seconds //DNS 查询间隔

#Default:
# dns_timeout 2 minutes //DNS 查询超时

#
#   Example: dns_nameservers 10.0.0.1 192.172.0.4
//指定一个 DNS 服务器列表，强制 squid 使用该列表中的 DNS 服务器而非使用/etc/resolv.conf
//文件中定义的 DNS 服务器。用户可以这样指定多个 DNS 服务器
#Default:
# hosts_file /etc/hosts //hosts 文件的位置

#Default:
# diskd_program /usr/lib/squid/diskd-daemon //磁盘管理程序
#Default:
# unlinkd_program /usr/lib/squid/unlinkd //指定文件删除进程的完整路径
#Default:
# pinger_program /usr/lib/squid/pinger //指定 ping 进程的完整路径。该进程被
//squid 利用来测量与其他邻居的路由距离。该选项只在启用了该功能时有用
#  TAG: auth_param //squid 的认证功能
#Default:
# authenticate_ttl 1 hour //此标记设置认证保持的时间
#Default:
# authenticate_ip_ttl 0 seconds //此标记设置认证绑定 IP 地址的时间长度
#Default:
# request_header_max_size 20 KB
# request_body_max_size 1 MB
//设置了 HTTP 请求的包头和数据大小
#Default:
# quick_abort_min 16 KB
# quick_abort_max 16 KB
# quick_abort_pct 95
//控制 squid 是否继续传输被用户中断的请求。当用户中断请求时，squid 将检测 quick_abort
//的值。如果剩余部分小于“quick_abort_min”指定的值，squid 将继续完成剩余部分的传输；
//如果剩余部分大于“quick_abort_max”指定的值，squid 将终止剩余部分的传输；如果已
```

```
//完成“quick_abort_pct”指定的百分比，squid将继续完成剩余部分的传输
#Default:
# negative_ttl 5 minutes //设置消极存储对象的生存时间。所谓的消极存储对象，就是诸
//如“连接失败”及"404 Not Found"等一类错误信息
#Default:
# positive_dns_ttl 6 hours //设置缓存成功的DNS查询结果的生存时间
#Default:
# negative_dns_ttl 1 minute //设置缓存失败的DNS查询结果的生存时间
#Default:
# range_offset_limit 0 KB //主要用在优化各种多线程下载攻击和在线流媒体播放下的squid
#Default:
# connect_timeout 1 minute //设置squid等待连接完成的超时值，默认值为2分钟
#Default:
# peer_connect_timeout 30 seconds //连接到上层代理的超时时间
#Default:
# request_timeout 5 minutes //返回超时
#Default:
# persistent_request_timeout 1 minute //持续连接时间
#Default:
# client_lifetime 1 day //设置客户在与squid建立连接后，可以将该连接保持多长时间。
#Default:
# half_closed_clients on //有时候由于用户的不正常操作，可能会使与squid的TCP连
//接处于半关闭状态， 这时候，该TCP连接的发送端已经关闭，而接收端正常工作。默认squid
//将一直保持这种处于半关闭状态的TCP连接，直到返回套接字的读写错误才将其关闭。如果将该
//值设为off，则一旦从客户端返回“no more data to read-1;”的信息，squid就立即关
//闭该连接
#Default:
# pconn_timeout 120 seconds //设置squid在与其他服务器和代理建立连接后，该连接闲
置多长时间后被关闭，默认值为120秒
#Default:
# ident_timeout 10 seconds //设置squid等待用户认证请求的时间，默认值为10秒
#Default:
# shutdown_lifetime 30 seconds //当收到SIGTERM 或者 SIGHUP 信号后，squid将
//进入一种shutdown pending的模式，等待所有活动的套接字关闭。在过了shutdown_lifetime
//所定义的时间后，所有活动的用户都将收到一个超时信息，默认值为30秒
#   acl aclname time     [day-abbrevs]  [h1:m1-h2:m2]
#       day-abbrevs:
#        S - Sunday
#        M - Monday
#        T - Tuesday
#        W - Wednesday
#        H - Thursday
#        F - Friday
#        A - Saturday
#       h1:m1 must be less than h2:m2
```

```
//这段语句指明要访问的时间，字母代表每周日到周六，后面会介绍到
acl SSL_ports port 443
acl Safe_ports port 80       # http
acl Safe_ports port 21       # ftp
acl Safe_ports port 443      # https
acl Safe_ports port 70       # gopher
acl Safe_ports port 210      # wais
acl Safe_ports port 1025-65535 # unregistered ports
acl Safe_ports port 280      # http-mgmt
acl Safe_ports port 488      # gss-http
acl Safe_ports port 591      # filemaker
acl Safe_ports port 777      # multiling http
定义安全端口
#Default:
# log_uses_indirect_client on
http_access allow manager localhost
http_access deny manager
http_access deny !Safe_ports
http_access deny CONNECT !SSL_ports
http_access allow localhost
http_access deny all
//这一部分设置访问控制列表(acl)在哪些情况下可以连接，哪些情况不可以连接。整个设置分为
//两个部分，上半部分定义访问资源，下半部分设置是否可以连接。squid 会针对客户 HTTP 请求
//全面检查 http_access 规则，定义访问控制列表后就使用 http_access 选项根据访问控制列
//表允许或禁止访问
icp_access allow all—允许 chache_peer 使用 ICP 协议
```

以上只是 squid.conf 文件的一部分，选项很多，读者有兴趣可以自己研究，在此不再赘述。

14.5.3　Squid 的简单配置

虽然 Squid 非常强大，如果要配置一个简单的代理服务器，只需要修改配置文件。

(1) 把 http_access deny all 改成 http_access allow all，注意(http_access deny all 一定是前面没有“#”的那个)。

(2) 重新启动 Squid 服务器。

注意： 如何让 Linux 同时是一台 DNS 服务器并且使 DNS 指向自己，在启动 Squid 的时候会有错误提示，如图 14-16 所示。

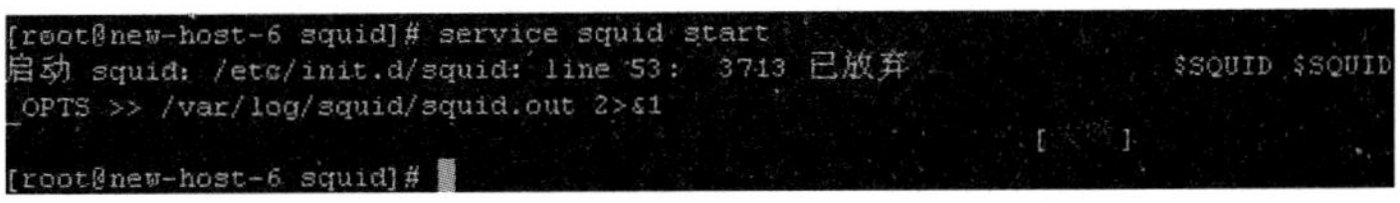

```
[root@new-host-6 squid]# service squid start
启动 squid: /etc/init.d/squid: line 53:  3713 已放弃                $SQUID $SQUID
_OPTS >> /var/log/squid/squid.out 2>&1
                                                            [    ]
[root@new-host-6 squid]#
```

图 14-16　启动 Squid 服务

这是由于 Squid 没有指向自己的完整域名，查看日志 squid.out 可以看出一个错误提示。

```
Could not determine fully qualified hostname.  Please set
'visible_hostname'
```

在 Squid 的配置文件中添加一行内容，指向 NDS 域名，如图 14-17 所示，添加完再重新启动 Squid。

```
#  TAG: visible_hostname
#       If you want to present a special hostname in error messages, etc,
#       define this.  Otherwise, the return value of gethostname()
#       will be used. If you have multiple caches in a cluster and
#       get errors about IP-forwarding you must set them to have individual
#       names with this setting.
#
visible_hostname www.test.cc
#Default:
# none
```

图 14-17　修改 Squid 配置文件

(3) 修改客户端的 IP 地址，把客户端的网关和 DNS 服务器设置成 Squid 的 IP 地址，如图 14-18 所示。

(4) 修改 IE 属性，在 IE 中选择菜单“工具”|“Internet 选项”命令，选择“连接”选项卡，单击“局域网设置”按钮，如图 14-19 所示。

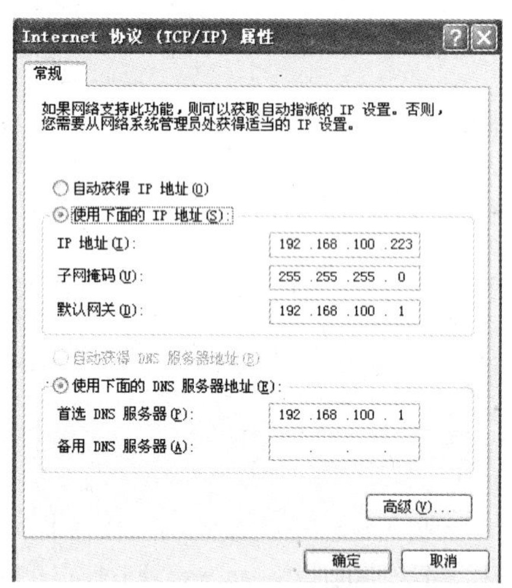

图 14-18　设置 Squid 的 IP 地址

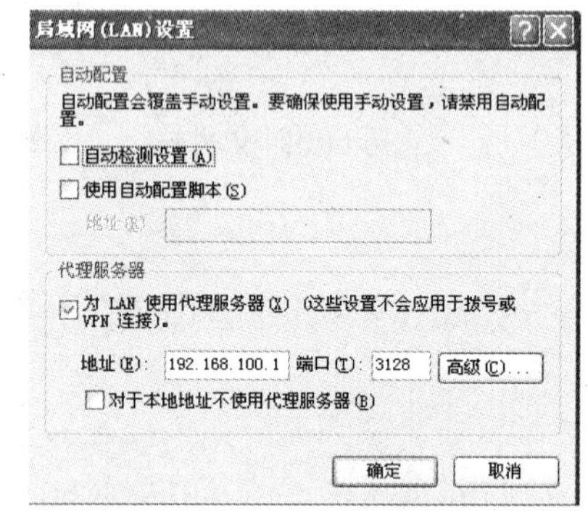

图 14-19　代理服务器配置

(5) Squid 的安全访问设置。Squid 服务器是 Web 客户机和 Web 服务器之间的中介，它可以实现访问控制，具体就是可以限制哪些客户机什么时段可以访问网络。Squid 服务器通过检查具体具有控制信息的主机和域的访问控制列表(ACL)来决定是否允许某客户机访问网络，当发现来自列表中允许访问 Web 服务器的客户机时，就执行控制职能。Squid 支持大流量访问控制功能，可以拒绝和接受来自远程主机的对 Web 服务器的访问请求，见表 14-4。

表 14-4 Squid 访问控制列表的选项

选 项	描 述
src ip-address/netmask	客户机 IP 地址
src addr1-addr2/netmask	地址范围
dst ip-address/netmask	目标 IP 地址
arp mac-address	目标 MAC 地址
srcdom_regex[-I]expression	与客户机匹配的规则表达式
url_regex[I]experssion	与整个 usl 匹配的规则表达式
dstdom_regex[-I]expression	与目标匹配的规则表达式
urlpath_regex[I]expression	与 url 路径匹配的规则表达式
prot posts	声明端口或端口的范围
proto protocol	声明，如 HTTP 或 FTP 协议
method method	声明方法，如 GET 或 POST

Squid 的控制功能非常强大，只要理解 Squid 的行为方式，基本上就能满足所有的控制要求。

配置 Squid 服务器安全的第一步是创建访问控制列表(ACL)，ACL 的基本格式如下。

```
acl  列表名  控制方式  控制目标
```

ACL 是控制客户的主机和域的列表。使用 acl 命令可以定义 ACL，该命令在控制选项中创建标签。用户可以使用 http_access 的命令定义这些控制功能，可以基于多种 acl 选项，如限制 IP 地址、MAC 地址、域名、违反站点和特定资源，甚至时间和日期等。下面举例说明。

① 设置只允许 192.168.100.10-192.168.100.30 之间的主机访问外网，代码如下。

```
acl myclients src 192.168.100.10-192.168.100.30
http_access allow myclients
http_access deny all
```

还有一种写法把不允许访问网络的 IP 地址写到一个文件中。例如，squid.conf 中把不允许访问网络的 IP 地址写入/home/denyclient 中，代码如下。

```
acl myclients src "/home/denyclient"
http_access deny myclients
http_access allow all
/home/denyclient 文件内容
192.168.100.10
192.168.100.20
192.168.100.30
192.168.100.40
```

② 限制访问某些网站。下面的例子是拒绝客户机访问新浪网站，使用 dst 命令。

```
acl www dst www.sina.com.cn
http_access deny www
http_access allow all
```

当然也可以把禁止访问的网站写到一个文件中，代码如下。

```
acl www dst "/home/www"
http_access deny www
http_access allow all
```

③ 限制用户访问外网的时间，代码如下。

```
acl myclient src  192.168.100.20
acl procy_time time 00:00-08:00
http_access deny myclient procy_time
http_access allow all
```

以上代码禁止 192.168.100.20 这台主机在 00:00～08:00 访问外网。

④ 限制用户访问某些格式的文件。还有一种比较常用的控制方式是控制用户访问的文件。如果不希望普通用户下载 MP3、MP4 等文件，可以对这些文件进行限制。配置方法如下。

```
acl file urlpath_regex \.mp3$ \mp4$
http_access deny file
```

regex 确认该条语句为规则表达式，又称正则表达式。它将匹配以 mp3 和 mp4 结尾的 url 请求，可以加-i 忽略大小写。举例如下。

```
acl file urlpath_regex -i \.mp3$ \mp4$
```

这样无论是 mp3 还是 mp4 的文件都会被拒绝，方法如下。

```
acl myhost src 192.168.100.223
acl file urlpath_regex -i \.mp3$ \.3gp$
http_access allow myhost file
http_access deny file
```

以上代码只允许 192.168.100.223 这台计算机下载 mp3 和 3gp 的文件，其他计算机不可以下载。

(6) Squid 的透明代理。所谓透明代理，就是客户端在无须任何配置的情况下通过 Squid 代理上网，只需要将客户机的网关和 DNS 地址指向服务器连接内网网卡的 IP 地址即可，当内网的客户机访问外网时，请求的数据包经过 Linux 服务器转发时，Linux 上的 iptables 将客户机的 HTTP 请求重定向到 Squid 服务器。由代理服务器代替客户端访问外网资源，代理服务器再将获取到得外网信息传回客户机。配置了透明代理后，客户机在浏览网页时，感觉像直接上网一样，而实际上是通过代理服务器浏览网页，从而大大方便了系

统管理员日常的维护工作。透明代理是 NAT 和代理的完美结合，配置也非常简单。相关配置如下。

① 首先打开 Linux 的转发机制。

```
echo '1' >/proc/sys/net/ipv4/ip_forward
```

② 修改 Squid 的配置文件(各个版本的 Squid 修改的内容不一样，在此使用的是 2.6)。

```
http_port 3128 transparent //添加 transparent 启用透明模式
```

③ 在 NAT 表中添加一个规则。

```
Iptables -t nat -A PREROUTING -s 192.168.1.0/24 -i eth1 -p tcp --dport
80 -j REDIRECT --to-ports 3128
```

192.168.1.0/24 为内网地址，eth1 是 Linux 接内网的网卡。

④ 重新启动 squid。

```
# squid -k parse                          //检测 squid 的语法
# squid -z                                //初始化 squid，建立缓存
# /etc/init.d/squid start
```

使用客户端上网感觉不到理服务器的存在，就像在直接访问网页。

14.5.4 Squid 的日志

1) 日志文件系

Squid 拥有完善的、分布式的日志文件系统，除了启动和关闭 Squid 时会写入部分信息到系统日志外，其他与代理服务器相关的日志都是写入单独文件中的，便于管理员进行维护、管理和分析。这些日志包括：access.log、cache.log 和 store.log。

access.log 主要包含请求用户的信息，如请求用户的来源 IP、请求时间、请求的站点和资源等。用户的请求是否被批准，用户请求的资源是否已经缓存，都可以从这个文件中得到答案，因此，这个文件也是管理员最关注的文件。

cache.log 包含 Squid 服务器进程信息，如启动状态、进程 ID 及模块加载状态等系统信息。store.log 包含 Squid 缓存中存储的对象信息，如存储时间、大小、超时等。

接下来主要分析 access.log 文件。

```
1236023074.213 628 192.168.100.20 TCP_MISS/200 3963 GET
http://www.baidu.com/ - DIRECT/202.108.22.43 text/html
```

各参数的含义如下。

1236023074.213：Unix 时间戳，这个大家已经熟悉，自 1970 年 1 月 1 日零时零分零秒开始到当前的秒数，精确到毫秒。

628：用户发送这个请求等待的时间，单位为毫秒。

192.168.100.20：用户计算机的 IP 地址。

TCP_MISS/200：“/”前为 Squid 对用户请求的判断，“/”后的是标准的 HTTP 协议代码。

3963：用户请求数据的大小，单位为字节。

GET：用户请求的方法。

http://www.baidu.com/：用户请求的 URL。

“-”查询信息，通常没有时使用“-”代替。

DIRECT/202.108.22.43：Squid 对该次请求的处理方式及请求的 IP 地址。

text/html：请求对象的类型，如文本类型、图像类型等。

2) 日志分析软件

SARG(Squid Analysis Report Generator)是一个通用的分析软件，它可以分析 Squid、microsoft ISA 等代理服务器软件的日志，当然，从它的名字不难看出 SARG 以 Squid 为主要对象进行日志分析。它能根据 Squid 日志文件生成用户访问站点的时间、流量等记录表，提供给系统管理员分析和参考。用户可以从 sarg.sf.net 获取最新版本的 SARG，包括源文件和可直接安装的 Linux 发行版的二进制包。

以源代码安装包为例，从 sarg.sf.net 下载 SARG 源代码包 sarg-2.2.5.tar.gz。

SARG 没有特别的选项，直接配置、编译、安装即可，使用 SARG 的前提是需要安装 Web 软件和 Apache 服务器，代码如下。

```
./configure
make
make install
```

SARG 的运行需要配置文件 sarg.conf，如果在编译前未做任何 prefix 的定义，那么 SARG 会安装到/usr/local/sarg 目录下，而 sarg.conf 就在这个目录里。SARG 的主要执行文件在/usr/bin 的目录下。

进入 SARG 配置文件 sarg.conf 中简单配置就可以使用。SARG 配置文件的方法和 Squid 配置文件的配置方法类似，只要修改带有关键字的行，修改如下。

“language english”：指定网页报告文件的语言类型，但不支持中文网页。

“access_log /var/log/squid/access.log”：指定 squid 日志文件的绝对路径。

“title "squid user access reports"”：指定网页标题，可以写中文网页，先支持内核。

“temporary_dir /tmp”：指定临时文件目录，请确认该目录所在的分区足够大，1GB 以上。

“output_dir /var/www/html/squid-reports”：指定网页报告文件输出路径，推荐使用 webmaster 或其他非 admin 用户运行 SARG。

“topuser_sort_field connect reverse bytes reverse”：在 top 排序中，指定连接次数(connect)，访问字节数(bytes)采用降序排列，升序请使用 normal 替代 reverse。

“user_sort_field connect reverse”：对于每个用户的访问记录，连接次数按降序排列，修改完成后启动 SARG 服务/usr/bin/sarg，在网页中输入“http://192.168.100.1/squidreport/”，如图 14-20 所示。

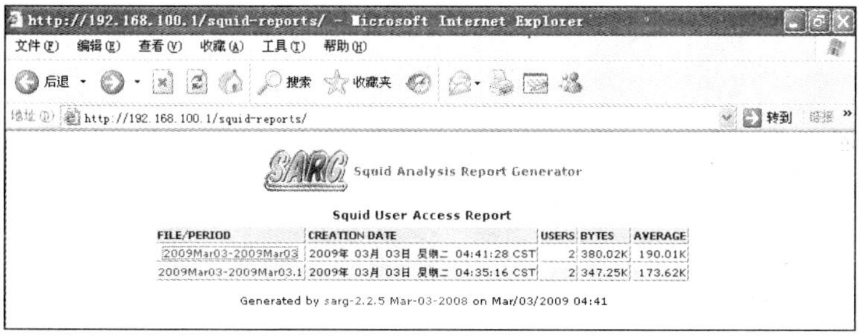

图 14-20　Squid 报告

本 章 习 题

一、填空题

1. 防火墙总体分为 3 类，即________、________、________。

2. 包过滤防火墙是用一个软件查看所流经的数据包的________，由此决定整个包的命运。

3. 包过滤是在________层实现的，包过滤根据数据包的________、________、________、________、________等报头信息及数据包传输方向等信息来判断是否允许数据包通过。

4. Linux 的包过滤经历了________、________、________3 个阶段。

5. 典型的防火墙设置有两个网卡：一个________，另一个________。

6. NAT 是通过将________转换为________，从而对外隐藏了内部管理的 IP 地址。

7. NAT 可以分为两种不同的类型：________和________。

8. ACL 控制列表的基本格式是________。

二、问答题

1. 什么是包过滤防火墙和应用级网关？
2. netfilter/iptables 的含义什么？
3. netfilter/iptables 系统最重要的优点是什么？
4. 什么是用户空间和内核空间？
5. 什么是 NAT 的静态转换和动态转换？
6. 什么是 SNAT 和 DNAT？
7. Squid 的日志文件有哪些？

三、上机实训

1. 公司使用一台运行 RHEL 5 系统的服务器作为网关，分别连接 3 个网络，其中

LAN1 为普通员工计算机所在的局域网，LAN2 为 DNS 缓存等服务器所在的局域网。eth0 通过 10Mb/s 光纤接入 Internet，如图 14-21 所示。为了有效地管理网络环境及增强内部网络的安全性，需要配置 iptables 防火墙规则实现基于 IP 地址和端口的过滤控制。

需求描述

(1) 允许从 Internet 访问本机的 21、25、80、110、143 端口。

(2) 允许从主机 201.12.13.14 访问本机的 22 端口(远程登录服务)。

(3) 允许从主机 192.168.1.5(MAC 地址为 00:0C:27:30:4E:5D)访问网关的 22 端口。

(4) 允许局域网主机(LAN1：192.168.1.0/24)访问本机的 3128 端口(代理服务)。

(5) 允许 LAN1 的主机访问位于 LAN2 的 DNS 服务器(192.168.2.2)。

(6) 其他未经明确许可的入站数据包，均予以丢弃。

(7) 本机出站的数据包均允许。

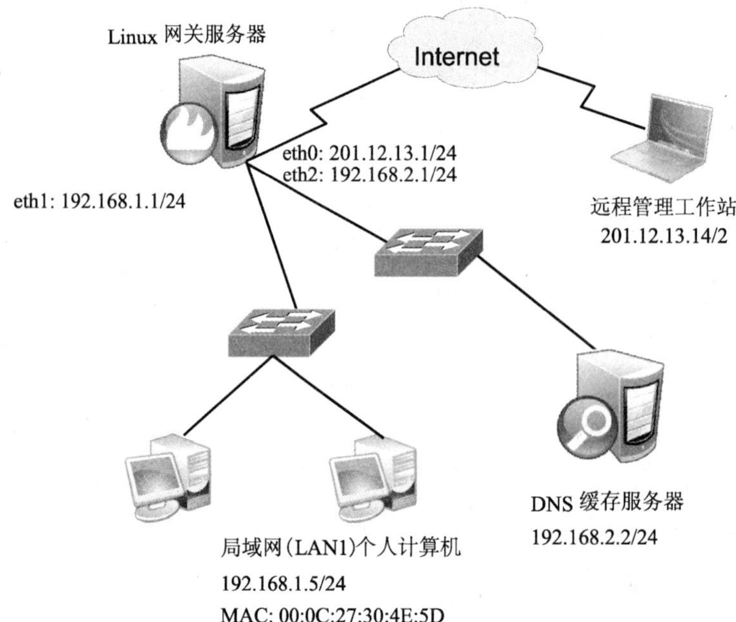

图 14-21　1 题图

实现思路

针对实验需求，分别编写 iptables 规则并进行测试。

(1) 使用“-s”、“-d”选项指定源、目标 IP 地址。

(2) 使用“--dport”选项指定源、目标端口。

(3) 在 FORWARD 链中添加对转发数据包的控制规则。

(4) 在 INPUT 链中添加对入站数据包的控制规则。

(5) filter 表 INPUT、FORWARD 链的默认策略设为 DROP。

(6) 开启路由转发。

注意各条规则的顺序关系。

2. 公司的网关服务器使用 RHEL 5 系统，其 eth0 网卡通过光纤接入 Internet，eth1 网卡连接局域网络。由于只注册了一个公网 IP 地址，需要在网关服务器上进行适当配置，使位于局域网内的员工可以通过共享的方式访问 Internet。另外，还需要将内网的 Web 服务器在 Internet 上发布，作为公司的电子商务平台，如图 14-22 所示。

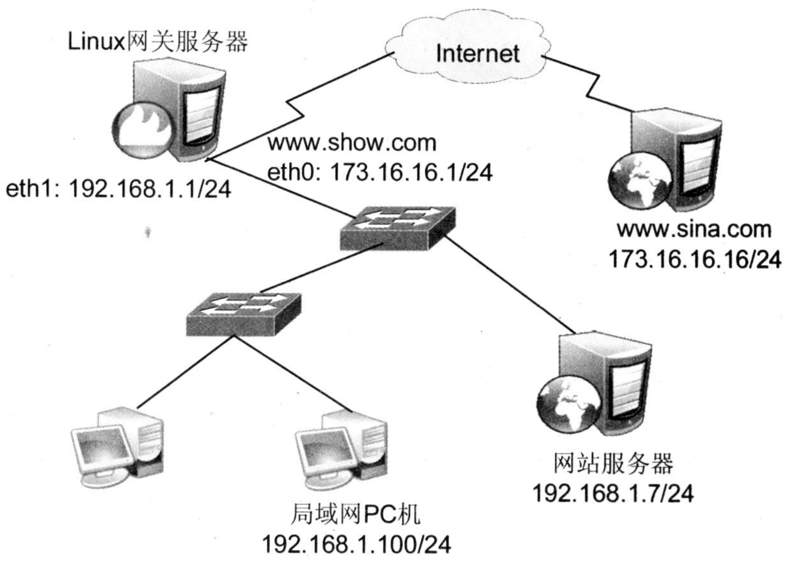

图 14-22 2 题图

需求描述

(1) 网关主机使用两个网卡。

(2) eth0 接口(173.16.16.1/24)连接外网，eth1 接口(192.168.1.1/24)连接内网。

(3) 配置 SNAT 策略实现共享上网。

(4) 从 192.168.1.0/24 网段可以访问 Internet 的所有应用。

(5) 配置 DNAT 策略发布内网中的服务器。

(6) 从外网访问 http://173.16.16.1 时，能够查看到位于 192.168.1.7 主机中的 Web 页面文件。

(7) 禁止其他未经明确许可的数据包访问。

实现思路

(1) 配置防火墙。

(2) 使用 nat 服务器。

(3) 启动服务。

3. 公司选用 RHEL 5 服务器作为网关，为了有效节省网络带宽、提高局域网访问 Internet 的速度，需要在网关服务器上搭建代理服务，并结合防火墙策略实现透明代理，以减少客户端的重复设置工作，如图 14-23 所示。

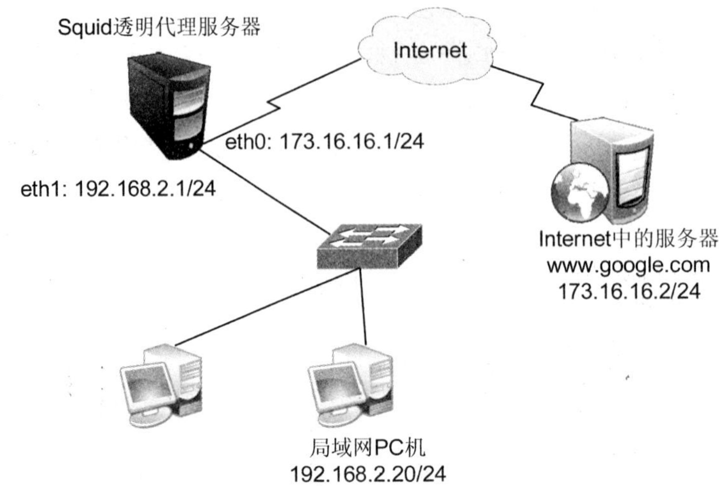

图 14-23　3 题图

需求描述

(1) 使用 iptables 设置 SNAT 策略。

(2) 使 192.168.2.0/24 网段的主机通过 NAT 方式共享上网。

(3) 配置 Squid 代理服务。

(4) 对 HTTP 访问进行缓存加速，并结合防火墙策略实现透明代理。

(5) 在代理服务中进行访问控制。

(6) 禁止局域网用户下载 RMVB、MP3 格式的文件。

(7) 对超过 3MB 大小的文件不做缓存，禁止下载超过 8MB 的文件。

(8) 禁止用户访问 qq.com、tencent.com、xxxx.com 等域的网站。

(9) 启用网址过滤，禁止访问包含“sex”、“adult”字样的链接。

实现思路

(1) 准备好客户机及 Internet 测试服务器。

(2) 正确配置各主机的网络参数。

(3) 局域网主机将默认网关设为 192.168.2.1。

(4) 在测试服务器上启动 httpd 服务。

(5) 修改 squid.conf 文件，配置透明代理支持、缓存和下载文件大小限制、网址过滤。

(6) 开启路由转发，添加实现透明代理的 REDIRECT 策略。

(7) 初始化并启动 Squid 服务。

第 15 章 Linux 集群

学习目的与要求：

如今越来越多的网站采用 Linux 操作系统，提供邮件、Web、文件存储、数据库等服务。也有非常多的公司在企业内部网中利用 Linux 服务器提供这些服务。随着人们对 Linux 服务器依赖的加深，对其可靠性、负载能力和计算能力也倍加关注。Linux 集群技术应运而生，其可以以低廉的成本，很好地满足人们的这些需要。架设高性能、高可靠性的 Linux 服务器集群，需要做到以下几点。

- 了解计算机集群的概念。
- 了解计算机集群分类。
- 熟悉 MySQL 集群的概念。
- 熟练搭建 MySQL 集群。
- 了解 Linux 双机热备份概念。
- 熟练搭建双机热备份。
- 熟悉 LVS 集群的工作原理。
- 熟练搭建 LVS 集群。

15.1 集　　群

简单地说，集群(Cluster)就是一组计算机，它们作为一个整体为用户提供网络资源或服务。组内的单一计算机系统就是集群的节点(Node)。一个理想的集群是用户不会意识到集群系统底层的节点，在用户看来集群是一个系统，而非多个计算机系统，并且集群系统的管理员可以随意增加和删改集群系统的节点。

15.1.1 集群的概念

集群是由两台或多台节点机(服务器)构成的一种松散耦合的计算节点集合，为用户提供网络服务或应用程序(包括数据库、Web 服务和文件服务等)，同时提供接近容错机的故障恢复能力。集群系统一般是两台或多台节点服务器系统通过相应的硬件及软件互连，每个群集节点都是运行其自己进程的独立服务器。这些进程可以彼此通信，对网络客户机来说就像是形成了一个单一系统，协同起来为用户提供应用程序、系统资源和数据。除了作为单一系统提供服务，集群系统还具有恢复服务器故障的能力，集群系统还可通过在集群中继续增加服务器的方式来增加服务器的处理能力，并通过系统级的冗余提供可靠性和可用性的服务。

15.1.2 集群的分类

1. 高性能计算科学集群

以解决复杂的科学计算问题为目的的 IA(Information Architecture，即“信息构建”)集群系统是并行计算的基础，它可以不使用由十至上万个独立处理器组成的并行超级计算机，而是采用通过高速连接来链接的一组 1/2/4 CPU 的 IA 服务器，并且在公共消息传递层上进行通信以运行并行应用程序。这样的计算集群的处理能力与真正超级并行机相等，并且具有优良的性价比。

2. 负载均衡集群

负载均衡集群为企业需求提供更实用的系统。该系统使各节点的负载流量可以在服务器集群中尽可能平均合理地分摊处理。该负载需要均衡计算应用程序处理端口负载或网络流量负载。这样的系统非常适合于运行同一组应用程序为大量用户提供服务。每个节点都可以处理一部分负载，并且可以在节点之间动态分配负载，以实现平衡。对于网络流量也如此，通常网络服务器应用程序接受了大量入网流量，无法迅速处理，这就需要将流量发送给其他节点，负载均衡算法还可以根据每个节点不同的可用资源或网络的特殊环境来进行优化。

3. 高可用性集群

为保证集群整体服务的高可用性，需考虑计算机硬件和软件的容错性。如果高可用性群集中的某个节点发生了故障，那么将由另外的节点代替它。整个系统环境对于用户是一致的。

实际应用的集群系统中，两种集群或是三种集群一起工作，从而为用户提供服务。

15.1.3　典型集群

随着集群技术的不断发展，上述不同种类的集群都出现了一些成熟的集群系统。

1. 科学计算集群

1) Beowulf

当谈到 Linux 集群时，很多人的第一反应是 Beowulf。它是著名的 Linux 科学软件集群系统。实际上它是一组适用于在 Linux 内核上运行的公共软件包的通称。

2) MOSIX

Beowulf 类似于给系统安装的一个支持集群的外挂软件，提供了应用级的集群能力。而 MOSIX 彻底修改 Linux 的内核，它对应用而言是完全透明的，原有的应用程序可以不经常改动，就能正常运行在 MOSIX 系统之上。集群中的任何节点都可以自由地加入和移除，来接替其他节点的工作，或扩充系统。MOSIX 使用自适应进程负载均衡和内存引导算法使整体性能最大化。应用程序进程可以在节点之间实现迁移，以利用最好的资源，这类似于对称多处理器系统可以在各个处理器之间切换应用程序。由于 MOSIX 通过修改内核来实现集群功能，所以存在兼容性问题，部分系统级应用程序将无法正常运行。

2. 负载均衡/高可用性集群

LVS(Linux Virtual Server)是一个负载均衡/高可用性集群，主要针对大业务量的网络应用(如新闻服务、网上银行、电子商务等)。LVS 建立在一个主控服务器(通常为双机)(Director)及若干真实服务器(Real Server)所组成的集群之上。真实服务器负责提供实际服务，主控服务器根据指定的调度算法对真实服务器进行控制。而集群的结构对于用户来说是透明的，客户端只与单个的 IP(集群系统的虚拟 IP)进行通信，也就是说从客户端的视角来看这里只存在单个服务器。

真实服务器可以提供众多服务，如 FTP、HTTP、DNS、Telnet、NNTP、SMTP 等。主控服务器负责对真实服务器进行控制。客户端在向 LVS 发出服务请求时，主控服务器会通过特定的调度算法来指定由某个真实服务器来应答请求，而客户端只与负载平衡器的 IP(即虚拟 IP，VIP)进行通信。

3. 其他集群

现在集群系统可谓五花八门，绝大部分的操作系统开发商、服务器开发商都提供了系统级的集群产品，最典型的是各类双机系统，还有各类科研院校提供的集群系统，以及各类软件开发商提供的应用级别的集群系统，如数据库集群、Application Server 集群、Web Server 集群、邮件集群等。

15.2 MySQL 集群

MySQL 集群(MySQL Cluster)是 MySQL 适合于分布式计算环境的高实用、高冗余版本。它采用了 NDB Cluster 存储引擎，允许在 1 个 Cluster 中运行多个 MySQL 服务器。在 MySQL 5.0 及以上的二进制版本中及与最新的 Linux 版本兼容的 RPM 中提供了该存储引擎。(注意：要想获得 MySQL Cluster 的功能，必须安装 mysql-server 和 mysql-max RPM 或 从网上下载 mysql-5.2.3-falcon-alpha.tar.gz 版本。)

目前能够运行 MySQL Cluster 的操作系统有 Linux、Mac OS X 和 Solaris(一些用户成功地在 FreeBSD 上运行了 MySQL Cluster，但 MySQL AB 公司尚未正式支持该特性)。

15.2.1 MySQL Cluster 简介

MySQL Cluster 是一种技术，该技术允许在无共享的系统中部署"内存中"数据库的 Cluster。通过无共享体系结构，系统能够使用廉价的硬件，而且对软硬件无特殊要求。此外由于每个组件有自己的内存和磁盘，不存在单点故障。

MySQL Cluster 由一组计算机构成，每台计算机上均运行着多种进程，包括 MySQL 服务器、NDB Cluster 的数据节点、管理服务器及专门的数据访问程序。

所有的节点构成一个完整的 MySQL 集群体系。数据保存在"NDB 存储服务器"的存储引擎中，表(结构)则保存在"MySQL 服务器"中，应用程序通过"MySQL 服务器"访问这些数据表，集群管理服务器通过管理工具(ndb_mgmd)来管理"NDB 存储服务器"。

通过将 MySQL Cluster 引入开放源码世界，MySQL 为所有需要它的人员提供了具有高可用性、高性能和可缩放性的 Cluster 数据管理。

15.2.2 MySQL Cluster 的基本概念

"NDB"是一种"内存中"的存储引擎，它具有可用性高和数据一致性好的特点。MySQL Cluster 能够使用多种故障切换和负载平衡选项配置 NDB 存储引擎，MySQL Cluster 的 NDB 存储引擎包含完整的数据集。

目前，MySQL Cluster 的 Cluster 部分与 MySQL 服务器是单独分开配置的。在 MySQL Cluster 中，Cluster 的每个部分被视为一个节点。

管理(MGM)节点：这类节点的作用是管理 MySQL Cluster 内的其他节点机，如提供配置数据、启动并停止节点、运行备份等。由于这类节点负责管理其他节点的配置，应该先启动管理节点，再启动其他节点。MGM 节点是用命令"ndb_mgmd"启动的。

数据节点：这类节点用于保存 Cluster 的数据，数据节点是用命令"ndbd"启动的。

SQL 节点：这是用来访问 Cluster 数据的节点。对于 MySQL Cluster，客户端节点使用 NDB Cluster 存储引擎的传统 MySQL 服务器。通常 SQL 节点是使用命令"mysqld–

ndbcluster”启动的，或将“ndbcluster”添加到“my.cnf”后使用“mysqld”启动。

注释：在很多情况下，术语“节点”用于指计算机，但在讨论 MySQL Cluster 时它表示的是进程。在单台计算机上可以有任意数目的节点，为此采用术语“Cluster 主机”。

管理(MGM 节点)服务器负责管理 Cluster 配置文件和 Cluster 日志。Cluster 中的每个节点从管理服务器检索配置数据，并请求确定管理服务器所在位置的方式。当数据节点内出现新的事件时，节点将关于这类事件的信息传输到管理服务器，然后将这类信息写入 Cluster 日志。

管理客户端与管理服务器相连，并提供了启动和停止节点、启动和停止消息跟踪(仅调试版本)、显示节点版本和状态、启动和停止备份等的命令。

15.3 MySQL 集群配置

随着互联网的不断深入扩张，社交网络、高速移动宽带乃至连接到更智能的设备和机器与机器的交互(M2M)数据量正在爆炸性增长。MySQL 集群以无可比拟的可扩展性、高可用性和灵活性使得用户能够满足下一代互联网、云及通信服务的数据库挑战。下面介绍 MySQL 集群的配置。

15.3.1 安装 MySQL

如果已经安装了 MySQL，请先卸载，再安装 mysql-5.2.3-falcon-alpha.tar.gz，下载地址为 http://mysql.spd.co.il/Downloads/MySQL-5.2/?C=N;O=D。

首先解压 tar -zxvf mysql-5.2.3-falcon-alpha.tar.gz，然后打开解压出来的文件夹，编译安装，代码如下。

```
./configure --prefix=/usr --with-extra-charsets=complex --with-plugin-
ndbcluster --with-plugin-partition --with-plugin-innobase
```

部分参数的含义如下。

--prefix=/usr：指定安装目录是 usr。

--with-extra-charsets=complex：配置服务器的字符集。--with-extra-charsets 有两个特殊的选项：一个是 all，代表所有可用字符集；一个是 complex，代表所有的复杂字符集(包括多字节字符集和有特殊排序规则的字符集)。

--with-plugin-ndbcluster：集群进程交互。

--with-plugin-partition：在一定的范围内进行信息交互。

--with-plugin-innobase：与存储引擎有关系。

编译成功后如图 15-1 所示。

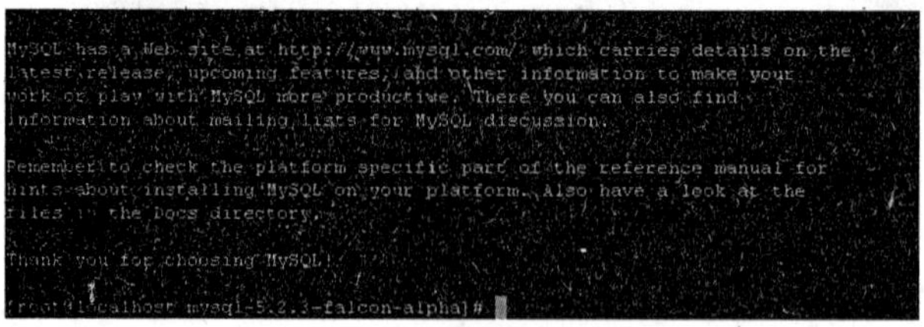

```
MySQL has a Web site at http://www.mysql.com/ which carries details on the
latest release, upcoming features, and other information to make your
work or play with MySQL more productive. There you can also find
information about mailing lists for MySQL discussion.

Remember to check the platform specific part of the reference manual for
hints about installing MySQL on your platform. Also have a look at the
files in the Docs directory.

Thank you for choosing MySQL!

[root@localhost mysql-5.2.3-falcon-alpha]#
```

图 15-1　MySQL 数据库编译成功

安装完成后如图 15-2 所示。

```
ake[4]: Entering directory `/root/mysql-5.2.3-falcon-alpha/server-tools/instanc
e-manager'
est -z "/usr/libexec" || mkdir -p -- "/usr/libexec"
/bin/sh ../../libtool --preserve-dup-deps --mode=install /usr/bin/install -c '
ysqlmanager' '/usr/libexec/mysqlmanager'
usr/bin/install -c mysqlmanager /usr/libexec/mysqlmanager'
ake[4]: Nothing to be done for `install-data-am'.
ake[4]: Leaving directory `/root/mysql-5.2.3-falcon-alpha/server-tools/instance
-manager'
ake[3]: Leaving directory `/root/mysql-5.2.3-falcon-alpha/server-tools/instance
-manager'
ake[2]: Leaving directory `/root/mysql-5.2.3-falcon-alpha/server-tools'
Making install in win
ake[2]: Entering directory `/root/mysql-5.2.3-falcon-alpha/win'
ake[3]: Entering directory `/root/mysql-5.2.3-falcon-alpha/win'
ake[3]: Nothing to be done for `install-exec-am'.
ake[3]: Nothing to be done for `install-data-am'.
ake[3]: Leaving directory `/root/mysql-5.2.3-falcon-alpha/win'
ake[2]: Leaving directory `/root/mysql-5.2.3-falcon-alpha/win'
ake[1]: Leaving directory `/root/mysql-5.2.3-falcon-alpha'
root@localhost mysql-5.2.3-falcon-alpha]#
```

图 15-2　完成安装

接下来，创建一些链接文件，目的是把一些数据库命令在/usr/bin 下建立符号链接，从而方便命令的使用，代码如下。

```
#ln -s /usr/libexec/ndbd /usr/bin
#ln -s /usr/libexec/ndb_mgmd /usr/bin
#ln -s /usr/libexec/ndb_cpcd /usr/bin
#ln -s /usr/libexec/mysqld /usr/bin
#ln -s /usr/libexec/mysqlmanager /usr/bin
```

接着，建立用户 mysql 和组 mysql，并以 mysql 用户身份进行数据库的安装，代码如下。

```
#groupadd mysql
#useradd -g mysql mysql
#mysql_install_db --user=mysql
```

15.3.2　配置 MySQL 集群

使用两台 Linux 机作为 MySQL 服务器，两台服务器上的 MySQL 版本、配置文件路径、数据库路径最好一致，这样可以最大限度地减少出错的概率。假设两台服务器的 IP 地址是 192.168.0.13 和 192.168.0.17。

(1) 在两台 MySQL 服务器上做如下配置。

创建 NDB 存储，前面已介绍，在此不再赘述。

在 192.168.0.13 的服务器上执行如下步骤。

第一步：建立文件夹存储 NDB 数据，代码如下。

```
[root@localhost ~]# mkdir -p /var/lib/mysql-cluster/
```

第二步：为该文件夹授权，代码如下。

```
[root@localhost ~]# chown -R mysql /var/lib/mysql-cluster/
```

(2) 创建集群配置管理节点的文件 config.ini(文件名用户可自定义)。两台服务器节点都是使用同样的 MySQL 配置，假设把文件放在/etc/mysql 目录中。保证两台服务器上的 config.ini 在相同的目录下，并且内容相同，如下所示。

设置节点的端口号，代码如下。

```
[tcp default]
PortNumber=3306
```

设置集群中每个表保存的副本数，这里有两个数据节点，每个节点保存一个副本，代码如下。

```
[ndbd default]
NoOfReplicas= 2
DataDir= /var/lib/mysql-cluster
```

设置管理进程 ndb_mgmd，代码如下。

```
[ndb_mgmd default]
DataDir= /var/lib/mysql-cluster
```

设置管理节点 1，代码如下。

```
[ndb_mgmd]
Id=1
HostName=192.168.0.13
```

设置管理节点 2，代码如下。

```
[ndb_mgmd]
Id=2
HostName=192.168.0.17
```

设置集群节点 1，代码如下。

```
[ndbd]
Id=3
HostName=192.168.0.13
```

设置集群节点 2，代码如下。

```
[ndbd]
Id=4
```

```
HostName=192.168.0.17
```

设置数据节点，代码如下。

```
[mysqld]
[mysqld]
```

(3) 创建对应的 MySQL 配置。两台服务器节点都是用同样的 MySQL 配置，在/etc/mysql/目录中建立 MySQL 的配置文件 my.cnf，其内容如下。

```
[mysqld]
default-storage-engine=ndbcluster
ndbcluster
ndb-connectstring=192.168.0.13,192.168.0.17     //定位管理节点
[ndbd]
connect-string=192.168.0.13,192.168.0.17         //定位集群节点
[ndb_mgm]
connect-string=192.168.0.13,192.168.0.17         //ndb_mgm 可以用来监控群集的运
//行情况，其实就是一个 MySQL 集群的管理工具
[ndb_mgmd]
config-file=/var/lib/mysql-cluster/config.ini   //集群控制文件的位置
[mysql-cluster]
ndb-connectstring=192.168.0.13,192.168.0.17     //定位 MySQL 集群的管理节点
```

config.ini 和 my.cnf 这两个配置文件的作用是配置了 6 个节点：两个集群管理节点、两个集群节点和两个数据库节点。它们分别对应到两台计算机，其分配情况如表 15-1 所示。

表 15-1　MySQL 集群的节点

节点 IP	192.168.0.13	192.168.0.17
集群管理节点	1	2
集群节点	3	4
数据库节点	5	6

注意：最后一对数据库节点 5 和 6 并没有进行显示指示，而是在 cluster.ini 中使用了两个空的 mysqld 进行配置。

15.3.3　启动 MySQL 集群

配置完成后，可以尝试启动 MySQL 集群，首先要关闭各个点上的 MySQL 数据库，同时保障 NDB 数据存储的目录为空，即/var/lib/mysql-cluster 目录为空，这对于测试 MySQL 集群非常重要，如果之前运行过有关 MySQL 集群的命令，这个目录下可能会有一些残留的数据，而这些残留的数据往往会造成集群测试的失败。

接下来按照下面的步骤执行，注意两台 MySQL 服务器上都要运行。

1. 关闭 MySQL 服务器

如果系统中的 MySQL 服务器仍在运行，那么需要关闭它；如果没有 MySQL 登录密码，直接输入下面的代码。

```
[root@localhost ~]# mysqladmin shutdown
```

如果有密码，增加一个参数-p，然后系统会提示输入 MySQL 的登录密码，代码如下。

```
[root@localhost ~]# mysqladmin -p shutdown
```

如果是测试集群，最好清空所有的 NDB 存储，代码如下。

```
[root@localhost ~]# rm -rf /var/lib/mysql-cluster/*
```

2. 启动集群管理节点

在 192.168.0.13 上运行，代码如下。

```
[root@localhost ~]# ndb_mgmd --ndb-nodeid=1
```

在 192.168.0.17 上运行，代码如下。

```
Cluster configuration warning:
arbitrator with id 1 and db node with id 3 on same host 192.168.0.13
arbitrator with id 2 and db node with id 4 on same host 192.168.0.17
Running arbitrator on the same host as a database node may
cause complete cluster shutdown in case of host failure.
```

启动时会提示一个警告，节点 1 和 3，2 和 4 的 arbitrator 一样，可能引起整个集群失败(可以不管)。

3. 启动集群节点

在 192.168.0.13 上运行，代码如下。

```
ndbd --ndb-nodeid=3
```

在 192.168.0.17 上运行，代码如下。

```
ndbd --ndb-nodeid=4
```

4. 启动数据库

在 192.168.0.13 上运行，代码如下。

```
[root@localhost etc]# cd /usr/bin/
[root@localhost bin]# ./mysqld_safe --ndb-nodeid=5
```

在 192.168.0.17 上运行，代码如下。

```
[root@localhost etc]# cd /usr/bin/
```

```
[root@localhost bin]# ./mysqld_safe --ndb-nodeid=6
```

以上就是一个最简单的 MySQL 数据库集群，现在已经配置完成并已启动。

15.3.4 检测 MySQL 数据库集群

现在 MySQL 集群启动完成，可以使用 MySQL 集群管理工具 ndb_mgm 进行管理工作了。在两个节点的任意一个节点上运行下面命令，如图 15-3 所示。

```
[root@localhost bin]# ndb_mgm -e show
```

如果能看到和图 15-2 一样，证明 MySQL 集群已经正常运行，不过要检验是否真正成功还要数据来检验。

进入任意一个节点，如 192.168.0.13，进入 MySQL 服务器建立一个 user 数据库，然后再看 192.168.0.17 上面会不会自动建立，如图 15-4 所示。

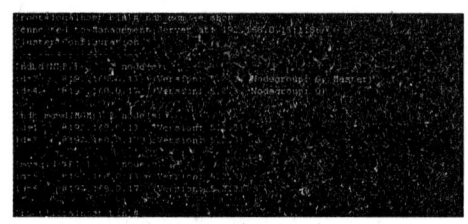

图 15-3 查看管理工具的版本

图 15-4 创建数据库

接下来看 192.168.0.17 上面的 MySQL 数据库，如图 15-5 所示。可以看到 MySQL 集群创建成功并且成功运行。

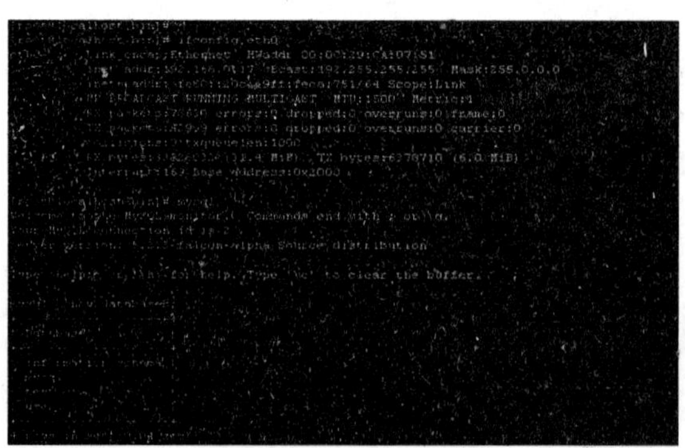

图 15-5 查看是否成功

15.3.5 MySQL 7.1 集群版本的安装

现在再使用 MySQL 7.1，以另一种方式介绍 MySQL 集群的配置。这种配置方法也是非常简便、易用。直接在 MySQL 官方网站下载一个已经配置好的 MySQL 7.1 版本直接解压缩即可使用。

试验的环境为：3 台计算机；192.168.0.100 为控制节点；192.168.0.120、192.168.0.130 为集群节点和 MySQL 数据节点。

具体步骤如下。

(1) 下载 MySQL，网址为 http://www.mysql.com/downloads/cluster#downloads，笔者下载的版本为 mysql-cluster-gpl-7.1.3-linux-i686-glibc23.tar.gz。

(2) 解压缩，代码如下。

```
Tar -zxvf mysql-cluster-gpl-7.1.3-linux-i686-glibc23.tar.gz
```

(3) 解压出来的目录更名并移动到/usr/local/mysql 目录下，代码如下。

```
mv mysql-cluster-gpl-7.1.3-linux-i686-glibc23 /usr/local/mysql/
```

(4) 在另外两台计算机上也做以上操作。

(5) 在控制机上也就是 192.168.0.100 机器上做如下操作。

第 1 步：建立 mysql 用户和 mysql 组，因为 MySQL 服务器启动需要 mysql 用户和组 groupadd mysql，代码如下。

```
mysqladd -g mysql mysql
```

第 2 步：将/usr/local/mysql 目录的用户和组赋予 mysql，代码如下。

```
chown -R mysql:mysql /usr/local/mysql
```

第 3 步：在/var/lib 目录下建立一个 mysql-cluster 目录，用于存储 ndb 的数据文件，并把权限赋予 mysql 用户和组，代码如下。

```
mkdir /var/lib/mysql-cluster
chown -R mysql:mysql /var/lib/mysql-cluster
```

第 4 步：在/etc/中建立 config.ini 管理节点的配置文件，内容如下。

```
[tcp default]                   //控制节点的端口号(自定义注意不要与其他端口冲突)
portnumber=2202
[ndbd default]                       //副本数
NoOfReplicas=2
datadir=/var/lib/mysql-cluster       //ndb 数据文件的存储位置
[ndb_mgmd default]
datadir=/var/lib/mysql-cluster  //控制节点启动后会有进程文件，指明进程文件的存储位置
[ndb_mgmd]                      //控制节点 ID 号为 1，IP 地址为 192.168.0.100
Id=1
hostname=192.168.0.100
```

```
[ndbd]                             //进程节点 1 的 ID 号为 2，IP 地址为 192.168.0.120
Id=2
hostname=192.168.0.120
[ndbd]                             //进程节点 2 的 ID 号为 3，IP 地址为 192.168.0.130
Id=3
hostname=192.168.0.130
[mysqld]
[mysqld]
```

第 5 步：在集群节点和数据节点上也要建立一个 config.ini 的文件，内容如下，并且保在/etc/目录下，还要在/etc/目录下建立一个 my.cnf 文件。

```
[mysqld]
default-storage-engine=ndbcluster
ndbcluster
ndb-connectstring=192.168.0.100
[ndbd]
connect-string=192.168.0.130,192.168.0.120
[ndb_mgm]
connect-string=192.168.0.130,192.168.0.120
[ndb_mgmd]
config-file=/etc/config.ini
[mysql_cluster]
ndb-connectstring=192.168.0.100
```

至于文件内容的解释，大家可以参考 5.1 版本的内容，还要在集群节点的/var/lib 目录中建立一个 mysql-cluster 的目录用于保存 ndbd 的文件，并赋予 mysql 用户和组权限。

第 6 步：在 192.168.0.100 上启动 MySQL 管理，如图 15-6 所示。

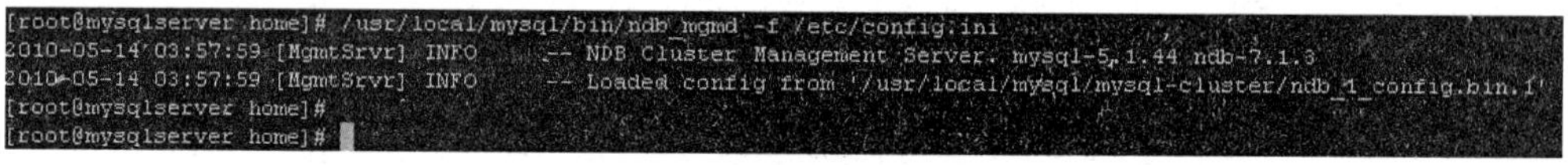

```
[root@mysqlserver home]# /usr/local/mysql/bin/ndb_mgmd -f /etc/config.ini
2010-05-14 03:57:59 [MgmtSrvr] INFO     -- NDB Cluster Management Server. mysql-5.1.44 ndb-7.1.3
2010-05-14 03:57:59 [MgmtSrvr] INFO     -- Loaded config from '/usr/local/mysql/mysql-cluster/ndb_1_config.bin.1'
[root@mysqlserver home]#
[root@mysqlserver home]#
```

图 15-6　启动管理节点服务器

启动管理后可以查看一下进程 ps -aux，看看管理节点是否启动，如图 15-7 所示。

```
root      2181  0.0  0.3   6128  1108 ?        Ss   May13   0:00 crond
xfs       2212  0.0  0.3   3452  1256 ?        Ss   May13   0:00 xfs -droppriv -daemon
root      2241  0.0  0.1   2240   432 ?        Ss   May13   0:00 /usr/sbin/atd
avahi     2271  0.0  0.3   2568  1336 ?        Ss   May13   0:00 avahi-daemon: running [mysqlserver.local]
avahi     2272  0.0  0.0   2568   312 ?        Ss   May13   0:00 avahi-daemon: chroot helper
68        2287  0.0  1.0   5464  3596 ?        Ss   May13   0:02 hald
root      2288  0.0  0.2   3128   964 ?        S    May13   0:00 hald-runner
68        2297  0.0  0.2   1992   792 ?        S    May13   0:00 hald-addon-acpi: listening on acpid socket /var/
68        2301  0.0  0.2   1992   772 ?        S    May13   0:00 hald-addon-keyboard: listening on /dev/input/eve
root      2310  0.0  0.1   1948   608 ?        S    May13   0:35 hald-addon-storage: polling /dev/hdc
root      2314  0.0  2.8  25304  9764 ?        SN   May13   0:00 /usr/bin/python -tt /usr/sbin/yum-updatesd
root      2316  0.0  0.3   2552  1120 ?        SN   May13   0:00 /usr/libexec/gam_server
root      2352  0.0  0.1   1936   344 ?        S    May13   0:00 /usr/sbin/smartd -q never
root      2355  0.0  0.1   1656   428 tty1     Ss+  May13   0:00 /sbin/mingetty tty1
root      2356  0.0  0.1   1656   428 tty2     Ss+  May13   0:00 /sbin/mingetty tty2
root      2357  0.0  0.1   1656   428 tty3     Ss+  May13   0:00 /sbin/mingetty tty3
root      2358  0.0  0.1   1656   452 tty4     Ss+  May13   0:00 /sbin/mingetty tty4
root      2359  0.0  0.1   1652   428 tty5     Ss+  May13   0:00 /sbin/mingetty tty5
root      2360  0.0  0.1   1652   424 tty6     Ss+  May13   0:00 /sbin/mingetty tty6
root      2579  0.3  0.8  25544  2884 ?        Ssl  May13   2:44 /usr/local/mysql/bin/ndb_mgmd -f /etc/config.ini
root      4274  0.0  0.8   9840  2788 ?        Ss   03:27   0:01 sshd: root@pts/0
root      4276  0.0  0.4   5772  1472 pts/0    Ss   03:27   0:00 -bash
root      4370  0.0  0.2   5356   944 pts/0    R+   03:59   0:00 ps -aux
[root@mysqlserver home]#
```

图 15-7　查看管理节点服务进程

第 7 步：在两个集群节点 192.168.0.20 和 192.1680.130 上启动集群节点服务和 MySQL 服务，并且使用 ps-aux 查看进程，如图 15-8 所示，可以看到 ndbd 进程节点已经启动。

```
68        2364  0.0  0.0   1992   232 ?        S    May13   0:00 hald-addon-keyboard: listening on /dev/in
root      2373  0.0  0.0   1944   192 ?        S    May13   0:37 hald-addon-storage: polling /dev/hdc
root      2377  0.0  0.7  25304  2472 ?        SN   May13   0:00 /usr/bin/python -tt /usr/sbin/yum-updates
root      2379  0.0  0.1   2552   616 ?        SN   May13   0:00 /usr/libexec/gam_server
root      2423  0.0  0.0   1932   192 ?        S    May13   0:00 /usr/sbin/smartd -q never
root      2426  0.0  0.4   2856  1288 ?        Ss   May13   0:00 login -- root
root      2427  0.0  0.0   1656   152 tty2     Ss+  May13   0:00 /sbin/mingetty tty2
root      2428  0.0  0.0   1656   152 tty3     Ss+  May13   0:00 /sbin/mingetty tty3
root      2429  0.0  0.0   1652   152 tty4     Ss+  May13   0:00 /sbin/mingetty tty4
root      2430  0.0  0.0   1652   152 tty5     Ss+  May13   0:00 /sbin/mingetty tty5
root      2431  0.0  0.0   1652   152 tty6     Ss+  May13   0:00 /sbin/mingetty tty6
root      5288  0.2  0.4   5636  1448 tty1     Ss+  05:05   0:00 -bash
root      5351  0.9  0.8   9840  2812 ?        Ss   05:06   0:00 sshd: root@pts/1
root      5353  0.3  0.4   5640  1428 pts/1    Ss   05:06   0:00 -bash
root      5384  0.0  0.2   5356   944 pts/1    R+   05:06   0:00 ps -aux
[root@mysqlndbd2 ~]# /usr/local/mysql/bin/ndbd --initial
2010-05-14 06:31:38 [ndbd] INFO     -- Configuration fetched from '192.168.0.100:1186', generation: 1
[root@mysqlndbd2 ~]# ps -aux |grep ndbd
Warning: bad syntax, perhaps a bogus '-'? See /usr/share/doc/procps-3.2.7/FAQ
avahi     2334  0.0  0.0   2564   240 ?        Ss   May13   0:00 avahi-daemon: running [mysqlndbd2.local]
root      5528  0.0  0.1  18716   400 ?        Ss   06:31   0:00 /usr/local/mysql/bin/ndbd --initial
root      5529  7.8 77.2 383140 244536 ?       Sl   06:31   0:05 /usr/local/mysql/bin/ndbd --initial
root      5565  0.0  0.2   5016   664 pts/1    S+   06:32   0:00 grep ndbd
[root@mysqlndbd2 ~]#
```

图 15-8　查看 ndbd 进程是否启动

接下来启动 MySQL 进程，如图 15-9 所示。

当两台集群节点和 MySQL 节点的服务器均已启动时，到管理节点 192.168.0.100 上使用 ndb_mgm 命令进行查看，如图 15-10 所示。

```
root      2340  0.0  0.3  25544  1396 ?        SN   May13   0:00 /usr/bin/python -tt /usr/sbin/yum-updates
root      2373  0.0  0.1   2552   408 ?        SN   May13   0:00 /usr/libexec/gam_server
root      2378  0.0  0.0   1932   176 ?        S    May13   0:00 /usr/sbin/smartd -q never
root      2381  0.0  0.0   1656   152 tty1     Ss+  May13   0:00 /sbin/mingetty tty1
root      2382  0.0  0.0   1652   152 tty2     Ss+  May13   0:00 /sbin/mingetty tty2
root      2383  0.0  0.0   1656   152 tty3     Ss+  May13   0:00 /sbin/mingetty tty3
root      2384  0.0  0.0   1652   152 tty4     Ss+  May13   0:00 /sbin/mingetty tty4
root      2385  0.0  0.0   1652   152 tty5     Ss+  May13   0:00 /sbin/mingetty tty5
root      2386  0.0  0.0   1656   152 tty6     Ss+  May13   0:00 /sbin/mingetty tty6
root      4237  0.0  0.6   9840  2244 ?        Ss   01:32   0:00 sshd: root@pts/0
root      4239  0.0  0.3   5636  1332 pts/0    Ss   01:32   0:00 -bash
root      4401  0.0  0.1  18716   700 ?        Ss   02:37   0:00 /usr/local/mysql/bin/ndbd --initial
root      4402 91.1 88.1 383140 318264 ?       Sl   02:37   0:05 /usr/local/mysql/bin/ndbd --initial
root      4435  5.0  0.2   5352   940 pts/0    R+   02:37   0:00 ps -aux
[root@ndbd3 ~]# /usr/local/mysql/bin/mysqld_safe &
[1] 4438
[root@ndbd3 ~]# 100514 02:38:50 mysqld_safe Logging to '/usr/local/mysql/data/ndbd3.err'.
100514 02:38:50 mysqld_safe Starting mysqld daemon with databases from /usr/local/mysql/data

[root@ndbd3 ~]# ps -aux |grep mysqld_safe
Warning: bad syntax, perhaps a bogus '-'? See /usr/share/doc/procps-3.2.7/FAQ
root      4438  0.7  0.3   5592  1200 pts/0    S    02:38   0:00 /bin/sh /usr/local/mysql/bin/mysqld_safe
root      4515  0.0  0.1   5020   676 pts/0    R+   02:38   0:00 grep mysqld_safe
[root@ndbd3 ~]#
```

图 15-9　启动 MySQL 进程

```
root      2359  0.0  0.1   1652   428 tty5     Ss+  May13   0:00 /sbin/
root      2360  0.0  0.1   1652   424 tty6     Ss+  May13   0:00 /sbin/
root      2579  0.3  0.8  25544  2884 ?        Ssl  May13   2:44 /usr/l
root      4274  0.0  0.8   9840  2788 ?        Ss   03:27   0:01 sshd:
root      4276  0.0  0.4   5772  1472 pts/0    Ss   03:27   0:00 -bash
root      4370  0.0  0.2   5356   944 pts/0    R+   03:59   0:00 ps -au
[root@mysqlserver home]# /usr/local/mysql/bin/ndb_mgm
-- NDB Cluster -- Management Client --
ndb_mgm> show
Connected to Management Server at: 192.168.0.100:1186
Cluster Configuration
---------------------
[ndbd(NDB)]     2 node(s)
id=2    @192.168.0.120  (mysql-5.1.44 ndb-7.1.3, Nodegroup: 0, Master)
id=3    @192.168.0.130  (mysql-5.1.44 ndb-7.1.3, Nodegroup: 0)

[ndb_mgmd(MGM)] 1 node(s)
id=1    @192.168.0.100  (mysql-5.1.44 ndb-7.1.3)

[mysqld(API)]   2 node(s)
id=4    @192.168.0.120  (mysql-5.1.44 ndb-7.1.3)
id=5    @192.168.0.130  (mysql-5.1.44 ndb-7.1.3)

ndb_mgm>
```

图 15-10　启动 MySQL 服务

从图 15-10 中可以看到，管理节点、集群节点和 MySQL 节点均已启动，接下来做破坏性试验。在 192.168.0.120 上把 MySQL 服务停掉，然后在 192.168.0.130 上建立一个

MySQL 的数据库，再把 192.168.0.120 的 MySQL 服务打开，此时数据会自动同步到 192.168.0.120 上。

接下来介绍几个 MySQL 错误提示及解决办法。

错误一：

```
ERROR 2002 (HY000): Can't connect to local MySQL server through socket
'/tmp/mysql.sock'
```

解决方法：在 tmp 文件夹下建立一个链接，代码如下。

```
ln -s /var/lib/mysql/mysql.sock /tmp/mysql.sock
```

还有一种可能是在 config.ini 中把 3306 端口改成 33306 等其他端口。

错误二：

```
WARNING -- 1011 Unable to connect with connect string: nodeid=0,localhost:1186
ERROR -- Failed to connect to ourself!
```

解决方法：在 hosts 文件制定 localhost 对应自己的 IP 地址。

错误三：

```
[root@ndbd3 mysql-cluster]# /usr/local/mysql/bin/ndbd  --initial
2013-03-12 15:24:19 [ndbd] INFO     -- Unable to alloc node id
2013-03-12 15:24:19 [ndbd] INFO     -- Error : Could not alloc node id at
192.168.0.100 port 1186: Connection done from wrong host ip
192.168.0.130.
error=2350
2013-03-12 15:24:19 [ndbd] INFO     -- Error handler shutting down system
2013-03-12 15:24:19 [ndbd] INFO     -- Error handler shutdown completed -
exiting
sphase=0
exit=-1
```

解决方法：将原有的/usr/local/mysql 删除，重新解压安装。

原因在集群的管理节点上，因为先前有过一个 192.168.0.110 的 MySQL 集群节点，后来改成 192.168.0.130，管理服务器总是默认一个集群节点是 192.168.0.110，所以 192.168.0.130 启动集群节点的时候启动不起来。

15.4 Linux 双机热备份

随着 IT 技术在越来越多的领域得到应用，业务的连续性和安全性的需求越来越迫切，Linux 的双机备份技术，就是为了满足这些要求而产生和发展的。下面就以 Linux 下的双机热备份技术进行讲解。

15.4.1　双机热备份简介

所谓双机技术——双机热备(双机容错)就是对于重要的服务，使用两台服务器互相备份共同执行同一服务，当一台服务器出现故障时，可以由另一台服务器继续运行服务，从而在不需要人工干预的情况下，自动保证系统能持续提供服务。

双机热备份由备用的服务器解决了在主服务器故障时服务不中断的问题。但在实际应用中，可能会出现多台服务器的情况，即服务器集群。双机热备份一般情况下需要有共享的存储设备。但某些情况下也可以通过专业的集群软件或双机软件使用两台独立的服务器实现双机热备份。

双机一般比较常见的情况是一台主服务器(master)和一台辅助服务器(slaver)，平时由主服务器提供服务，辅助服务器可能运行服务，也可能不运行服务，双方通过某种机制互相检查对方的运行状态是否正常，一旦备份服务器检测到主服务器发生问题或关机，辅助服务器就会自动接替主服务器的工作为用户提供服务，主、辅服务器的切换都是透明的，用户是感觉不到任何变化的。

通过双机技术，人们可以提供比 RAID 或其他容错部件更高级的系统，因为这两台机器是完全独立的，主服务器的任何一个部件损坏或是整个系统损坏，既不会影响整个系统的运转，也不会影响用户的使用。

15.4.2　实现双机的软件

通常意义上的双机并不需要硬件或操作系统的支持，因此在 Linux 平台上可以使用很多种双机或集群的软件来实现，这些软件是通过专门的通信传输通道实现的。一般这类软件有 SteelEye 公司的 LifeKeeper for Linux、ROSE Datasystem 公司的 RoseHA、Symantec 公司的 Veritas 等，但是以上软件全是商业软件，需要收费。在开源的世界里有一个 Heartbeat，该软件可以说是其中的佼佼者，很多 Linux 厂商也推出了自己的基于 Heartbeat 的 HA 服务器套件。

15.4.3　Heartbeat 简介及原理

Heartbeat 的中文意思是“心跳”，它是 Linux-HA 项目的一部分，这个项目提供一整套的 Linux 的高性能服务器集群，具有可靠性(Reliability)、高性能(Availability)和可服务性(Serviceablity)。

Heartbeat 顾名思义就是在两台计算机之间建立一种心跳机制，当主服务器 master 出现故障的时候，辅助服务器 slaver 可以通过这种心跳机制检测到故障，并且能自动接管主辅服务器提供的服务。这种心跳机制可以通过物理上的串行线或网线实现，并且物理上的连接与其他连接是独立的。

例如图 15-11 所示，如果两台服务器设置为 HA 双机，那么除了它们各自的网线与外界通信外，还有一条单独的网线进行心跳连接。当备份的服务器和主服务器间互相检测时，通常只能判断双方是否能互相通信，因此独立的、可靠的心跳线路是保证双机不出现错误的前提。

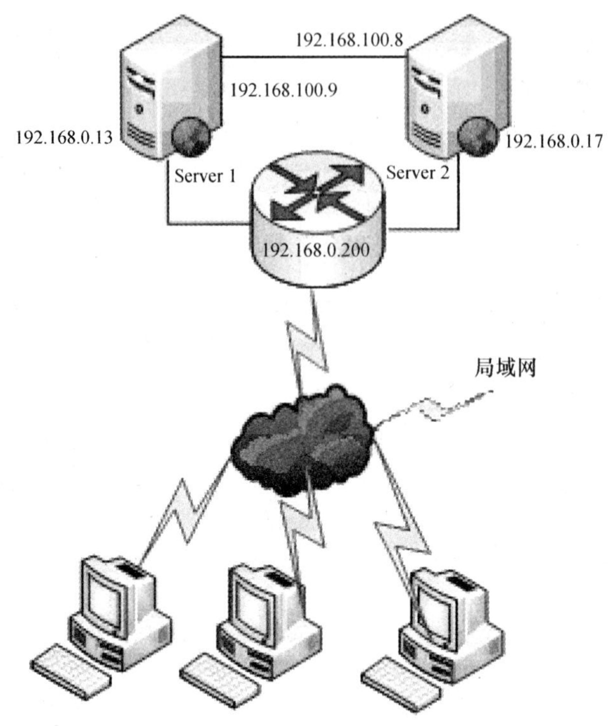

图 15-11　Heartbeat 示意图

一旦备份服务器检测到主服务器出现故障，其实是检测到没有心跳信息了，这时备份服务器会认为主服务器已经不能为用户提供服务器了，此时备份服务器会根据配置，进行 IP 地址或其他资源(如共享磁盘阵列)的接管，并且按配置执行一系列的脚本，启动某些服务器，如数据库或 Web 服务器。当主服务器恢复与备份服务器的心跳通信时，主服务器接管所有的资源并启动相应的服务，而备份服务器则需要执行相应的停止服务，释放资源，让主服务器继续接管服务。

15.5　Linux 双机热备份配置

Linux 双机热备份配置过程分为 Heartbeat 软件包的下载安装和相关配置文件的设置两部分。下面就 Heartbeat 双机热备份系统的配置进行详细的介绍。

15.5.1　获取安装 Heartbeat

要获取 Heartbeat 安装包，可以从其官方网站上下载最新的 Heartbeat 版本，下载地址是 www.linux-ha.org。

和其他软件一样，Heartbeat 官方网站也提供源代码下载和编译后二进制包下载。对于 Heartbeat 来说，建议使用编译好的二进制包安装也就是 RPM 包安装，因为 Heartbeat 需要同时在两台计算机上安装，二进制包在版本和配置方面都能保持一致性。

下面是双机需要安装的软件包列表。

- heartbeat-2.1.4-2.1.i386.rpm。
- heartbeat-devel-2.1.4-2.1.i386.rpm。
- heartbeat-ldirectord-2.1.4-2.1.i386.rpm。
- heartbeat-pils-2.1.4-2.1.i386.rpm。
- heartbeat-stonith-2.1.4-2.1.i386.rpm。
- libnet-1.1.2.1-2.1.i386.rpm。
- heartbeat_2.1.4.orig.tar.gz (下载该压缩包是为了获得该软件包中的软件)。
- perl-TimeDate-1.16-6.el4.noarch.rpm。

可以到 http://rpmfind.net/linux/rpm2html/search.php?query=perl-TimeDate 下载该软件包，然后在 Red Hat 上安装，也可以使用 Yum 命令，代码如下。

```
[root@localhost ~]# yum install -y heartbeat
```

如果是源代码，安装 2.1.4 版本 heartbeat_2.1.4.orig.tar.gz 可以按以下步骤安装。

(1) 解压并进入对应的目录，代码如下。

```
[root@localhost ~]#tar -zxvf heartbeat_2.1.4.orig.tar.gz
[root@localhost ~]#cd heartbeat_2.1.4
```

(2) 准备 Heartbeat 编译环境，Heartbeat 的新版本需要 Python 解析器，因此要保证系统中有 Python 解析器。

(3) 配置 Heartbeat 编译，代码如下。

```
[root@localhost ~]# ./configure -prefix=/usr/HA
```

(4) 编译和安装 Heartbeat。

(5) 安装完成。

15.5.2　通过 Heartbeat 配置双机热备份

下面通过例子来配置 Linux 双机，如图 15-12 所示。

假设有两台计算机 server1 和 server2，对外的 IP 地址分别是 192.168.0.13 和 192.168.0.17，它们之间的心跳地址是 192.168.100.9 和 192.168.100.8，整个 HA 双机对外的 IP 地址是 192.168.0.200。也就是说，当 server1 工作时，拥有 192.168.0.200 这个 IP 地址，当 server1 出现问题时，server2 接替工作后就使用 192.168.0.200 这个 IP 地址。server1 和 server2 不能同时拥有 192.168.0.200 这个 IP 地址。

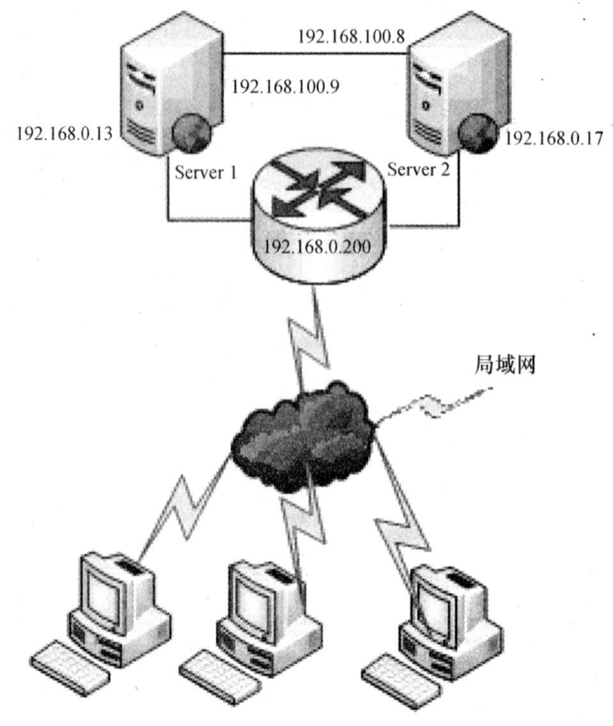

图 15-12　双机热备份系统 IP 示意图

然后在两台计算机上配置 Heartbeat，Heartbeat 的配置文件有 ha.cf、haresources 和 authkeys。

- ha.cf：是 Heartbeat 的主要配置文件，它控制着 Heartbeat 的工作方式。例如，什么情况下应该从主服务器切换到辅助服务器，什么时候再从辅助服务器切换到主服务器。
- haresources：控制双方进行切换时，哪些资源应该被释放，哪些资源应该被保留，哪些服务应当停止，哪些服务应当启动，等等。
- authkeys：是负责安全认证的文件，用于确保双方的身份是真实的。authkeys 只对于 root 才可读可写。

将 3 个文件从/usr/share/doc/packages/heartbeat 目录复制到/etc/ha 目录中，也可以在先前提到的文件 heartbeat_2.1.4.orig.tar.gz 中找到上面 3 个文件。

1. ha.cf 文件介绍

Heartbeat 安装完毕后，在/etc 目录下建立一个文件夹，名称为 ha，将上面 3 个文件复制到新建的文件夹里面。

ha.cf 文件包含以下内容。

- debugfile /var/log/ha-debug：这是日志选项，对于 HA 双机系统来说，日志至关重要，通信的故障、服务器的切换、资源和服务的状态，都是通过日志来进行检查的。打开这个选项，将把所有调用信息写入对应的文件中，这些信息非常详细，也非常多。

- logfile /var/log/ha-log：logfile 是标准的其他非调试信息的写入位置。
- logfacility local0：写入日志的日志级别，默认为 local0。
- keepalive 2：该参数指定主服务器和辅助服务器的心跳间隔，也就是通信的间隔单位为秒，默认是 2，也就是每隔两秒通信一次。
- deadtime 30(死亡时间)：该参数指定等待声明主机死机的时间。指定 30 表示 Heartbeat 将在节点停止响应 30 秒之后启动故障转移，辅助服务器会接替主辅器的工作继续为用户提供服务。
- warntime 10：在日志中发出最后心跳“late heartbeat” 前的警告时间设定(超出该时间间隔未收到对方节点的心跳，则发出警告并记录到日志中)。
- initdead 120：在一些配置中，节点重启后需要花一些时间启动网络。这个时间与“deadtime”不同，要单独对待。其至少是标准死亡时间的两倍。
- udpport 694：设置 udp 的通信，port 默认是 694，如果计算机有防火墙，需要打开该端口。
- baud 19200：设置 baud 参数串口通信的波特率为 19200b/s。
- serial /dev/ttyS0 linux：当主辅服务器使用串口进行通信时设置此项，如果是网线，就不必设置该选项。
- bcast eth0：在哪个网络接口上进行广播，当使用网络接口进行心跳连接时，心跳检查的网卡应该是和正常的网卡分开的，这个选项用于心跳检测。
- mcast eth0 225.0.0.1 694 1 0： 该值默认即可，用于检测心跳。
- ucast eth0 192.168.100.9：改为系统 eth0 的地址，采用 eth0 的 udp 广播来发送心跳信息。
- auto_failback off：设置当主服务器从故障恢复后，是否自动从辅助服务器中切换回来，还是手动切换过来。on 为自动，off 为手动。

对于 ha.cf 文件中其他的参数按默认即可。

2. haresources 文件

haresources 文件主要控制整个 HA 有哪些资源和服务器，在出现故障或故障恢复后，应当如何控制这些资源和服务。

注意： 两个集群节点上的该文件必须相同。集群的 IP 地址是该选项必须配置的，不能在 haresources 文件以外配置该地址, haresources 文件用于指定双机系统的主节点、集群 IP、子网掩码、广播地址及启动的服务等。其配置语句格式如下。

```
node-name network-config <resource-group>
```

其中，node-name 指定双机系统的主节点，取值必须匹配 ha.cf 文件中 node 选项设置的主机名，node 选项设置的另一个主机名成为从节点。network-config 用于网络设置，包括指定集群 IP、子网掩码、广播地址等。resource-group 用于设置 Heartbeat 启动的服务，该服务最终由双机系统通过集群 IP 对外提供，如图 15-13 所示。

```
#
#       Each logical line in the file constitutes a "resource group".
#       A resource group is a list of resources which move together from
#       one node to another - in the order listed.  It is assumed that there
#       is no relationship between different resource groups.  These
#       resource in a resource group are started left-to-right, and stopped
#       right-to-left.  Long lists of resources can be continued from line
#       to line by ending the lines with backslashes ("\").
#
#       These resources in this file are either IP addresses, or the name
#       of scripts to run to "start" or "stop" the given resource.
#
#       The format is like this:
#
#node-name resource1 resource2 ... resourceN
# ma.test.com 192.168.0.200 httpd smb mysqld
#
#       If the resource name contains an :: in the middle of it, the
#       part after the :: is passed to the resource script as an argument.
#       Multiple arguments are separated by the :: delimeter
#
#       In the case of IP addresses, the resource script name IPaddr is
```

图 15-13　haresources 文件

由图 15-13 可以看出，ma.test.com 是主服务器计算机名，它控制的 IP 地址是 192.168.0.200，后面的三个是启动的服务。

整个过程如下。

(1) 当主服务器出现问题时，备份服务器首先在/etc/ha.d/resource.d 目录中的 IPaddr 脚本接管 IP 地址 192.168.0.200，然后再启动相应的服务，即 httpd、smb 和 mysqld 服务。

(2) 当主服务器恢复时，如果 ha.cf 文件中的 uto_failback 设置成 on 自动接替，则备份服务器首先执行的是先停止这三个服务 httpd、smb 和 mysqld，然后执行/etc/ha.d/resource.d 目录中的 IPaddr 脚本，释放 IP 地址 192.168.0.200，然后主服务器执行/etc/ha.d/resource.d 目录中的 IPaddr 脚本，接管 IP 地址 192.168.0.200，启动三个服务。

3. authkeys 文件

需要配置的第三个文件 authkeys 决定了认证密钥。其共有三种认证方式：crc、md5 和 sha1。如果 Heartbeat 运行于安全网络之上，如交叉线，可以使用 crc，从资源的角度来看，这是代价最低的方法；如果网络并不安全，但希望降低 CPU 的使用，则使用 md5；如果不考虑 CPU 的使用情况，则使用 sha1，它在三者之中最难破解。

确保该文件的访问权限是安全的，如 0600。文件格式如下。

```
auth <number>
    <number> <authmethod> [<authkey>]
    #auth 1
    #1 src
    #2 sha1  HI!
    #3 md5 Hello!
    auth 2
```

4. src

不论关键字 auth 后面指定的是什么索引值，在后面必须要作为键值再次出现。如果指定“auth 4”，则在后面一定要有一行，内容为“4 <signaturetype>”。

上面对 HA 的主要配置文件做了详细的介绍，现在就根据图 15-14 真正地配置一个双机。

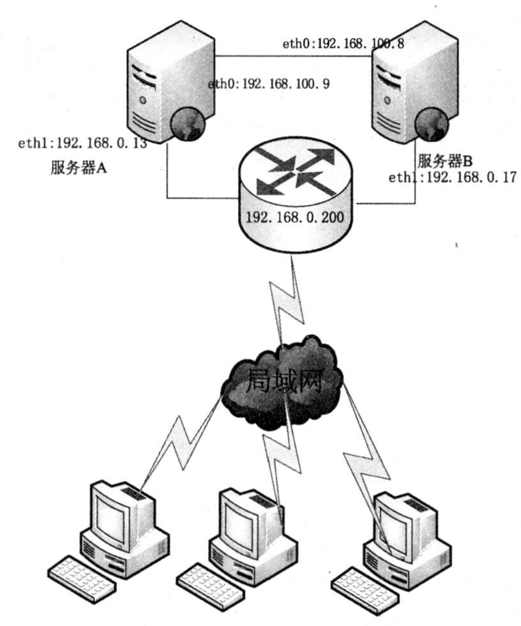

图 15-14　双机热备 IP 示意图

服务器 A(主服务器)的计算机名为 ma.test.com，eth0=192.168.100.9(心跳地址)，eth1=192.168.0.13(外部使用地址)。

服务器 B(辅助服务器)的计算机名为 bf.test.com，eth0=192.168.100.8(心跳地址)，eth1=192.168.0.17 (外部使用地址)。

IP 地址 192.168.0.200 是外部客户点访问的 IP 地址。

第 1 步：配置两台服务器的 ha.cf 文件，下面是笔者配置完成的参数。

```
node ma.test.com
node bf.test.com
//以上两行是手动添加的
ucast eth0 192.168.100.8            //如果是服务器 A 应该是 192.168.100.9
baud 19200
deadtime 5
keepalive 1
initdead 30
bcast eth0
udpport 694
```

第 2 步：设置 haresources 文件，下面是两台服务器的截图，如图 15-15 和图 15-16 所示。

```
#       The format is like this:
#
#node-name resource1 resource2 ... resourceN
ma.test.com 192.168.0.200 httpd smb mysqld
#
#       If the resource name contains an :: in the middle of it, the
#       part after the :: is passed to the resource script as an argument.
```

图 15-15　服务器 A 的截图

```
#       The format is like this:
#
#node-name resource1 resource2 ... resourceN
ma.test.com 192.168.0.200 httpd smb mysqld
#
#       If the resource name contains an :: in the middle of it, the
#       part after the :: is passed to the resource script as an argument.
```

图 15-16　服务器 B 的截图

注意：　两台计算机的 haresources 设置一样，如下所示。

```
Ma.test.com 192.168.0.200 httpd smb mysqld
```

其中 Ma.test.com 是主服务器的计算机名，192.168.0.200 是外部用户访问的 IP 地址，后面是各种服务。

第 3 步：配置 authkeys 文件，如图 15-17 所示。

```
#
#       crc adds no security, except from packet corruption.
#               Use only on physically secure networks.
#
#auth 1
#1 crc
#2 sha1 HI!
#3 md5 Hello!

auth 2
2 crc
```

图 15-17　设置加密方式

第 4 步：同步时间，虽然 Heartbeat 不要求在两台服务器上使系统时钟同步(主服务器和备份服务器)，但是系统时钟应该在几十秒之内，否则在高可用性服务的环境下会产生故障。在两个系统启动 Heartbeat 之前，应该人工检查并且放置系统时间(使用 date 命令)。一种更好的长期的解决方法是在两个系统上使用 NTP 软件同步。同步时间格式如下。

```
[root@ma ha]# date -s 2013/04/18
[root@ma ha]# date -s  14:29:00
```

注意：　两台计算机一定要时间同步。以上就是双机的配置过程，接下来启动 Heartbeat 命令如下。

```
Service Heartbeat start
```

当主节点启动后，查看一下日志，如图 15-18 所示。

```
IPaddr[27237]:  2013/04/18_14:38:34 INFO:  Resource is stopped
heartbeat[27201]: 2013/04/18_14:38:34 info: Local Resource acquisition com
pleted.
harc[27276]:    2013/04/18_14:38:35 info: Running /etc/ha.d/rc.d/ip-reques
t-resp ip-request-resp
ip-request-resp[27276]: 2013/04/18_14:38:35 received ip-request-resp 192.1
68.0.200 OK yes
ResourceManager[27297]: 2013/04/18_14:38:35 info: Acquiring resource group
: ma.test.com 192.168.0.200 httpd smb
IPaddr[27324]:  2013/04/18_14:38:35 INFO:  Resource is stopped
ResourceManager[27297]: 2013/04/18_14:38:36 info: Running /etc/ha.d/resour
ce.d/IPaddr 192.168.0.200 start
IPaddr[27397]:  2013/04/18_14:38:36 INFO: Using calculated nic for 192.168
.0.200: eth1
IPaddr[27397]:  2013/04/18_14:38:36 INFO: Using calculated netmask for 192
.168.0.200: 255.0.0.0
IPaddr[27397]:  2013/04/18_14:38:37 INFO: eval ifconfig eth1:0 192.168.0.2
00 netmask 255.0.0.0 broadcast 192.255.255.255
IPaddr[27380]:  2013/04/18_14:38:37 INFO:  Success
ResourceManager[27297]: 2013/04/18_14:38:37 info: Running /etc/init.d/http
d  start
ResourceManager[27297]: 2013/04/18_14:38:39 info: Running /etc/init.d/smb
 start.
[root@ma ha.d]#
```

图 15-18　主节点日志

可以看到在主节点上 Heartbeat 已经正常启动，httpd 服务器和 SMB 服务器已经启动，且 IP 地址已经分配，可以使用 ifconfig 进行查看。

```
[root@ma ha.d]# ifconfig
eth0      Link encap:Ethernet  HWaddr 00:0C:29:66:54:3F
          inet addr:192.168.100.9  Bcast:192.168.100.255  Mask:255.255.255.0
          inet6 addr: fe80::20c:29ff:fe66:543f/64 Scope:Link
          UP BROADCAST RUNNING MULTICAST  MTU:1500  Metric:1
          RX packets:69863 errors:0 dropped:0 overruns:0 frame:0
          TX packets:847 errors:0 dropped:0 overruns:0 carrier:0
          collisions:0 txqueuelen:1000
          RX bytes:23349706 (22.2 MiB)  TX bytes:140129 (136.8 KiB)
          Interrupt:169 Base address:0x2000

eth1      Link encap:Ethernet  HWaddr 00:0C:29:66:54:49
          inet addr:192.168.0.13  Bcast:192.255.255.255  Mask:255.0.0.0
          inet6 addr: fe80::20c:29ff:fe66:5449/64 Scope:Link
          UP BROADCAST RUNNING MULTICAST  MTU:1500  Metric:1
          RX packets:538554 errors:0 dropped:0 overruns:0 frame:0
          TX packets:537895 errors:0 dropped:0 overruns:0 carrier:0
          collisions:0 txqueuelen:1000
          RX bytes:78450042 (74.8 MiB)  TX bytes:36860193 (35.1 MiB)
          Interrupt:185 Base address:0x2080

eth1:0    Link encap:Ethernet  HWaddr 00:0C:29:66:54:49
          inet addr:192.168.0.200  Bcast:192.255.255.255  Mask:255.0.0.0
          UP BROADCAST RUNNING MULTICAST  MTU:1600  Metric:1
          Interrupt:185 Base address:0x2080

lo        Link encap:Local Loopback
          inet addr:127.0.0.1  Mask:255.0.0.0
          inet6 addr: ::1/128 Scope:Host
```

```
UP LOOPBACK RUNNING  MTU:16436  Metric:1
RX packets:392241 errors:0 dropped:0 overruns:0 frame:0
TX packets:392241 errors:0 dropped:0 overruns:0 carrier:0
collisions:0 txqueuelen:0
```

可以看到这个别名 IP 就是分配的 192.168.0.200，然后关闭主服务器，再看一下辅助服务器的日志，如 15-19 所示。

```
ResourceManager[25759]: 2013/04/18_14:38:52 info: Running /etc/init.d/smb  start
heartbeat[25620]: 2013/04/18_14:43:05 WARN: node ma.test.com: is dead
heartbeat[25620]: 2013/04/18_14:43:05 WARN: No STONITH device configured.
heartbeat[25620]: 2013/04/18_14:43:05 WARN: Shared disks are not protected.
heartbeat[25620]: 2013/04/18_14:43:05 info: Resources being acquired from ma.test.com.
heartbeat[25620]: 2013/04/18_14:43:05 info: Link ma.test.com:eth0 dead.
harc[26216]:    2013/04/18_14:43:07 info: Running /etc/ha.d/rc.d/status status
mach_down[26298]:       2013/04/18_14:43:09 info: /usr/share/heartbeat/mach_down: nice_failbac
mach_down[26298]:       2013/04/18_14:43:09 info: mach_down takeover complete for node ma.test.
heartbeat[25620]: 2013/04/18_14:43:09 info: mach_down takeover complete.
IPaddr[26343]:  2013/04/18_14:43:09 INFO:  Resource is stopped
heartbeat[26217]: 2013/04/18_14:43:09 info: Local Resource acquisition completed.
harc[26412]:    2013/04/18_14:43:09 info: Running /etc/ha.d/rc.d/ip-request-resp ip-request-re
ip-request-resp[26412]: 2013/04/18_14:43:09 received ip-request-resp 192.168.0.200 OK yes
ResourceManager[26433]: 2013/04/18_14:43:09 info: Acquiring resource group: bf.test.com 192.16
IPaddr[26460]:  2013/04/18_14:43:09 INFO:  Resource is stopped
ResourceManager[26433]: 2013/04/18_14:43:09 info: Running /etc/ha.d/resource.d/IPaddr 192.168.
IPaddr[26533]:  2013/04/18_14:43:10 INFO: Using calculated nic for 192.168.0.200: eth1
IPaddr[26533]:  2013/04/18_14:43:10 INFO: Using calculated netmask for 192.168.0.200: 255.0.0.
IPaddr[26533]:  2013/04/18_14:43:10 INFO: eval ifconfig eth1:1 192.168.0.200 netmask 255.0.0.0
IPaddr[26516]:  2013/04/18_14:43:10 INFO:  Success
ResourceManager[26433]: 2013/04/18_14:43:10 info: Running /etc/init.d/httpd  start
```

图 15-19　辅助服务器日志

从图 15-19 中可以看出，在非常短的时间内，辅助服务器检测到主服务器的心跳通信中断，从而马上启动，接替主服务器工作。而此时用 ifconfig 在辅助服务器上查看时，将可以看到和主服务器正常工作时一样的别名，IP 地址是 192.168.0.200。至此 Linux 双机热备份也就配置完成了。

15.6　LVS 集群服务器

使用 LVS 技术要达到的目标是：通过 LVS 提供的负载均衡技术和 Linux 操作系统实现一个高性能、高可用的服务器群集。它具有良好的可靠性、可扩展性和可操作性，从而以低廉的成本实现最优的服务性能。下面介绍 LVS 集群服务器技术。

15.6.1　LVS 集群服务器简介

LVS 即 Linux 虚拟服务器，可以实现 Linux 系统下各个服务器的负载均衡。

LVS 创立于 1998 年，是国内出现最早的自由软件项目之一。LVS 项目的目标是实现一个高性能和高可用性服务器，并且使它具有很好的伸缩性、可靠性和可管理性。

15.6.2　LVS 的工作原理

图 15-20 引用一个 LVS 官方网站的结构图，主要体现了用户、LVS 服务器和真实服务器之间的关系。

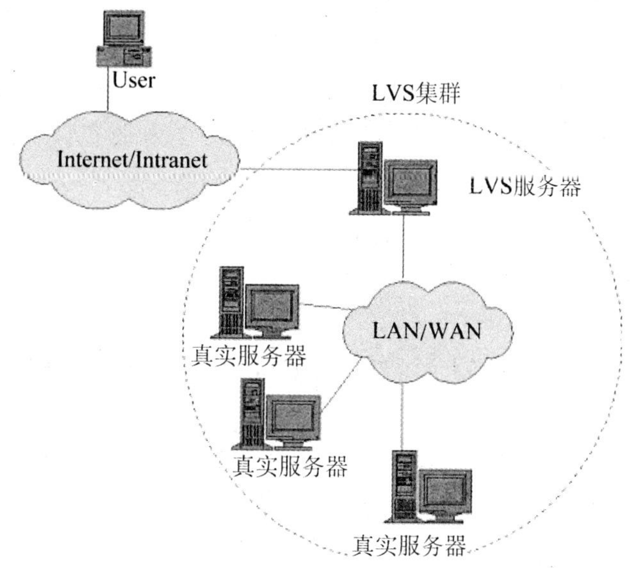

图 15-20 LVS 的工作原理

LVS 和真实服务器组成了一个 LVS 集群为用户提供服务，LVS 和真实服务器可以在一个局域网，也可以在不同的局域网。

从图 15-20 中也可以看出，LVS 的工作原理就是一个类似 IP 网关的结构，对于外部用户来说只能看到 LVS，任何请求发送给 LVS，再由 LVS 转发给内部的真实服务器，真实服务器完成请求后把结果返回给 LVS，最后由 LVS 再发给外部的客户端。

15.6.3 LVS 的工作模式

在 LVS 中，LVS 和真实服务器有三种工作模式，即 NAT 模式、IP 隧道模式和直接路由模式。

1. NAT 模式

实现负载均衡的方式主要是使用 NAT(网络地址转换)，它将 LVS 当作一个 NAT 网关使用，拥有一个合法的 IP 地址，同时任何针对此 IP 地址的请求都会按照算法将其转发到局域网中的真实服务器，然后真实服务器处理完请求后将结果发送给 LVS，再由 LVS 转发给用户。

2. IP 隧道模式

用 IP 隧道模式实现虚拟服务器这种方法是集群的节点在不同的网络中使用转发机制，将 IP 封装在其他网络流量中。可以使用隧道技术中的 VPN 和租用专线。

3. 直接路由模式

直接路由模式是通过改写请求报文的 MAC 地址，将请求发送到真实服务器，而真实服务器将响应直接返回给客户端。

4. 三种工作模式的特点

从服务器的链接方式来看，NAT 模式支持任何方式的访问，而 IP 隧道模式只能通过隧道访问后台的服务器。但是从网络布局来说，NAT、直接路由模式都要求所有的真实服务器和 LVS 在同一个局域网中，而 IP 隧道模式中真实服务器和 LVS 可以不在一个局域网中。

从支持服务器量来看，NAT 模式支持服务器较少，而 IP 隧道模式和直接路由模式支持较多。

从网关方式来看，只有在 NAT 模式下，真实服务器必须指定 LVS 作为网络管理员，而其他两种模式不需要指定。

综上所述，要部署一个局域网内的小型负载均衡系统，使用 NAT 模式比较适合，而 IP 隧道模式适合真实服务器分布在 Internet 上的情况。

15.6.4 LVS 的算法

在 LVS 中针对不同的网络服务需求和服务器配置 IPVS 调度器，实现了如下 8 种负载调度算法。

1. 轮叫

调度器通过“轮叫”(Round Robin，RR)调度算法将外部请求按顺序轮流分配到集群中的真实服务器上，它均等地对待每一台服务器，而不管服务器上实际的连接数和系统负载。

2. 加权轮叫

调度器通过“加权轮叫”(Weighted Round Robin，WRR)调度算法，根据真实服务器的不同处理能力来调度访问请求。这样可以保证处理能力强的服务器处理更多的访问流量。调度器可以自动问询真实服务器的负载情况，并动态地调整其权值。

3. 最少链接

调度器通过“最少链接”(Least Connections，LC)调度算法动态地将网络请求调度到已建立的链接数最少的服务器上。如果集群系统的真实服务器具有相近的系统性能，采用“最小连接”调度算法可以较好地均衡负载。

4. 加权最少链接

在集群系统中的服务器性能差异较大的情况下，调度器采用“加权最少链接”(Weighted Least Connections，WLC)调度算法优化负载均衡性能，具有较高权值的服务器将承受较大比例的活动连接负载。调度器可以自动问询真实服务器的负载情况，并动态地调整其权值。

5. 基于局部性的最少链接

“基于局部性的最少链接”(Locality-Based Least Connections，LBLC)调度算法是针对目标 IP 地址的负载均衡，目前主要用于 Cache 集群系统。该算法根据请求的目标 IP 地址找出该目标 IP 地址最近使用的服务器，若该服务器是可用的且没有超载，将请求发送到该服务器；若服务器不存在，或者该服务器超载且有服务器处于一半的工作负载，则用“最少链接”的原则选出一个可用的服务器，将请求发送到该服务器。

6. 带复制的基于局部性最少链接

“带复制的基于局部性最少链接” (Locality-Based Least Connections with Replication，LBLCR)调度算法也是针对目标 IP 地址的负载均衡，目前主要用于 Cache 集群系统。它与基于局部性的最少链接算法的不同之处是，它要维护从一个目标 IP 地址到一组服务器的映射，而基于局部性的最少链接算法维护从一个目标 IP 地址到一台服务器的映射。该算法根据请求的目标 IP 地址找出该目标 IP 地址对应的服务器组，按“最小连接”原则从服务器组中选出一台服务器，若服务器没有超载，将请求发送到该服务器，若服务器超载，则按“最小连接”原则从这个集群中选出一台服务器，将该服务器加入服务器组中，将请求发送该服务器。同时当该服务器组有一段时间没有被修改时，将最忙的服务器从服务器组中删除，以降低复制的程度。

7. 目标地址散列

“目标地址散列”(Destination Hashing，DH)调度算法将请求的目标 IP 地址作为散列键(Hash Key)，从静态分配的散列表中找出对应的服务器。若该服务器是可用的且未超载，将请求发送到该服务器，否则返回空。

8. 源地址散列

“源地址散列”(Source Hashing，SH)调度算法将请求的源 IP 地址作为散列键从静态分配的散列表中找出对应的服务器。若该服务器是可用的且未超载，将请求发送到该服务器，否则返回空。

15.6.5　管理 LVS

用户可以像使用 iptables 一样使用一些工具对内核中的 LVS 模块进行管理。管理 LVS 的工具称为 ipvsadm，可以通过二进制安装，也可以使用 Yum 进行安装。安装好后可以使用 ipvsadm 管理 LVS，ipvsadm 有很多命令，与许多的 Linux 软件一样支持长命令，同时 ipvsadm 的命令分为两级格式。

```
ipvsadm 一级指令 二级命令 二级命令参数
```

一级指令只是告诉 ipvsadm 要执行的操作类型，但是具体要执行哪些操作，还要看具体的二级指令。下面是一些重要指令的用法。

(1) 管理 LVS 的虚拟服务在管理 LVS 的时候，首先要做的是定义和管理 LVS 的虚拟服务。

-A (--add-service)：是一个一级指令增加一个新的虚拟服务记录，也就是为用户提供一个新的服务，这种服务需要 LVS 进行调度，最终发送给真实服务器，具体如何添加这个服务还要看二级指令。

-s：指定服务使用的算法，LVS 支持的算法前面已经介绍过。

-t 或-u：指定这个虚拟服务器的协议类型，后面跟的是 IP 地址和端口号。

例如，ipvsadm -A -t 192.168.0.254:80 -s rr 表示为 192.168.0.254 地址 80 端口增加一个针对 TCP 协议的虚拟服务，使用 rr 算法。

-E (-edit-service)：是编辑某个虚拟服务器的指令。例如，ipvsadm -E -t 192.168.0.254:80 -s lc 表示把 192.168.0.254 主机的算法改成 lc 算法。

-D：删除 LVS 列表的某个虚拟服务记录。例如，ipvsadm -D -t 192.168.0.254:80。

-C：清空 LVS 列表。

-L：查看 LVS 列表。

-Z：清空计数器。

-c：显示当前的 LVS 连接状况。

(2) 管理真实的服务器，在完成虚拟服务器的定义后，就要给这些虚拟服务器定义真实的服务器。

-a：添加一个真实服务器。

-t 或-u：指定这个虚拟服务器的协议类型，后面跟的是 IP 地址和端口号。

-r (--real-server)：指定真实服务器的地址和端口号。

LVS 与这台真实服务器之间的工作模式有以下几种。

-g：直接路由模式。

-i：IP 隧道模式。

-m：nat 模式。

-w(--weight)：指定服务器的权重，通常权重是正整数，如 1、2、3。例如，增加一台真实服务器：ipvsadm -a -t 192.168.0.254 :80 -r 10.0.0.1:80 -m -w 2。该命令是为虚拟服务器 192.168.0.254 增加一个真实服务器 10.0.0.1 协议，TCP 端口是 80，NAT 方式权重是 1。

-e(--edit-server)：修改指定真实服务器。

-d(--delete-server)：删除指定真实服务器。

15.6.6 配置 LVS 集群

下面介绍 LVS 两个模式的配置方法：一种是 NAT 模式，另一种是直接路由模式。

1. NAT 模式的配置方法

在配置 LVS 之前要查看内核是否支持 LVS，2.6 版本的内核大部分已经支持了 LVS，对于 2.4 的内核还要编译一下。

使用 menuconfig 选择 Networking | Networkingoptinos 选项中的 IP：Virtual Server Configuration。这个菜单下全部是 LVS 的相关选项，如果不知道这些选项的含义，就全部选上并以模块方式编译(M)。查看服务器是否支持 LVS，在/usr/src/kernels 目录中有一个以内核版本命名的文件夹，进入该文件夹，然后输入命令 make menuconfig，如图 15-21 所示。

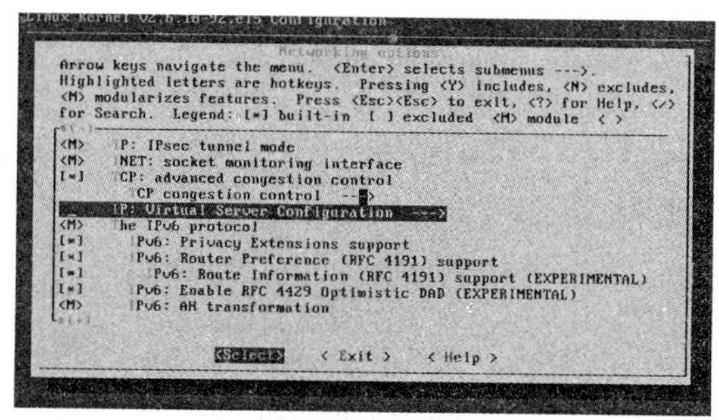

图 15-21　选择 LVS 相关选项

在确认 Linux 内核已经支持 LVS 后进行配置。

(1) 安装 ipvsadm 工具。使用 Yum 方式安装或使用安装光盘中的 RPM 包安装。

(2) 使用如图 15-22 所示的网络结构来添加 LVS 虚拟服务器和真实服务器，这里引用 LVS 官方网站的图片，与其不同的是此处的真实服务器有两台。

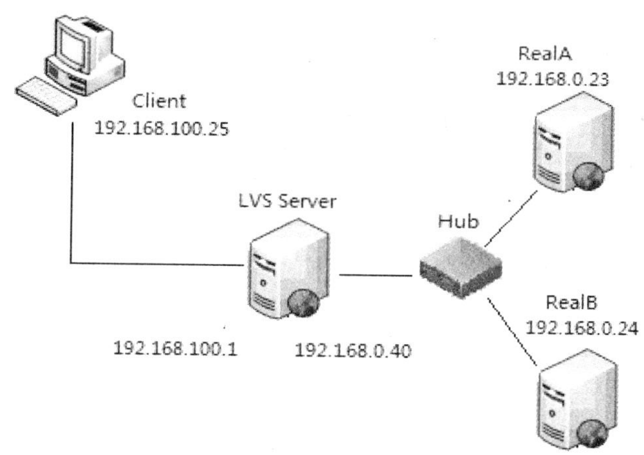

图 15-22　LVS 虚拟服务器和真实服务器的网络结构

Real A：IP 地址 192.168.0.23。

Real B：IP 地址 192.168.0.24。

LVS server：eth0：192.168.0.40，eth1：192.168.100.1。

client：IP 地址 192.168.100.25。

(3) 在内部的真实服务器上安装 httpd 服务。

(4) 在 VLS 服务器上开启内核的转发机制，代码如下。

```
echo 1  >  /proc/sys/net/ipv4/ip_firword
```

(5) 在 LVS 服务器上添加虚拟服务器，代码如下。

```
ipvsadm -A -t 192.168.100.1: 80 -s rr
```

为本机 192.168.100.1 添加一个针对 TCP 协议 80 端口的虚拟服务，使用的算法是轮询算法。

(6) 在 LVS 服务器上增加对应的真实服务器，代码如下。

```
ipvsadm -a -t 192.168.100.1: 80 -r 192.168.0.23 -m -w 1
ipvsadm -a -t 192.168.100.1: 80 -r 192.168.0.24 -m -w 1
```

添加完成后用 client 访问 192.168.100.1 页面，然后分别转发到 192.168.0.224 和 192.168.0.23。使用 ipvsadm -L 查看，如图 15-23 所示。

```
[root@new-host-6 ~]# ipvsadm -L
IP Virtual Server version 1.2.1 (size=4096)
Prot LocalAddress:Port Scheduler Flags
  -> RemoteAddress:Port           Forward Weight ActiveConn InActConn
TCP  192.168.100.1:http rr
  -> 192.168.0.224:http           Masq    1      0          7
  -> 192.168.0.23:http            Masq    1      0          6
[root@new-host-6 ~]#
```

图 15-23 查看连接链

注意： 上面的例子使用的是 LVS 的 NAT 模式，权重为 1，真实服务器的网关指向 192.168.0.40。

2. 直接路由模式的配置方法

如图 15-24 所示，内部有两台真实服务器。

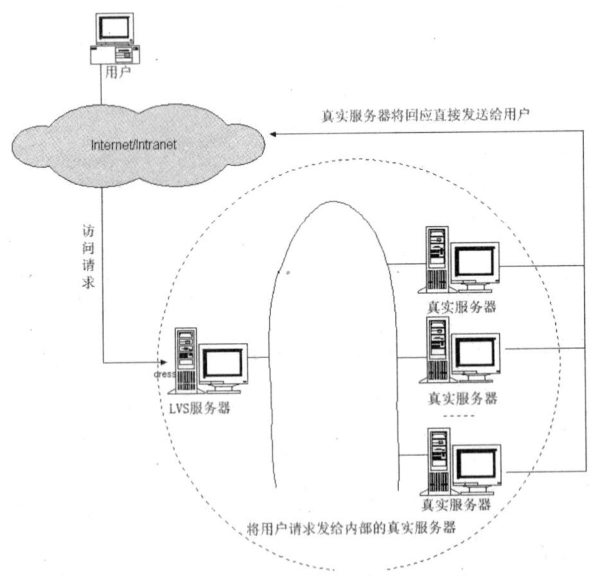

图 15-24 直接路由模式

LVS 服务器的 IP 地址，内部网卡 eth0 为 192.168.0.25，外部网卡 eth1 为 10.0.0.250。真实的服务器有两台：Real Server 1 和 Real Server 2，每台上有两个网卡，IP 地址分

别如下。

Real Server1 eth1 10.0.0.3，eth0 192.168.0.38。

Real Server2 eth1 10.0.0.1，eth0 192.168.0.40。

(1) 在 LVS 服务器上配置，添加虚拟服务器，代码如下。

```
ipvsadm -A -t 192.168.0.25:80 -s rr
```

添加真实服务器，代码如下。

```
[root@new-host-6 ~]# ipvsadm -a -t 192.168.0.25:80 -r 10.0.0.1:80 -g -w 1
[root@new-host-6 ~]# ipvsadm -a -t 192.168.0.25:80 -r 10.0.0.3:80 -g -w 1
```

开启内核路由转发功能，代码如下。

```
[root@new-host-6 ~]# echo 1 > /proc/sys/net/ipv4/ip_forward
```

(2) 首先启动 httpd 服务，在真实服务器上配置。在回环设备上添加一个 IP 地址，这个 IP 地址要和 LVS 服务器接外网地址的卡的 IP 地址一样，代码如下。

```
Lo:0 192.168.0.25  netmask  255.255.255.255
```

此处用 lo 而不用 eth，因为 eth 是外部网络接口，如果配置成 192.168.0.25 将导致 IP 地址冲突。

防止后端的真实服务器应答虚拟 IP 的 arp 信息，并防止地址冲突，其代码如下。

```
echo '2' > /proc/sys/net/ipv4/conf/lo/arp_announce
echo '1' > /proc/sys/net/ipv4/conf/lo/arp_ignore
echo '2' > /proc/sys/net/ipv4/conf/all/arp_announce
echo '1' > /proc/sys/net/ipv4/conf/all/arp_ignore
```

在两台真实服务器上也要开启路由转发功能。

(3) 使用客户端访问 http://192.168.0.25 可以以轮询的方式访问内部的真实服务器，真实服务器返回的结果不经过 LVS 服务器，而是通过另一个网卡直接返回客户端，这样大大减少了 LVS 服务器的开销，如图 15-25 所示。

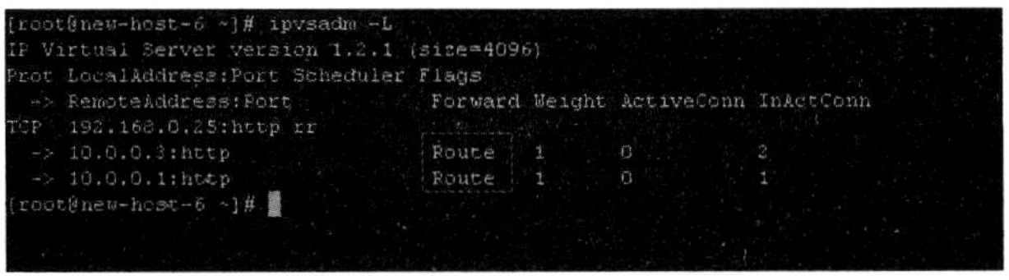

```
[root@new-host-6 ~]# ipvsadm -L
IP Virtual Server version 1.2.1 (size=4096)
Prot LocalAddress:Port Scheduler Flags
  -> RemoteAddress:Port           Forward Weight ActiveConn InActConn
TCP  192.168.0.25:http rr
  -> 10.0.0.3:http                Route   1      0          2
  -> 10.0.0.1:http                Route   1      0          1
[root@new-host-6 ~]#
```

图 15-25　路由

本 章 习 题

一、填空题

1. 集群就是________，它们作为________向用户提供一组网络资源。

2. MySQL Cluster 是 MySQL 适合于分布式计算环境的________、________版本。它采用了________存储引擎，允许在 1 个 Cluster 中运行多个 MySQL 服务器。

3. “NDB”是一种________的存储引擎，具有________和________性好的特点。

4. 通过双机技术，人们可以提供比 RAID 或其他容错部件更高级的系统，因为这两台服务器是_______的，主服务器的任何一个部件损坏或是整个系统损坏，既不会影响整个_______，也不会影响用户________。

5. LVS 的意思是________。

6. LVS 的管理工具是________。

二、问答题

1. 集群分为几类？分别是什么？
2. 什么是 MySQL Cluster 的管理节点、数据节点、SQL 节点？
3. 什么是双机热备份？
4. 双机热备份有 3 个配置文件，它们各是什么？各起到什么作用？
5. 什么是 LVS 集群？它产生的目的是什么？
6. LVS 的工作模式有几种？分别是什么？它们的特点是什么？

三、上机实训

1. 公司的业务不断扩大，数据量及数据的安全性也越来越重要，公司决定将数据库进行升级，将原有的单台 MySQL 服务器改为 MySQL 双机进行数据的备份和容错。

需求描述

(1) MySQL 是一个高性能、多线程、多用户、建立在 c/s 器结构上的关系型数据库管理系统。

(2) 在两台 Linux 服务器上，下载 MySQL 的集群版本，如果是 mysql-5.2，编译安装，如果是 mysql-7.1 版本直接解压缩使用。

实现思路

(1) mysql-5.2 版本编译安装时候的参数为--with-extra-charsets=complex --with-plugin-ndbcluster --with-plugin-partition --with-plugin-innobase。

(2) 创建 MySQL 相关文件的链接文件。

(3) 建立 MySQL 用户和组。

(4) 在两台 MySQL 服务器上做如下配置。

① 创建 NDB 存储。

② 建立管理节点文件 config.ini。

③ 建立 MySQL 的主配置文件 my.cnf。

2. 使用两台 Linux 服务器搭建基于 Web 服务、FTP 服务器、邮件服务的双机热备份，如图 15-26 所示。

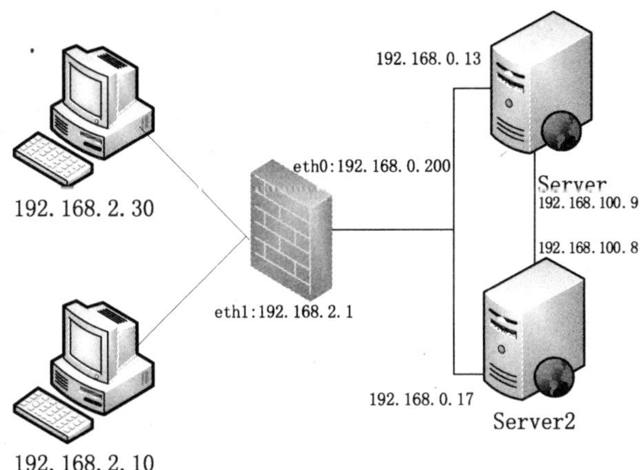

图 15-26　2 题图

需求描述

(1) 使用 Heartbeat 软件在两台 Linux 服务器进行热备份。

(2) 使用 Yum 安装或下载软件使用 RPM 安装方法。

(3) 在防火墙上设置 DNAT。

实现思路

(1) 配置 Heartbeatr 的 3 个文件。

(2) 结合防火墙设置 DNAT。

第 16 章 虚拟机和 Webmin 的安装

学习目的与要求：

虚拟化服务器是使用虚拟化软件(如 VMware)在一台物理服务器上虚拟出一台或多台虚拟机(Virtual Machine，VM)，安装在服务器上的虚拟化软件被称为 VMM(Virtual Machine Monitor)。它是剑桥大学计算机实验室开发的一个开源项目。虚拟机运行在一个隔离环境中，是具有完整硬件功能的逻辑服务器，每个虚拟机具有自己的操作系统和应用程序。本章讲解了虚拟机的配置及使用方面的技术，通过对本章的学习，读者应该做到以下几点。

- 熟练安装和使用 VMware 虚拟机。
- 熟练使用 Webmin 工具。

16.1 虚 拟 机

一台服务器上的多个虚拟机可以互不影响地同时运行，并复用物理机资源。虚拟化软件为虚拟机提供一套虚拟的硬件环境，包括虚拟的 CPU、内存、存储设备、I/O 设备(如网卡)及虚拟交换机等。在计算机上运用虚拟软件，可以安装操作系统、应用软件以及访问网络等。

16.1.1 虚拟机简介

为了使读者能在一台计算机上模拟出网络环境，更好地安装和测试新的操作系统，下面介绍虚拟机的安装方法和使用方法。

虚拟机软件就是在一台计算机上能虚拟出一个或多个虚拟的环境，即虚拟的操作界面，以便更好地对一些软件进行测试或者在不同的系统间切换。虚拟机的实际用途有以下几个方面。

(1) 初学者总是担心把计算机弄坏，但又想学得深入一些，如学习安装操作系统，用户在虚拟机上操作(如格式化)不会使硬盘数据丢失，因为用户实际是在虚拟机的硬盘上操作，虚拟的硬盘只是一个文件，不用担心由于安装其他操作系统而破坏硬盘上的重要数据。

(2) 公司计算机的操作系统进行升级，但是原软件又不能在该系统上运行，如财务软件、ERP 软件，原数据又不能丢失，使用虚拟机可以让用户运行原操作系统，把原来的软件安装到虚拟机中即可。

(3) 在虚拟机上安装系统时可以利用抓图功能，要想抓取安装系统时的图像，虚拟机软件可以提供很大方便。

16.1.2 常用的虚拟机软件介绍

常用的虚拟机软件有：Virtual PC(又称 VPC，即虚拟计算机)、Virtual Box 和 VMware。利用这几款虚拟机软件都可以在 Windows 系统下安装 Linux 系统，这为所有想学习 Linux 的用户提供了极大的便利。

Virtual PC 原来是 Connectix 公司的产品，该公司在 2003 年被 Microsoft 公司收购，该软件可以在用户的计算机上同时模拟出多个操作系统，虚拟的操作系统使用起来和真实的系统无多大区别，用户可以进行 BIOS 设置，可以对硬盘分区格式化，还可以安装 Windows、Linux 及 Unix 操作系统，此软件为向导式应用软件，安装很容易。

VirtualBox 是德国一家软件公司 InnoTek 所开发的虚拟机系统软件，VirtualBox 不仅具有丰富的特色，而且性能也很优异。更是开源的，成了一个发布在 GPL 许可之下的自由软件。VirtualBox 可以在 Linux 和 Windows 主机中运行，并支持在其中安装 Windows、Linux、OpenBSD 等系列的客户操作系统。

VMware 是一个全英文的商品化软件，它同时是一款功能强大的桌面虚拟计算机软

件，提供用户可在单一的桌面上同时运行 不同的操作系统，和进行开发、测试、部署新的应用程序的最佳解决方案。本章主要对 Vmware 进行介绍。

16.2 VMware 软件的安装及使用

获得 VMware 软件包后，需要进行简单的安装才可以使用，安装虚拟机软件的过程非常简单，只要按照向导的说明一步步进行就可以完成虚拟机的安装。这个安装过程都是英语环境的，我们一般选择默认就可以了。下面介绍 VMware 软件的安装方法。

16.2.1 VMware 软件的安装

先到官方网站下载 VMware 软件(该软件在其他的网站也有破解版)，这里下载了一个针对 Windows 系统的 Vmware 9 的普通用户版本，接下来即可进行 VMware Workstation 的安装。

(1) 双击安装程序，进入欢迎界面，按照提示单击 Next 按钮，如图 16-1 所示。

(2) 选择安装方式，如果熟练的用户可以选择 Custom 定制安装，否则按照默认的方式安装，单击 Typical 图标，如图 16-2 所示。

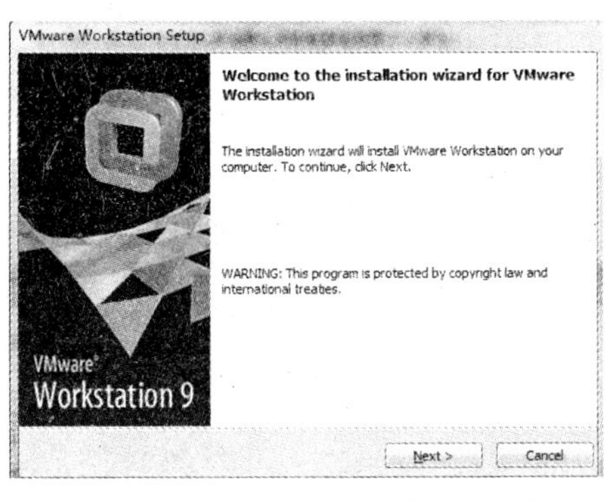

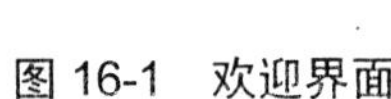
图 16-1 欢迎界面

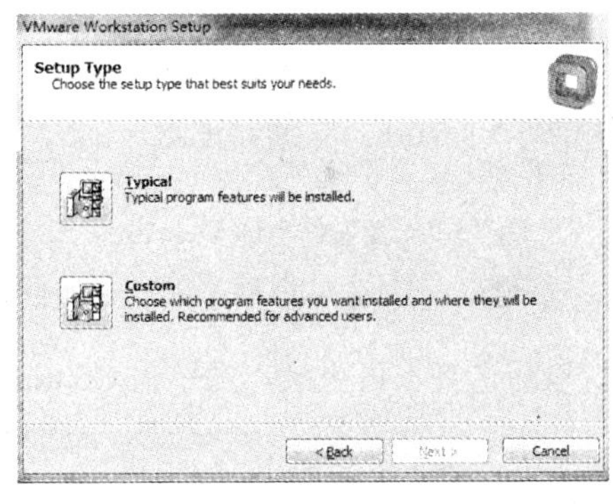

图 16-2 选择安装类型

(3) 如图 16-3 所示为虚拟机安装的路径，也可以单击 Change 按钮自定义安装路径，单击 Next 按钮，如图 16-4 所示。

(4) 提示是否检查软件更新，如果选中 Check for product updates on startup 复选框，会在开始后检查是否有新的产品版本并安装它们，按照默认方式单击 Next 按钮继续，如图 16-4 所示。

(5) 选择是否将反馈信息发送到 VMware 网站，如果选中 Help improve VMware Workstation 复选框，则把反馈信息自动发送给 VMware 网站，单击 Next 按钮继续，如图 16-5 所示。

(6) 选择是否在桌面和开始菜单上建立快捷方式和程序菜单，同样单击 Next 按钮继续，如图 16-6 所示。

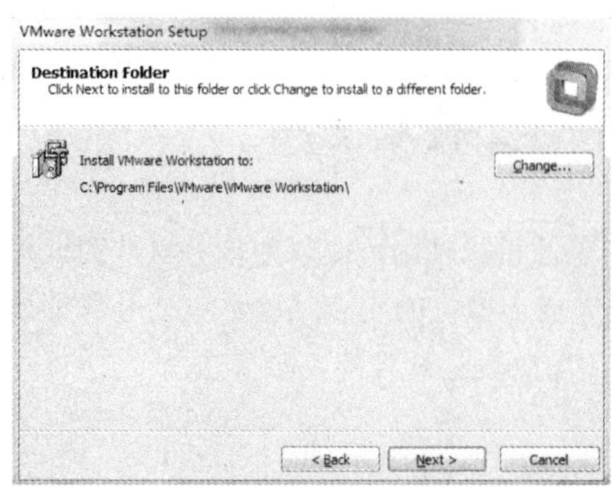

图 16-3　虚拟机安装的路径

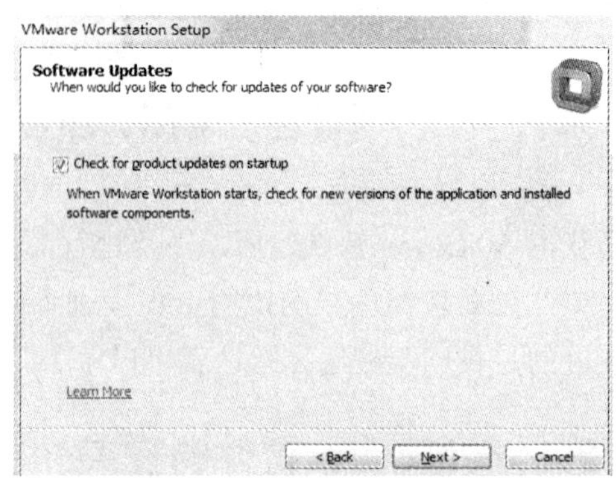

图 16-4　检查软件更新提示

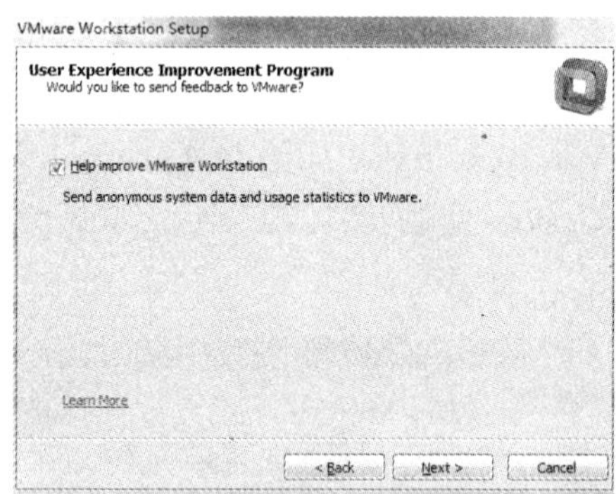

图 16-5　发送信息到 VMware

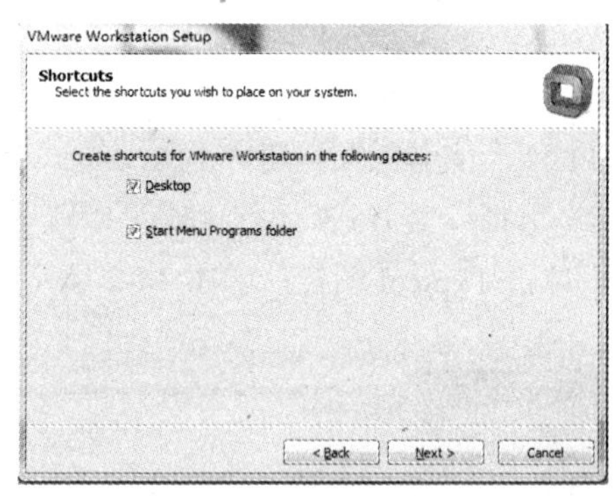

图 16-6　创建快捷方式

(7) 接下来是准备提示，这时可以单击 Back 按钮返回到前面的界面进行重新选择，如果确定以前选择不再更改，则单击 Continue 按钮开始安装，如图 16-7 所示。

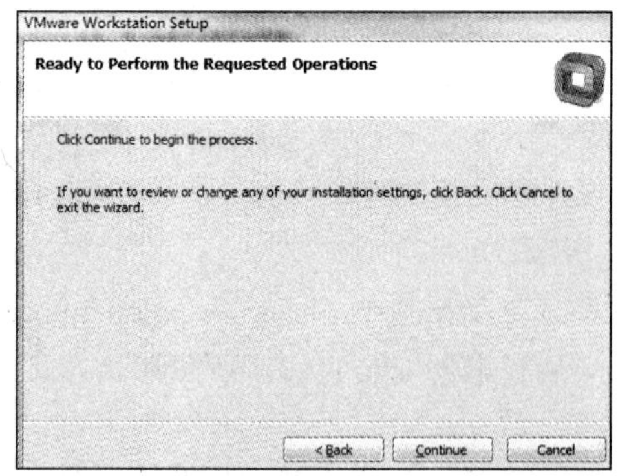

图 16-7　开始安装

虚拟机安装完成后必须重新启动计算机方可正常运行虚拟机，安装完成后可以下载一个汉化包把界面改成中文，以便于配置使用。下面将以汉化后的程序进行讲解。

16.2.2　虚拟机的使用

启动虚拟机，进入的运行界面，如图 16-8 所示。可以看到图 16-8 中有很多选项，如果用户有现成的虚拟操作系统文件，可以单击“打开虚拟机”图标，从而使用之前安装过的虚拟操作系统。下面以“新建虚拟机”为例，来学习如何新建一个新的虚拟操作系统。

图 16-8　VMware Workstation 9 的主界面

(1) 单击“新建虚拟机”图标，进入欢迎界面，如图 16-9 所示，按照默认的选项单击“下一步”按钮。

(2) 安装的方式可以选择光盘安装，如有 ISO 镜像文件，也可以使用 ISO 镜像安装，如图 16-10 所示，在此选择“安装盘镜像文件”单选按钮，单击“下一步”按钮继续。

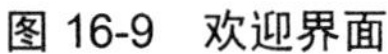
图 16-9　欢迎界面

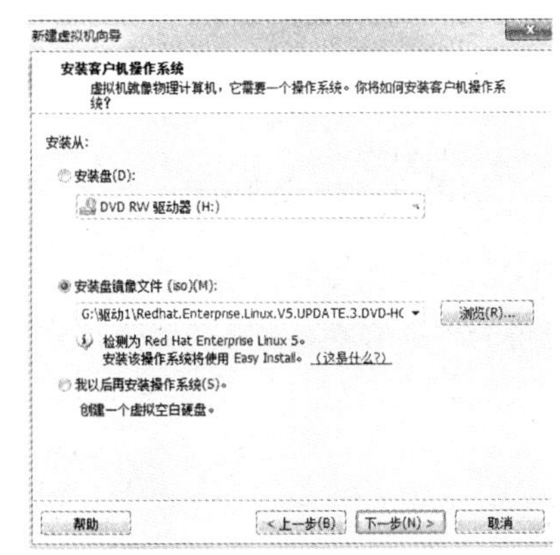

图 16-10　选择安装介质

(3) 在图 16-11 和图 16-12 所示的界面中建立一个虚拟机名称，并设置用户名和密码，然后单击“下一步”按钮。

(4) 命名虚拟机并选择虚拟机所安装的操作系统所在位置，在这个界面里，使用者可以自行选择虚拟机文件存放的目录，虚拟机文件位置目录确定后，单击“下一步”按钮。

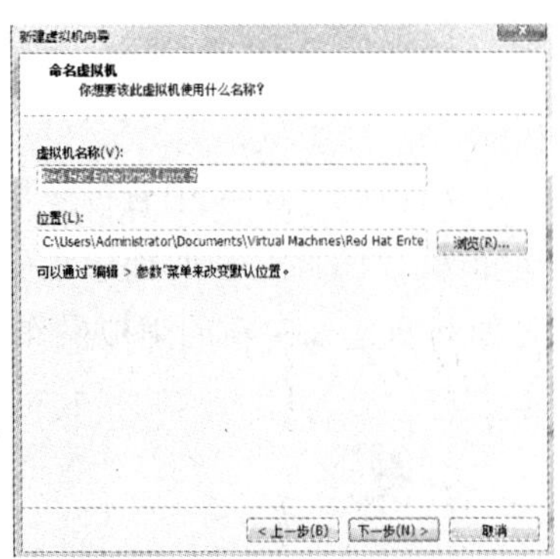

图 16-11　建立虚拟机名称

图 16-12　设置用户名和密码

(5) 设置虚拟操作系统将要占用的物理磁盘空间大小和文件的存储形式，使用者根据自己的硬盘空间情况来确定磁盘空间大小，单击“下一步”按钮继续，如图 16-13 所示。

(6) 查看设置信息，显示的信息和期望值没有问题后，单击“完成”按钮结束配置，如图 16-14 所示。

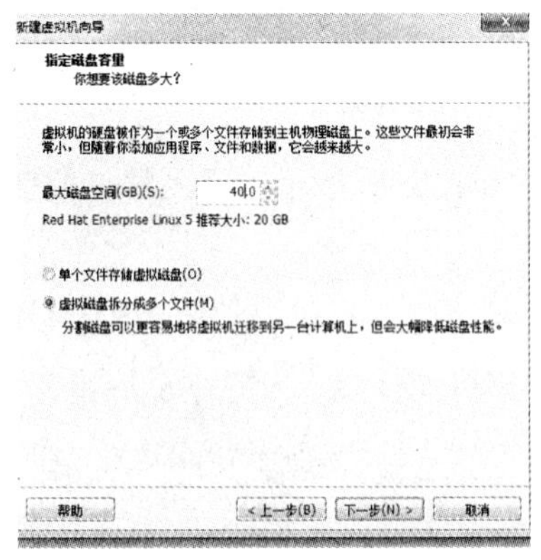

图 16-13　设置硬盘大小

图 16-14　设置完成

(7) 设置内存大小，在这个界面里根据提示和物理内存的情况可以有选择地改变虚拟操作系统的内存大小，如图 16-15 所示。

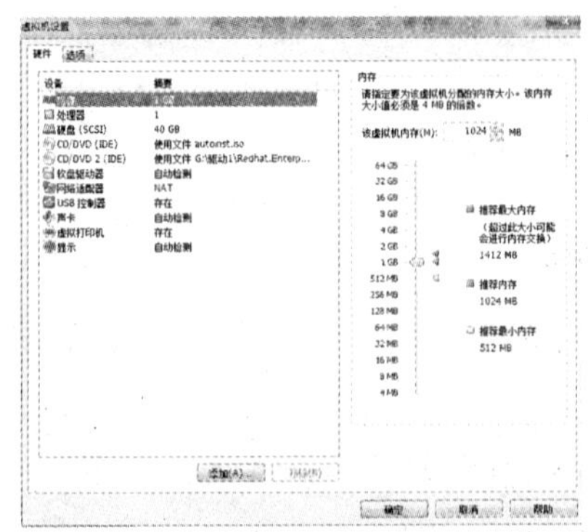

图 16-15　虚拟机内存的设置

(8) 显示虚拟机设定参数完成后的最后提示信息，设置完成后，即可启动虚拟机。单击图 16-16 中的“打开此虚拟机电源”按钮，设置 CD-ROM 使用 ISO 文件安装 Linux 系统，即可在此虚拟机上安装 Linux 系统，如图 16-17 所示。

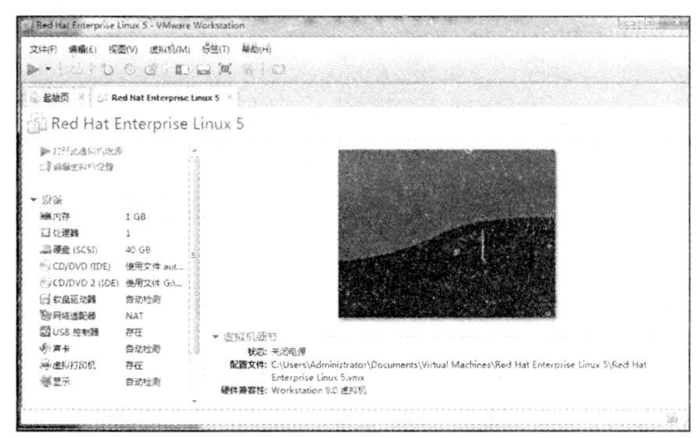

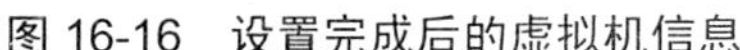

图 16-16　设置完成后的虚拟机信息

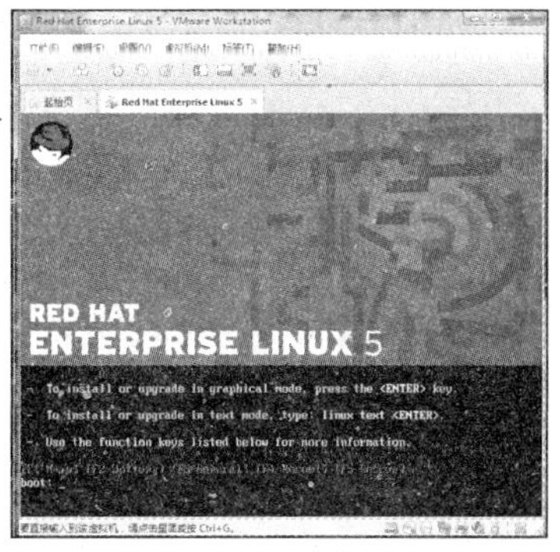

图 16-17　开始安装操作系统

16.3　Webmin 简介和安装

Linux 下的系统和网络管理工具很多，其中有些是 Linux 系统自带的工具，而有些工具需要下载安装。这些软件功能强大而且使用方便，是学习 Linux 系统必须掌握的工具。

大多数用户在配置 Linux 各个服务器时都会很头痛，在 Linux 下的服务实在太多，而且每个服务器都有一个或几个配置文件，在修改配置文件时很容易出错，而且不容易找到问题所在，这对于初学者来说是一件很麻烦的事。熟悉 Windows 环境下配置网络服务的用户对于 Linux 环境下编写配置文件一般是很不习惯的，这时可以通过 Webmin 工具对系统的用户账号、性能、服务、网络、日志等各项进行管理和配置。其最大的优点是在图形界面下配置，让使用者一目了然。

16.3.1　Webmin 简介

Webmin 是一款优秀的 Unix 和 Linux 系统管理软件，通过相关的配置界面可以让用户轻松地对 Linux 系统进行管理，甚至配置目前 Linux 上运行的所有服务。它支持大部分 Unix 和 Linux 系统版本，默认的端口号是 1000，支持 ssl 加密，它还可以让用户使用远程计算机上的浏览器，直接修改系统中的账号、Apache 服务、DNS 服务和 Samba 服务等设置。

Webmin 的管理工具是通过 Web 页面的方式来实现的，所有的操作方法简单而且直观，很适合初学者使用。

16.3.2　Webmin 的下载和安装

Webmin 下载的地址有很多，使用者可以到百度和 Google 上搜索，也可以到它的官方网站去下载，这里从 http://www.Webmin.com/download.html 官方网站下载一个比较新的版本软件包 Webmin-1.620.tar.gz，如果下载的版本是 RPM 格式，需要使用 RPM 的安装方式。

Webmin-1.620.tar.gz 软件包的安装过程如下。

```
[root@localhost ~]# cd /home/dai
[root@localhost dai]# ls
Webmin-1.620.tar.gz
[root@localhost dai]# tar -zxvf Webmin-1.620.tar.gz 使用 tar 命令解压
Webmin-1.620/postfix/images/Image164.gif
Webmin-1.620/postfix/images/transport.gif
Webmin-1.620/postfix/images/p2.gif
Webmin-1.620/postfix/images/manual.gif
Webmin-1.620/postfix/images/debug.gif
Webmin-1.620/postfix/images/address_rewriting.gif
Webmin-1.620/postfix/images/smallicon.gif
Webmin-1.620/postfix/images/resource.gif
Webmin-1.620/postfix/aliases.cgi
Webmin-1.620/postfix/flushq.cgi
Webmin-1.620/postfix/boxes-lib.pl
Webmin-1.620/postfix/save_ffile.cgi
Webmin-1.620/postfix/save_client.cgi
Webmin-1.620/postfix/edit_master.cgi
Webmin-1.620/postfix/config.info
Webmin-1.620/postfix/body.cgi
Webmin-1.620/postfix/dependent.cgi
Webmin-1.620/postfix/config.info.nl
Webmin-1.620/postfix/sasl.cgi
Webmin-1.620/postfix/map_chooser_save.cgi
Webmin-1.620/postfix/view_mailq.cgi
Webmin-1.620/postfix/address_rewriting.cgi
Webmin-1.620/postfix/config.info.ru_SU
Webmin-1.620/postfix/save_opts_header.cgi
Webmin-1.620/postfix/config.info.es
Webmin-1.620/postfix/edit_manual.cgi
Webmin-1.620/postfix/edit_afile.cgi
Webmin-1.620/postfix/save_opts_aliases.cgi
Webmin-1.620/postfix/install_check.pl
…
[root@localhost dai]# ls
Webmin-1.620  Webmin-1.620.tar.gz
[root@localhost dai]# cd Webmin-1.620 //进入解压出来的目录
[root@localhost Webmin-1.620]#./setup.sh //安装 Webmin
***********************************************************************
*          Welcome to the Webmin setup script, version 1.620* //版本信息
```

```
***********************************************************************
Webmin is a web-based interface that allows Unix-like operating
systems and common Unix services to be easily administered.
Installing Webmin in /home/dai/Webmin-1.620 ...
***********************************************************************
Webmin uses separate directories for configuration files and log files.
Unless you want to run multiple versions of Webmin at the same time
you can just accept the defaults.
Config file directory [/etc/Webmin]://选择 Webmin 的安装目录，如果按照默认目录
                                    //按 Enter 键
Log file directory [/var/Webmin]:   //选择日志文件的存放目录，如果按照默认目录按
                                    //Enter 键

***********************************************************************
Webmin is written entirely in Perl. Please enter the full path to the
Perl 5 interpreter on your system.

Full path to perl (default /usr/bin/perl):

Perl seems to be installed ok

***********************************************************************
Operating system name:    Redhat Enterprise Linux
Operating system version: 5

***********************************************************************
Webmin uses its own password protected web server to provide access
to the administration programs. The setup script needs to know :
 - What port to run the web server on. There must not be another
   web server already using this port.
 - The login name required to access the web server.
 - The password required to access the web server.
 - If the webserver should use SSL (if your system supports it).
 - Whether to start Webmin at boot time.
Web server port (default 10000): //设置端口号，默认是 10000。如果按照默认方式直
                                 //接按 Enter 键
Login name (default admin):      //设置管理登录账号，默认是 admin，可直接按照默
                                 //认设置，按 Enter 键
Login password:                  //设置 admin 登录密码
Password again:                  //再输入一次
The Perl SSLeay library is not installed. SSL not available.
Start Webmin at boot time (y/n): y  //是否在系统启动时启动 Webmin，默认是启动
***********************************************************************
Creating web server config files..
..done
```

```
Creating access control file..
..done

Inserting path to perl into scripts..
..done

Creating start and stop scripts..
..done

Copying config files..
..done

Configuring Webmin to start at boot time..
Created init script /etc/rc.d/init.d/Webmin
..done

Creating uninstall script /etc/Webmin/uninstall.sh ..
..done

Changing ownership and permissions ..
..done

Running postinstall scripts ..
..done

Attempting to start Webmin mini web server..
Starting Webmin server in /home/dai/Webmin-1.620
..done

***********************************************************************
Webmin has been installed and started successfully. Use your web
browser to go to

http://localhost.localdomain:10000/  //如果在本机登录在浏览器中输入 http://
//localhost.localdomain:10000/并且输入先前的用户名和密码即可登录到 Webmin 的管理
//界面，到此安装完成
```

16.3.3 启动 Webmin

在本地或其他计算机的浏览器中输入主机名或 **IP** 地址加端口号，如 http://localhost.localdomain:10000/。

在 Webmin 的登录界面(见图 16-18)中输入用户名(之前配置的用户名，默认 admin)和密码(如果用户是下载的 **RPM** 包格式的 **Webmin** 安装程序，安装完成后直接输入 root 及其密码)后，单击 Login 按钮就可进入管理界面。

Login to Webmin

You must enter a username and password to login to the Webmin server on 192.168.204.128.

Username

Password

Remember login permanently?

Login　Clear

图 16-18　登录界面

16.4　Webmin 相关配置选项简介

Webmin 自身的配置界面中有 7 个选项，用于配置 Webmin 用户的权限、更改操作的语言、对 Linux 操作系统中磁盘的监控、用图形化的方式配置 Linux 下的各个服务器等。

1. Webmin 选项

启动 Webmin 后进入 Webmin 的主配置界面，如图 16-19 所示。选择 Webmin 的主配置界面左侧第一项 Webmin 选项，进入 Webmin 自身配置界面，如图 16-20 所示。

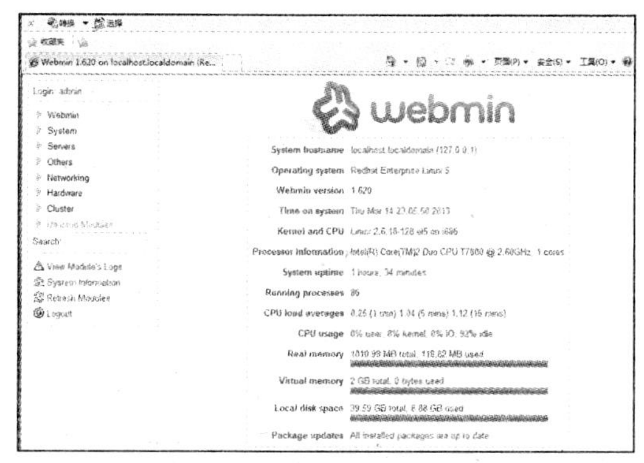

图 16-19　Webmin 的主配置界面

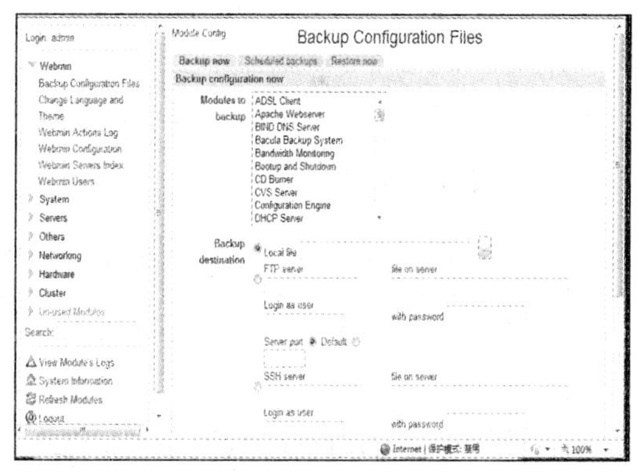

图 16-20　Webmin 自身配置界面

Webmin 自身配置界面的 7 个选项中，最常用到的是 Webmin Configuration 和 Webmin User 两个选项，下面对这两个选项进行介绍。

1) Webmin 的语言配置

选择 Webmin Configuration 选项，系统将打开 Webmin Configuration 窗口，如图 16-21 所示。在该窗口中有多个 Webmin 的配置选项，如用户界面管理、IP 地址控制、端口控制等，下面先介绍语言选项。

对于英文不熟的朋友，在语言选项中可以改成中文界面，单击 Language 图标，打开 Language 窗口，如图 16-22 所示。

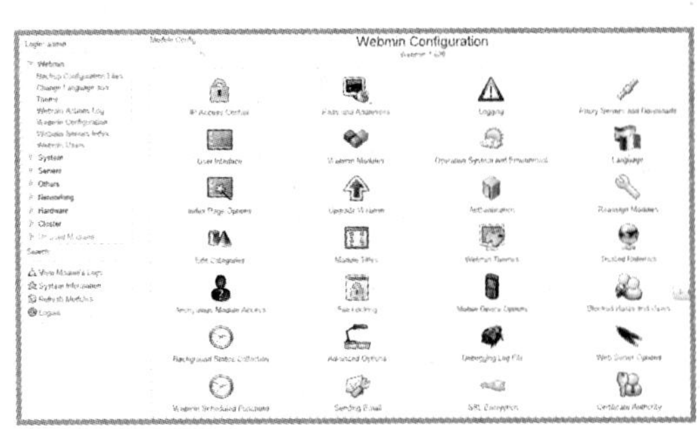

图 16-21　Webmin Configuration 窗口

图 16-22　Language 窗口

在 Language 窗口中，用户可以根据自己的需要在显示的语言(Display in Language)后单击下拉菜单，从中选择要更改的语言，这里选择 Simplified Chinese (ZN_CN)选项，设置后单击 Change Language 按钮，浏览器就会显示中文，最好退出 Webmin 重新进入一下，如图 16-23 所示。

2) Webmin 的用户管理

返回图 16-20 所示界面中的 Webmin 自身配置界面，单击“Webmin 用户管理”图标，系统将会打开“Webmin 用户管理”窗口，如图 16-24 所示。

图 16-23　中文界面的“Webmin 配置”窗口

图 16-24　“Webmin 用户管理”窗口

在该窗口中列出了 Webmin 的用户，当然现在只有一个 admin 用户，在该界面中可以进行建立 Webmin 用户和组及为用户授权等操作。

现在建立一个新的用户并为其授权，如图 16-25 所示。建立了一个用户 dai，该用户只有 Webmin 用户管理权限，退出 Webmin 并重新使用用户 dai 登录，如图 16-26 所示。可以看到 dai 用户的 Webmin 界面中只有一个权限，即配置用户管理。在用户管理中，管理员可以根据需要为每一个用户设置不同的权限。

如图 16-26 所示，输入 dai 用户的用户名及密码后登录，显示 dai 用户只有一个权限，即用户管理的权限。

图 16-25 建立用户

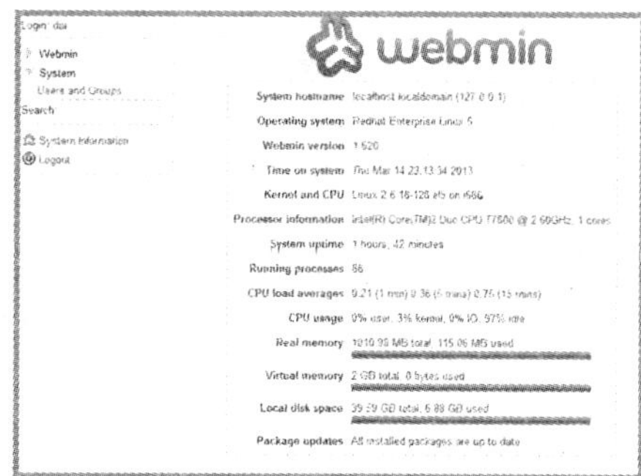

图 16-26 dai 用户的权限

2. 系统选项

在系统配置中可以更改用户密码、系统用户的权限、进程、软件包安装、系统日志配置、使用手册等管理选项，而这些管理选项是管理员通过控制台进行配置和管理的。系统窗口中包括很多选择，大多数是常用的选项，如 Corn 调度、用户与群组管理、系统日志管理等，如图 16-27 所示。

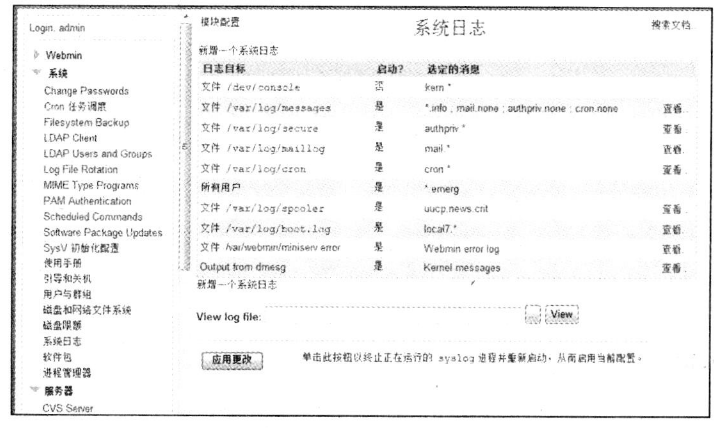

图 16-27 系统选项

3. 服务器选项

在服务器选项的窗口中，可以通过 Webmin 图形界面配置 Linux 系统中的各种服务器，如 Apache、DNS、Sabma 等，如图 16-28 所示。用户可以打开各个服务器的配置界面。

4. 网络选项

在网络配置选项中可以配置 ADSL 拨号、防火墙、网卡、路由和网关等，如图 16-29 所示。

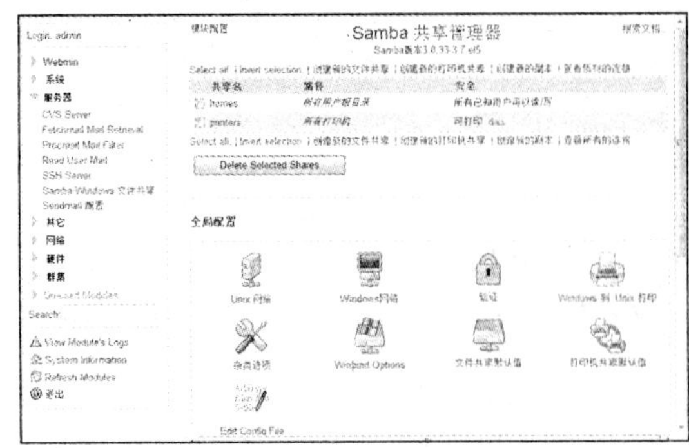

图 16-28　服务器配置选项

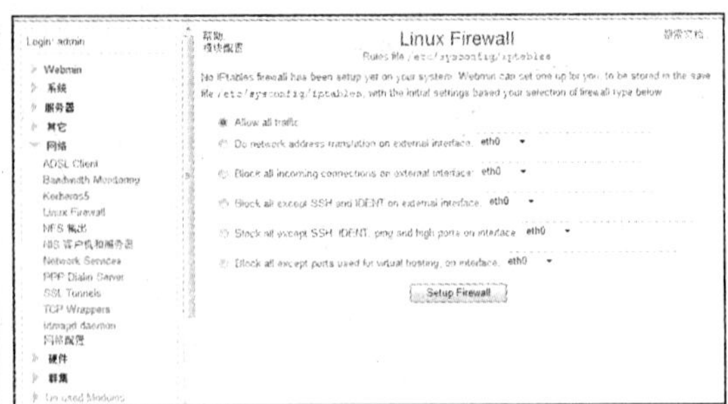

图 16-29　网络配置

5. 硬件配置

单击“Webmin 配置”窗口中的“硬件”图标，打开硬件配置窗口，在该窗口中可以配置硬盘、打印机、系统时间等。打开 Edit Disk Partitions 界面，可以看到磁盘的分区情况及使用情况，如图 16-30 所示。

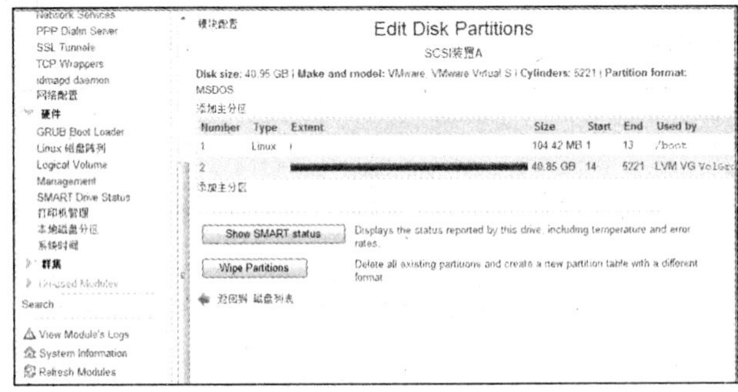

图 16-30　硬件配置

6. 其他配置选项

单击“Webmin 配置”窗口中“其他”选项，可打开“系统和服务器的状态”界面，在该界面中，用户可以设置服务器状态、设置 SSH 和 Telnet 登录等，如图 16-31 所示。

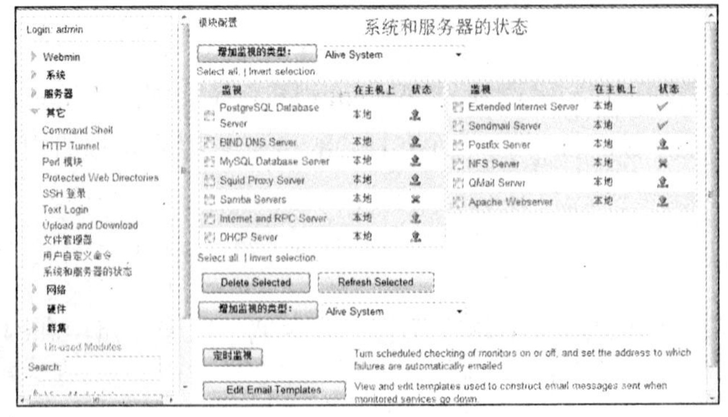

图 16-31　其他配置

7. 群集选项

单击“Webmin 配置”窗口中的群集图标，打开 **Cluster Change Passwords** 界面，如图 16-32 所示。在该界面中可以对 **Linux** 群集进行设置。

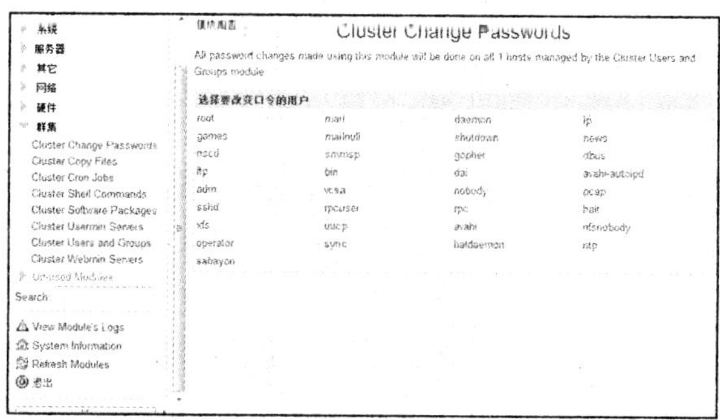

图 16-32　群集设置

8. Un-used Modules 选项

在该选项中列出了现在系统中没有安装的模块，如图 16-33 所示。

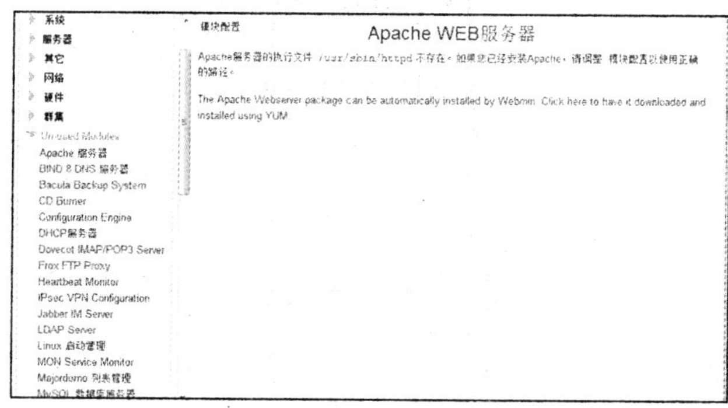

图 16-33　未安装的模块

本 章 习 题

一、填空题

1. 虚拟机软件就是在一台计算机上能虚拟出一个或多个________，即虚拟的操作界面，以便更好地对一些软件进行测试或者在不同的系统间切换。

2. Virtual PC 是一款很好的软件，它原来是 Connectix 公司的产品，该公司在________年被________收购。

3. VMware 是一个全英文的商品化软件，它分为面向普通用户的 VMware Workstation 和面向企业用户的________、________两个版本。

4. Webmin 的默认端口号是________。

5. Webmin 是一款优秀的 Unix 和 Linux 系统管理软件，通过相关________可以让用户轻松地对 Linux 系统进行管理。

二、问答题

1. 虚拟机的实际用途有什么？
2. Webmin 工具对初学 Linux 的人而言有什么好处？

三、上机实训

1. 下载最新版本虚拟机 VMware 9 和该版本的汉化包，对其安装并在安装好的虚拟机中安装一个全新的 Linux。

2. 安装好 Linux 后，在互联网上下载 Webmin 的安装包 webmin-1.600-1.noarch.rpm，并安装 Webmin。

要求：

- 配置 Webmin 中文界面。
- 添加一个 Webmin 普通用户。
- 在 Webmin 下配置一个 Samba 服务器(Samba 服务器要先用光盘安装后方可在 Webmin 中配置)。